utb 4819

Eine Arbeitsgemeinschaft der Verlage

W. Bertelsmann Verlag · Bielefeld
Böhlau Verlag · Wien · Köln · Weimar
Verlag Barbara Budrich · Opladen · Toronto
facultas · Wien
Wilhelm Fink · Paderborn
A. Francke Verlag · Tübingen
Haupt Verlag · Bern
Verlag Julius Klinkhardt · Bad Heilbrunn
Mohr Siebeck · Tübingen
Ernst Reinhardt Verlag · München
Ferdinand Schöningh · Paderborn
Eugen Ulmer Verlag · Stuttgart
UVK Verlagsgesellschaft · Konstanz, mit UVK/Lucius · München
Vandenhoeck & Ruprecht · Göttingen · Bristol
Waxmann · Münster · New York

basics

Stefan Brönnimann

Klimatologie

Haupt Verlag

Stefan Brönnimann ist Geograph und befasst sich mit der Variabilität des großräumigen Klimas und der atmosphärischen Zirkulation der letzten 100–300 Jahre. Er ist an zahlreichen Projekten zur Digitaliserung von Klimadaten und zur Wetterrekonstruktion beteiligt. Er war Leitautor des fünften Sachstandsberichts des Weltklimarats. Seit 2010 ist er Professor für Klimatologie am Geographischen Institut und am Oeschger-Zentrum für Klimaforschung der Universität Bern.

1. Auflage 2018

Bibliografische Information der Deutschen Nationalbibliothek:
Die Deutsche Nationalbibliothek verzeichnet diese Publikation in der Deutschen Nationalbibliografie; detaillierte bibliografische Daten sind im Internet über http://dnb.dnb.de abrufbar.

Copyright © 2018 Haupt Bern

Das Werk ist einschließlich aller seiner Teile urheberrechtlich geschützt. Jede Verwertung außerhalb der engen Grenzen des Urheberrechtsgesetzes ist ohne Zustimmung des Verlags unzulässig und strafbar. Das gilt insbesondere für Vervielfältigungen, Übersetzungen, Mikroverfilmungen und die Einspeicherung und Verarbeitung in elektronischen Systemen.

Umschlagsgestaltung: Atelier Reichert, D-Stuttgart
Umschlagsfoto: NOAA Photo Library
Satz: Atelier Reichert, D-Stuttgart

Printed in Germany

utb-Band-Nr.: 4819
ISBN 978-3-8252-4819-2

Inhaltsverzeichnis

Vorwort 7

1	**Einführung in das Klimasystem**	11
1.1	Das Erdklima	12
1.2	Definitionen und Skalen	18
1.3	Das Klimasystem	22
2	**Die Atmosphäre**	43
2.1	Zusammensetzung	44
2.2	Aufbau	46
2.3	Ozon, Aerosole und chemische Vorgänge	51
2.4	Kondensation und Wolkenbildung	59
2.5	Die Clausius-Clapeyron-Beziehung	64
3	**Strahlung und Energie**	67
3.1	Die globale Strahlungs- und Energiebilanz	68
3.2	Astronomische Grundlagen	70
3.3	Strahlungsemission	75
3.4	Streuung	79
3.5	Absorption	83
3.6	Der Treibhauseffekt	84
3.7	Transmission durch die Atmosphäre	87
3.8	Wärmeflüsse und lokale Energiebilanzen	89
4	**Thermodynamik und Statik der Atmosphäre**	95
4.1	Wärmelehre und vertikale Vorgänge	96
4.2	Die allgemeine Gaszustandsgleichung	99
4.3	Die potentielle Temperatur	103
4.4	Thermodynamik der feuchten Luft	104
4.5	Statische Stabilität	107
4.6	Energie in der Atmosphäre	114

5	**Dynamik.**	**117**
5.1	Dynamik aus Sicht der Klimatologie	118
5.2	Die Grundgleichungen der Atmosphäre.	119
5.3	Gitter und Wettervorhersagemodelle	136
5.4	Windbegriffe	139
6	**Allgemeine Zirkulation der Atmosphäre.**	**149**
6.1	Vertikaler Strahlungs- und Energietransport.	150
6.2	Horizontaler Energietransport.	151
6.3	Die zonal gemittelte meridionale Zirkulation	158
6.4	Die zonal gemittelte zonale Zirkulation.	165
6.5	Zonal asymmetrische Zirkulationssysteme	168
7	**Die Ozeane und ihre Wechselwirkung mit der Atmosphäre.**	**189**
7.1	Die Erde – ein Ozeanplanet	189
7.2	Die ozeanische Zirkulation.	191
7.3	Die Ozean-Atmosphären-Wechselwirkung	204
7.4	Meereis.	205
8	**Klimata der Erde.**	**209**
8.1	Bestimmende Faktoren	210
8.2	Klimazonen der Erde	217
8.3	Regionale Klimata	228
9	**Klimadaten und Klimaarchive.**	**245**
9.1	Klimamessungen	246
9.2	Klimaproxies und Rekonstruktionen	254
9.3	Klimamodelle.	259
9.4	Reanalysen.	263
10	**Klimaschwankungen und -änderungen.**	**267**
10.1	Das schwankende Klima.	268
10.2	Interne Klimavariabilität	272
10.3	Äußere Einflussfaktoren.	281
10.4	Klimavergangenheit und -gegenwart.	295
10.5	Klimazukunft	306
	Register	312

Vorwort

Das vorliegende Buch dient dem Studium der Grundlagen im Bereich **Klimatologie** für Studienanfängerinnen und Studienanfänger der Geographie. Es vermittelt die wichtigsten **physikalischen Grundlagen** der Klimatologie und bereitet auf weiterführende Kurse in Meteorologie oder Klimatologie an der Universität vor. Gerade zu Beginn des Geographiestudiums fehlen den interessierten Studierenden manchmal die Grundkenntnisse, um weiterführende Lehrbücher ohne Weiteres verstehen zu können. Dieses Buch soll hier einen Einstieg liefern.

Es existieren bereits mehrere ausgezeichnete Lehrbücher in diesem Themenbereich, insbesondere «Klimatologie» (C.-D. Schönwiese, 4. Aufl. 2013), «Einführung in die Allgemeine Klimatologie» (W. Weischet und W. Endlicher, 7. Aufl., 2008), «Meteorologie» (H. Häckel, 6. Aufl., 2008), «Klimadynamik» (M. Latif, 2009) und «Geländeklimatologie» (J. Bendix, 2004). Das vorliegende Buch soll in kompakter Weise Grundlagen liefern, welche in den erwähnten Büchern vertieft werden können. Dabei orientiert sich das Buch an der klimaphysikalischen Sichtweise, die im englischsprachigen Raum verbreitet ist (Beispiele sind D. L. Hartmann, «Global Physical Climatology», 2. Aufl., 2016, und J. M. Wallace/P. V. Hobbs, «Atmospheric Science. An Introductory Survey», 2. Aufl., 2006), und nimmt diese dann als Grundlage für eine phänomenologische Sichtweise, welche im deutschsprachigen Raum eine wichtige Tradition hat, im zweiten Teil des Buches.

Atmosphärenphysikalische und phänomenologische Sichtweise

«Klimatologie» beginnt mit einer kurzen Übersicht über das Erdklima und den Klimabegriff, gefolgt von einer Einführung in die **Systemsichtweise** des Klimas. Gleichzeitig werden grundlegende physikalische Begriffe, Einheiten und mathematische Werkzeuge eingeführt.

Der erste Hauptteil (Kapitel 2 bis 5) umfasst die physikalischen Grundlagen der Atmosphäre. Dazu gehört zunächst der vertikale **Aufbau** der Atmosphäre, ihre **Zusammensetzung** und einige wichtige chemische Vorgänge (Kapitel 2). Die Rolle des Wasserdampfs und die Prozesse der Wolkenbildung werden ebenfalls betrachtet. Kapitel 3 gibt einen Einblick in die **Energetik** des Klimasystems, die als Grundlage für alle späteren Kapitel dient. Ausgehend von der globalen Energiebilanz, werden astronomische Grundlagen und die physikalischen Strahlungsgesetze eingeführt. Die Wechselwirkung der Strahlung mit der Atmosphäre erhält ein besonderes Augenmerk. Im 4. Kapitel werden dann die Grundkonzepte der **Thermodynamik** und **Statik** der Atmosphäre eingeführt, insbesondere die Gasgleichung, die adiabatische Kompression von Luftmassen, verschiedene Temperaturbegriffe sowie das Konzept der Stabilität. Das 5. Kapitel schließlich behandelt die **Dynamik** der

Erster Hauptteil: Physikalische Grundlagen

Atmosphäre, also die atmosphärischen Grundgleichungen und die sich daraus ergebenden Konsequenzen, Windbegriffe und Drucksysteme.

Zweiter Hauptteil: Zirkulation von Atmosphäre und Ozean und daraus resultierende Klimata

Mit diesen Kapiteln ist die Basis für das Verständnis der atmosphärischen **Zirkulation** und des globalen Klimas gelegt, welches das Thema des zweiten Hauptteils ist. Ausgehend von den energetischen Betrachtungen aus Kapitel 3 werden in Kapitel 6 zunächst die globale **meridionale** (also in Nord-Süd- oder Süd-Nord-Richtung verlaufende) Zirkulation eingeführt, dann die wichtigsten Merkmale der **zonalen** (also in West-Ost- oder Ost-West-Richtung verlaufenden) Zirkulation. Schließlich werden spezielle Zirkulationssysteme wie die Walker-Zirkulation und die **Monsune** betrachtet. Ein ausführliches Unterkapitel behandelt die Zirkulation der Mittelbreiten. Die **Ozeane** als weiteres wichtiges Teilsystem des Klimasystems werden in Kapitel 7 eingeführt. Zunächst wird die Ozeanzirkulation vorgestellt, danach die Interaktion zwischen Ozean und Atmosphäre und zum Schluss die Vorgänge rund um das polare Meereis. Aufbauend auf diesen Grundlagen, werden in Kapitel 8 unterschiedliche Klimata der Erde kurz erläutert: Ausgehend von der meridionalen Differenzierung und dem Land-Meer-Kontrast, werden gängige **Klimazonen** beschrieben. Aber auch charakteristische lokale und regionale Klimata wie **Küsten-, Gebirgs-** und **Stadtklima** werden eingeführt.

Dritter Hauptteil: Klimavariabilität und Klimaänderungen

Die physikalischen Grundlagen, die Herleitung der atmosphärischen Zirkulation und die Charakterisierung der Klimata vermitteln eine «statische» Sicht des Klimas. Das Klima ist aber nicht statisch, sondern dynamischen Änderungen unterworfen. Der dritte Hauptteil (Kapitel 9 und 10) beschäftigt sich deshalb mit **Klimaschwankungen** und **-veränderungen**. Dabei werden zunächst **Methoden** vorgestellt, mit denen das Klima und dessen Schwankungen erfasst werden können (Kapitel 9): Messungen, Rekonstruktionen und numerische Modelle. Danach werden in Kapitel 10 die wichtigsten **internen Klimaschwankungen**, wie beispielsweise El Niño/Southern Oscillation sowie die **äußeren Einflussfaktoren** dargelegt. Das letzte, sehr summarische Kapitel des Buches liefert dann einen Blick in die jüngere Geschichte des Klimas, vom Spätglazial über das Holozän zu den Klimaschwankungen der letzten drei Jahrhunderte (hierzu gibt es ein breites Angebot an weiterführender Literatur). Das Buch schließt mit dem vom Menschen beeinflussten Klima der Gegenwart und gibt einen Ausblick auf die Klimazukunft.

Das Schreiben eines solchen Buches während des universitären Normalbetriebs wäre nicht möglich gewesen ohne die großartige Unterstützung durch Mitarbeiterinnen und Mitarbeiter des Geographischen Instituts der Universität Bern sowie weiterer Kolleginnen und Kollegen: Renate Auchmann, Daniela Domeisen, Doris Folini, Jörg Franke,

Michael Graf, Luc Hächler, Carine Hürbin, Martín Jacques-Coper, Fortunat Joos, Cristina Joss, Ulrike Lohmann, Stefan Pfahl, Lucas Pfister, Matthias Probst, Christoph Raible, Olivia Romppainen, Marco Rohrer, Alexander Stickler, Leonie Villiger, Aline Wicki und Maria Winterberger haben Teile des Manuskripts kommentiert. Alfred Bretscher (†) hat einige der Abbildungen gezeichnet. Alexander Hermann hat die Abbildungen grafisch umgesetzt. Das Buch folgt in den Grundzügen dem entsprechenden Skriptum von Heinz Wanner, dem ich herzlich danken möchte. Schließlich geht mein Dank auch an Martin Lind und den Haupt Verlag, der mich zum Schreiben des Buches ermuntert und dessen Werdegang begleitet hat.

Ein so breites Thema wie Klimatologie in allen Teilbereichen ausgewogen und korrekt zu behandeln, ist ein schwieriges, ja unmögliches Unterfangen. Die Breite des Fachs liegt mir, aber bei der Stringenz der physikalischen Beschreibungen und Herleitungen stieß ich oft an meine Grenzen. Sollten sich hier noch Ungenauigkeiten und Fehler eingeschlichen haben, bitte ich um Rückmeldung. Ich hoffe, mit meinem Buch interessierte Studierende für die Klimatologie begeistern zu können.

Bern, November 2017
Stefan Brönnimann

Einführung in das Klimasystem | 1

Inhalt

1.1 Das Erdklima

1.2 Definitionen und Skalen

1.3 Das Klimasystem

Auf der Erde herrscht ein lebensfreundliches Klima. Die globale Jahresmitteltemperatur liegt bei 14.5 °C. Wasser kommt unter diesen Bedingungen in allen Aggregatzuständen vor. Selbst die extremsten Messwerte liegen zwischen −89 °C und +57 °C, einem relativ schmalen Bereich. Eine weitgehend selbstreinigende, sauerstoffhaltige Atmosphäre erlaubt Leben auch an Land. Dabei schützt die Ozonschicht die Landlebewesen vor schädlicher Strahlung.

Im Verlauf der Erdgeschichte wechselten sich kühlere und wärmere Phasen ab. Seit etwa zwei Millionen Jahren befindet sich die Erde in einer von kurzen Warmzeiten unterbrochenen Kaltzeit. Seit 150 Jahren ist der Mensch zum wichtigsten Klimafaktor geworden. Die globale Mitteltemperatur hat sich in dieser Zeit bis heute (2017) um ca. 1.2 °C erhöht.

Temperatur und Niederschlag sind räumlich und zeitlich variabel. Klima kann einerseits als «durchschnittliches» oder «charakteristisches» Wetter an einem Ort definiert werden. Eine andere Definition sieht Klima als das Resultat von Prozessen und stellt diese in den Vordergrund. Klima kann vereinfacht auch als System verstanden werden, dessen Aufgabe es ist, räumliche energetische Unterschiede auszugleichen. Dabei werden Energie, Masse und Impuls horizontal und vertikal transportiert und ausgetauscht. Die dabei beteiligten Prozesse laufen auf zeitlichen und räumlichen Skalen ab, die mehrere Größenordnungen umspannen. Die Systemsicht dient der Vereinfachung und Konzeptualisierung der komplexen Realität, beispielsweise zur Darstellung von Stoff- und Energiekreisläufen und deren Modellierung.

Kohlenstoffkreislauf und Wasserkreislauf sind zentral für das Klima und verbinden das Klimasystem mit anderen Bereichen der

Umwelt wie Pedo-, Hydro- und Biosphäre. Der Kohlenstoffkreislauf ist die Grundlage für das Verständnis des menschgemachten Klimawandels.

1.1 Das Erdklima

Klimaänderungen sind von hoher gesellschaftlicher Relevanz

Kaum ein anderer Bereich unserer Umwelt ist in den letzten Jahrzehnten derart stark in das Bewusstsein der Öffentlichkeit gerückt wie das **Klima**. Die derzeit ablaufende Veränderung des Klimas stellt die Gesellschaft vor große Herausforderungen. Sie beeinflusst unsere Lebensqualität, unsere wirtschaftlichen Möglichkeiten und führt zu neuen Gefahren. Entsprechend ist das Thema von hoher politischer Relevanz. Dies trifft besonders auf Entwicklungsländer zu, wo die Verletzlichkeit zum Teil aufgrund politischer und gesellschaftlicher Faktoren ohnehin bereits hoch ist. Aber selbst in hochtechnologisierten Industrieländern betreffen Klimaänderungen zentrale Bereiche wie Landwirtschaft, Energie, Transport und Tourismus in empfindlichem Maße. Klimaänderungen beeinflussen Naturrisiken und beeinträchtigen natürliche Systeme wie Vegetationsgemeinschaften, Tierhabitate oder arktische Landschaften. Zusammen mit anderen Stressfaktoren wie Luftverschmutzung oder Lärm beeinflussen sie gesundheitliche Aspekte. Die Liste ließe sich beliebig weiterführen.

Die klimatischen Verhältnisse waren schon immer eine wichtige Bedingung, an die sich das Leben anpassen musste. Umgekehrt hat das Leben Atmosphäre und Klima tiefgreifend verändert (vgl. → Kap. 2.1). Man kann deshalb von einer Ko-Evolution von Leben und Klima sprechen.

Die Atmosphäre ermöglicht Leben

Leben konnte sich auf der Erde nur entwickeln, weil die Temperatur der Erdoberfläche innerhalb gewisser Grenzen bleibt. Wasser, der wichtigste Baustein des Lebens, kam auf der Erde seit frühester Zeit in flüssiger Form vor. **Atmosphäre** und **Ozeane** sorgen dafür, dass keine allzu großen Temperaturunterschiede entstehen können. **Wasserdampf** und andere **Treibhausgase** bewirken einen natürlichen Treibhauseffekt (vgl. → Kap. 2 und 3). Ohne diese Gase wäre die Temperatur der Erdoberfläche um 30 °C kühler und Wasser kaum in flüssigem Zustand vorhanden. Außerdem hält die **Ozonschicht** schädliche UV-Strahlung der Sonne zurück (vgl. → Kap. 2 und 3), welche dadurch den Erdboden nicht erreicht. Leben an Land wäre ohne diese Bedingung nicht möglich.

Das Leben beeinflusst das Klimasystem

Umgekehrt hat das Leben das Klimasystem beeinflusst. Dank der Photosynthese hat Leben überhaupt erst Sauerstoff produziert und damit auch die Ozonschicht gebildet. Leben hat die Erdoberfläche

Planet	Oberflächentemperatur	Oberflächendruck	Zusammensetzung
Merkur	−184 bis 426 °C	10^{-14} atm	42 % O_2, 29 % Na, 22 % H_2
Venus	460 °C	90 atm	96.5 % CO_2, 3.5 % N_2, Schwefelsäurewolken
Erde	14.5 °C	1 atm	78 % N_2, 21 % O_2, 1 % Ar
Mars	−55 °C (−153 bis +20 °C)	0.006 atm	95.3 % CO_2, 2.7 % N_2, 1.5 % Ar
Jupiter	−145 °C	>1000 atm	90 % H_2, 10 % He
Saturn	−178 °C	>1000 atm	96 % H_2, 3 % He
Uranus	−224 °C	>1000 atm	83 % H_2, 15 % He, 2.5 % CH_4
Neptun	−218 °C	>1000 atm	80 % H_2, 19 % He, 1 % CH_4

Tab. 1-1

Atmosphären der Planeten im Sonnensystem (Quelle: Compound Interest). 1 atm = 1013.25 hPa (vgl. → Tab. 1-3).

umgestaltet, hat steinige Flächen in Boden und Vegetation verwandelt und damit zentrale physikalische Größen des Klimasystems verändert. Außerdem hat Leben wichtige **Stoffkreisläufe** (wie beispielsweise den **Kohlenstoffkreislauf**) maßgeblich modifiziert. Es reguliert damit auch den natürlichen Treibhauseffekt, der das Erdklima in einem für heutige Lebensformen tolerablen Bereich hält.

Im Vergleich mit anderen Planeten im **Sonnensystem** herrschen auf der Erde einzigartige Bedingungen für Leben (→ Tab. 1-1). Zwar haben auch andere Planeten eine Atmosphäre, von denen aber keine lebensfreundliche Bedingungen bietet. Faktoren dafür sind die Dichte der Atmosphäre, deren Zusammensetzung und die durchschnittliche Temperatur. Die Venus zum Beispiel hat eine zu dichte Atmosphäre, die außerdem für irdische Lebensformen hochgiftig wäre. Die Atmosphäre des Mars wiederum ist zu kalt und zu dünn, sodass dort Wasser heute nicht in flüssiger Form vorkommen kann. Außerdem fehlt auf dem Mars die schützende Ozonschicht größtenteils.

Nachfolgend seien einige Charakteristika des Erdklimas kurz erläutert, gleichermaßen als Vorschau auf dieses Buch. Sie sind in → Abb. 1-1 dargestellt. Die **Nettostrahlung** an der Atmosphärenobergrenze ist die Differenz zwischen der eingehenden Sonnenstrahlung und der ausgehenden Strahlung, welche die reflektierte Sonnenstrahlung und die Abstrahlung der Erde umfasst. Die Nettostrahlung zeigt klare räumliche Unterschiede. Die tropischen Regionen gewinnen Strahlungsenergie (die Nettostrahlung ist positiv), die Mittelbreiten und polaren Gegenden sowie Wüstenregionen verlieren Strahlungsenergie (negative Nettostrahlung, vgl. → Kap. 3). Dieses Energiegefälle ist gewissermaßen der Motor des Klimasystems und der Antrieb der atmosphärischen und ozeanischen Zirkulation. Das Klimasystem strebt danach, diese Differenz

Das Klimasystem versucht, das räumliche Strahlungsungleichgewicht auszugleichen

auszugleichen, indem Energie in verschiedener Form transportiert wird, während die Strahlung dieses Energiegefälle immer wieder von Neuem aufbaut. Letztlich können wir die Verteilung der Temperatur und des Niederschlags sowie die Winde als Ergebnis dieses Ausgleichsprozesses verstehen, der gewissermaßen zu einem dynamischen Gleichgewicht führt. In → Kap. 6 führen wir diesen Gedanken weiter.

Die globale Jahresmitteltemperatur beträgt 14.5 °C, Extreme umspannen fast 150 °C

Die **Jahresmitteltemperatur** beträgt für die gesamte Erdoberfläche ungefähr 14.5 °C. Sie zeigt große räumliche Unterschiede (→ Abb. 1-1). In den Tropen erreicht sie 30 °C, in den polaren Gegenden sinkt sie auf −30 °C. Ursache dafür ist die oben genannte ungleiche **Einstrahlung**. Aber auch die räumliche Verteilung der Landmassen und Ozeane mit ihren jeweils ganz unterschiedlichen Eigenschaften führen zu einer räumlich ungleichen Temperaturverteilung. Betrachtet man dazu noch die Variabilität des Wetters, erstaunt es nicht, dass an einzelnen Tagen weit extremere Bedingungen auftreten können. Die höchsten und tiefsten auf der Erde gemessenen Extreme liegen scheinbar weit auseinander, zwischen −89 °C und +57 °C. Das ist allerdings noch relativ wenig, wenn wir das beispielsweise mit den Verhältnissen auf dem Mond vergleichen, dessen Oberflächentemperatur bei ungefähr gleicher Einstrahlung wie auf der Erde zwischen −160 °C und +130 °C schwankt. → Tab. 1-2 stellt einige beobachtete Wetterextreme auf der Erde zusammen.

Der globale mittlere Niederschlag beträgt knapp 3 mm pro Tag

Die **Jahresniederschläge** sind räumlich ebenfalls sehr variabel. In → Abb. 1-1 zeigen sich schmale Bänder mit viel Niederschlag und großen räumlichen Gradienten (ein Gradient ist ein Gefälle in einer Raumrichtung; vgl. → Box 1.4). Entlang des Äquators erstreckt sich zwischen 5° S und 10° N ein Band mit Jahresniederschlägen von über 2000 mm. Auch über den Westseiten der Ozeane regnet es viel. Dagegen erhal-

Tab. 1-2 Einige Wetterrekorde in den instrumentellen Messungen (Quelle: WMO).

Rekord	Wert	Ort und Datum
Höchste Temperatur auf der Erdoberfläche	56.7 °C	Death Valley, USA (−54 m ü. M.), 10. Juli 1913
Tiefste Temperatur auf der Erdoberfläche	−89.2 °C	Vostok, Antarktis (3420 m ü. M.), 27. Juli 1983
Intensivster Niederschlag (1 Stunde)	305 mm	Holt, USA, 22. Juni 1947
Stärkster Niederschlag (1 Tag)	1825 mm	Foc-Foc, La Réunion, 7.−8. Januar 1966
Größte Niederschlagsmenge (1 Jahr)	26461 mm	Cherrapunji, Indien, Aug. 1860−Jul. 1861
Längste Zeitspanne ohne Niederschlag	173 Monate	Arica, Chile, Okt. 1903 − Jan. 1918
Stärkste Windböe	113.2 m s^{-1}	Barrow Island, Australien, 10. April 1996
Größtes Hagelkorn	1.02 kg	Gopalganj, Bangladesh, 14. April 1986

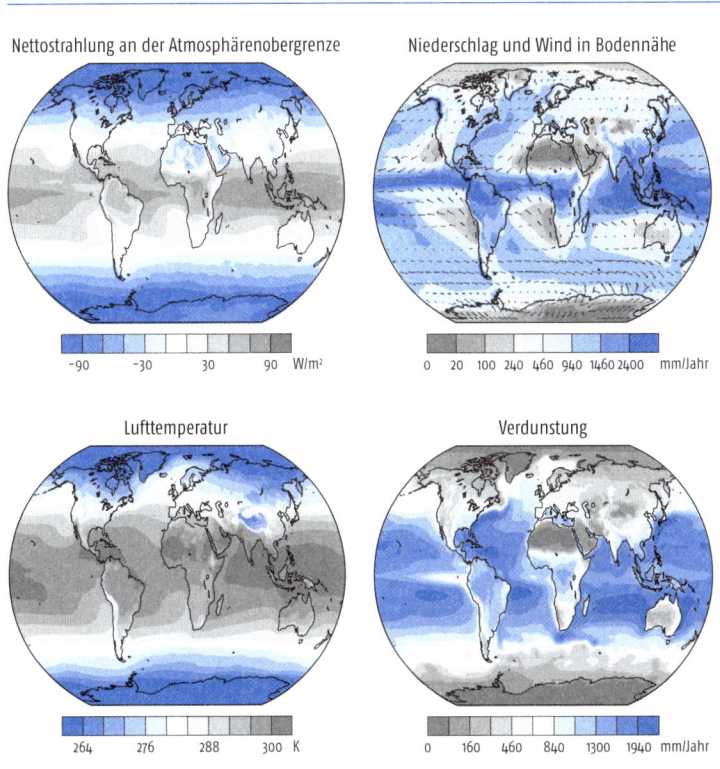

Abb. 1-1

Langjährige Jahresmittelwerte der Nettostrahlung (kurz- und langwellig) an der Atmosphärenobergrenze (Daten: CERES), der Lufttemperatur am Erdboden, des Niederschlags (man beachte die nichtlineare Skala), des bodennahen Winds (als Vektoren) und der Verdunstung (Daten: ERA-Interim; vgl. Brönnimann 2015).

ten einige subtropische Regionen und die Polkappen nur 100 mm pro Jahr oder weniger Niederschlag (→ Abb. 1-1). Der global gemittelte Niederschlag beträgt knapp 3 mm pro Tag, wobei die Unsicherheit dieser Größe beträchtlich ist.

Die Niederschlagsverteilung lässt sich mit dem **Windfeld** erklären. Niederschlag fällt dort, wo feuchte Luft gehoben wird. Diese kühlt sich dadurch aus, es kommt zu Kondensation und Niederschlagsbildung. In den → Kap. 2, 4 und 6 gehen wir näher darauf ein. Hebung erfolgt außer bei der Überströmung von Gebirgen vor allem dort, wo die Winde in Bodennähe **konvergieren**, also zusammenströmen (vgl. → Kap. 5, wo die Begriffe mathematisch definiert werden). Daher zeigt → Abb. 1-1 die größten Niederschläge im Bereich der konvergierenden Strömung in Äquatornähe (vgl. → Kap. 6), wo die Luft sehr feucht ist. In Regionen mit **divergenter Luftströmung** in Bodennähe, also einem Auseinanderfließen, sinken Luftmassen ab, und es fällt wenig Niederschlag. Der Zusammenhang zwischen Hebung respektive Absinken (in der Mete-

Die Niederschlagsverteilung wird durch Wind und Feuchte bestimmt

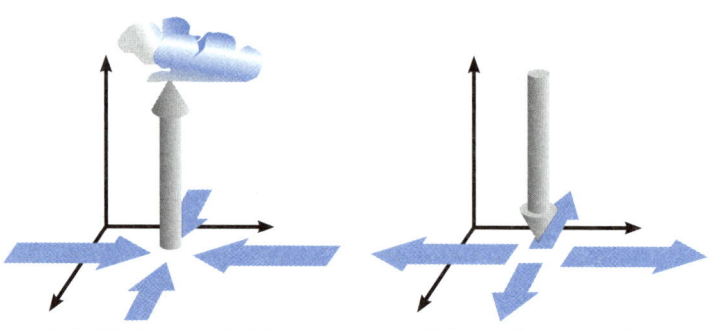

Abb. 1-2

Schematische Darstellung von horizontaler Konvergenz im Bodenwindfeld, verbunden mit Hebung und Niederschlagsbildung (links) sowie divergenter Strömung in Bodennähe, verbunden mit absinkenden Luftmassen und Wolkenauflösung (rechts).

Horizontale Konvergenz, Aufsteigen

Horizontale Divergenz, Absinken

orologie Subsidenz genannt) und horizontaler Konvergenz (respektive Divergenz) ist in → Abb. 1-2 dargestellt.

Neben Hebung braucht es für die Niederschlagsbildung auch Wasserdampf, der durch Verdunstung in die Atmosphäre gelangt. **Verdunstung** erfolgt hauptsächlich in den subtropischen Ozeanen sowie über den tropischen Landflächen des Amazonasbeckens und Westafrikas, dagegen tragen die Kontinente der Subtropen und die Mittelbreiten nur wenig bei (→ Abb. 1-1). Sehr wenig verdunstet auch in den kalten Polarregionen.

Können wir all dies physikalisch erklären? Können wir die Vorgänge qualitativ oder sogar quantitativ nachvollziehen? Die hier als erste Abbildung dargestellten mittleren Klimaverhältnisse sind gleichzeitig der Kernpunkt dieses Buches. Wir können als Ziel dieses Buches formulieren, die hier dargestellten Klimaverhältnisse zu verstehen und auf ihre physikalischen Ursachen zurückführen zu können.

Diese Charakterisierung des heutigen Klimas soll nicht darüber hinwegtäuschen, dass es im Verlauf der Erdgeschichte größere Schwankungen gab. Bis Anfang des 19. Jahrhunderts war dies noch kaum bekannt. Doch danach mehrten sich Hinweise auf **Eiszeiten,** und es wurden Spuren einer vormals **grünen Sahara** entdeckt. Es dauerte allerdings noch geraume Zeit, bis sich aus einer statischen Sichtweise des Klimas das Bild einer dynamischen Erde mit einem sich ständig ändernden Klima entwickelte.

Das Klima Mitteleuropas schwankte zwischen «Schneeballerde» und tropischem Klima

Die wichtigsten Phasen des globalen Klimas sind in → Abb. 1-3 zusammengefasst. Nach der Entstehung der Erde und der Bildung des Mondes entstand vor 4–4.5 Milliarden Jahren eine treibhausgasreiche Atmosphäre, welche trotz der damals noch schwachen Sonne flüssiges Wasser erlaubte (vgl. → Abb. 2-1, → Kap. 2.1). In ihrer Geschichte durchlief die Erde aber immer wieder kühlere und wärmere Phasen.

Es kam möglicherweise sogar zu einer oder mehreren **Vereisungen** fast des gesamten Erdballs («Schneeballerde», vor 650 Millionen Jahren). Während eines großen Teils der Erdgeschichte war das Klima hingegen **wärmer als heute;** Eis ist auf der Erde daher keine Selbstverständlichkeit. Im heutigen Europa herrschte über größere Zeiträume der letzten 250 Millionen Jahre tropisches Klima.

Seit ca. 2 Millionen Jahren befindet sich die Erde in einer Eiszeitphase. Die Eiszeiten wurden dabei immer wieder durch kurze **Warmzeiten** (Interglaziale) unterbrochen; in einer solchen befinden wir uns jetzt. → Kap. 10 geht näher auf die Klimageschichte der letzten 100 000 Jahre ein und zeigt, dass es immer wieder wärmere und kältere Phasen gab. Allerdings gibt es einen wichtigen Unterschied zwischen der Erwärmung der letzten 150 Jahre und früheren Warmphasen: Während frühere Warmphasen natürlichen Ursprungs waren, ist heute der **Mensch** zum dominierenden Klimafaktor geworden. Man spricht deshalb – in Analogie zu den erdgeschichtlichen Epochenbegriffen – oft vom **Anthropozän** (anthropos = der aufgerichtete Mensch). Das Anthropozän, das ungefähr um 1850 begann, ist die Ära, in welcher der Mensch die wichtigste treibende Kraft naturräumlicher Veränderungen ist.

Seit 2 Millionen Jahren befinden wir uns im Eiszeitalter

Im Anthropozän (seit ca. 1850) ist der Mensch der dominierende Naturfaktor

Die Entwicklung des Erdklimas ist aber damit noch nicht zu Ende. Der Mensch wird auch in absehbarer Zukunft die treibende Kraft im Klimasystem bleiben (vgl. → Kap. 10). In einer ganz fernen Zukunft, in Milliarden von Jahren, wird die Erde hingegen durch die zunehmende Leuchtkraft der Sonne zu heiß werden für heutige Lebensformen. Gemäß Modellrechnungen wird die Erde aber bereits wesentlich früher, in 500–800 Millionen Jahren, zu einem **unbewohnbaren Planeten** werden, wenn durch die zunehmende Sonnenstrahlung die Ozeane verdampfen. Der Treibhauseffekt wird dadurch verstärkt, und der Kohlenstoffkreislauf kommt zum Erliegen. Allerdings zeigt die Vergangenheit, dass auch weitere Faktoren, beispielsweise Asteroideneinschläge, den Entwicklungspfad des Lebens auf der Erde beeinflussen können.

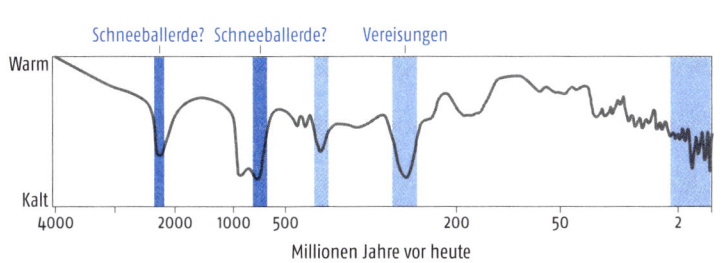

| Abb. 1-3
Entwicklung des Klimas auf der Erde (nichtlineare Skala). Blaue Balken zeigen Vereisungen (Quelle: ZAMG).

1.2 | Definitionen und Skalen

Im vorangehenden Unterkapitel wurde das Erdklima in groben Zügen charakterisiert. Aber was ist Klima? Können wir Klima definieren? Obschon sich alle unter alltäglichen Sätzen wie «*Das Klima hat sich in den letzten 30 Jahren verändert*» oder «*Diese Insel verfügt über ein außerordentlich mildes Klima*» etwas vorstellen können, ist eine wissenschaftliche Definition nicht einfach.

Wetter als Zustand der Atmosphäre

Betrachten wir zuerst den Begriff Wetter. Eine objektive **Definition** für Wetter könnte lauten:

«*Wetter ist der physikalische Zustand der Atmosphäre zu einem gewissen Zeitpunkt an einem gewissen Ort.*»

Der **physikalische Zustand** lässt sich durch Temperatur, Niederschlag, Wind, Bewölkung, Luftdruck und weitere Größen beschreiben (vgl. → Box 4.1 und → Tab. 9-1). Es ließe sich streiten, ob nicht auch chemische Eigenschaften dazugehören. Doch ergibt es Sinn, «Wetter» als Zustand zu definieren? Es ändert sich ja ständig. Eine andere Möglichkeit zur Definition von «Wetter» ist, genau diese **Veränderungsvorgänge** anzusprechen: Wetter kann also als Vorgang der Veränderung des atmosphärischen Zustands verstanden werden. Denn würde sich die Atmosphäre nicht verändern, würde uns «Wetter» auch nicht interessieren.

Wetter als Vorgänge in der Atmosphäre

Wenn wir aber Wetter als Veränderung der Atmosphäre auffassen, brauchen wir eine **Referenz**, etwas, womit wir das Wetter von heute vergleichen können. «Klima» liefert genau dies:

Statistische Klimadefinition: Klima als Referenz für Wetter

«*Klima ist die Summe der meteorologischen Zustände, inklusive Temperatur, Niederschlag und Wind, welche typischerweise in einer bestimmten Region vorherrschen.*»
(nach www.thefreedictionary.com).

«*Klima im engeren Sinn ist üblicherweise definiert als durchschnittliches Wetter, oder genauer als die statistische Beschreibung durch Mittelwert und Variabilität der relevanten Größen über eine Zeitperiode*»
(nach Weltorganisation für Meteorologie, WMO).

Dabei gilt eine Länge von 30 Jahren als Standard-Zeitperiode. Diese Definitionen lassen sich nicht mehr nur aus der Natur ableiten. Was ist gemeint mit «typischerweise»? Warum gerade 30 Jahre? «Klima» entspringt dem Bedürfnis des Menschen, das Wetter einzuordnen und den Einfluss der Atmosphäre auf Mensch und Umwelt zu verstehen. Jede Klimadefinition ist deshalb auch ein Abbild unserer intuitiven Vorstellung von «Klima». Einige Autoren versuchen deshalb, Klima im Sinn von Prozessen zu definieren:

Klima als langsame Vorgänge in Ozean und Atmosphäre

«*Klima beinhaltet die langsam variierenden Aspekte des Atmosphären-Hydrosphären-Land-Systems.*» (American Meteorological Society).

Wie bei der Wetterdefinition gibt es also zwei Definitionsmöglichkeiten: Klima als **mittlerer Zustand** und Klima als **systematische Veränderung** des Zustands.

Vor einiger Zeit hat der berühmte Meteorologe und Begründer der Chaostheorie Edward Lorenz (vgl. → Kap. 5 und 9) eine leicht humoristische Definition von Wetter und Klima geliefert, welche aber den Kern trifft:

«*Climate is what you expect, weather is what you get.*»

Klima ist, was man erwartet (ansprechend auf den statistischen Begriff des «Erwartungswerts», vgl. → Box 9.1), Wetter ist, was man kriegt.

Die unterschiedlichen Definitionen mögen für die Praxis irrelevant sein. Sie drücken aber auch die verschiedenen wissenschaftlichen Herangehensweisen an das Phänomen Klima aus. Die **empirische** oder statistische Herangehensweise sucht nach Zusammenhängen in Messreihen, die **prozessorientierte** Sichtweise nach Mechanismen. Es braucht aber beide Sichtweisen. Statistische Zusammenhänge verlangen nach einer Erklärung der Prozesse. Umgekehrt verlangen prozessorientierte Hypothesen nach empirischer Bestätigung. Klimatologie ist damit gleichzeitig eine **beschreibende Wissenschaft,** welche die Werkzeuge der Statistik nutzt, und eine **erklärende Wissenschaft,** welche die ablaufenden Prozesse zu verstehen versucht. Beide Kompetenzen – Physik und Statistik – sind für angehende Klimatologinnen und Klimatologen wichtig, und beide Sichtweisen sind in diesem Buch vereint.

Klimadefinitionen spiegeln die Herangehensweisen der Klimatologie

Box 1.1

Geschichte des Klimabegriffs und der Klimatologie

Der Begriff «Klima» ist abgeleitet vom griechischen Wort für **Neigung** (κλίμα). Der Begriff bezieht sich vermutlich auf Zonen gleicher geographischer Breite (gleiches «solares Klima») und umfasst dabei ursprünglich mehr als nur die atmosphärischen Größen. Lange Zeit war Klimatologie eine **beschreibende Hilfswissenschaft** für andere Wissenschaften wie Medizin, Geologie, Botanik oder Naturgeschichte, ohne eigenes Theoriegebäude und ohne eigene Methoden. Mit Wetter und Wettervorhersage beschäftigten sich außerdem die Astrologie und **Astrometeorologie;** das galt vielen von vornherein als unwissenschaftlich. Sich in diesem Umfeld als **wissenschaftliche Disziplin** zu etablieren, war nicht leicht. Erst vergleichsweise spät, im ausgehenden 19. Jahrhundert, entwickelten sich Meteorologie und Klimatologie zu eigenständigen Wissenschaften mit eigenen Theoriegebäuden und empirischer Forschung, mit eigenen Zeitschriften und eigenen Lehrstühlen (zum Klimabegriff vgl. → Box. 1.2).

Die Klimadefinition der WMO gibt eine Zeitskala vor: Klima ist die Statistik der Atmosphäre über 30 Jahre. Klimaveränderungen wären nach dieser Definition Veränderungen zwischen zwei 30-Jahres-Perioden, während Schwankungen von Jahr zu Jahr oder von Dekade zu Dekade als Klimavariabilität bezeichnet würden. Allerdings wissen wir – wir erleben es derzeit –, dass sich Klimaänderungen auch rasch abspielen können.

Skalen von Klimaprozessen reichen von Wolkentröpfchen bis zum Globus

Hier soll eine kurze Übersicht über **Zeit- und Raumskalen** im Klimasystem dargelegt werden. Die Vorgänge in der Atmosphäre umspannen mehrere Größenordnungen von Raum- und Zeitskalen. Chemische und **mikrophysikalische Vorgänge** (vgl. → Kap. 2) spielen sich auf Skalen von Mikrometern und Sekundenbruchteilen ab, Änderungen in den **Erdbahnparametern** (vgl. → Kap. 10) wirken sich global und auf Skalen von zehn- bis hunderttausend Jahren aus. Es gibt aber einige für die Meteorologie und Klimatologie typische Skalen, und diesen typischen Skalen können typische Prozesse zugeordnet werden und umgekehrt (→ Abb. 1-4): Turbulenz ist ein Phänomen auf der Skala von Sekunden oder Metern. Etwas größer sind Thermikblasen oder Konvektion (vgl. → Kap. 4). Gewitter oder Stadteffekte (vgl. → Kap. 8) spielen sich auf der Skala von Stunden und von 10–20 km ab. Wettersysteme (vgl. → Kap. 5) und Fronten dominieren auf der Skala von 1000–2000 km im Zeitraum von 2–3 Tagen. Es zeigt sich, dass in der Atmosphäre Raum- und Zeitskalen stark miteinander korreliert sind: Kleinräumige Vorgänge sind oft von kurzer Dauer, großräumige oder globale Prozesse lang anhaltend.

Raum- und Zeitskalen atmosphärischer Prozesse sind korreliert, äußere Einflüsse folgen nicht dieser Korrelation

Für ozeanische Vorgänge (vgl. → Kap. 7) könnte ein sehr ähnliches Diagramm gezeichnet werden. Auch hier wären Raum- und Zeitskalen korreliert, allerdings wären die Vorgänge nach rechts verschoben (hin zu längeren Zeitskalen). Ozean und Atmosphäre sind durch **Kopplungsprozesse** (Rhomben) miteinander verbunden, wodurch Schwankungen auf unterschiedlichen Skalen hervorgerufen werden können.

Bei **externen Klimafaktoren** (dargestellt mit Rechtecken) sind Raum- und Zeitskalen nicht immer korreliert. Landnutzungsänderungen können beispielsweise sehr lokal sein, aber über lange Zeit wirken. Umgekehrt kann ein starker Sonnensturm für kurze Zeit die globale Mesosphäre betreffen (vgl. → Kap. 10).

Energiekaskaden beschreiben, wie über viele Skalen hinweg Energie ausgetauscht wird

Die atmosphärischen Prozesse auf verschiedenen Skalen sind miteinander verbunden. Um den Gedanken des Klimasystems als Wärmemaschine weiterzutreiben, deren Aufgabe es ist, Energieungleichgewichte auszugleichen, können wir von «**Energiekaskaden**» sprechen. So treibt der großräumige Temperaturgradient die globale Zirkulation an, auf der kontinentalen Skala bilden sich planetare Wellen, in welche wie-

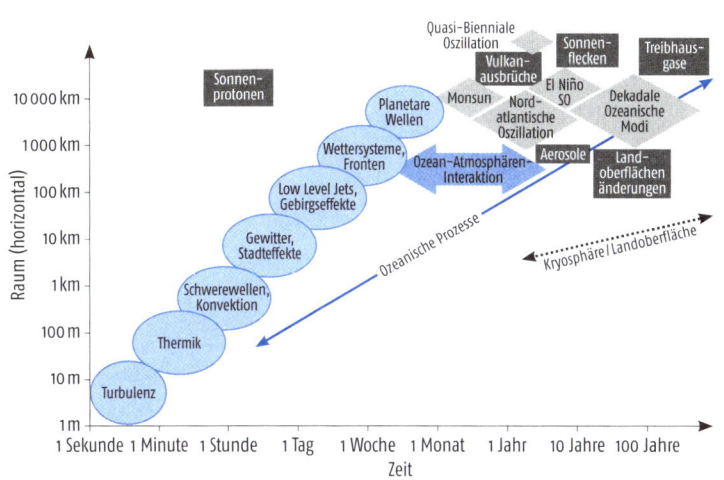

| Abb. 1-4

Raum- und Zeitskalen von atmosphärischen Prozessen (blaue Ellipsen), Klimaschwankungen (Rhomben) und von externen Einflussgrößen auf das Klimasystem (Rechtecke). Die Raum- und Zeitskalen sind nicht linear (vgl. Brönnimann 2015).

derum Sturmsysteme eingebettet sind. In diesen Systemen findet der Energieaustausch letztlich durch Durchmischung und turbulente Diffusion statt. Umgekehrt können sich kleinere **Konvektionszellen** (Zirkulationszellen mit warmer aufsteigender Luft in der Mitte und kühlerer absinkender Luft an den Rändern) miteinander verbinden und zu großen Systemen anwachsen, welche wiederum die großräumigeren Verhältnisse beeinflussen.

Das Verständnis des Klimasystems erfordert daher die Betrachtung von Prozessen auf ganz unterschiedlichen Skalen. Dies ist eine große Herausforderung für die numerische **Modellierung,** aber auch für das Verständnis von Skalen-Interaktionen. So können gleichzeitige Vorgänge auf ganz unterschiedlichen Skalen oft nicht gleichzeitig modelliert werden, selbst wenn sie physikalisch verstanden sind (vgl. → Kap. 9).

Klima umfasst Prozesse mit unterschiedlichen Raum-Zeit-Beziehungen

In diesem Schema befasst sich die Klimatologie zwar mit den längeren Zeitskalen (alle grauen Felder), während die Meteorologie die kürzeren Schwankungen (blau) betrachtet. Allerdings lassen sich die grauen Felder ohne die blauen nicht verstehen. Außerdem können auch die Prozesse auf den kürzeren Skalen langfristig schwanken.

1.3 Das Klimasystem

1.3.1 Systembegriff und Sphären

Klima kann als System konzeptualisiert werden

Das Klima wird oft als komplexes System bezeichnet. Es umfasst unterschiedliche, miteinander wechselwirkende Bereiche. All diese Beziehungen im Detail zu erfassen, ist kaum möglich. Mit dem Systembegriff wird eine vereinfachte Gesamtsicht angestrebt. Systeme sind konzeptionelle Vereinfachungen der komplexen Realität. Früher dienten sie als gedankliches Werkzeug. Systeme konnten konzeptionell in Teilsysteme zerlegt und so besser untersucht werden. Heute sind Systeme auch abgebildet in **Klimamodellen** (vgl. → Kap. 9), welche oft als Verbund von Teilmodellen modular aufgebaut sind. Die komplexesten Modelle werden als Erdsystemmodelle bezeichnet, was die Systemsicht deutlich macht.

Box 1.2

▼

Alexander von Humboldts Klimadefinition

Eine der ersten Klimadefinitionen stammt vom Geographen und Naturforscher **Alexander von Humboldt** (→ Abb. 1-5). In seinem «**Kosmos**» (1845) stellte er den **Menschen** in den Mittelpunkt seiner Klimadefinition (S. 345):

«Der Ausdruck Klima bezeichnet in seinem allgemeinen Sinne alle Veränderungen in der Atmosphäre, die unsere Organe merklich afficieren: die Temperatur,

Abb. 1-5

Porträt von Alexander von Humboldt (Gemälde von Friedrich Georg Weitsch, 1806).

die Feuchtigkeit, die Veränderungen des barometrischen Druckes, den ruhigen Luftzustand oder die Wirkungen gleichnamiger Winde, die Größe der electrischen Spannung, die Reinheit der Atmosphäre oder die Vermengung mit mehr oder minder schädlichen gasförmigen Exhalationen, endlich den Grad habitueller Durchsichtigkeit und Heiterkeit des Himmels, welcher nicht bloß wichtig ist für die vermehrte Wärmestrahlung des Bodens, die organische Entwicklung der Gewächse und die Reifung der Früchte, sondern auch für die Gefühle und ganze Seelenstimmung des Menschen.»

Gleichzeitig nahm Humboldt auch die **Systemsicht** des Klimas vorweg und sah Klima als Interaktion zwischen Teilbereichen des Klimasystems (S. 304):

«Das Wort Klima bezeichnet allerdings zuerst eine specifische Beschaffenheit des Luftkreises; aber diese Beschaffenheit ist abhängig von dem perpetuirlichen Zusammenwirken einer all- und tiefbewegten, durch Strömungen von ganz entgegengesetzter Temperatur durchfurchten Meeresfläche mit der wärmestrahlenden trockenen Erde, die mannigfaltig gegliedert, erhöht, gefärbt, nackt oder mit Wald und Kräutern bedeckt ist.»

Diese Defintion ist aus heutiger Sicht sehr aktuell, beschreibt sie doch exakt, was in einem Erdsystemmodell abgebildet wird: eine Kopplung der Systemkomponenten Ozean, Atmosphäre und Landoberfläche mit den wichtigen Prozessen Zirkulation und Strahlung. Allerdings konnte sich Humboldts Definition nicht durchsetzen. Mit dem Aufkommen von Messnetzen und der Verfügbarkeit langer Datenreihen orientierte sich die Klimatologie an der Klimadefinition von Julius Hann, welche auf **Durchschnittswerten** oder statistischen Beschreibungen von Beobachtungen beruht. Dieser Definition folgte auch die Weltorganisation für Meteorologie (WMO). Sie definierte die erste **Klimanormperiode** als 1901–1930, welche dann alle 30 Jahre neu berechnet werden soll. Es folgten die Normperioden 1931 bis 1960 und 1961 bis 1990. Wegen der sehr schnellen Erwärmung sind viele Institutionen zu einer zehnjährlichen Aufdatierung der 30-Jahres-Periode übergegangen, sodass heute oft 1981–2010 als Normperiode verwendet wird.

▲

Das Klimasystem wird meist in **Komponenten** oder Teilsphären unterteilt (→ Abb. 1-6): Atmosphäre, Hydrosphäre (die Wassersphäre: Ozeane, Seen, Flüsse, Grundwasser), Kryosphäre (die gefrorene Sphäre: Eisschilde, Gletscher, Meereis), Pedo- oder Lithosphäre (Boden und Gesteinsoberfläche), Biosphäre und Anthroposphäre (derjenige Teil des Erdsystems, der durch den Menschen beeinflusst und verändert wird). Jede der Sphären kann – je nach Gesichtspunkt – weiter unterteilt werden. Die Atmosphäre wird oft weiter unterteilt in Troposphäre (untere Atmosphäre), Stratosphäre und Mesosphäre (zusammen auch als «mittlere Atmosphäre» bezeichnet) und obere Atmosphäre (vgl. → Abb. 2-3). Die Troposphäre kann weiter unterteilt werden in die

Das Klimasystem besteht aus den Teilsystemen Atmosphäre, Hydrosphäre, Kryosphäre, Pedosphäre und Biosphäre

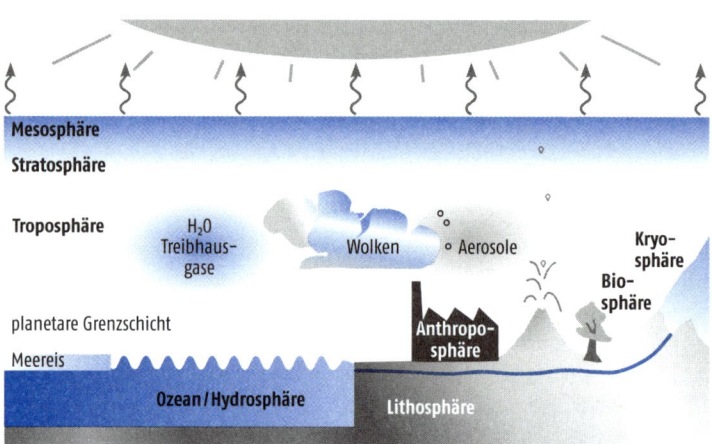

Abb. 1-6

Das Klimasystem mit seinen Teilsystemen (fett) und einigen wichtigen Komponenten der Atmosphäre. Die Höhe ist nicht maßstabsgetreu dargestellt. Durch die Systemgrenze zum Weltall tauscht das Klimasystem Energie aus.

planetare Grenzschicht (die vom Erdboden beeinflusste Schicht), die freie Troposphäre und die Tropopausenregion. Gliederungskriterien für solche Einteilungen sind die **Temperaturschichtung,** die mechanische Beeinflussung vom Boden her oder die chemische Zusammensetzung.

Aber was ist ein System genau? Ein **System** ist eine Menge miteinander in Beziehung stehender **Elemente** (→ Abb. 1-7), die durch ihre Interaktionen ein sinnvolles Ganzes ergeben. Zwischen den Teilsystemen und Elementen werden Eigenschaften ausgetauscht respektive in ihnen gespeichert. Hier betrachten wir Energie, Masse und Impuls, wie wir im folgenden Kapitel darlegen; in anderen Systemen können das auch Güter, Kapital, Informationen oder Menschen sein.

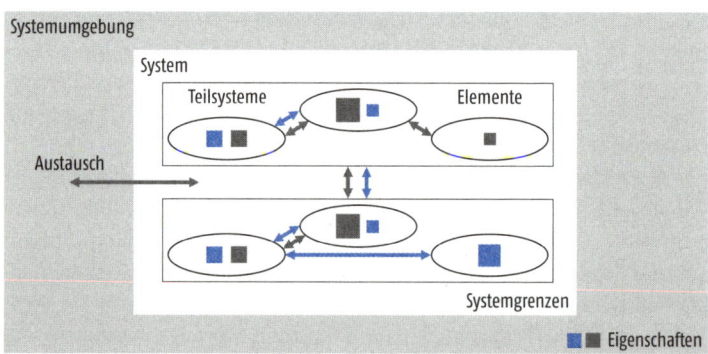

Abb. 1-7

Schematische Darstellung eines Systems mit Grenzen, Teilsystemen, Elementen und Austauschbeziehungen dazwischen. Als Beispiel sind zwei Eigenschaften (blau und grau) gezeigt. Das System ist geschlossen bezüglich der blauen Eigenschaft, aber offen bezüglich der grauen.

Box 1.3

Begriffsdefinitionen zum Systemverhalten

Stabilität: Zustand geringerer potentieller Energie des Systems. Kräfte wirken in die Richtung des stabilen Zustands. Das Gegenteil ist ein labiler Zustand. Hier wirken Kräfte vom Zustand weg. Metastabile Zustände sind bis zu einem gewissen Grad der Störung stabil, darüber hinaus instabil. Die Geschichte des Erdklimas zeigt oft Anzeichen des Letzteren.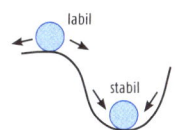

Rückkopplung: Führt eine Veränderung zu einer weiteren Veränderung, welche sich wiederum auf die erste Veränderung auswirkt, spricht man von einer Rückkopplung. Wenn die Rückkopplung die ursprüngliche Veränderung verstärkt, ist die Rückkopplung positiv, wenn sie sie abschwächt, negativ. Im Klimasystem sind Rückkopplungen häufig; ein bekanntes Beispiel ist die Eis-Albedo-Rückkopplung (→ Kap. 7.3).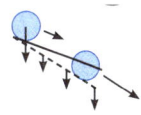

Irreversibilität: Wenn ein Zurück in den alten Zustand nicht möglich ist, oder allgemein, wenn die Zeitskala der Erholung des Systems von einer Störung sehr viel länger dauert als die Störung selber, spricht man von Irreversibilität. Lokal kann dies beispielsweise die Erosion eines Bodens und damit das Fehlen einer Pflanzendecke sein.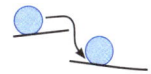

Kipppunkte (tipping points): Wenn ein System mehrere stabile Zustände hat, können Übergänge zwischen diesen Zuständen abrupt sein. Das System kippt dann schnell von einem Zustand in den anderen. Ein solches Verhalten ist aus biologischen Systemen bekannt. Über Kipppunkte im Klimasystem ist noch nicht sehr viel bekannt.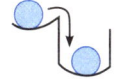

Hysterese: Die Abhängigkeit des Systemzustands von einer Variablen kann pfadabhängig sein. Beim gleichen Variablenwert sind dann zwei stabile Zustände möglich. Je nachdem von welcher Seite her sich das System diesem Zustand nähert, gelangt das System in den einen oder den anderen Zustand. Diese Pfadabhängigkeit heißt Hysterese. In Klimamodellen weist die dichtegetriebene Umwälzzirkulation des Atlantiks ein Hystereverhalten auf (vgl. → Kap. 7).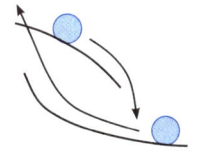

Ein System hat eine definierte Grenze. Je nachdem, ob Beziehungen durch diese Grenze hindurch stattfinden können oder nicht, wird das Modell offen, geschlossen oder abgeschlossen (in der Folge als isoliert bezeichnet) genannt. In einem geschlossenen System findet kein Massenaustausch mit der Umgebung statt, in einem isolierten System kein Energieaustausch. Die Grenzen des Klimasystems sind der obere Rand der Atmosphäre sowie die Lithosphäre. Durch die Obergrenze wird **Energie** in Form von **Strahlung** ausgetauscht. Die Atmosphäre verliert auch Masse an den Weltraum, dies ist aber klimatisch nicht relevant, sodass das Klimasystem für die allermeisten Fragestellungen als ein geschlossenes System betrachtet werden darf. Die Untergrenze ist dort, wo die Flüsse für die betrachteten Zeitskalen als irrelevant angesehen werden können. So spielen Sedimentation und Verwitterung für das Klima nur auf langen Zeitskalen eine Rolle; für Zeitskalen von Jahren bis Jahrzehnten muss die Lithosphäre damit nicht mitbetrachtet werden.

Systeme weisen als Ganzes ein Verhalten auf

Systeme haben als Ganzes eine **Dynamik**. Sie können keinen, einen oder mehrere Gleichgewichtszustände kennen, in denen sie verharren. Sie können Eigenschaften wie Hysterese (Pfadabhängigkeit) zeigen. **Rückkopplungseffekte** können einen Zustand verstärken oder abschwächen. Manche Systeme kennen Schwellenwerte, ober- oder unterhalb derer sich das Systemverhalten ändert. Solche Änderungen können reversibel oder irreversibel sein. Die wichtigsten Begriffe sind in → Box 1.3 definiert.

1.3.2 | Flüsse und Bilanzen von Energie, Masse und Impuls

Systemsicht stellt Klimaprozesse als Austausch und Speicherung von Energie, Masse und Impuls dar

Die Komponenten des Klimasystems sind durch physikochemische Prozesse miteinander verbunden. Diese Wechselwirkungen beinhalten Austausch (physikalisch: **Flüsse**) und **Speicherung** von drei fundamentalen Eigenschaften:

Energie (in Form von Strahlung, Wärme, Lageenergie etc.)
Masse (beispielsweise Wasser, Gase, Aerosole etc.)
Impuls (in Form von bewegter Luft und bewegtem Wasser)

→ Abb. 1-8 zeigt eine systematische Darstellung der Flüsse dieser drei Eigenschaften im Klimasystem. Die Flüsse spielen sich einerseits zwischen Elementen innerhalb einer Teilsphäre ab, andererseits aber auch zwischen den Teilsphären (beispielsweise zwischen Atmosphäre und Ozean), wodurch diese Sphären gekoppelt werden. Innerhalb der Atmosphäre sehen wir bestimmte Elemente (Wolken, Aerosole, Treibhausgase), welche sowohl im Massen- als auch im Energiehaushalt eine wichtige Rolle spielen. Das Buch orientiert sich an dieser Systemsicht und wird immer wieder auf Flüsse und Bilanzen der drei Eigenschaften eingehen. Treibhausgase, Aerosole und Wolken werden in → Kap. 2 eingeführt. Die Energiebilanz ist das Thema von → Kap. 3. Die Massenflüsse werden am Beispiel Kohlenstoff und Wasser später in diesem Kapitel (→ Kap. 1.3.4 und 1.3.5) vorgestellt, die Impulsflüsse in → Kap. 5.

Energie, Masse und Impuls bleiben erhalten

Die Sichtweise des Klimasystems als Austausch von Energie, Masse und Impuls zwischen Teilsystemen oder Elementen erlaubt das Formulieren von **Erhaltungssätzen**. Das Klimasystem ist zwar offen für Energie (Einstrahlung, Ausstrahlung), befindet sich jedoch quasi in einem Gleichgewicht mit dem Weltraum, sodass die Energie als erhalten

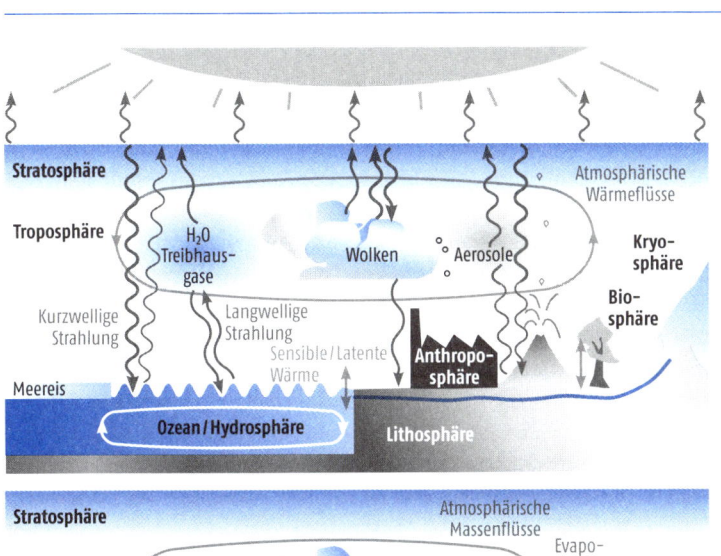
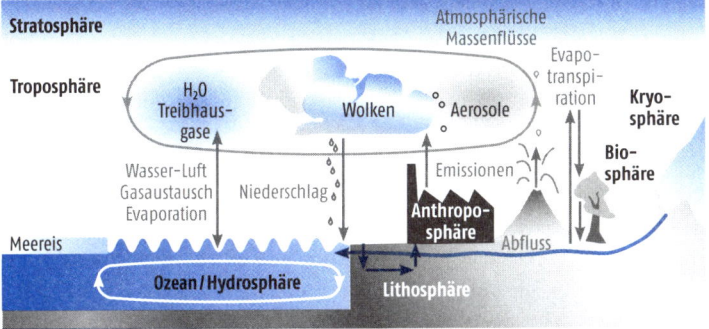
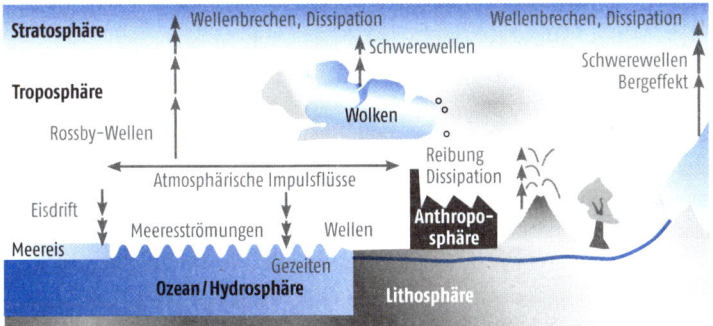

Abb. 1-8

Schematische Darstellung des Klimasystems mit den wichtigsten Flüssen von Energie (oben), Masse (Mitte) und Impuls (unten).

betrachtet werden kann. Das bedeutet, dass gleich viel Energie in den Weltraum abgestrahlt wird, wie von der Sonne eingestrahlt wird. Für Masse ist das System geschlossen, sofern man den geringen Massenverlust an den Weltraum, der für meteorologische Fragestellungen nicht relevant ist, vernachlässigt. Dasselbe gilt für den Impuls. Man kann also davon ausgehen, dass im Klimasystem **Energie, Masse** und **Impuls** erhalten bleiben. Diese Eigenschaften macht man sich bei der Formulierung der **atmosphärischen Grundgleichungen** (vgl. → Kap. 5) zunutze.

Innerhalb eines Systems kann Masse oder Energie in Elementen oder Teilsystemen gespeichert werden. Manche Stoffe haben zudem **Quellen** und **Senken** inner- oder außerhalb der Systemgrenzen. Außerdem kann es zu chemischen **Umwandlungen** kommen.

Eine zentrale Rolle im Verständnis des Klimas nimmt die **Energiebilanz** ein. Die Energie kommt im Klimasystem in unterschiedlichen Formen vor. **Strahlung,** die von der Sonne oder Erde abgegebene elektromagnetische Strahlung verschiedenster Wellenlänge, ist die wichtigste Energieform und wird über die Systemgrenzen ausgetauscht. Zur Energiebilanz an der Erdoberfläche tragen neben der Strahlung, welche als steuernde Größe wirkt, auch drei Wärmeflüsse bei: der Fluss **sensibler Wärme** (die fühlbare Wärme der Luft), der Fluss **latenter Wärme** (die Energie, welche in Form von Wasserdampf gespeichert ist und bei der Kondensation wieder frei wird) sowie die **Wärmeleitung** in den Untergrund. Weitere Energieformen in der Atmosphäre sind kinetische Energie und potentielle Energie, welche ineinander umgewandelt werden. In → Kap. 4.6 werden gängige Diagnostiken des atmosphärischen Energiegehalts vorgestellt.

Energiegefälle ist Antrieb des Klimasystems

Räumliche Unterschiede in der Energiebilanz sind der Antrieb des Klimasystems, welches danach strebt, diese Unterschiede auszugleichen. Außer bei Strahlungsvorgängen geschieht dies vor allem über Massenflüsse (beispielsweise in Form von fühlbarer oder latenter Wärme) sowohl in der Atmosphäre als auch im Ozean, welche wiederum an **Impulsflüsse** gebunden sind. Dadurch sind Energie-, Massen- und Impulsbilanz miteinander gekoppelt.

Energie-, Masse- und Impulsflüsse verbinden das Klimasystem mit anderen Systemen

In der Systemsicht lassen sich atmosphärische Prozesse hinsichtlich ihrer Rolle für die Flüsse und Bilanzen von Energie, Masse und Impuls darstellen. Umgekehrt sind die Flüsse wichtig als Diagnostik der zugrunde liegenden Prozesse. Energie-, Masse- und Impulsflüsse verbinden das Klimasystem mit anderen Aspekten des **Mensch-Umwelt-Systems,** wie beispielsweise marinen Ökosystemen oder der Landwirtschaft.

1.3.3 Physikalische Beschreibung

Wie werden diese Flüsse und Bilanzen dargestellt? Bevor wir uns den Wasserkreislauf und Kohlenstoffkreislauf anschauen, werden in diesem Kapitel die physikalischen Grundlagen zu deren Beschreibung repetiert, beginnend mit den Einheiten.

Wer in alten meteorologischen Arbeiten blättert, findet oft eine Vielzahl von heute nicht mehr gebräuchlichen **Einheiten**. Im Internationalen Einheitensystem, kurz SI (frz. «Système international d'unités»), werden Einheiten für physikalische Größen festgelegt, und heute richtet sich die Meteorologie danach. Einheiten sind aber nicht nur eine Konvention, sondern sind auch für das Verständnis der Vorgänge wichtig. Die **Einheitenkontrolle** ist ein unabdingbares Mittel zur Fehlerdetektion, und mit der **Dimensionsanalyse** können anhand von Einheiten sogar physikalische Gesetze gefunden werden. In diesem Buch sind die Einheiten jeweils hinter den Formeln in eckigen Klammern angegeben.
→ Tab. 1-3 stellt die wichtigsten physikalischen **Basisgrößen,** abgeleitete

Tab. 1-3

Physikalische Größen und Einheiten (Basisgrößen im SI-System sind grau unterlegt). Zu Konzentrationen vgl. → Box 2.2. Wichtige Konstanten sind in → Box 4.2 zusammengestellt.

Größe	Formel	Größensymbol	Dimensionssymbol	Einheit	Einheitenzeichen
Länge		l	L	Meter	m
Fläche		A	L^2		m^2
Volumen		V	L^3		m^3
Masse		m	M	Kilogramm	kg
Dichte	$m\, V^{-1}$	ρ	$M\, L^{-3}$		$kg\, m^{-3}$
Zeit		t	T	Sekunde	s
Geschwindigkeit	$l\, t^{-1}$	v	$L\, T^{-1}$		$m\, s^{-1}$
Beschleunigung	$v\, t^{-1}$	a	$L\, T^{-2}$		$m\, s^{-2}$
Impuls	$m\, v$	$\vec{p}$	$M\, L\, T^{-1}$		$kg\, m\, s^{-1}$ $N\, s$
Kraft	$m\, a$	F	$M\, L\, T^{-2}$		$kg\, m\, s^{-2}$ N
Druck	$F\, A^{-1}$	p	$M\, L^{-1}\, T^{-2}$	Pascal	Pa $N\, m^{-2}$ $kg\, m^{-1}\, s^{-2}$
Temperatur		T	θ	Kelvin	K
Energie, Arbeit	$F\, l$	E	$M\, L^2\, T^{-2}$	Joule	J $N\, m$ $kg\, m^2\, s^{-2}$
Leistung	$E\, t^{-1}$	P	$M\, L^2\, T^{-3}$	Watt	W $J\, s^{-1}$ $kg\, m^2\, s^{-3}$
Energieflussdichte (Leistungsdichte)	$P\, A^{-1}$		$M\, T^{-3}$		$W\, m^{-2}$ $J\, m^{-2}\, s^{-1}$ $kg\, s^{-3}$
Stoffmenge		n	N	Mol	mol

Größen sowie deren Einheiten vor. In → Box 4.1 gehen wir dann auf meteorologische Größen und Variablen ein.

Masse m, Impuls $\vec{p}$ und Energie E sind die drei wichtigen Systemeigenschaften, für welche wir Bilanzen bilden und Austauschvorgänge betrachten. **Flüsse** (im Folgenden F) beschreiben den Austausch und sind definiert als **Größe pro Zeit**. Die Einheiten sind kg s^{-1} für den Massenfluss, kg m s^{-2} für den Impulsfluss und J s^{-1} für den Energiefluss. Die Stärke des Impulsflusses ist bezüglich den Einheiten eine Kraft, die Stärke des Energieflusses eine Leistung. So können Flüsse in und aus einem Speicher, also einem Volumen, quantifiziert werden. Wenn wir von Flüssen sprechen, meinen wir allerdings oft **Flussdichten**, das sind **Flüsse pro Fläche**. Die **Massenflussdichte** hat dabei die Einheit kg m^{-2} s^{-1}, die **Impulsflussdichte** die Einheit kg m^{-1} s^{-2} und die **Energieflussdichte** J m^{-2} s^{-1} oder W m^{-2} (da letztere besonders wichtig ist, beispielsweise als Einheit für **Strahlung,** ist sie in → Tab. 1-3 angegeben). Strahlungsflussdichten werden in diesem Buch mit Q bezeichnet. Die Fläche, auf welche sie sich beziehen, ist in der Regel die Erdoberfläche oder die Obergrenze der Atmosphäre.

Die Atmosphäre ist ein Kontinuum und die Betrachtung von Volumeneinheiten manchmal wenig sinnvoll. Flüsse innerhalb der Atmosphäre können auch als Vektorfeld dargestellt werden. Dabei wird die Eigenschaft duch das Volumen dividiert und mit dem Windvektor multipliziert. Der Massenfluss wird zu:

$$\vec{F} = \vec{v}\,\rho \qquad [kg\,m^{-2}\,s^{-1}]$$

Bezüglich der Einheit ist das eine Massenflussdichte.

Bilanzgleichung

Mit Flüssen und Bilanzen lassen sich für ein Volumen **Bilanzgleichungen** in der folgenden Art formulieren (schematisch in → Abb. 1-9 dargestellt):

$$F_1 - F_2 - \frac{dC}{dt} = 0$$

Hier steht C für eine Eigenschaft (Masse, Impuls, Energie), t für die Zeit, F_1 ist der Fluss in das Volumen hinein, F_2 ist der Fluss aus dem Volumen heraus (Einheit: Eigenschaft pro Zeit). Die Gleichung geht davon aus, dass C im Volumen nicht entsteht oder zerstört wird und besagt, dass die Flüsse in und aus dem Volumen durch eine Änderung des Inhalts des Volumens ausgeglichen werden. Wenn mehr ausströmt (F_2) als einströmt (F_1), dann sinkt die Menge C, also ist dC/dt negativ (vgl. → Box 1.4 für die Notation dC/dt). Umgekehrt formuliert bedeutet dies, dass nicht die Flüsse an sich, sondern nur deren Differenz zu einer Veränderung der Eigenschaft C in dem Volumen führen können.

Box 1.4

Differenz, Gradient, partielle Ableitung, Differential

In der Klimatologie – und in diesem Buch – kommen die Begriffe «Differenz», «Gradient», «partielle Ableitung» und «Differential» oft vor. Hier sind diese Begriffe kurz erklärt.
Die Differenz zwischen zwei Werten der Funktion h, beispielsweise $h_1 - h_0$, braucht nicht weiter erklärt zu werden. Ist h eine Funktion im dreidimensionalen Raum, also $h = f(x, y, z)$, oder in der Zeit, $h = f(t)$, wird oft die Delta-Schreibweise verwendet:

$$\Delta h = h_1 - h_0$$

Dagegen werden Differenzen zum zeitlichen Mittelwert (sie werden «Anomalien» genannt) meist apostrophiert geschrieben als $h' = h - \bar{h}$ (vgl. → Box. 6.3), wobei $\bar{h}$ den zeitlichen Mittelwert darstellt. Abweichungen vom Mittel entlang eines Längenkreises werden oft mit *, das Mittel mit [ ] bezeichnet: $h^* = h - [h]$.
Wird die Differenz auf die Veränderung der zugrunde liegenden Dimension bezogen, sprechen wir von einem Gradienten. Der Begriff «Gradient» ist in der Klimatologie zentral. Mathematisch ist der Gradient definiert als Differentialoperator (vgl. unten). In der Meteorologie wird er in aller Regel auf den Raum bezogen, beschreibt also die räumliche Änderung einer Variablen. Wird eine Änderung auf die Zeit bezogen, sprechen wir von einer Tendenz oder einem Trend. Eindimensional (beispielsweise in der Vertikalen) kann der Gradient durch den Differenzenquotienten, beispielsweise:

$$\frac{\Delta h}{\Delta z}$$

angenähert werden. Geht die Distanz Δz gegen 0, wird daraus der Differentialquotient

$$\frac{dh}{dz}$$

Oft betrachten wir in der Klimatologie Variablen im dreidimensionalen Raum (x, y, z), und zwar entweder skalare Größen (wie beispielsweise Temperatur) oder vektorielle Größen (beispielsweise Wind). Der Gradient einer skalaren Größe ist ein Vektorfeld, wobei die Komponenten des Vektors die Änderungen in der entsprechenden Richtung sind. Der Gradientvektor deutet in Richtung des stärksten Anstiegs.
In der Meteorologie betrachten wir den Gradienten in der Regel zweidimensional horizontal (x, y) oder eindimensional in der Vertikalen (z). Für $h = f(x, y)$ resp. $h = f(z)$ wäre der Gradient an der Stelle (x, y) resp. an der Stelle z:

$$\vec{\nabla} h = \begin{pmatrix} \frac{\partial h}{\partial x} \\ \frac{\partial h}{\partial y} \end{pmatrix} \qquad \vec{\nabla} h = \frac{\partial h}{\partial z}$$

Hier ist $\vec{\nabla}$ das Nabla-Symbol, d.h. der Vektor der partiellen Ableitungsoperatoren:

$$\vec{\nabla} = \begin{pmatrix} \frac{\partial}{\partial x} \\ \frac{\partial}{\partial y} \end{pmatrix}$$

Das Symbol ∂ steht hier für die partielle Ableitung der Funktion f nach den Argumenten x und y resp. z. Der Gradient ist somit der Vektor der partiellen Ableitungen erster Ordnung nach allen Argumenten.
Verwandt mit dem Gradient ist das totale Differential:

$$dh = \frac{\partial h}{\partial x} dx + \frac{\partial h}{\partial y} dy$$

Es entspricht der Änderung von h, wenn man sich in Richtung (dx, dy) bewegt. Oft wird das totale Differential mit einem großen D, also beispielsweise Dh, geschrieben. Für Vektorfelder entspricht dem Gradienten der Begriff der Divergenz, die wiederum ein Skalarfeld ist (vgl. → Box 5.1).

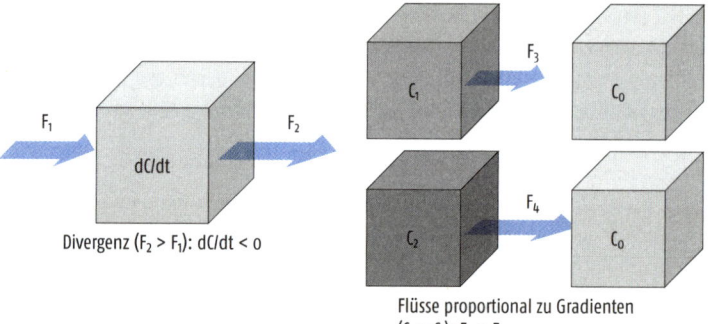

Abb. 1-9
Schematische Darstellung einiger Beziehungen zwischen Flüssen und Mengen in Volumenelementen.

Divergenz ($F_2 > F_1$): $dC/dt < 0$

Flüsse proportional zu Gradienten
($C_2 > C_1$): $F_4 > F_3$

Nicht Flüsse, sondern Flussdivergenzen führen zu Änderungen der Bilanz

Wenn die Differenz zwischen Flüssen auf den Raum bezogen wird, sprechen wir von **Flussdivergenz** oder Flusskonvergenz (der Begriff «Divergenz» wird fluiddynamisch in → Kap. 5 und speziell in → Box 5.1 eingeführt). Veränderungen von C sind also immer die Folge einer Flussdivergenz oder Flusskonvergenz. Wir werden dieses Konzept bei den folgenden Unterkapiteln für die Masse anwenden. In → Kap. 3 werden wir diesem Konzept in Zusammenhang mit Energie und in → Kap. 5 in Zusammenhang mit den atmosphärischen Grundgleichungen wieder begegnen.

Wir haben jetzt ein Volumenelement angeschaut. Wenn wir zwei benachbarte Volumenelemente mit unterschiedlichen Eigenschaften

C anschauen, stellen wir fest, dass Flüsse zwischen den beiden Elementen oft durch Unterschiede in den Größen bedingt sind (→ Abb. 1-9 rechts). Für physikalische Vorgänge, wie z. B. Diffusion oder Konduktion (Wärmeleitung), sind Flüsse direkt proportional zu den Konzentrations- oder Temperaturunterschieden (oder auf den Raum bezogen: Temperaturgradienten).

Flüsse sind oft proportional zu den Gradienten

Box 1.5

Einheiten-Konventionen in der Meteorologie

Die Atmosphäre ist ein Kontinuum. Volumeneinheiten oder Masseeinheiten sind nicht im Vornherein definiert. In der Meteorologie werden physikalische Größen deshalb oft auf die «**Einheitsmasse**» bezogen, d. h., durch die Masse dividiert (oder normiert). Das ändert nun aber die Einheiten. Eine Kraft wird dadurch zu einer Beschleunigung. Leider wird das nicht immer explizit geschrieben und beispielsweise von «Corioliskraft» statt «Coriolisbeschleunigung» gesprochen (diese Kraft wird in → Kap. 5 eingeführt). Andere Größen werden auf **Einheitsfläche** oder **-volumen** bezogen. Auch das ändert die Einheiten – umso wichtiger ist eine Einheitenkontrolle! (In diesem Buch werden wir immer explizit schreiben, wenn eine Gleichung auf die Einheitsmasse bezogen wurde.)

Für Flussdichten werden besonders in der Grenzschichtmeteorologie manchmal **kinematische Einheiten** verwendet. Bei diesen Einheiten werden die Impulsflussdichte und die Massenflussdichte durch die Dichte der Luft ρ (Einheit kg m^{-3}) dividiert; Wärmeflussdichten (vgl. → Tab. 1-3) werden zusätzlich durch die Wärmekapazität der Luft bei konstantem Druck c_{Lp} (J kg^{-1} K^{-1}) dividiert (vgl. → Kap. 4). In kinematischen Einheiten wird so aus einer Massenflussdichte (kg m^{-2} s^{-1}) eine Geschwindigkeit (m s^{-1}), aus einer Impulsflussdichte (kg m^{-1} s^{-2}) wird das Produkt von zwei Geschwindigkeiten (m s^{-1} m s^{-1}). Die Einheit der Wärmeflussdichte (W m^{-2}, was dasselbe ist wie J m^{-2} s^{-1}) wird in kinematischen Einheiten zu K m s^{-1}. Diese Einheiten haben den Vorteil, dass sie sich direkt **messen** lassen: Die Massenflussdichte in kinematischen Einheiten ist ganz einfach der Wind, die Impulsflussdichte ist das Produkt zweier Winde, und die Wärmeflussdichte ist das Produkt von Temperatur und Wind.

Die Systeme für Massen- und Energieflüsse sind durch den Wasserdampf, der sowohl Masse als auch latente Energie darstellt, verbunden. Der Massenfluss (Einheit: kg s^{-1}) muss dazu mit der **spezifischen Verdampfungsenthalpie** für Wasser L_v (Einheit J kg^{-1}; vgl. → Box 4.2) multipliziert werden; es ergibt sich ein Energiefluss J s^{-1} (genau gleich ist mit Flussdichten und kinematischen Einheiten zu verfahren). In → Kap. 4 gehen wir näher auf die Thermodynamik in der Atmosphäre ein, wo diese Zusammenhänge verwendet werden.

Umwälzdauer, Verweilzeit und Lebensdauer charakterisieren Stoffumsätze im Klimasystem

Wichtige Größen zur Beschreibung von **Zeitskalen** von Massenveränderungen in Systemen sind **Umwälzdauer, Verweilzeit** und **Lebensdauer** oder **Gleichgewichtslebensdauer**. Die Umwälzdauer eines Volumens setzt den gesamten Masseninhalt eines Volumens und alle Flüsse aus diesem Volumen (oder alle Flüsse in das Volumen, was unter Gleichgewichtsbedingungen dasselbe ist) zueinander ins Verhältnis. Die Verweilzeit ist gleich definiert, bezieht sich aber auf einzelne Stoffe. Während also die Umwälzdauer beispielsweise die gesamte Wassermasse eines Sees betrachtet, bezieht sich die Verweilzeit beispielsweise auf einen Schadstoff im Wasser eines Sees. Wenn die Flüsse über die Zeit konstant sind, entspricht die Verweilzeit derjenigen Zeit, welche ein Molekül eines bestimmten Stoffs durchschnittlich in dem betrachteten Volumen verbringt.

Die **chemische Lebensdauer** beruht auf dem gleichen Konzept. Statt Flüssen werden hier chemische Umwandlungsvorgänge betrachtet. Oft wird dabei davon ausgegangen, dass sich das System in einem Gleichgewicht befindet **(Gleichgewichtslebensdauer)**, da sich die Lebensdauer sonst schwer quantifizieren lässt.

Die **Umwälzdauer** eines Volumens und die **Verweilzeit** eines Stoffs in einem Volumenelement oder Teilsystem können beide ausgedrückt werden als:

Verweilzeit = Inhalt des Volumens/(Summe der Flüsse aus dem Volumen),

symbolisch:

$$\tau = \frac{C}{\Sigma F} \quad [s]$$

und die chemische Lebensdauer entsprechend als:

Lebensdauer = Konzentration/(Summe der Abbauraten)

Oft gibt es zwischen zwei Teilsystemen große Flüsse in beide Richtungen. In feuchter Luft über einer Wasserfläche wechseln beispielsweise fast ebenso viele Moleküle vom Wasser in die Luft wie umgekehrt; aber eben nur fast. Für Klimavorgänge sind oft weniger die absoluten Flüsse als die Differenzen (Nettoflüsse) relevant. In diesem Fall ist der Nettofluss die Verdunstung. Verweilzeit oder (Gleichgewichts-)Lebensdauer werden deshalb oft auf die Nettoflüsse bezogen.

Die Verweilzeit von Wasserdampf in der Atmosphäre beträgt 9 Tage

Im Folgenden berechnen wir die Verweilzeit von Wasser in der Atmosphäre. Die Atmosphäre enthält geschätzte 12700 Gt (Gigatonnen, vgl. → Tab. 1-4) Wasser in Form von Wasserdampf (vgl. → Kap. 1.3.4), also C = 12700 Gt. Der global aufsummierte Niederschlag (Fluss aus dem Volumen) beträgt ungefähr 2.87 mm pro Tag oder ca. 1462 Gt pro Tag. Gleichzeitig gibt es keinen anderen Fluss aus der

Atmosphäre als Niederschlag, also $\Sigma F = F = 1462$ Gt d^{-1} (d ist das Einheitenzeichen für Tag). Somit kann die Verweilzeit von Wasser in der Atmosphäre berechnet werden:

$$\tau = \frac{12700 \text{ Gt}}{1462 \text{ Gt } d^{-1}} \quad [d]$$

Die Verweilzeit beträgt also 9 Tage.

Manchmal ist die Konzentration nicht im Gleichgewicht, oder man will eine Zeitskala spezifisch für einen Vorgang beziffern. Dieser Prozess ist dann oft proportional zur Stoffmenge selbst, beispielsweise beim radioaktiven Zerfall:

$$\frac{dN}{dt} = k\,N \quad [mol\ s^{-1}]$$

Hier ist N die Stoffmenge. Die Proportionalitätskonstante k ist die Zerfallsrate (in s^{-1}). Dies ist eine lineare Differentialgleichung; die Lösung resultiert in einer exponentiell abfallenden Kurve mit N_0 als Anfangsbedingung und der Zeitdauer dt:

$$N = N_0\,e^{-dt\,k} \quad [mol]$$

Vorsilbe	Symbol	Wert	Beispiele
Peta	P	10^{15}	PW (Petawatt), globale Energieflüsse
Tera	T	10^{12}	TW (Terawatt), Energieflüsse
Giga	G	10^{9}	Gt (Gigatonnen), Kohlenstoffreservoire
Mega	M	10^{6}	Mt (Megatonnen), Schwefelausstoß von Vulkanausbrüchen
Kilo	k	10^{3}	kg (Kilogramm), kJ (Kilojoule), Masse und Energie
Hekto	h	10^{2}	hPa (Hektopascal), Luftdruck auf Meereshöhe
Deka	da	10^{1}	gpdam (geopotentielle Dekameter), Höhe von Druckflächen
–	–	10^{0}	
Dezi	d	10^{-1}	dm (Dezimeter)
Centi	c	10^{-2}	cm (Zentimeter)
Milli	m	10^{-3}	mm (Millimeter)
Mikro	µ	10^{-6}	µm (Mikrometer), Wellenlänge des Lichts
Nano	n	10^{-9}	nmol/mol (Nanomol pro Mol), Mischungsverhältnisse von Spurengasen
Pico	p	10^{-12}	Ps (Picosekunden), Lichtausbreitung
Femto	f	10^{-15}	Fs (Femtosekunden), Lichtausbreitung

Tab. 1-4

Vorsilben von Einheiten und Anwendungsbeispiele in der Meteorologie.

Tab. 1-5
Perturbationslebensdauer einiger Gase in der Atmosphäre (aus Myhre et al. 2013).

Stoff	chem. Formel	Perturbationslebensdauer (Jahre)
Methan	CH_4	12.4
Lachgas	N_2O	121
Trichlorfluormethan (CFC-11)	CCl_3F	45
Fluoroform (HFC-23)	CHF_3	222
Schwefelhexafluorid	SF_6	3200
Kohlendioxid	CO_2	zeitskalenabhängig

Halbwertszeit ist diejenige Zeit, die es braucht um eine Konzentration zu halbieren

Eine Zeitdauer von $1/k$ wird auch Lebensdauer genannt. Sie ist anders definiert als oben und wird als Abgrenzung von der **Gleichgewichtslebensdauer** englisch als **e-folding lifetime** bezeichnet: diejenige Zeit, innerhalb welcher sich die Bilanz auf $(1/e)$ reduziert hat. Man könnte deutsch von einer **e-fach Lebensdauer** sprechen. Bei der Radioaktivität wird oft die **Halbwertszeit** angegeben: die Zeit, in welcher sich die Bilanz halbiert hat.

Umwandlungsprozesse können auch komplizierter sein. Chemische Reaktionsraten können beispielsweise von mehreren Reaktionspartnern und von der Temperatur abhängig sein. Oft erfolgt der chemische Abbau eines Stoffs über mehrere Reaktionen. Es gilt dann, den limitierenden dieser Schritte zu identifizieren.

Die Perturbationslebensdauer berücksichtigt die Reaktion des Klimasystems

Die eingangs definierte Verweilzeit geht davon aus, dass die Flüsse konstant sind. Das ist aber nicht immer der Fall, besonders wenn ein System gestört wird. Die Berechnung wird dann komplizierter. Die **Perturbationslebensdauer** gibt an, wie lange eine Störung im System erhalten bleibt. → Tab. 1-5 gibt die Perturbationslebensdauer einiger wichtiger Gase in der Atmosphäre an. Trichlorfluormethan ist ein Fluorchlorkohlenwasserstoff (FCKW), der zum Abbau der Ozonschicht beiträgt, Fluroform ist ein Ersatzstoff für FCKWs, der ein geringes Ozonabbaupotential hat, aber eine längere Lebensdauer. Alle aufgeführten Gase sind Treibhausgase. Auf CO_2 wird in → Kap. 1.3.5 eingegangen.

1.3.4 Der Wasserkreislauf

Verdunstung verbindet Wasser- und Energiekreislauf

In der Folge möchten wir zwei wichtige Kreisläufe eingehender betrachten: den Wasserkreislauf und den Kohlenstoffkreislauf. Der **Wasserkreislauf** ist nicht nur für das Klimasystem entscheidend, er ist zusammen mit dem Kohlenstoffkreislauf die wohl wichtigste Schnittstelle im Erdsystem. Die **Verdunstung** und **Kondensation** von Wasser verbindet innerhalb des Klimasystems die Energie- und Massenbilanz, sie verbindet auch die Biosphäre, Hydrosphäre und Kryosphäre mit der Atmosphäre.

Wasser kommt im Klimasystem in allen drei **Aggregatzuständen** vor: fest, flüssig und gasförmig. Wasser ist nicht nur für das Leben auf der Erde wichtig, sondern spielt auch im Klimasystem eine entscheidende Rolle. Wasserdampf in der Atmosphäre ist ein Treibhausgas, ein Lösungs- oder Reaktionsmittel und leistet einen wichtigen Beitrag zum globalen Energietransport. Schließlich fällt Wasser als Niederschlag auf die Erdoberfläche und steht so der Biosphäre zur Verfügung. Nicht zufällig ist Wasser bei fast allen Klimarückkopplungsmechanismen beteiligt.

Besonders am Wassermolekül ist seine Geometrie, mit einem 105°-Winkel zwischen den beiden Wasserstoffatomen (vgl. → Abb. 2-2). Als Folge ist die Ladung ungleich verteilt, und es bildet sich, obschon das Molekül als Ganzes elektrisch neutral ist, ein **Dipol** aus, also eine räumlich ungleiche Ladungsverteilung. Wassermoleküle können sich in der flüssigen Phase durch Wasserstoffbrücken stärker binden (vgl. → Kap. 2.4). Es braucht zusätzliche Energie, um diese Bindungen aufzulösen (hohe **Verdampfungsenthalpie,** hoher Siedepunkt), und die größte Dichte wird bei 4°C im flüssigen Zustand erreicht («Anomalie des Wassers»).

Das Wassermolekül bildet einen Dipol aus

Wegen dieser Eigenschaften spielt das Wassermolekül auch im globalen Energiehaushalt eine große Rolle. Um ein Gramm Luft von 20°C auf 21°C zu erwärmen, ist 1 J nötig. Um aber ein Gramm flüssi-

Phasenumwandlungen des Wassers benötigen viel Energie

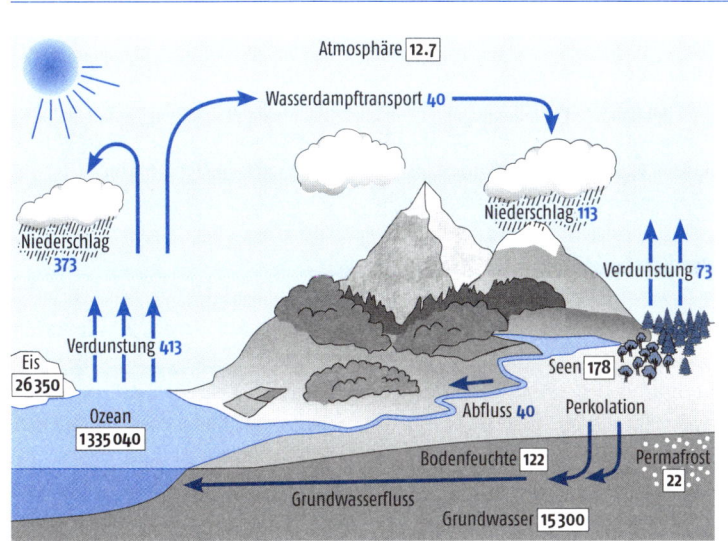

| Abb. 1-10

Schematische Darstellung des globalen Wasserkreislaufs. Reservoire sind in tausend km³ angegeben, Flüsse in tausend km³ pro Jahr

ges Wasser von 20 °C auf 21 °C zu erwärmen, braucht es bereits 4.2 J. Zum Schmelzen eines Gramms Eis benötigt man sogar 333.4 J; und um ein Gramm flüssiges Wasser bei 20 °C zu verdunsten, sind schließlich 2450 J nötig. Dieses Beispiel verdeutlicht die riesigen **Energiemengen,** die mit der Umwandlung von Wasser verbunden sind und im Klimasystem entzogen und wieder freigesetzt werden.

96.5 % des Wassers der Erde ist in Ozeanen, 1.75 % in den Eiskappen gespeichert

Fast das gesamte Wasser der Erde befindet sich an deren Oberfläche – obschon die Masse der Erde zu 0.02 % aus Wasser besteht, ist über 70 % der Oberfläche des Planeten von Wasser (Ozeane, Eis) bedeckt. Auch innerhalb des Klimasystems ist Wasser ungleich verteilt. → Abb. 1-10 zeigt schematisch den Wasserkreislauf. Obwohl die Gasphase für die Klimavorgänge entscheidend ist, ist sie mengenmäßig unbedeutend. Der gesamte atmosphärische Speicher, inklusive dem flüssigen Wasser und Eis der Wolken, ist sehr klein; er entspricht ungefähr 0.001 % des Wassers auf der Erde. Dagegen befinden sich 96.5 % des Wassers der Erde in den Ozeanen, etwa 2.5 % ist Süßwasser, der Rest salzhaltiges Grundwasser. Von diesen 2.5 % Süßwasser sind wiederum 70 % in Form von Eis vorhanden, fast der gesamte Rest als Gundwasser. Nur 1.3 % des Süßwassers ist Oberflächenwasser an Land, vor allem in Seen. Der Baikalsee, der Tanganyika-See, der Malawi-See sowie die Großen Seen in Nordamerika machen zusammen einen großen Teil dieses Wassers aus.

Obwohl der atmosphärische Speicher sehr klein ist, sind die Flüsse in und aus diesem Speicher sehr groß. Beachtlich ist auch der große atmosphärische Fluss an Wasser vom Meer zum Land. Als Folge der sehr unterschiedlichen Reservoirgrößen und Flüsse ist auch die Verweildauer in den einzelnen Speichern sehr unterschiedlich. Die Verweildauer im Ozean beträgt ca. 3000 Jahre, in Gletschern und Eisschilden sogar gegen 10 000 Jahre. In Seen bleibt das Wasser ungefähr 100 Jahre, in Flüssen 3 Wochen. Am kürzesten ist die Verweildauer in der Atmosphäre; sie beträgt 9 Tage.

1.3.5 Der Kohlenstoffkreislauf

Der Kohlenstoffkreislauf ist relevant für den Treibhausgashaushalt

Ein weiterer zentraler Kreislauf im Klimasystem ist der Kohlenstoffkreislauf. Auch er ist nicht nur für das Klimasystem wichtig, sondern verbindet das Klimasystem mit den anderen Sphären des Erdsystems und letztlich mit dem ökonomischen System der Menschen. Da die beiden neben Wasserdampf wichtigsten **Treibhausgase** Kohlenstoffverbindungen sind (Kohlendioxid CO_2 und Methan CH_4, vgl. → Abb. 2-2 für ein Schema der Moleküle), ist der Kohlenstoffkreislauf für klimatologische Betrachtungen besonders relevant.

Die **Kohlenstoffflüsse** sind in → Abb. 1-11 quantifiziert. Die schwarzen Pfeile und Zahlen zeigen die Flüsse und Speicher in vorindustrieller Zeit, die blauen Pfeile und Zahlen zeigen die Störung durch den Menschen seit der Industrialisierung. Der größte Kohlenstoffspeicher der Erde sind die Karbonatgesteine, welche in den für die Klimatologie betrachteten Zeitskalen allerdings nicht relevant und in → Abb. 1-11 nicht dargestellt sind. Die Flüsse in diesen und aus diesem Speicher sind klein, weil die verantwortlichen Prozesse (Sedimentation und Verwitterung) sehr langsam ablaufen. Nur die oberflächennahen Sedimente sowie die fossilen Kohlenstofflagerstätten sind in → Abb. 1-11 berücksichtigt. Die nächstgrößten Speicher sind Ozeane, Böden und Vegetation. Die größten Flüsse finden zwischen Vegetation und Atmosphäre sowie zwischen Atmosphäre und Ozean statt.

Die größten Kohlenstoffspeicher sind Ozeane und Böden

Die Atmosphäre ist zwar ein eher kleiner Speicher, doch wirken hier mehrere Kohlenstoffverbindungen (CO_2, CH_4) ebenso wie Wasserdampf als Treibhausgase. Deshalb sind Veränderungen direkt relevant für das Klima. Der atmosphärische Speicher würde durch Flüsse zwischen Atmosphäre, Ozean und Biosphäre innerhalb von drei Jahren umgesetzt. Das bedeutet aber nicht, dass das **menschgemachte CO_2** innerhalb von 3 Jahren aus dem System entfernt wird. In dieser Zeit tauschen atmosphärisches und ozeanisches CO_2 lediglich die Plätze. Relevant sind daher nur die Nettoflüsse.

Die Atmosphäre ist ein kleines Reservoir, aber Änderungen wirken sich direkt auf das Klima aus

In vorindustrieller Zeit waren die Flüsse in den und aus dem Ozean fast perfekt ausgeglichen. Heute ist der Fluss in den Ozean leicht größer als umgekehrt, daher gibt es einen kleinen, in den Ozean gerichteten Nettofluss. Dieser beträgt allerdings nur 2 % des gesamten Flusses. Im Ozean besorgen zwei Mechanismen den Transport von Kohlenstoff vom oberflächennahen Wasser in das Tiefenwasser, in welchem die Löslichkeit für Kohlendioxid höher ist. Einerseits ist dies die vertikale Durchmischung (vgl. → Kap. 7), andererseits das Absinken gestorbener Lebewesen. Im Ozean bilden sich wiederum neue, kohlenstoffhaltige Sedimente. Auch zwischen Vegetation und Atmosphäre gibt es große Flüsse in beide Richtungen und einen kleinen verbleibenden Nettofluss. Auch hier bewegt sich der Nettofluss in Richtung der Vegetation. Von der Vegetation fließt ein Teil des Kohlenstoffs in die Böden und von dort in die Flüsse.

Der Mensch hat den Kohlenstoffkreislauf nun aber tiefgreifend verändert. Nach einer Arbeit von Le Queré und Ko-Autoren (2016) stößt der Mensch aktuell (2006–2015) jährlich 9.3 GtC (Gigatonnen Kohlenstoff, 1 GtC entspricht 3.67 Gigatonnen CO_2) aus fossilen Brennstoffen aus, dazu kommt nochmals 1 GtC aus Landnutzungsänderungen wie beispielsweise Abholzung. Die Vegetation nimmt jährlich netto 3.1 GtC

Abb. 1-11 Der globale Kohlenstoffkreislauf für die 1990er-Jahre. Anthropogene Reservoire und Flüsse sind in Blau angegeben. Rechtecke kennzeichnen Reservoire in Gigatonnen Kohlenstoff (GtC) und Pfeile Flüsse zwischen den Reservoiren in GtC pro Jahr (nach Ciais et al. 2013).

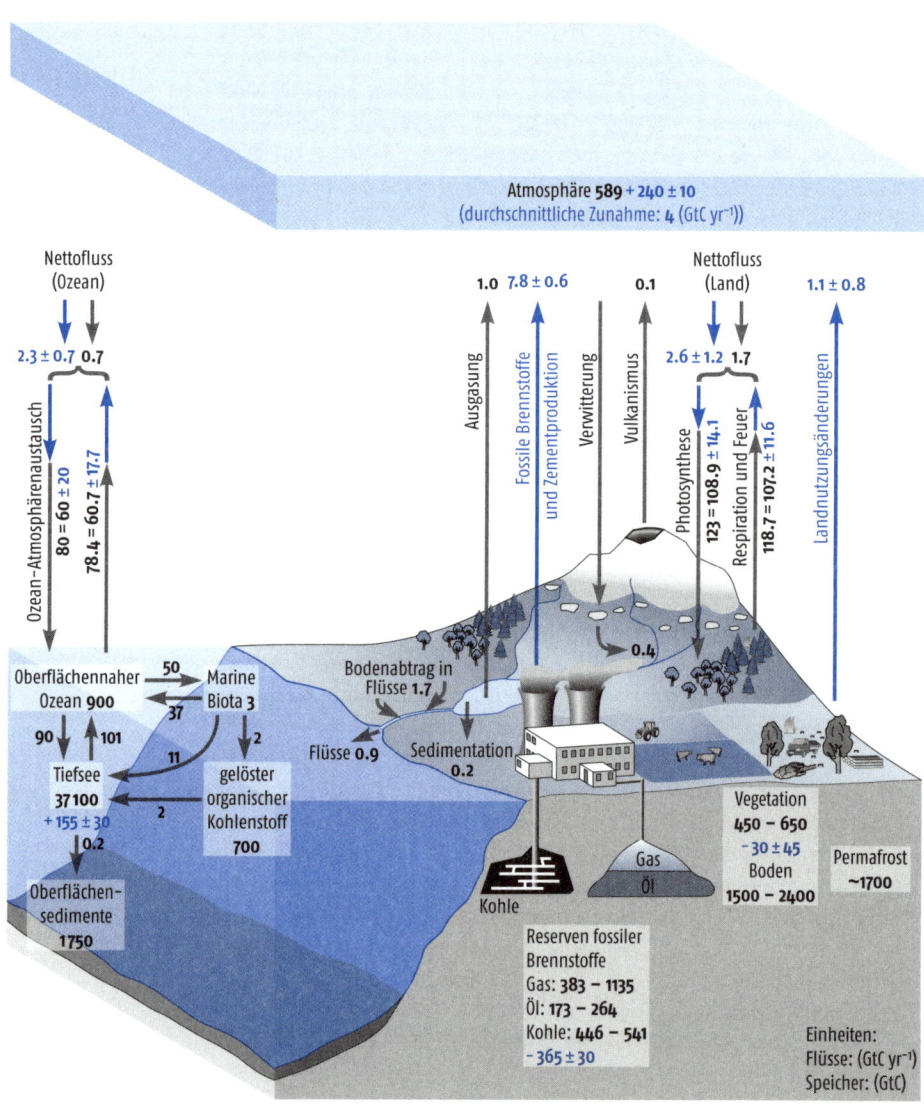

aus der Atmosphäre auf, die Ozeane 2.6 GtC. Das verbleibende CO_2, ungefähr 4.6 GtC, reichert sich in der Atmosphäre an und führt hier zu einem zusätzlichen Treibhauseffekt (vgl. → Kap. 3). Dieser zusätzliche Treibhauseffekt ist für den weitaus größten Teil der Klimaerwärmung der letzten 50 Jahre verantwortlich (vgl. → Kap. 10).

Wie lange bleibt der Kohlenstoffkreislauf durch den Menschen gestört? Betrachtet man das ganze System, dann erhöht der Mensch durch die Verbrennung fossiler Brennstoffe zunächst den Fluss der Lithosphäre in die Atmosphäre. Dieser Fluss ist ungefähr 20 Mal höher als der Rückfluss durch Sedimentation. Dadurch reichert sich also Kohlenstoff im gesamten Klimasystem an. Was wir Menschen innerhalb von 250 Jahren an Kohlenstoff ausstoßen, bleibt Tausende von Jahren im Klimasystem.

Bis das fossile CO_2 wieder in den Sedimenten ist, dauert es sehr lange

Wenn wir nur die Atmosphäre betrachten, muss berücksichtigt werden, dass die Flüsse nicht konstant sind. CO_2 verursacht eine Erwärmung, verändert das terrestrische und marine Leben und wirkt sich deshalb auf die Flüsse zwischen der Atmosphäre und dem Ozean resp. der Vegetation aus. Das menschgemachte CO_2 hat so gerechnet eine atmosphärische Verweildauer, die nicht mit einer einzigen Zahl angegeben werden kann, sondern von der betrachteten Zeitskala und Größe des Pulses abhängig ist. Gemäß Schätzungen von Joos und Ko-Autoren (2013) verweilen ungefähr 15 % bis 35 % eines vom Menschen emittierten CO_2-Pulses von 100 Gt Kohlenstoff länger als 1000 Jahre in der Atmosphäre.

Ebenfalls Teil des Kohlenstoffkreislaufs ist **Methan** (CH_4). Zwar kommt Methan in der Atmosphäre heute in rund 200 Mal kleineren Konzentrationen vor als CO_2, auch ist die Lebensdauer mit 11 Jahren wesentlich kürzer. Die Wirkung eines einzelnen Methan-Moleküls auf die Strahlungsbilanz ist jedoch bedeutend größer als diejenige eines CO_2-Moleküls. Seine klimatische Wirkung ist daher bedeutsam. Wichtige Quellen sind neben menschgemachten Emissionen, wovon etwa ein Drittel aus fossilen Quellen stammt, anaerobe Oxidationsprozesse in der Biosphäre. Dies sind Prozesse, welche sich unter Ausschluss von Sauerstoff abspielen. Natürliches Methan ist auch in vermutlich großen Mengen in Form von Methanhydraten (auch -klathrate genannt) in den Kontinentalabhängen der Ozeane und im Permafrost gelagert.

Weitere relevante Kreisläufe im Klimasystem sind die Kreisläufe von **Schwefel** (S), **Phosphor** (P) und **Stickstoff** (N). Alle drei sind für die Biosphäre wichtig; Schwefel spielt darüber hinaus im Klimasystem eine besondere Rolle als Quelle von Aerosolen (vgl. → Kap. 2.3). Im nächsten Kapitel gehen wir näher auf die Zusammensetzung der Atmosphäre ein.

Der Schwefelkreislauf ist wichtig für atmosphärische Aerosole

Verwendete Literatur

Brönnimann, S. (2015) Climatic Changes Since 1700. Springer.
Ciais, P. et al. (2013) Carbon and Other Biogeochemical Cycles. In: Climate Change 2013: The Physical Science Basis. Contribution of Working Group I to the Fifth Assessment Report of the Intergovernmental Panel on Climate Change [Stocker, T. F. et al. (Hrsg.)]. Cambridge University Press, Cambridge, United Kingdom and New York, NY, USA, S. 465–570.
Humboldt, A. v. (1845–58) Kosmos (4 Bde). Cotta, Stuttgart.
Joos, F. et al. (2013) Carbon dioxide and climate impulse response functions for the computation of greenhouse gas metrics: a multi-model analysis. Atmos Chem Phys, 13, 2793–2825.
Le Quéré, C. et al. (2016) Global Carbon Budget 2016. Earth Syst. Sci. Data, 8, 605–649.
Myhre, G. et al. (2013) Anthropogenic and Natural Radiative Forcing. In: Climate Change 2013: The Physical Science Basis. Contribution of Working Group I to the Fifth Assessment Report of the Intergovernmental Panel on Climate Change [Stocker, T. F. et al. (Hrsg.)]. Cambridge University Press, Cambridge, United Kingdom and New York, NY, USA, S. 659–740.

Weiterführende Literatur

Fohrer, N., H. Bormann, K. Miegel, M. Casper, A. Bronstert, A. Schumann, M. Weiler (2016) Hydrologie. Haupt, UTB basics.
Grotzinger, J., T. Jordan (2017) Press/Siever Allgemeine Geologie. 7. Aufl. Springer.
Pfiffner, A., M. Engi, F. Schlunegger, K. Mezger, L. Diamond (2012) Erdwissenschaften. Haupt, UTB Bascis.

Die Atmosphäre | 2

Inhalt

2.1 Zusammensetzung

2.2 Aufbau

2.3 Ozon, Aerosole und chemische Vorgänge

2.4 Kondensation und Wolkenbildung

2.5 Die Clausius-Clapeyron-Beziehung

In diesem Kapitel stehen die Zusammensetzung sowie der Aufbau der Atmosphäre im Vordergrund. Die trockene Atmosphäre besteht aus 78 % Stickstoff, 21 % Sauerstoff, einem knappen Prozent Argon sowie Spurengasen, welche durch natürliche Prozesse (aus Pflanzen, Böden oder Feuer) oder durch den Menschen ausgestoßen werden. Besonders wichtig sind dabei langlebige Treibhausgase und Ozon. Außerdem enthält die Atmosphäre eine variable Menge an Wasserdampf sowie Aerosole, d.h. flüssige oder feste Schwebeteilchen. Sie wirken sich auf den Strahlungshaushalt, die Wolkenbildung und auf chemische Vorgänge aus.

Die Atmosphäre ist gemessen am Erdumfang extrem dünn. Die unterste Schicht, die Troposphäre, in welcher sich die gesamten Wettervorgänge der Atmosphäre abspielen, erstreckt sich über die untersten 8 bis 16 km. Hier findet vertikaler Austausch (in Form von Konvektion) statt, und die Temperatur nimmt mit der Höhe rasch ab. Darüber liegt die trockene Stratosphäre, in welcher sich die Ozonschicht befindet. In ihr nimmt die Temperatur infolge der Strahlungsabsorption durch Sauerstoff und Ozon nach oben zu. Vertikale Bewegungen sind weitgehend unterbunden.

Atmosphärenchemische Vorgänge sind für das Klimasystem wichtig. Die Bildung und Zerstörung von Ozon (dreiatomigem Sauerstoff) aus zweiatomigem Sauerstoff wirkt als Filter gegen energiereiche Ultraviolettstrahlung. In der Troposphäre fördert Ozon die Selbstreinigungskapazität der Atmosphäre, indem es den Abbau vieler Spurengase einleitet. Ozon ist auch für Strahlungsvorgänge zentral. Aerosole spielen bei der Wolkenbildung eine wichtige Rolle, indem sie durch ihre Löslichkeit die für Tröpfchenbildung nötige Übersättigung heruntersetzen. Wolkentröpfchen entstehen bevorzugt, wenn genügend Aerosole vorhanden sind. Die Niederschlagsbildung erfolgt dann oft über die Eisphase. Regentropfen sind also in der Regel geschmolzene Schneeflocken. Die Abhängigkeit des Sättigungsdampfdrucks für Wasserdampf von der Temperatur (Clausius-Clapeyron-Gleichung) ist eine zentrale Beziehung für das Klimasystem. Temperaturänderungen, Wasserkreislauf, Energietransport und damit die atmosphärische Zirkulation hängen über die Clausius-Clapeyron-Beziehung miteinander zusammen.

2.1 | Zusammensetzung

Die Atmosphäre wird durch Schwerkraft auf der Erde gehalten

Warum hat die Erde eine **Atmosphäre**? Die Schwerkraft der Erde ist stark genug, um die meisten Gase vom Entweichen in den **Weltraum** (durch die Eigenbewegung der Moleküle) abzuhalten. Planeten mit geringerer Schwerkraft haben keine oder nur viel dünnere Atmosphären (vgl. → Tab. 1-1). Zwar ist in der oberen Atmosphäre die kinetische Energie und die freie Weglänge für Wasserstoff (H_2) und Helium (He) genügend groß, sodass diese Moleküle das Schwerefeld der Erde überwinden und in den Weltraum entweichen können. Mengenmäßig ist dies allerdings nicht relevant.

Die Zusammensetzung der Erdatmosphäre war nicht immer so, wie sie sich uns heute präsentiert, und ihre Zusammensetzung ändert sich weiter. Die Ur-Atmosphäre bestand aus Wasserstoff, Helium, Methan und Ammoniak. Diese leichten Gase gingen aber in der Folge fast vollständig an den Weltraum verloren. Es bildete sich eine Atmosphäre aus Wasserdampf, CO_2 und H_2S. Die Atmosphäre war lebensfeindlich, sodass Leben nur im Wasser entstehen konnte. Erst allmählich reicherte sich Sauerstoff an. → Abb. 2-1 zeigt die Entwicklung des Sauerstoffs und des Ozons in der Erdatmosphäre. Frühe Lebensformen wie das Cyanobakterium gaben **Sauerstoff** (O_2) an die Umwelt ab. Dieser konnte sich allerdings zunächst nicht in der Atmosphäre anreichern: Die Atmosphäre und die Erdoberfläche waren stark reduzierend und damit eine Senke für Sauerstoff. Bevor sich also eine hohe Sauerstoffkonzentration in der Atmosphäre aufbauen konnte, mussten die gesamte Atmosphäre und die Erdoberfläche (beispielsweise eisenhaltige Gesteine) oxidiert werden.

Atmosphärischer Sauerstoff wurde durch Lebewesen produziert

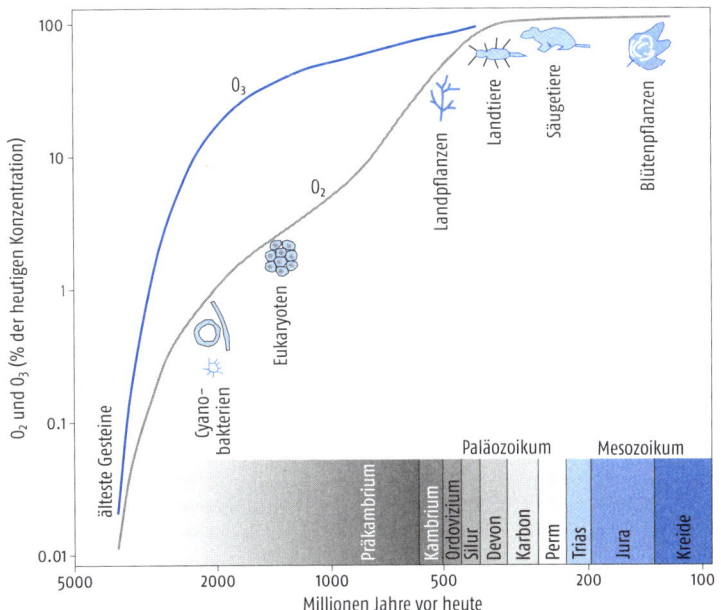

Abb. 2-1

Entwicklung der Sauerstoff- und Ozonkonzentration in der Erdgeschichte (nach Wayne 2000).

Erst danach konnte sich Sauerstoff in der Atmosphäre anreichern. Es bildete sich eine Ozonschicht, wodurch die Erdoberfläche für Leben bewohnbar wurde. Der atmosphärische **Stickstoff** (N_2) stammt aus der festen Erde und gelangt durch Vulkanausbrüche oder andere geologische Vorgänge in die Atmosphäre. Stickstoff ist praktisch **inert,** d.h., reagiert in der Atmosphäre kaum (außer bei Blitzen oder bei Beschuss durch kosmische Strahlung), und konnte sich deswegen anreichern. Heute machen Stickstoff 78 % und Sauerstoff 21 % des atmosphärischen Volumens aus. **Argon,** ein ebenfalls inertes Edelgas, kommt mit knapp 1 % an dritter Stelle. An vierter Stelle kommt global gesehen der Wasserdampf, der allerdings räumlich und zeitlich hoch variabel ist. Abgesehen von Wasserdampf und den Spurengasen verändert sich die Zusammensetzung der Atmosphäre in klimatischen Zeitskalen nicht. Die Konzentrationen von N_2 und O_2 sind auch bis in große Höhen unverändert. Die weiteren Bestandteile der Atmosphäre machen zusammen weniger als 0.05 % aus, haben aber auf das Klima einen bedeutenden Einfluss. Einige dieser Gase (CO_2, CH_4) haben wir bereits kennengelernt. Je nach chemischer Lebensdauer sind diese **Spurengase** global gut gemischt oder geprägt von großen regionalen oder lokalen Unterschieden und vor allem auch von Unterschieden in der Höhenverteilung (vgl. → Kap. 2.2). → Abb. 2-2 zeigt die wichtigsten Spuren-

78 % Stickstoff, 21 % Sauerstoff, 1 % Argon und Wasserdampf

Spurengase machen <0.05 % der Atmosphäre aus, sind aber wichtig für das Klima

Abb. 2-2
Struktur einiger wichtiger mehratomiger Moleküle in der Atmosphäre.

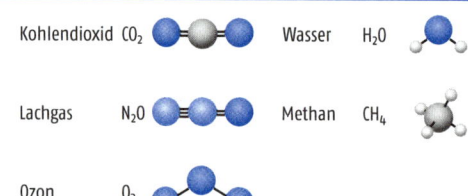

Tab. 2-1
Die Zusammensetzung der trockenen reinen Atmosphäre (NOAA, Bliefert 2002). Ebenfalls angegeben ist der variable Wasserdampfgehalt, ppm = parts per million = 0.0001 % (zu Konzentrationsmassen vgl. → Box 2.2).

Substanz	Zeichen	%	ppm
Stickstoff	N_2	78.08	780 840
Sauerstoff	O_2	20.95	209 460
Argon	Ar	0.93	9340
Kohlendioxid	CO_2	0.0407	408
Neon	Ne	0.0018	18.2
Helium	He	0.0005	5.24
Methan	CH_4	0.00018	1.8
Krypton	Kr	0.00011	1.14
Wasserstoff	H_2	0.00005	0.5
Lachgas	N_2O	0.000033	0.330
Xenon	Xe	0.000009	0.09
Kohlenmonoxid	CO	0.000003	0.03
Ozon	O_3	0.000002–0.001	0–10
Wasser	H_2O	0.001–5	10–50 000

gasmoleküle der Atmosphäre: die Treibhausgase Kohlendioxid (CO_2), Lachgas (N_2O) und Methan (CH_4) sowie Ozon (O_3) und Wasserdampf (H_2O).

2.2 Aufbau

Die Atmosphäre ist eine dünne Schicht

Nach der Zusammensetzung der Atmosphäre wollen wir in diesem Kapitel den Aufbau der Atmosphäre betrachten, also die **Stockwerke** der Atmosphäre, die sich bezüglich Temperatur und Druck (und damit Dichte), aber auch hinsichtlich der Spurengaskonzentration (vgl. oben) unterscheiden. Als Folge davon unterscheiden sich auch Strahlungsvorgänge sowie Transport- und Mischungsprozesse in den einzelnen Stockwerken deutlich voneinander. → Abb. 2-3 zeigt die Dicke der atmosphärischen Schichten maßstabgetreu im Verhältnis zur Erdkugel. Die Atmosphäre ist eine sehr dünne Schicht. Es ist leicht ersichtlich, dass Bewegungen vor allem horizontal sind, obschon Vertikalbewegungen eine besonders wichtige Rolle spielen. Aber auch die Sicht aus dem Weltraum (→ Abb. 2-4) zeigt die Atmosphäre als dünne Hülle.

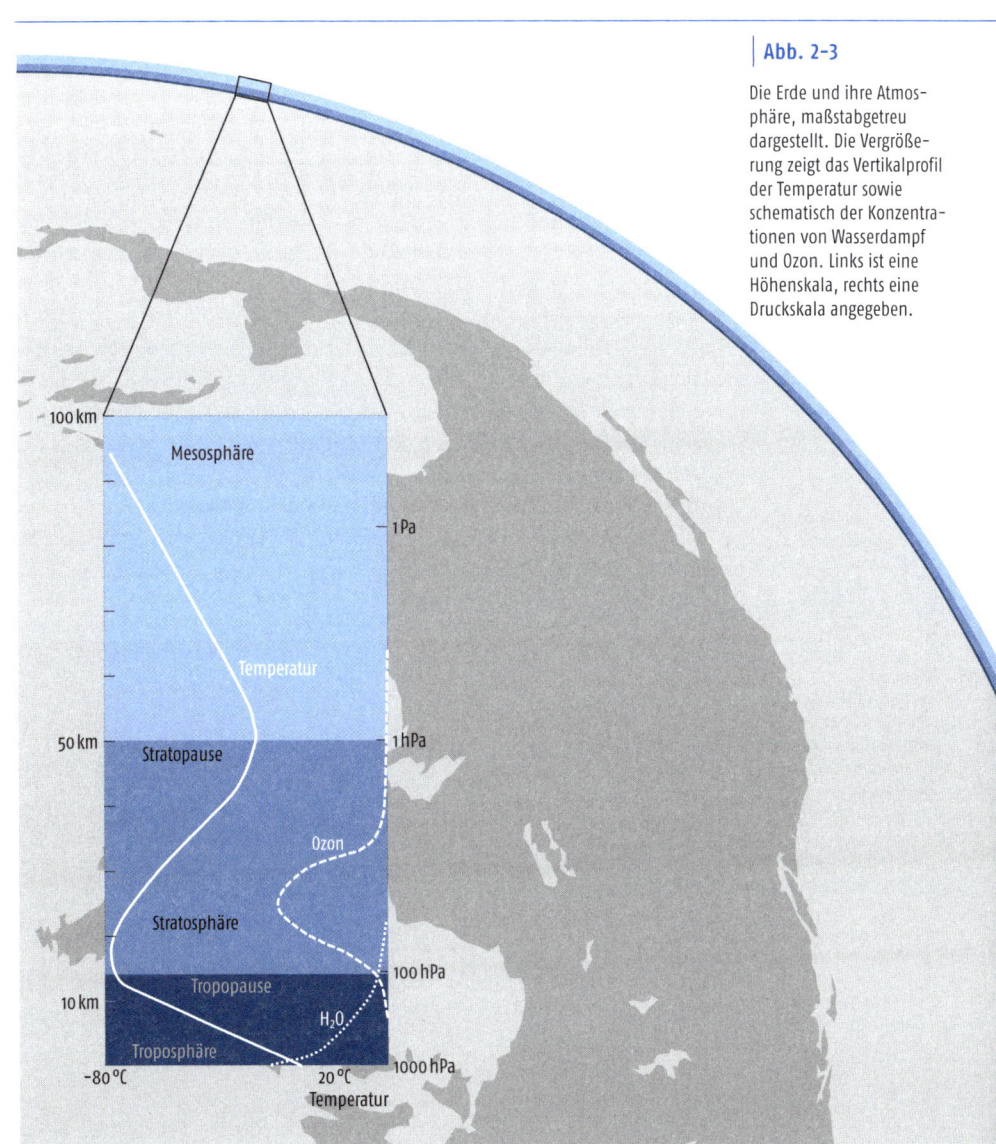

Abb. 2-3

Die Erde und ihre Atmosphäre, maßstabgetreu dargestellt. Die Vergrößerung zeigt das Vertikalprofil der Temperatur sowie schematisch der Konzentrationen von Wasserdampf und Ozon. Links ist eine Höhenskala, rechts eine Druckskala angegeben.

Die Atmosphäre

Die Troposphäre ist die «Wetterschicht» und enthält fast den gesamten Wasserdampf

Temperatur nimmt mit der Höhe rasch ab

Das zentrale Studienobjekt der Meteorologie und Klimatologie ist die **Troposphäre**. Sie umfasst die untersten 8 km (in den hohen Breiten) bis 16 km der Atmosphäre (in den Tropen). In ihr spielen sich die meisten wetterbildenden Prozesse ab. Der Name leitet sich aus dem griechischen Wort «tropos» ab, welches «Wendung» oder «Bewegung» bedeutet. Die Troposphäre ist also die bewegte Schicht. Sie umfasst 85–90 % der Masse der Atmosphäre und beinhaltet fast den gesamten Wasserdampf. In der Troposphäre findet vor allem durch Konvektion intensiver vertikaler Austausch statt. Die Temperatur nimmt mit der Höhe rasch ab, an einem Sommertag in Mitteleuropa von ca. 25 °C auf ca. −65 °C (vgl. → Kap. 4). Dieses Buch wird sich in der Folge fast ausschließlich mit der Troposphäre befassen.

Die Troposphäre wird in sich noch weiter unterteilt (vgl. auch → Abb. 1-6). Die untersten 1–1.5 km bilden die **planetare Grenzschicht** (→ Abb. 2-6), welche durch den Erdboden thermisch und mechanisch beeinflusst wird und in welcher die meisten Stoffflüsse in die Atmosphäre stattfinden (vgl. → Kap. 8.3). Darüber liegt die **freie Troposphäre**, welche von der Erdoberfläche nicht mehr direkt beeinflusst wird und in welcher sich die meisten Wettervorgänge abspielen. Die **Tropopausenregion**, die kälteste Region der Atmosphäre, stellt den Übergang in die Stratosphäre dar. Die Tropopause unterbindet respektive reguliert den Austausch zwischen der Troposphäre und der Stratosphäre.

Die **Tropopause** ist die Grenze zwischen der turbulenten Troposphäre und der von Strahlungsvorgängen bestimmten **Stratosphäre.** Sie wird

Abb. 2-4

Foto der Atmosphäre aus dem Weltraum. Die Atmosphäre wird als dünne Hülle sichtbar (Bild: NASA).

in der Regel durch den plötzlichen Temperaturanstieg mit der Höhe definiert. Hier ändern sich auch andere Eigenschaften der Atmosphäre. So nimmt oberhalb der Tropopause der Wasserdampf stark ab und die Ozonkonzentration zu. Auch die **Vorticity** (vgl. → Kap. 5, auf Deutsch auch «Wirbelstärke» oder «Wirbelgröße» genannt; wir bleiben hier aber beim englischen Ausdruck) nimmt sprunghaft zu. Prozesse an der Tropopause spielen für meteorologische Vorgänge, aber vor allem auch für den Spurengashaushalt eine zentrale Rolle. Sie regulieren den Austausch mit der Stratosphäre, wo einige in der Troposphäre stabile Spurengase photolytisch abgebaut werden, andere dagegen aufgrund der Trockenheit und Kälte eine sehr lange Lebensdauer haben. Sich die Tropopause als klar definierte Fläche zu denken, wäre allerdings sehr vereinfachend. Die Tropopausenregion ist vielmehr eine Übergangsschicht.

Die Tropopause ist keine klare Grenze, sondern eine Übergangsschicht

In der Stratosphäre befindet sich die **Ozonschicht**, hier wird Ozon durch **photochemische Prozesse** gebildet, gleichzeitig wird dadurch UV-Strahlung absorbiert, sodass sie die Erdoberfläche nicht erreicht. Auf die chemischen Mechanismen sowie auf die Rolle des Ozons im Strahlungshaushalt wird in diesem sowie im nächsten Kapitel eingegangen.

Durch UV-Absorption in der Ozonschicht nimmt die stratosphärische Temperatur mit der Höhe zu

Wegen der **Strahlungsabsorption** durch Sauerstoff und Ozon wird die Stratosphäre erwärmt. Die Temperatur nimmt deshalb in der Stratosphäre mit der Höhe zu. Wie wir in → Kap. 4 sehen werden, unterbindet eine solche Temperaturschichtung vertikale Austauschprozesse fast vollständig. Daher rührt auch der Name der Stratosphäre (aus dem Lateinischen: straetum = Decke). Auch für meteorologische Vorgänge hat die Stratosphäre eine gewisse Bedeutung, insbesondere für Wettersysteme in den Mittelbreiten.

Oberhalb der Stratosphäre befindet sich die **Mesosphäre,** darüber die **Thermosphäre,** welche den Übergang in den Weltraum darstellt. In diesen beiden Sphären befinden sich Schichten mit ionisierter Luft, **Ionosphäre** genannt. Diese Schichten ermöglichen die Radioverbindung zwischen weit voneinander entfernt liegenden Stationen, und sie sind der Ursprung der spektakulären Nordlichter. Die Mesosphäre und Thermosphäre sind allerdings für das Klima am Erdboden praktisch nicht von Bedeutung und werden hier nicht weiter behandelt.

Die Höhe der **Tropopause** ist räumlich und zeitlich variabel. Über den Mittelbreiten ist die Tropopause im Sommer höher als im Winter, und sie ist während Hochdrucklagen höher als bei Tiefdrucklagen. Ein Querschnitt der atmosphärischen Temperatur (→ Abb. 2-5) zeigt, dass die Höhe der Tropopause auch räumlich stark variiert. Über den Tropen liegt die Tropopause oft auf 16 km Höhe, während sie über den polaren Regionen eher um 8–9 km Höhe liegt. In Bodennähe nimmt die

Abb. 2-5

Links Temperaturquerschnitt durch die Atmosphäre als Funktion der geographischen Breite (Daten: NCEP/NCAR). Die gestrichelte Linie zeigt die Tropopause. Rechts: Historische Temperaturprofile von Assmann und Berson in Berlin und Ostafrika (Brönnimann und Stickler 2013).

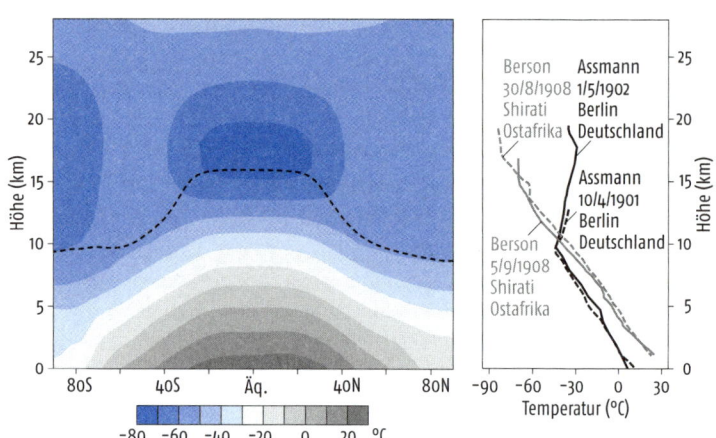

Temperatur von den äquatorialen Regionen zu den Polen um 40–50 °C ab. Auf einer Höhe von ca. 15 km ist es allerdings über den Tropen kühler als über den Polen, der Gradient dreht sich also um. Die niedrigsten Temperaturen in der Erdatmosphäre werden vermutlich in der tropischen Tropopausenregion erreicht, wo −90 °C vorkommen (vgl. → Box 2.1).

Box 2.1

Die Entdeckung der Tropopause und der Ozonschicht

In den 1890er-Jahren wurden vor allem von zwei Forschungsgruppen in Frankreich (in Trappes bei Versaille) und im Deutschen Reich (in Straßburg, später in Berlin und Lindenberg) **Registrierballone** entwickelt, die Vorläufer der heutigen Wetterballone. Die Registrierballone trugen meteorologische Geräte, welche die Daten auf Papierstreifen aufzeichneten. Man musste die Geräte also jedesmal wiederfinden, was für operationelle Zwecke wie die Wettervorhersage natürlich unbrauchbar war. Trotzdem war diese Technologie für die Wissenschaft enorm wichtig. Bald erreichten Ballone Höhen von über 10 km. In diesen Höhen fand der französische Meteorologe Gustave Hermite höhere Temperaturen als erwartet. Lange Zeit hielt man diese für **Messfehler:** Das Messgerät erhitzte sich aufgrund der Sonnenstrahlung, und diese Wärme konnte in der immer dünner werdenden Luft nicht mehr abgeführt werden (der **Strahlungsfehler** betrifft in abgeschwächter Form auch heutige Ballonmessungen und muss korrigiert werden). Erst duch viele Aufstiege mit unterschiedlichen Systemen, am Tag und in der Nacht, und letztlich sogar mit einem gleichzeitig mit einem Wetterballon aufsteigenden bemannten Ballon 1901 konnte der Einfluss der

Strahlung ausgeschlossen werden. In diesem Aufstieg führten die beiden Piloten Arthur Berson und Reinhard Süring in einer offenen Gondel bis auf 10.5 km Höhe Messungen durch und stellten damit gleichzeitig einen Höhenrekord auf, der 30 Jahre Bestand hatte.

Innerhalb kurzer Zeit, im Jahr 1902, publizierten die beiden Gruppen um Louis Teisserenc de Bort und Richard Assmann unabhängig voneinander ihre Resultate. Zwei Aufstiege Assmanns in Berlin sind in → Abb. 2-5 (rechts) gezeigt; die **Tropopause** zeigt sich deutlich bei knapp 10 km Höhe. Assmanns Assistent Arthur Berson führte 1908 erstmals Messungen in den **Tropen** durch und fand, dass dort die Temperatur auch oberhalb von 10 km weiter abnimmt und erst bei 16–18 km konstant wird. Er vermutete, dass seine dort gefundene Temperatur von −90 °C die wohl niedrigste bis anhin gemessene Temperatur der Atmosphäre war. Die Bezeichnungen «Stratosphäre» und «Tropopause» folgten erst später, anfangs nannte man das Phänomen einfach «obere Inversion» (eine Inversion ist eine Sperrschicht, welche vertikalen Austausch unterbindet; vgl. → Kap. 4).

Interessanterweise fand Berson in der äquatorialen Stratosphäre **Westwinde** statt der erwarteten (und nach dem Krakatauausbruch anhand der Zugrichtung der Aschewolke beobachteten) Ostwinde. Es gelang erst 55 Jahre später, die beiden Beobachtungen zu vereinen: Die Winde in der äquatorialen unteren Statosphäre wehen jeweils ungefähr ein Jahr von West nach Ost, danach ungefähr ein Jahr von Ost nach West, die «**Quasi-Bienniale Oszillation**» (vgl. → Kap. 10.2).

Fünf Jahre nach Bersons Messungen bestimmte Charles Fabry anhand der **Absorption ultravioletter Strahlung** erstmals die **Ozonmenge** in der Atmosphäre. Er fand, dass diese sehr viel grösser war, als aufgrund der Konzentrationen in der Troposphäre erklärt werden konnte. Weiter oben musste sich also eine grosse Menge Ozon befinden. Er postulierte eine stratosphärische **Ozonschicht**. Seit den 1920er-Jahren wurde dann die gesamtatmosphärische Ozonmenge zuerst in Oxford, dann in Arosa in der Schweiz mittels UV-Absorption fast täglich gemessen. Die Reihe in Arosa wird bis heute weitergeführt.

Ozon, Aerosole und chemische Vorgänge | 2.3

Chemische Vorgänge spielen in der Atmosphäre eine wichtige Rolle. Die Ozonschicht in der Stratosphäre schützt Leben auf der Erdoberfläche vor schädlicher Strahlung und bestimmt durch Strahlungsabsorption das Temperaturprofil der Stratosphäre. In der Troposphäre besorgen **chemische Reaktionen,** meist ausgelöst durch das Hydroxylradikal OH, die Entfernung von Schadgasen. Dabei können auch flüssige oder feste Teilchen – Aerosole – entstehen. Da viele Spurengase und Aerosole Strahlung absorbieren, sind die chemischen Vorgänge und die kli-

Die Atmosphäre

matischen Vorgänge miteinander gekoppelt. In diesem Kapitel werfen wir einen kurzen Blick auf chemische Vorgänge in der Atmosphäre. Dabei stellen wir die Ozonchemie in den Vordergrund, da Ozon nicht nur in mehrfacher Weise für Mensch und Klima relevant ist, sondern beispielhaft für das Zusammenspiel von chemischen Vorgängen, Strahlung und Transportprozessen steht. Ozon stellt außerdem via Bildung von OH-Radikalen den Ausgangspunkt vieler anderer chemischer Vorgänge der Troposphäre dar.

In der Stratosphäre befindet sich am meisten Ozon; in Bodennähe kann es zu menschgemachtem Ozonsmog kommen

Ozon ist in der Atmosphäre vertikal sehr ungleich verteilt (→ Abb. 2-3). → Abb. 2-6 zeigt ein **Ozonprofil** über der Schweiz an einem Sommertag, einmal ausgedrückt als Partialdruck (Skala unten), was der Massenkonzentration entspricht, einmal als Volumenmischungsverhältnis (Skala oben). Der größte Teil des Ozons (also der Masse) befindet sich in der **Stratosphäre**. Mengenmäßig liegt das Maximum bei 20–25 km, die Konzentration ist auf etwa 30–35 km am höchsten. In Bodennähe kann es im Sommer zu photochemischer Produktion von Ozon aus menschgemachten Vorläuferschadstoffen kommen, sogenanntem **Sommersmog**. Allerdings sind die Ozonkonzentrationen deutlich geringer als diejenigen in der Stratosphäre. Ein Volumenmischungsverhältnis von 75 ppb Ozon (vgl. → Box 2.2) in der bodennahen Luft ist aus gesundheitlicher Sicht bedenklich; in der Stratosphäre erreicht das Mischungsverhältnis das Hundertfache.

Box 2.2

▼

Konzentrationsmaße

In einem Kontinuum wie der Atmosphäre interessiert uns oft nicht die Stoffmenge sondern die Konzentration. Stoffkonzentrationen können auf ganz verschiedene Arten angegeben werden. Da das Volumen eines idealen Gases nur von Temperatur und Druck abhängig ist (vgl. → Kap. 4.2), also die gleiche Stoffmenge unterschiedlicher Gase immer dasselbe Volumen hat, bietet sich das **Volumenmischungsverhältnis** als Maß an. Dieses kann in Prozent ausgedrückt werden, dies macht aber nur für die drei häufigsten Gase Stickstoff, Sauerstoff und Argon Sinn, da alle anderen Gase nur winzige Bruchteile eines Prozents ausmachen (vgl. → Tab. 2-1). Kleinere Einheiten sind **parts per million** (ppm, entspricht 0.0001 %), **parts per billion** (ppb, oder 0.0000001 %) oder **parts per trillion** (ppt). Oft werden Volumenmischungsverhältnisse auch in Mol ausgedrückt: 1 ppm ist dasselbe wie 1 µmol/mol (1 ppb = 1 nmol/mol). Ein großer Vorteil von Volumenmischungsverhältnissen ist, dass sie sich bei Vertikalbewegungen eines Luftpakets nicht ändern.

In der Chemie, insbesondere bei der Angabe von Reaktionsraten, werden Konzentrationen meist als **Teilchendichten** in **Molekülen pro Volumen** angegeben (englisch molecules/cm³). Grenzwerte für Luftschadstoffe sind dagegen oft als **Massenkonzentrationen** angegeben, in der Regel µg/m³. Diese beiden Maße sind allerdings nicht mehr invariant bei Vertikalbewegungen. Die Massenkonzentration eines Schadstoffs wird geringer, wenn sich ein Luftpaket nach oben bewegt und dabei ausdehnt.

Absolut kann eine Gasmenge auch als **Partialdruck** angegeben werden. Das ist der Druck, den dieses Gas alleine ausüben würde. Die Summe der Partialdrucke aller Gase eines Gasgemischs wie Luft ergibt den Luftdruck. In → Abb. 2-6 wird die Ozonmenge in nbar (= Nanobar = 10^{-9} bar) angegeben. Mit der **Gasgleichung**, die in → Kap. 4 eingeführt wird, können die Einheiten ineinander umgerechnet werden.

▲

Wie entsteht Ozon? Sauerstoff kann durch sehr kurzwellige UV-Strahlung (Wellenlängen kleiner als 240 nm, vgl. → Abb. 3-7) aufgespalten werden, die frei werdenden Sauerstoffatome können mit Sauerstoffmolekülen reagieren und dreiatomigen Sauerstoff (Ozon, O_3, vgl. → Abb. 2-2) bilden. Allerdings wird Ozon ebenfalls durch UV-Strahlung aufgespalten, sodass schließlich ein Gleichgewicht entsteht (die sogenannten **Chapman-Reaktionen**; hν steht hier für die Absorption von Photonen der Wellenlänge λ, M steht für ein unbeteiligtes Molekül, beispielsweise N_2, welches als Stoßpartner die Energie abführt):

Ozonbildung aus Sauerstoff mit UV-Strahlung

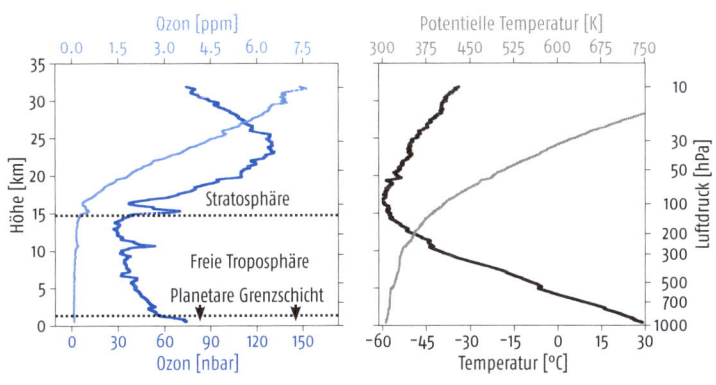

Vertikalprofil von Ozon (links) und der Temperatur (rechts), gemessen mit einer Radiosonde über Payerne, Schweiz, an einem Sommertag 1996. Die Ozonkonzentration ist einerseits als Partialdruck angegeben, andererseits als Volumenmischungsverhältnis (vgl. → Box 2.2). Die Temperatur ist als Absoluttemperatur sowie als potentielle Temperatur (vgl. → Kap. 4) angegeben (aus Brönnimann 2013).

Abb. 2-6

DIE ATMOSPHÄRE

$$O_2 + h\upsilon \ (\lambda < 240 \text{ nm}) \rightarrow O + O \quad (R1)$$
$$2 \ (O_2 + O + M) \rightarrow 2 \ (O_3 + M) \quad (R2)$$
$$\text{Netto: } 3 \ O_2 + h\upsilon \ (\lambda < 240 \text{ nm}) \rightarrow 2 \ O_3$$
$$O_3 + h\upsilon \ (\lambda < 310 \text{ nm}) \rightarrow O_2 + O \quad (R3)$$
$$O_3 + O \rightarrow O_2 + O_2 \quad (R4)$$
$$\text{Netto: } 2 \ O_3 \ h\upsilon \ (\lambda < 310 \text{ nm}) \rightarrow 3 \ O_2$$

In diesem Gleichgewicht wird letzlich Strahlung in Wärme umgewandelt. Dadurch wird die «**harte**» **UV-Strahlung** (UV-Strahlung mit Wellenlängen unterhalb von 240 nm, vgl. → Abb. 3-7) fast vollständig absorbiert. Ozon wird deshalb vor allem in der tropischen und subtropischen, mittleren und oberen Stratosphäre gebildet. In die untere Stratosphäre dringt zu wenig «harte» Strahlung vor, sodass Sauerstoff nicht aufgespalten werden kann.

«Natürliches» troposphärisches Ozon stammt aus der Stratosphäre

Die **Zirkulation** der Stratosphäre besorgt die Verteilung von Ozon über den Erdball. Die Ozonmenge an einem bestimmten Ort ist deshalb sehr stark von der Zirkulation abhängig. Besonders in der unteren Stratosphäre ist die Dynamik ausgeprägt. Dabei kann es vorkommen, dass stratosphärische Luftpakete in die Troposphäre eindringen. Ein Teil des troposphärischen Ozons ist in der Tat stratosphärischen Ursprungs, der größte Teil ist allerdings in der Troposphäre entstanden.

Auch in der Troposphäre befindet sich Ozon in einem photochemischen Gleichgewicht, wobei hier aber Stickoxide eine Rolle spielen:

$$NO_2 + h\upsilon \ (\lambda < 420 \text{ nm}) \rightarrow NO + O \quad (R5)$$
$$O_2 + O + M \rightarrow O_3 + M \quad (R6)$$
$$O_3 + NO \rightarrow NO_2 + O_2 \quad (R7)$$

Die benötigte Strahlung ($\lambda < 420$ nm) liegt im Bereich von sichtbarem violetten Licht sowie im sogenannten UVA-Bereich (400–315 nm, vgl. → Abb. 3-7), der bis zum Erdboden vordringt. In diesem Gleichgewicht wirken die **Stickoxide** NO und NO_2 (oft als NOx zusammengefasst) als Katalysatoren. Die Ozonkonzentration erhöht sich entweder bei höherer Strahlung oder dann, wenn das Verhältnis von NO_2 zu NO zunimmt. Wenn also weitere Reaktionen existieren, welche NO zu NO_2 oxidieren, ohne O_3 aufzubrauchen (also Reaktion R7 umgangen wird), verschiebt sich das Gleichgewicht hin zu höherer Ozonkonzentration. Tatsächlich geschieht dies beim Abbau von **Kohlenwasserstoffen.**

Zur Ozonbildung braucht es daher **Stickoxide** als Katalysator, **Kohlenwasserstoffe** als «Brennstoff» sowie **Sonnenstrahlung** als Energiequelle. Durch den Ausstoß dieser Gase trägt der Mensch den größten Teil zum troposphärischen Ozon bei. Kohlenwasserstoffe stammen dabei aus

Industrie, Verkehr und Haushalten, aber auch die natürlichen Emissionen durch die Vegetation spielen eine Rolle. Stickoxide entstehen in Verbrennungsmotoren und entweichen aus gedüngten, landwirtschaflichen Böden. Sie haben nur geringe natürliche Quellen (beispielsweise Blitze).

In der Troposphäre wird Ozon zerstört, wenn es in Kontakt mit der Boden- oder Pflanzenoberfläche kommt. Auch chemischer Abbau in der Atmosphäre ist möglich. Ozon wird netto auch zerstört, wenn das in Reaktion R7 gebildete NO_2 nicht wieder zur Ozonbildung führt, sondern anders weiter reagiert.

In der Stratosphäre spielen wegen der tiefen Temperatur, der hohen Strahlung und der viel geringeren Konzentrationen von Wasserdampf und Stickoxid andere Vorgänge als in der Troposphäre eine Rolle. Hier gibt es mehrere Reaktionszyklen, welche Ozon abbauen. Dazu gehören die Reaktionen mit den **Radikalen** HOx, NOx, ClOx und BrOx. Radikale sind besonders reaktive Verbindungen mit einem ungepaarten Elektron. Der Buchstabe x symbolisiert hier eine Familie: Radikale, die schnell ineinander umgewandelt werden, deren Summe sich jedoch nur sehr viel langsamer verändert. Die HOx-Familie umfasst das Hydroxylradikal OH und das Wasserstoffperoxyradikal HO_2. NOx haben wir bereits oben kennengelernt.

Stratosphärischer Ozonabbau durch HOx, NOx, ClOx und BrOx

Wichtig für den Ozonabbau sind vor allem die Chlorradikale ClOx, welche aus **Fluorchlorkohlenwasserstoffen** (FCKWs) entstehen. FCKWs sind sehr stabile Verbindungen, die früher vielfältig eingesetzt wurden. Sie setzen in der Stratosphäre die Chlorradikale Cl und ClO frei, welche Ozon katalytisch zerstören können. Chlor liegt in der Stratosphäre allerdings nur kurz in dieser Form vor. Die Radikale reagieren schnell miteinander oder mit anderen Radikalen und bilden andere Chlorverbindungen wie HCl oder $ClONO_2$; man spricht dann von deaktiviertem Chlor.

Anthropogene FCKWs sind eine Quelle für ClOx und bewirken Ozonabbau

Diese Verbindungen können allerdings photolytisch aufgespalten werden und wiederum **Chlorradikale** freisetzen. Dazu kommen weitere Reaktionen, welche sich auf der Oberfläche von **stratosphärischen Wolkenpartikeln** abspielen. Zwar ist die Stratosphäre normalerweise zu trocken für Wolken, doch bei sehr tiefen Temperaturen, wie sie über der antarktischen Stratosphäre zuweilen vorkommen, können sich Wolken aus Wasser und Salpetersäure bilden (die Temperaturen können über der Antarktis so tief sinken, weil die stabile Zirkulation die polare Luft von den Mittelbreiten isoliert und sich die Luft daher abkühen kann). Auf diesen Oberflächen können sich die deaktivierten Chlorverbindungen umwandeln in **molekulares Chlor** Cl_2. Wenn die Sonne nach dem Ende der Polarnacht über dem Horizont erscheint, kann das Cl_2 **photolytisch** aufgespalten werden und erneut Chlorradikale bilden.

56 | Die Atmosphäre

Abb. 2-7
Das Ozonloch über der Antarktis am 26. September 2016 (blaue Farben = wenig Ozon, graue Farben = viel Ozon, Bild: NASA).

Ozonloch über der Antarktis

Mitte der 1980er-Jahre bemerkten Forscher des Britischen Antarktisdienstes einen starken Rückgang der **Ozonschicht** über der Antarktis: das **Ozonloch**. Es zeigte sich, dass jeden Frühling über der Antarktis das Ozon in gewissen Höhenschichten vollständig abgebaut worden war. In der atmosphärischen Säule verblieb noch weniger als die Hälfte der normalen Ozonmenge. Die Entdeckung des Ozonlochs – und dessen große Symbolkraft in der Öffentlichkeit – schreckte die internationale Staatengemeinschaft auf. Innerhalb kurzer Zeit wurden weitreichende Beschränkungen und Verbote für die Herstellung ozonabbauender Substanzen erlassen. Das 1987 angenommene **Montreal-Protokoll** und Folgeprotokolle haben seither den Ausstoß reaktiver Chlorverbindungen erfolgreich beschränkt. Dreißig Jahre später ist die Ozonschicht auf dem Weg zur Erholung. Es wird allerdings noch 30–50 Jahre dauern, bis sich die Ozonschicht vollständig erholt hat. Das Ozonloch öffnet sich immer noch jedes Jahr über der Antarktis (vgl. → Abb. 2-7).

FCKWs sind nicht nur ozonabbauende Gase, sondern auch sehr starke und langlebige **Treibhausgase** (vgl. → Tab. 1-5). Der Schutz der Ozonschicht war damit gleichzeitig eine Maßnahme gegen den Klimawandel. Die Industrie suchte nach Ersatzstoffen für FCKWs, von welchen sich einige ebenfalls als ozonabbauend herausstellten. Die Liste der unter den Protokollen zum Schutz der Ozonschicht verbotenen Gase wird daher ständig revidiert.

Eine zentrale Funktion in der Atmosphärenchemie, nicht nur für Ozonabbau, spielt das **Hydroxylradikal** OH, das wiederum aus der Photolyse von Ozon (vgl. Reaktion R3 oben) und anschließender Reaktion mit Wasserdampf entsteht:

$O_3 + h\upsilon \ (\lambda < 310 \text{ nm}) \ \rightarrow O_2 + O$ (R3)
$H_2O + O \ \rightarrow 2 \text{ OH}$ (R8)

Die benötigte UVB-Strahlung wird teilweise in der Stratosphäre absorbiert, ein Teil dringt aber auch bis zum Erdboden vor.
OH leitet den Abbau der meisten atmosphärischen Luftfremdstoffe ein und reagiert auch mit Aerosolen oder Wolkentropfen. Effektiv ist die **Lebensdauer** (vgl. → Kap. 1) der meisten atmosphärischen Spurengase durch die Reaktion mit OH bestimmt. Es wird daher oft auch als «**Waschmittel der Atmosphäre**» bezeichnet. Ozon spielt damit für die troposphärische Chemie eine wichtige Rolle – OH und Ozon machen die Atmosphäre zu einem oxidierenden Medium. So werden beispielsweise alle Kohlenwasserstoffe durch Reaktion mit OH über mehrere Stufen schließlich zu CO_2 und Wasserdampf abgebaut.

<small>Die Atmosphäre oxidiert Luftfremdstoffe</small>

Die Emissionen (Schadstoffausstoß) von **Spurengasen** und **Aerosolen** sind räumlich und zeitlich variabel. Als Beispiel zeigt → Abb. 2-8 die geschätzten Emissionen von **Schwefeldioxid** und **Russ** für den Monat September für die Verhältnisse in den 1990er-Jahren, als die Emissionen besonders hoch waren. Schwefeldioxid wird vor allem in den industrialisierten Regionen (Nordamerika, Europa, Ostasien) ausgestoßen, ebenfalls sichtbar sind die **Schiffsrouten** über die Ozeane. Eine zweite Quellregion sind die Tropen, insbesondere Brasilien und Afrika. Die wichtigste Quelle ist hier die **Biomassenverbrennung** in der Trockenzeit. Letztere ist auch eine wichtige Quelle für Russ. Heute sind die Emissionen von SO_2 dank der getroffenen Maßnahmen und trotz des in einigen Regionen der Erde starken Wirtschaftswachstums wieder gesunken.

<small>Aerosole stammen aus Industrie und Biomassenverbrennung</small>

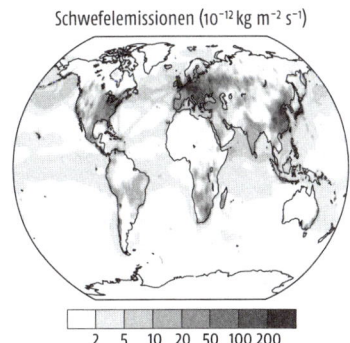
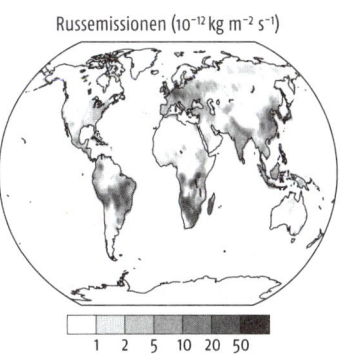

Abb. 2-8
Geschätzte Emissionen von Schwefel (links) und Russ (rechts) für den Monat September für die Situation in den 1990er-Jahren, als die globalen Schwefelemissionen besonders hoch waren (aus Brönnimann 2015).

Abb. 2-9

Mikroskopaufnahmen von verschiedenen Aerosolen (Bilder: USGS, UMBC, Arizona State University).

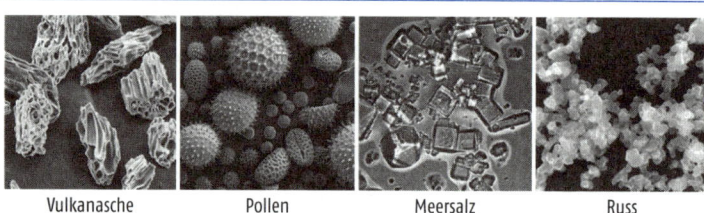

Vulkanasche   Pollen   Meersalz   Russ

Aerosole sind flüssige oder feste Partikel in der Atmosphäre

Aerosole, flüssige oder feste Schwebeteilchen in der Atmosphäre, werden einerseits durch Verbrennungsprozesse ausgestoßen (**primäre Aerosole** wie beispielsweise Russ) oder entstehen in der Atmosphäre durch chemische Vorgänge (**sekundäre Aerosole**). Einige Mikroskopaufnahmen von Aerosolen sind in → Abb. 2-9 gezeigt. Aerosolpartikel haben ganz unterschiedliche Größen, Formen und Eigenschaften. Aerosole absorbieren und streuen kurz- und langwellige Strahlung (vgl. → Kap. 3) und beeinflussen dadurch auch die Temperatur. Außerdem sind sie an der **Wolkenbildung** beteiligt (vgl. → Kap. 2.4); sie sind also doppelt in den **Strahlungshaushalt** der Atmosphäre eingebunden. Aerosole haben auf das Klima insgesamt eine abkühlende Wirkung, die Unsicherheit über das Ausmaß ist in der Wissenschaft allerdings nach wie vor sehr groß. Die Klimaprozesse werden im Detail in → Kap. 10 erläutert.

Zu den natürlichen Aerosolen gehören **Mineralstaub, Salzkristalle** über dem Meer, biologische Aerosole (Pollen, Bakterien, Sporen) und **vulkanische Sulfataerosole.** Der Mensch trägt insbesondere große Mengen an **Russ** sowie **Sulfat-** und **Nitrataerosole** bei. Gerade für die Wolkenbildung sind auch sekundäre Aerosole wichtig. So können von Bäumen emittierte Terpene (eine Gruppe von Kohlenwasserstoffen) zur Bildung von Wolkenkeimen führen.

Gasförmige **Luftverschmutzung** und Aerosole beeinträchtigen nicht nur das Klima, sondern auch Ökosysteme und die **menschliche Gesundheit.** Durch die prekäre Luftsituation in den 1980er-Jahren in Europa wurden See-Ökosysteme geschädigt und ein großflächiges «Waldsterben» wurde befürchtet, das in dieser Form aber glücklicherweise nicht eingetreten ist. In den 1980er- und 1990er-Jahren wurde der Sommersmog als Umweltproblem erkannt. Strengere Emissionsvorschriften haben seither zwar zu tieferen Spitzenwerten geführt, die Anzahl der Ozongrenzwertüberschreitungen ist aber nach wie vor sehr hoch.

Feinstaub ist stark gesundheitsgefährdend

Besonders gesundheitsschädigend ist **Feinstaub,** der ebenfalls entweder durch Verbrennungsprozesse oder mechanische Vorgänge ausgestoßen wird (primärer Feinstaub) oder in der Atmosphäre bei

Abbauvorgängen als **Zwischenprodukt** entsteht (sekundärer Feinstaub). Teilchen, die kleiner als 10 Mikrometer sind, werden PM10 genannt (für «particulate matter below 10 µm»). Sie können eingeatmet werden. Teilchen, die kleiner als 2.5 Mikrometer (PM2.5) sind, können sogar tief in die **Lungen** eindringen. Feinstaub beeinträchtigt die Atemwege (führt dort zu Entzündungen) und kann zu **Herz-Kreislauf-Störungen** führen. Auch eine **krebserregende Wirkung** ist nachgewiesen. Besonders bei austauscharmen winterlichen Inversionslagen (vgl. → Kap. 8.3.2) kann die Feinstaubkonzentration gesundheitsgefährdende Werte erreichen.

Kondensation und Wolkenbildung | 2.4

Aerosole spielen bei der **Wolkenbildung** in mehrfacher Weise eine zentrale Rolle. In der Folge sollen die wichtigsten Vorgänge der Wolkenbildung von der physikalischen Seite her beleuchtet werden. Dazu müssen wir uns zunächst einige Gedanken zum Verdunsten und Kondensieren von Wasser machen.

Wie oben erwähnt, besitzt das Wassermolekül ein **Dipolmoment**, d.h. im flüssigen Zustand sind die Moleküle unter sich durch Wasserstoffbrücken leicht gebunden. Moleküle an der Oberfläche müssen erst diese Bindungen überwinden, um in die Atmosphäre überzutreten (→ Abb. 2-10, links). Man nennt dies die Oberflächenspannung. Umgekehrt müssen die Wassermoleküle in der Gasphase gegen die Oberflächenspannung Arbeit verrichten und dabei ihre latente Energie abgeben. Bei einer gegebenen Temperatur stellt sich ein Gleichgewicht ein, bei welchem genau gleich viele Moleküle die Wasseroberfläche verlas-

Sättigungsdampfdruck: Gleichgewicht zwischen Verdunstung und Anlagerung

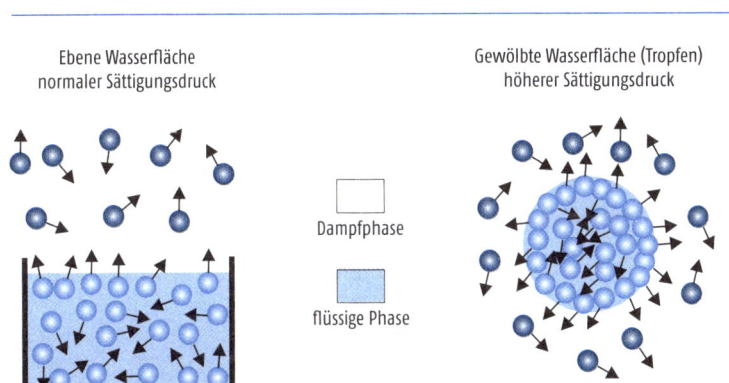

Ebene Wasserfläche
normaler Sättigungsdruck

Gewölbte Wasserfläche (Tropfen)
höherer Sättigungsdruck

Dampfphase

flüssige Phase

| Abb. 2-10

Schematische Darstellung des Sättigungsdampfdrucks über einer ebenen Fläche (links) sowie über einem kleinen Tröpfchen (rechts).

Kelvin-Effekt: Kleiner Tröpfchenradius erhöht Sättigungsdampfdruck

sen wie Moleküle aus der Gasphase in die flüssige Phase übertreten. Der Dampfdruck in diesem Gleichgewicht heißt **Sättigungsdampfdruck**. Er hängt von der Temperatur ab.

Für die Bildung von Wolken muss berücksichtigt werden, dass Wolkentröpfchen **gewölbte Oberflächen** haben (→ Abb. 2-10, rechts). Die Wahrscheinlichkeit, dass ein Teilchen aus der äußersten Schicht das Tröpfchen verlässt, ist jetzt höher. Die Moleküle tendieren daher stärker zur Gasphase. Es braucht einen entsprechend höheren Dampfdruck, um dem entgegenzuwirken. Der Sättigungsdampfdruck ist deshalb über einer gewölbten Fläche höher als über einer ebenen Fläche. Dieser Effekt heißt **Kelvin-Effekt** und ist sehr stark von der Tröpfchengröße abhängig.

Lösungseffekt: Wasseranlagerung an Aerosole und deren Löslichkeit senken den Sättigungsdampfdruck

Wie können jetzt Wolken entstehen? In der Anfangsphase eines Wolkentropfens ist dieser sehr klein, der benötigte Dampfdruck deshalb sehr hoch (→ Abb. 2-11). Um in dieser Situation überhaupt Wolkentröpfchen zu bilden, wären massive Übersättigungen im Vergleich zur Sättigung über einer ebenen Fläche nötig. Es könnte sich kaum Niederschlag bilden. **Aerosole** dienen in dieser Situation als **Kondensations-**

Abb. 2-11

Abhängigkeit der zur Kondensation von Wasser bei 293 K benötigten Übersättigung als Funktion des Tröpfchenradius. Gezeigt sind Kurven für reines Wasser sowie für Ammoniumsulfataerosole verschiedenen Durchmessers (nach Andreae und Rosenfeld 2008).

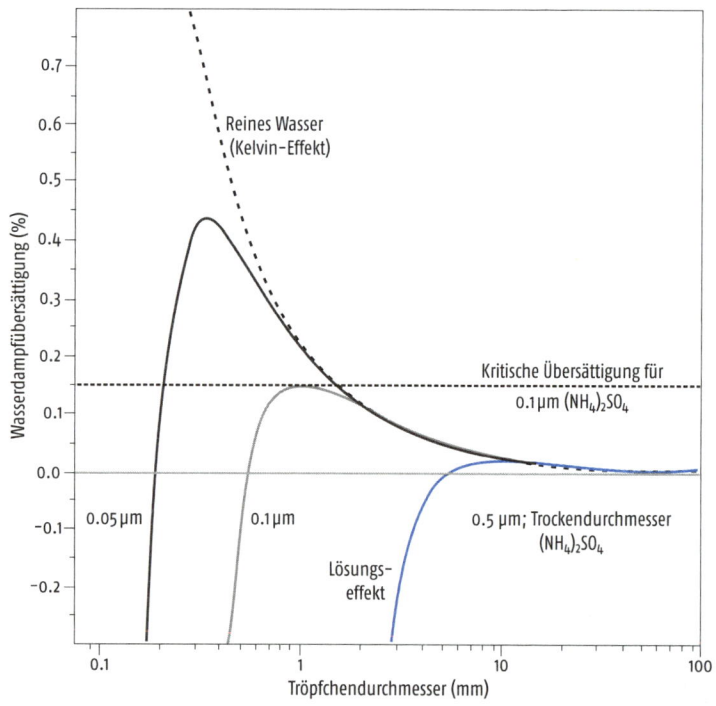

kerne: Wassermoleküle können sich an diese anlagern. Dies geschieht bereits, bevor Sättigung erreicht ist. Dadurch wachsen die Aerosole, und es entstehen allmählich Tröpfchen und damit **chemische Lösungen**. Dieser Effekt wird **Lösungseffekt** genannt. Auch diese Tröpfchen benötigen zum Wachstum noch eine Übersättigung relativ zu einer ebenen Wasserfläche. Je nach Aerosolzusammensetzung und Löslichkeit ist die benötigte Übersättigung aber weit geringer als über reinen Wassertröpfchen, denn die Wassermoleküle sind in den Lösungstropfen stärker gebunden. Diese Kombination von Lösungseffekt und Kelvin-Effekt wird **Köhler-Effekt** genannt. → Abb. 2-11 zeigt diese entsprechenden Kurven für Ammoniumsulfat $(NH_4)_2SO_4$. Auf diese Weise können in der Atmosphäre Tröpfchen entstehen.

Damit können wir die Bildung von Wolkentröpfchen erklären: In einem **aufsteigenden Luftpaket** sinkt die Temperatur (und damit der Sättigungsdampfdruck), und die Luft nähert sich der Sättigung. Gewisse Aerosole in der Atmosphäre erlauben eine Anlagerung von Wasser, sodass kleine Lösungströpfchen entstehen, deren Sättigungsdampfdruck kleiner ist als derjenige über reinem Wasser. Wenn eine bestimmte, von der Größe und Art der Aerosole abhängige Übersättigung (0.1–0.4 %) erreicht ist, können die Tröpfchen wachsen, solange das Luftpaket weiter aufsteigt, da der Sättigungsdampfdruck weiter abnimmt. Durch **Koagulation** und Zusammenfließen wachsen die Tröpfchen weiter, allerdings nicht beliebig, denn große Tropfen ab einigen Millimetern sind hydrodynamisch instabil und **zerfallen** wieder. Nur Niederschlagsereignisse mit kleinen Tröpfchen wie Regen aus tiefen Schichtwolken im Sommer oder **Nieselregen** können so erklärt werden, zumal die Tröpfchen außerdem unterhalb der Wolke zu verdunsten beginnen. Für größere Regenereignisse wie Gewitterregen ist noch ein weiterer Vorgang entscheidend: der Übergang in die Eisphase.

Im oberen Teil einer Wolke liegen die Temperaturen oft weit unter dem Gefrierpunkt. Reine Wassertropfen brauchen allerdings sehr hohe Unterkühlung, um zu gefrieren (homogenes Gefrieren). Auch hier spielen Aerosole eine Rolle. Als **Eiskeime** können sie heterogenes Gefrieren auslösen. Wenn ein unterkühltes Wolkentröpfchen mit einem solchen Kern kollidiert (oder bereits einen solchen enthält), kann es bereits bei wenigen Minusgraden gefrieren. Wasser kann sich auch direkt an Aerosole anlagern. Eiskeime sind allerdings selten, sodass oft sehr hohe Übersättigungen beziehungsweise Unterkühlungen erreicht werden. Nicht alle Kondensationskerne sind auch gute Eiskeime. Typische Eiskeime sind Tonmineralien, aber auch biologische Aerosole wie Pollen und Sporen.

Für das weitere Wachstum ist nun entscheidend, dass der **Sättigungsdampfdruck** über **Eis** geringer ist als über Wasser (vgl. → Abb. 2-12).

$$e_s \text{ (Eis)} < e_s \text{ (Wasser)}$$

Bergeron-Findeisen-Prozess: Eiskristalle wachsen auf Kosten der Wassertröpfchen

Wasserdampf lagert sich deshalb bevorzugt an Eis an. Wenn ein Luftpaket sowohl Eiskristalle als auch Wassertröpfchen enthält, kann sich die Feuchtigkeit in einem Bereich einpendeln, in welchem die Luft bezüglich des flüssigen Wassers untersättigt ist, also Wasser verdunstet wird, während sie gleichzeitig in Bezug auf Eis übersättigt ist, also dort Eis angelagert wird. Als Resultat wachsen die Eiskristalle auf Kosten der Wassertropfen. Diese Tatsache ist uns aus dem Alltag bekannt: Ein schlecht abgetauter Kühlschrank mit einem stark vereisten Kühlaggregat wird dem im Kühlschrank gelagerten Salat Wasser entziehen, der Salat trocknet aus, während das Eis am Kühlaggregat schnell zunimmt. Nach seinen Entdeckern wird der Vorgang **Bergeron-Findeisen-Prozess** oder auch Wegener-Bergeron-Findeisen-Prozess genannt (zu Wegener vgl. → Box 10.2).

Durch Anlagerung und Gefrieren kleinster Wassertröpfchen an vorhandene Eiskristalle entstehen **Schneeflocken.** Diese können zu umfangreicheren Größen heranwachsen als Wassertropfen. Fallen sie aus der Wolke, dann **schmelzen** sie beim Durchgang durch die wärmeren Luftschichten. Die Tropfen können weitere Tropfen anlagern oder wieder in kleinere Tröpfchen zerfallen. Die Tropfen, welche die Erdoberfläche erreichen, sind bei diesen Niederschlagsformen aber größer als bei Nie-

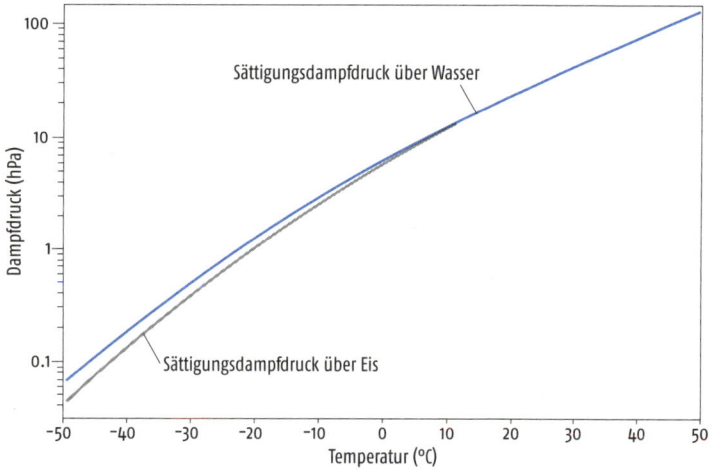

Abb. 2-12 Sättigungsdampfdruck über Eis und über Wasser.

Kondensation und Wolkenbildung

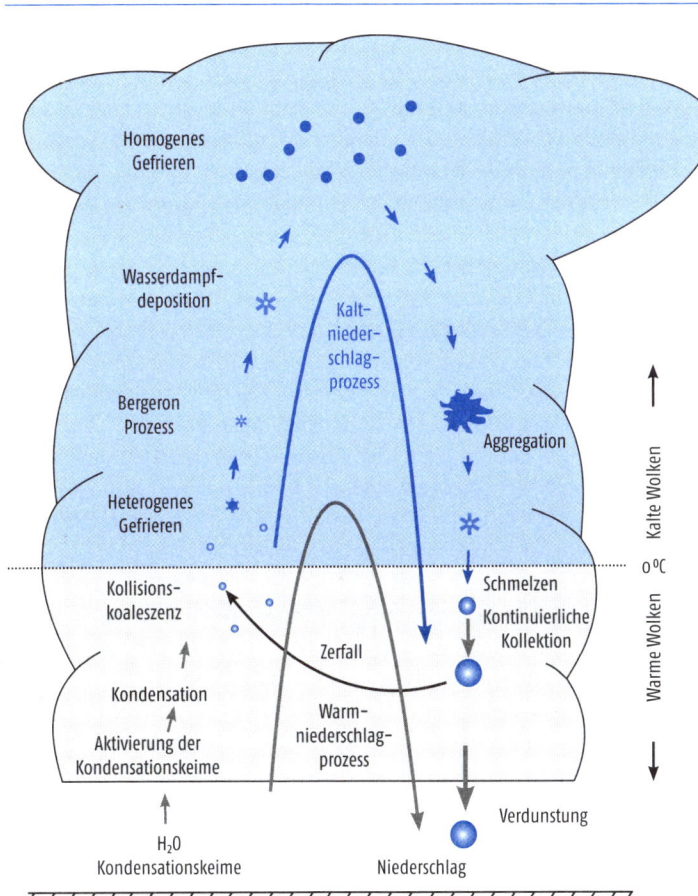

Abb. 2-13
Schematische Darstellung der Prozesse bei der Wolken- und Niederschlagsbildung.

derschlag aus reinen **Wassertröpfchen**. Typische Gewitterregen laufen auf diese Weise ab.

Wolkenteilchen können auch mehrmals durch einen solchen Zyklus laufen, weil sie immer wieder von Aufwinden nach oben getragen werden. So können große **Hagelkörner** heranwachsen.

Der gesamte Prozess der **Wolken- und Niederschlagsbildung** mit Eisphase ist in → Abb. 2-13 zusammengefasst. Sie zeigt links ein aufsteigendes Luftpaket, in welchem Wolkenkondensationskerne aktiviert werden (d.h., Wasser angelagert wird), dann Tröpfchen gebildet werden, welche durch Kollision und Zusammenfließen weiter wachsen. Im kalten Teil der Wolke ermöglichen Eiskeime das Gefrieren. Dann kommt der Bergeron-Findeisen-Prozess zum Tragen. Das direkte Gefrieren von

Wassertropfen kann nur bei sehr tiefen Temperaturen, also in großer Höhe erfolgen. Die Schneeflocken wachsen in der Wolke durch Anlagern von Wasserdampf und unterkühlten Wassertröpfchen. Beim Fallen durch den warmen Teil der Wolke schmelzen die Schneeflocken. Unterhalb der Wolke schließlich kommt es zur Verdunstung, wenn die Luftfeuchtigkeit entsprechend gering ist.

2.5 | Die Clausius-Clapeyron-Beziehung

Die Abhängigkeit des **Sättigungsdampfdrucks** von der Temperatur haben wir für die Wolkenbildung eingangs angesprochen. Nur deshalb führt **Aufsteigen** zum **Kondensieren**. Die Bedeutung dieser Abhängigkeit, der sogenannten **Clausius-Clapeyron-Beziehung,** geht aber weit über die Wolkenbildung hinaus. Sie ist eine der fundamentalen physikalischen Grundlagen des Klimasystems, denn diese Beziehung verknüpft die Frage der Energie mit derjenigen der Massenflüsse (Wasserdampf) und schließlich mit der atmosphärischen Zirkulation.

Clausius-Clapeyron:
Pro °C Erwärmung nimmt die Feuchte um 7 % zu

In einfachster Form ausgedrückt besagt die Clausius-Clapeyron-Beziehung, dass der Sättigungsdampfdruck pro 1 K Temperaturzunahme um ca. 7 % ansteigt (→ Abb. 2-14). Das bedeutet, dass **warme Luft** mehr **Wasserdampf** enthalten kann als kalte Luft (oft wird gesagt, warme Luft kann mehr Wasserdampf «aufnehmen», allerdings ist es nicht die Luft, die Wasserdampf «aufnimmt»; dasselbe würde der Fall sein, wenn es in der Atmosphäre nur Wasserdampf gäbe).

Etwas genauer sagt die Gleichung, dass eine Änderung des Sättigungsdampfdrucks e_s abhängig ist von der spezifischen Verdampfungsenthalpie (L_v für Wasser bei 20 °C: 2453 kJ kg^{-1}, vgl. → Tab. 4-1) und der Temperatur T (R_W ist die spezifische Gaskonstante für Wasser, 461.4 J kg^{-1} K^{-1}; in → Kap. 4 gehen wir näher auf die Gaskonstante ein):

$$\frac{de_s}{e_s} = \frac{L_v}{R_W T^2} dT \qquad [Pa\ Pa^{-1}]$$

Für Temperaturen zwischen 0 und 20 °C ergibt sich daraus eine Zunahme von e_s um 6–7 % K^{-1}. Diese Beziehung hat weitreichende Folgen für die Art und Weise, wie die Atmosphäre Energie transportieren kann. Wenn die Verdunstung nicht limitierend ist und die relative Feuchte konstant bleibt, dann wird um 1 K erwärmte Luft um 7 % feuchter. Entsprechend wird sie auch sehr viel energiereicher. Damit werden die **Energieströme** bei gleichbleibender Zirkulation viel größer. Dies wiederum hat Folgen für die atmosphärische Zirkulation und deren Aufgabe, Energieunterschiede auszugleichen.

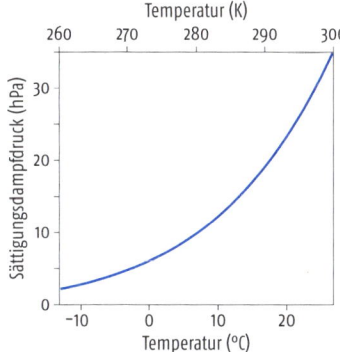

Abb. 2-14

Abhängigkeit des Sättigungsdampfdrucks für Wasserdampf von der Temperatur: die Clausius-Clapeyron-Beziehung.

Wenn mehr Wasserdampf transportiert wird und kondensiert, wird auch mehr Energie freigesetzt. Diese muss letztlich abgestrahlt werden. Die Abstrahlung nimmt gemäß dem Stefan-Boltzmann-Gesetz (vgl. → Kap. 3) mit der Temperatur nur um ca. 1.4 % K^{-1} zu. Dazu kommen zwar komplizierte Rückkopplungseffekte, doch letztlich kann die Strahlungszunahme nicht mit der Clausius-Clapeyron-Zunahme mithalten. Die frei werdende Energie erwärmt die obere Troposphäre stärker als die bodennahen Schichten und führt somit – im zeitlichen Mittel – zu einer Stabilisierung der Atmosphäre (vgl. → Kap. 4). Das betrifft auch die Zirkulation und den Energietransport durch die Atmospäre, zumindest unter Annahme konstanter relativer Feuchte und konstanten Energietransports durch Atmosphäre und Ozean. Diese Annahmen treffen in der realen Welt zwar nicht zu. Global gemittelt nimmt die relative Feuchte ab, und die Ozeane spielen ebenfalls eine wichtige Rolle. Das Beispiel zeigt aber, wie eng globale Temperaturzunahme, Wasserkreislauf, Energieflüsse und atmosphärische Zirkulation miteinander verknüpft sind. Ursache dafür ist vor allem die Clausius-Clapeyron-Beziehung. Wir werden in den folgenden Kapiteln darauf zurückkommen. Im nächsten Kapitel werden wir dazu die Grundlagen der Energiebilanz der Erde erarbeiten.

Verwendete Literatur

Andreae, M. O., D. Rosenfeld (2008) Aerosol–cloud–precipitation interactions. Part 1. The nature and sources of cloud-active aerosols. Earth-Science Reviews, 89, 13–41.
Bliefert, C. (2002) Umweltchemie. 3. Aufl. Wiley, Weinheim.
Brönnimann, S. (2013) Ozon in der Atmosphäre. Haupt und Geographica Bernensia, Bern.
Brönnimann, S. (2015) Climatic Changes Since 1700. Springer.
Brönnimann, S., A. Stickler (2013) Aerological observations in the Tropics in the Early Twentieth Century. Meteorol. Z., 3, 349–358.
Wayne, R. P. (2000) Chemistry of Atmospheres. 3. Aufl. Oxford University Press, Oxford.

Weiterführende Literatur

Lohmann, U., F. Lüönd, F. Mahrt (2016) An Introduction to Clouds: From the microscale to climate. Cambridge University Press.
Seinfeld, J. H., S. N. Pandis (2006) Atmospheric Chemistry and Physics: From Air Pollution to Climate Change. 2. Aufl. Wiley, New York.
Wallace, J. M., P. V. Hobbs (2006) Atmospheric Science. An Introductory Survey, 2. Aufl. Academic Press.

Strahlung und Energie | 3

Inhalt

3.1 Die globale Strahlungs- und Energiebilanz

3.2 Astronomische Grundlagen

3.3 Strahlungsemission

3.4 Streuung

3.5 Absorption

3.6 Der Treibhauseffekt

3.7 Transmission durch die Atmosphäre

3.8 Wärmeflüsse und lokale Energiebilanzen

Dieses Kapitel befasst sich mit der Energie im Klimasystem (vgl. → Abb. 1-8), insbesondere der Strahlung. Die Erde ist ungefähr im Strahlungsgleichgewicht mit dem Weltraum, erhält also gleich viel Strahlung von der Sonne, wie sie in Form von reflektierter Strahlung und Wärmestrahlung an den Weltraum abgibt. Das Klimasystem absorbiert solare Strahlung, wandelt diese in Wärme um und strahlt sie wieder ab. Die Absorption erfolgt zu einem großen Teil am Erdboden, die Abstrahlung dagegen zu einem großen Teil aus der Atmosphäre.

Da die Erde eine Kugel mit einer geneigten Rotationsachse ist, bestimmen astronomische Faktoren die jahreszeitliche und räumliche Verteilung der eintreffenden kurzwelligen Strahlung. Auch auf der Erdoberfläche spielen geometrische Faktoren, aber auch die Oberflächenhelligkeit (Albedo) eine Rolle. Diese Faktoren lassen sich mit einigen einfachen Gesetzen beschreiben.

Sonnenstrahlung kann angenähert als Strahlung eines Schwarzkörpers verstanden werden. Das Spektrum dieser Strahlung ist nur von der Temperatur des Körpers abhängig. Die Sonne strahlt in einem breiten Wellenlängenbereich, der von Röntgenstrahlen bis zum Nahinfrarotbereich reicht. Glücklicherweise erreicht die ganz kurzwellige Strahlung den Erdboden nicht; sie würde hier das Leben zerstören. Die Erde selber strahlt vor allem im thermischen Infrarotbereich. Innerhalb der Atmosphäre vermindern die Rückstreuung an Wolken oder Aerosolen sowie die Absorption in der Atmosphäre die eintreffende Strahlung. An der Erdoberfläche wird die kurzwellige Strahlungsenergie in Wärme umgesetzt oder wird für Verdunstung verwendet und in die Atmosphäre transportiert. Von der Erdoberfläche und der Atmosphäre wird die Energie in Form von langwelliger Strahlung an den Weltraum abgegeben. Treibhausgase erschweren diese Abstrahlung, indem sie langwellige Strahlung absorbieren und in alle Richtungen wieder emittieren. Um trotz Treibhausgasen gleich viel Strahlung an den Weltraum abgeben zu können, wie von der Sonne eingestrahlt wird, muss sich die Erde erwärmen.

Während sich die Erde als Ganzes annähernd im Strahlungsgleichgewicht befindet, ist dies lokal nicht der Fall. Die Strahlungsbilanz kann im Tages- und Jahresgang stark variieren und ist in der Regel nicht ausgeglichen. Die räumlich ungleiche Strahlungsbilanz ist der Antrieb der atmosphärischen und ozeanischen Zirkulation, welche letztlich den Energieausgleich bewerkstelligen.

3.1 | Die globale Strahlungs- und Energiebilanz

Die **Energiebilanz** der Erde ist eine der wichtigsten Größen im Klimasystem, und ihre räumlichen Unterschiede treiben die Zirkulation von Ozean und Atmosphäre an. Im Zentrum der Energiebilanz steht die **Strahlungsbilanz.** Das Klimasystem erhält fast die gesamte Energie in Form von kurzwelliger Strahlung von der Sonne und gibt sie letztlich in Form von langwelliger Strahlung wieder an den Weltraum ab. Im Klimasystem wird die solare Einstrahlung aber vielfach umgewandelt. Ein Teil davon wird in der Atmosphäre absorbiert oder zurück in den Weltraum gestreut. Auch die Abstrahlung erfolgt nicht einfach direkt von der Erdoberfläche in den Weltraum, sondern durch Wechselwirkung mit Treibhausgasen und Wolken.

Die Hälfte der solaren Einstrahlung wird am Boden absorbiert, ein Viertel reflektiert, ein Viertel in der Atmosphäre absorbiert

Die global gemittelten **Strahlungs- und anderen Energieflüsse** sind in → Abb. 3-1 dargestellt. Die einkommende Strahlung beträgt im globalen Durchschnitt ca. 340 W m^{-2}. Ein Teil davon wird von der Atmosphäre absorbiert. Aerosole, Gase oder Wolkentröpfchen absorbieren zusammen ungefähr 79 W m^{-2} oder etwa 23 % der gesamten eintreffenden Strahlung. Ein etwa gleich großer Anteil, 76 W m^{-2}, wird an **Wolken**

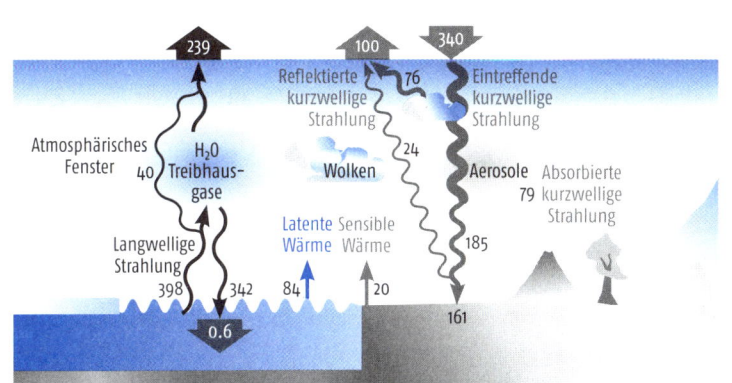

Abb. 3-1

Global gemittelte Strahlungs- und Energiebilanz (Energieflüsse in W m^{-2}). Die umgesetzte Nettoeinstrahlung beträgt ein Viertel der Solarkonstanten oder 340 W m^{-2} (nach Hartmann et al. 2013).

reflektiert. Somit werden 45 % der Strahlung bereits in der Atmosphäre zurückgehalten. Nur ungefähr 185 W m^{-2} erreichen den Erdboden. Hier werden 24 W m^{-2} ebenfalls **reflektiert**. An der Erdoberfläche absorbiert werden also 161 W m^{-2} oder knapp die Hälfte (47 %) der Solarstrahlung. Diese absorbierte Strahlung spielt für die klimatischen Vorgänge die wichtigste Rolle.

Wenn wir einen Gleichgewichtszustand betrachten, ist an der Erdoberfläche auch der Wärmefluss durch **Wärmeleitung in den Untergrund** ausgeglichen, und die eingehende Strahlung muss in Form von Energie wieder an die Atmosphäre und letztlich in den Weltraum abgegeben werden. Abstrahlung ist dabei einer der Mechanismen, allerdings kein sehr effizienter (vgl. → Kap. 6). Deshalb gibt die Erdoberfläche zusätzlich Energie in Form von Wärme direkt an die untersten Luftschichten ab. Dieser Fluss wird **sensibler Wärmefluss** genannt. In den untersten Millimetern über dem Boden erfolgt der Fluss durch **molekulare Diffusion,** darüber durch **Turbulenz.** Man spricht deshalb oft vom turbulenten Fluss sensibler Wärme.

Schließlich wird die eintreffende Energie auch dafür verwendet, Wasser zu verdunsten. Diese Energie wird später bei der Kondensation in der Atmosphäre, der Wolkenbildung, wieder frei. Der Fluss dieser **latenten Energie** entspricht also dem Fluss von Wasserdampf. Auch dieser Fluss erfolgt in den untersten Millimetern durch molekulare Diffusion, darüber durch Turbulenz (turbulenter Fluss latenter Wärme). Die turbulenten Flüsse von sensibler und latenter Wärme betragen 20 respektive 84 W m^{-2}. Besonders der latente Wärmestrom ist wichtig. Er bewerkstelligt einen großen Teil des Transports der Energie vom Erdboden in die Atmosphäre. Diese beiden Flüsse, 20 + 84 W m^{-2},

> Die Erdoberfläche kann Energie als Wärme oder Wasserdampf an die Atmosphäre abgeben: die turbulenten Wärmeflüsse

> Der latente Wärmefluss ist 4 Mal so groß wie der sensible Wärmefluss

sowie die in der Atmosphäre absorbierten 79 W m^{-2} (also zusammen 183 W m^{-2}) müssen letztlich abgestrahlt werden. Die Atmosphäre strahlt also sehr viel Energie ab.

Die langwellige Einstrahlung ist etwa doppelt so hoch wie die kurzwellige Einstrahlung

An der Atmosphärenobergrenze beträgt die ausgehende kurzwellige Strahlung, also die an Wolken und am Boden reflektierte Strahlung, ungefähr 100 W m^{-2}. Da die Erde nahezu im **Strahlungsgleichgewicht** ist, muss die Differenz zur eintreffenden Strahlung (340 W m^{-2}) durch langwellige Abstrahlung bewerkstelligt werden. Tatsächlich werden ca. 239 W m^{-2} langwellig ausgestrahlt. Davon stammen 183 W m^{-2} aus der Atmosphäre und 57 W m^{-2} von der Erdoberfläche, Letzteres ist aber nur ein Nettofluss. In der unteren Atmosphäre und an der Erdoberfläche sind die **langwelligen Strahlungsflüsse** wegen des Treibhauseffekts um einiges höher als 57 W m^{-2} und sind sogar mehr als doppelt so gross wie die kurzwellige Einstrahlung. Den Grund dafür werden wir im Verlauf des Kapitels erläutern. Die Abstrahlung an der Erdoberfläche beträgt knapp 400 W m^{-2}, die **langwellige Gegenstrahlung** ca. 342 W m^{-2}. Nur ein kleiner Teil der langwelligen Abstrahlung, ca. 40 W m^{-2}, erreicht von der Erdoberfläche ungehindert das Weltall. Auf dieses «atmosphärische Fenster» gehen wir in → Kap. 3.6 ein.

Zu Beginn des Kapitels sind wir davon ausgegangen, dass die Erde als Ganzes im Strahlungsgleichgewicht mit dem Weltraum ist. Das ist allerdings nicht ganz der Fall: Momentan nimmt das System Energie auf. Ungefähr 0.6 ± 0.4 W m^{-2} bleiben im System und akkumulieren sich, vor allem in Form einer **Erwärmung der Ozeane**. Die Ozeane speichern diese Energie über längere Zeit.

In diesem Kapitel möchten wir die Energiebilanz der Erde diskutieren und die einzelnen Strahlungs- und Energieflüsse verstehen. In der Folge betrachten wir deshalb die astronomischen Grundlagen, die physikalischen Strahlungsgesetze, die Prozesse in der Atmosphäre (Streuung und Absorption), den Treibhauseffekt sowie die sensiblen und latenten Wärmeflüsse.

3.2 | Astronomische Grundlagen

Astronomische Klimafaktoren: Neigung der Erdachse bestimmt Jahreszeiten

Die wichtigste eintreffende Energie, die Sonneneinstrahlung, ändert sich im Tages- und Jahresverlauf in Abhängigkeit zur geographischen Breite. Dieses «solare Klima» wird durch die Strahlungsgeometrie des **Erd-Sonnen-Systems** bestimmt. Die **Neigung** der Erdachse (ca. 23.5°) ist für die Entstehung der Jahreszeiten verantwortlich, die Erddrehung für die Tageszeiten. → Abb. 3-2 zeigt schematisch die Geometrie der **Erdumlaufbahn**.

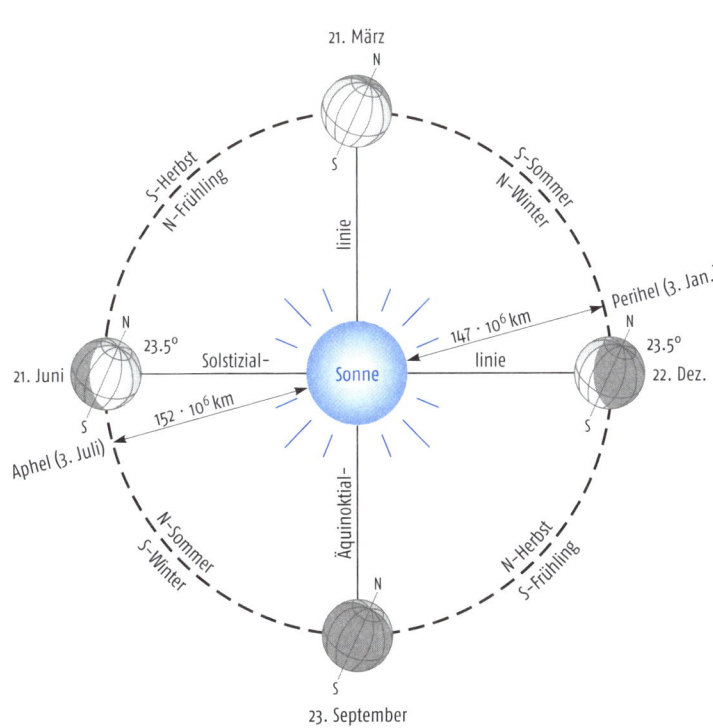

Abb. 3-2

Umlaufbahn der Erde um die Sonne (nach Schönwiese 2003). Die Erdumlaufbahn ist leicht elliptisch.

Das erste Kepler'sche Gesetz besagt, dass alle Planetenbahnen elliptisch sind und die Sonne in einem der Brennpunkte der Ellipse steht. Das gilt auch für die Erde, allerdings ist ihre Bahn fast kreisförmig. Der sonnennächste Punkt der Erdumlaufbahn ist das **Perihel,** der sonnenfernste Punkt heißt **Aphel**. Die Erde ist derzeit Anfang Januar der Sonne am nächsten. Aber die Geometrie der Erdumlaufbahn ändert sich im Verlauf langer Zeitspannen: **Exzentrizität** (Abweichung von der Kreisbahn, vgl. → Kap. 10.3.1) sowie **Obliquität** (Neigung) und **Präzession** der Erdachse (Ausrichtung im Raum und damit die Lage des Perihels relativ zu den Jahreszeiten) unterliegen Schwankungen im Bereich von Zehntausenden von Jahren (vgl. → Kap. 10).

Aus der Sicht des Beobachters auf der waagrechten Erdoberfläche (ohne Berücksichtigung der Atmosphäre) ist die Strahlung von der Sonnenhöhe über dem Horizont abhängig. Das **Lambert'sche Gesetz** (→ Abb. 3-3) besagt, dass die auf einer waagrechten Fläche der Erdoberfläche eintreffende Einstrahlung der Sonne J (in W m^{-2}) das Produkt aus der Strahlung auf einer Fläche senkrecht zur Einstrahlungsrichtung

Die Erdumlaufbahn ist leicht elliptisch

Lambert-Gesetz: Einfallende Strahlung ist vom Einfallswinkel abhängig

Strahlung und Energie

(J_0) und dem Sinus der Sonnenhöhe h_m (oder dem Cosinus des Zenitwinkels z) ist:

$$J = J_0 \sin h_m \quad \text{oder} \quad J = J_0 \cos z \quad [W\,m^{-2}]$$

Die Einstrahlung auf einer ebenen Fläche ist also am höchsten, wenn die Sonne am höchsten steht (am Mittag). Für **geneigte Flächen** (rechts in Abb. 3-3) gilt dies nicht. Die Einstrahlung kann hier höher sein als für ebene Flächen und kann ihr Maximum zu anderen Zeitpunkten haben. Umgekehrt können ungünstig geneigte Flächen auch sehr niedrige Einstrahlung aufweisen, dazu kommen Beschattungseffekte.

Aus der Sicht eines Punktes in der Topografie wird oft der **«Sky View Factor»** definiert als derjenige Anteil (ausgedrückt in Raumwinkeleinheiten) des Himmels, der von diesem Punkt aus sichtbar ist. Der «Sky View Factor» beeinflusst sowohl die Einstrahlung als auch die Abstrahlung. Er ist eine wichtige Größe für die Beurteilung der Energiebilanz, beispielsweise für innerstädtische Flächen (vgl. → Kap. 8.3).

Bei flachem Sonneneinfall wird die Strahlung zur Erde hin gekrümmt

Die Geometrie wird durch das Phänomen der **Lichtbrechung** (Refraktion) zusätzlich beeinflusst. Da die Ausbreitungsgeschwindigkeit des Lichts in der dichten Atmosphäre nahe der Erdoberfläche kleiner ist als in der dünnen oberen Atmosphäre (d.h., einen größeren Brechungsindex hat), werden die Lichtstrahlen der Sonne gebrochen und verlaufen auf einem zur Erde **gekrümmten Pfad**. Die Krümmung beträgt 12-14 % der Erdkrümmung und führt dazu, dass die Sonne am Horizont oval erscheint und die Strahlung sogar dann noch sichtbar ist, wenn die Sonne plangeometrisch bereits untergegangen ist. Die Refraktion führt zu längeren Tagen – in den Mittelbreiten um einige Minuten – und zu einer kürzeren Polarnacht.

Abb. 3-3 | Das Lambert-Gesetz: J_0 (in W m^{-2}) ist die auf eine senkrechte Fläche fallende Sonnenstrahlung, h_m ist der Winkel der Sonnenhöhe (alternativ kann auch der Zenitwinkel z genommen werden, $\sin h_m = \cos z$). J ist die Einstrahlung auf eine horizontale Fläche. Die Atmosphäre wird vernachlässigt. Die Abbildung rechts zeigt die Situation mit geneigten Flächen.

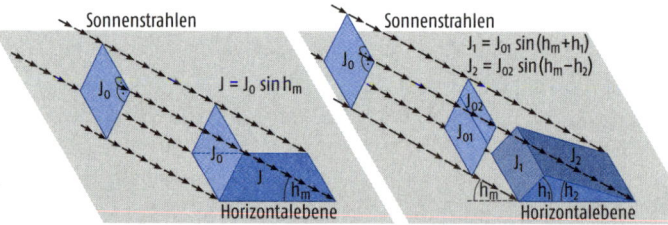

Astronomische Grundlagen

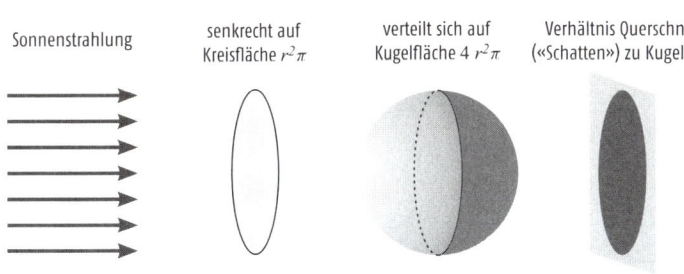

| Abb. 3-4

Die Erdoberfläche erhält im Mittel ein Viertel der Strahlung, welche auf eine senkrechte Fläche eintreffen würde.

Sonnenstrahlung — senkrecht auf Kreisfläche $r^2\pi$ — verteilt sich auf Kugelfläche $4\,r^2\pi$ — Verhältnis Querschnitt («Schatten») zu Kugel: 1/4

Die Erde ist in genügender Näherung eine **Kugel**. Nur eine verschwindend kleine Fläche steht jeweils senkrecht zur Einstrahlungsrichtung, andere Flächen sind geneigt; eine Hälfte der Kugel liegt zudem im Dunkeln und erhält gar keine Strahlung. Senkrecht zur Einstrahlungsrichtung würde eine Kugelquerschnittsfläche liegen, auf die dann die gesamte Strahlung senkrecht fallen würde. Das Verhältnis von **Kugelquerschnittsfläche** ($r^2\,\pi$) zu Kugeloberfläche ($4\,r^2\,\pi$) ist ein Viertel. Somit erhält die Erdoberfläche ohne Berücksichtigung der Atmosphäre pro Quadratmeter durchschnittlich ein Viertel der Strahlung, die eine senkrechte Fläche erhalten würde (in → Abb. 3-4 schematisch gezeigt). Während also ein der Sonne zugewandter Satellit im Weltraum eine solare Einstrahlung von 1360 W m^{-2} misst, beträgt die durchschnittliche Einstrahlung auf die Erde (ohne Atmosphäre) nur 340 W m^{-2} (vgl. → Abb. 3-1).

Die **Tagessummen** der solaren Strahlung, welche sich aus den hier erläuterten astronomischen Gegebenheiten (nur geometrische Faktoren, also ohne Atmosphäre) ergeben, sind in → Abb. 3-5 dargestellt. Sie unterliegen einem starken Jahresgang. Man beachte die grauen Areale der australen (Südhalbkugel, links oben) und der borealen (Nordhalbkugel, rechts unten) **Polarnacht.** Am steilsten ist der Abfall in Nord-Süd-Richtung im Winter. In der Sommerhemisphäre ist der Abfall weniger steil, da sich der mit zunehmender geographischer Breite kleiner werdende Winkel und die längere Tageslänge fast ausgleichen. Der Jahresgang ist am ausgeglichensten in den Tropen, am extremsten an den Polen.

An der Erdoberfläche wird ein Teil der eintreffenden Strahlung reflektiert oder zurückgestreut. Die Rückstreuung, definiert als das Verhältnis zwischen ausgehender und eingehender Strahlung, heißt **Albedo,** abgekürzt α. Die Albedo ist wellenlängenabhängig und materialabhängig. Eine helle Oberfläche wie beispielsweise frischer Schnee hat im sichtbaren Bereich eine Albedo von fast 1 (oder 100 %), eine

Die mittlere Strahlung auf eine Kugeloberfläche ist ein Viertel derjenigen, welche auf eine senkrechte Querschnittsfläche fällt

Albedo = reflektierte/einfallende Strahlung

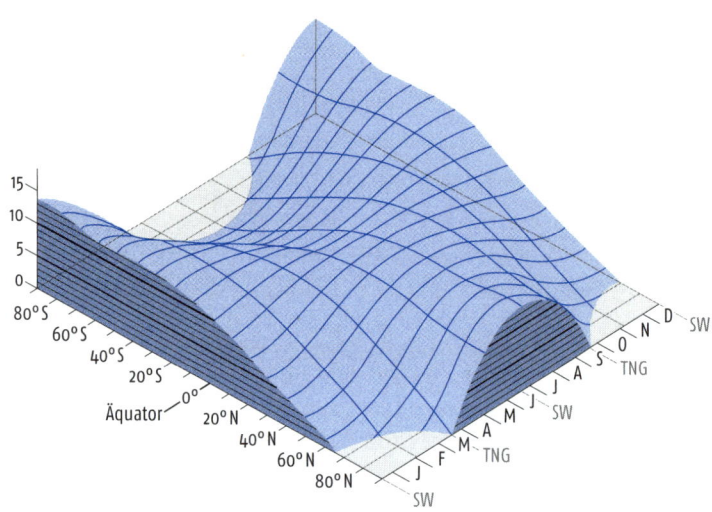

Abb. 3-5
Tagessummen der an der Atmosphärenobergrenze ankommenden solaren Strahlung (nach Häckel 2008; in kWh/m²; TNG = Tag-Nacht-Gleiche, SW = Sonnwende).

dunkle Fläche wie beispielsweise eine geteerte Straße hat eine Albedo von ca. 0.15 (15 %). Aus dem Weltraum gesehen, hat die Erde als Ganzes eine Albedo von ca. 0.3 (auch **planetare Albedo** genannt); die Helligkeit rührt vor allem von den Wolken her, teils von der Atmosphäre. Die durchschnittliche Albedo der Erdoberfläche im Wellenlängenbereich des sichtbaren Lichts beträgt 0.12–0.13 und wird stark von den dunklen Ozeanen beeinflusst.

Tab. 3-1
Albedo im sichtbaren Spektrum und langwelliger Emissivität (vgl. → Kap. 3.3) einiger Oberflächen (* die Albedo von Wasser ist stark vom Einfalls- und Betrachtungswinkel abhängig).

Oberfläche	Albedo	Emissivität
Eis	0.6–0.8	0.99
Frischer Schnee	0.80–0.90	0.97
Alter Schnee	0.45–0.90	0.97
Wolken	0.60–0.90	0.5–0.7
Sand	0.30	0.95
Granit	0.3–0.35	0.9
Gras	0.18–0.23	0.98
Poliertes Aluminium	0.7	0.04
Wasser	0.05–0.2*	0.95–0.96
Teer	0.15	0.79–0.84

Die Albedo ist für die Energiebilanz der gesamten Erde sowie für die lokale Energiebilanz eine zentrale Größe. → Tab. 3-1 gibt eine Übersicht über die Albedo einiger Flächen.

Strahlungsemission | 3.3

Die Erde streut nicht nur kurzwellige Sonnenstrahlung zurück. Genau wie die Sonne strahlt auch die Erde, wenn auch in ganz anderen Wellenlängenbereichen. Die Strahlungsemission ist sehr gut verstanden und lässt sich durch einige Gesetze beschreiben, die im Folgenden erläutert werden. Danach wird das Spektrum der Sonnenstrahlung und der Erdabstrahlung dargelegt.

Jeder Körper **absorbiert Strahlungsenergie** und **strahlt** auch wieder Strahlungsenergie ab. Die abgegebene Strahlung hat ein bestimmtes **Spektrum,** das von der Temperatur und der Beschaffenheit des Körpers abhängig ist. Je wärmer ein Körper ist, desto mehr Energie strahlt er ab und desto mehr verschiebt sich das Spektrum hin zu kurzwelligerer Strahlung (vgl. → Box 3.1). Die «ideale» Beschaffenheit eines Strahlers ist der «Schwarzkörper». Ein **Schwarzkörper** absorbiert die gesamte einfallende Strahlung aller Wellenlängen und emittiert gleichzeitig die physikalisch maximal mögliche Strahlungsmenge.

Schwarzkörper absorbieren die gesamte Strahlung

Wie lässt sich ein Schwarzkörper verstehen? Eine gute Näherung für einen Schwarzkörper ist ein kleines Loch mit einem Hohlraum dahinter. Kaum ein Photon, das durch das Loch eindringt, wird den Hohlraum je wieder verlassen. Umgekehrt kann, wenn die Wand des Hohlraums geheizt wird, anhand der aus dem Loch austretenden Strahlung das Spektrum der Schwarzkörperstrahlung gemessen werden. Perfekte Schwarzkörper gibt es nicht. Körper in der Natur werden **Graukörper** genannt. Sie absorbieren und emittieren nur einen Teil der Strahlung, dieser Anteil wird **Emissivität** (Abgekürzt ε) genannt. Er ist für Absorption und Emission gleich groß und wellenlängenabhängig. Die Emissivität der meisten Graukörper ist allerdings relativ hoch, um 90–95 % (→ Tab. 3-1). Kein realer Körper kann bei einer bestimmten Wellenlänge und Temperatur mehr Strahlung emittieren als ein Schwarzkörper. Das bedeutet aber auch, dass sich ein grauer Körper stärker erwärmen muss, um gleich viel abstrahlen zu können wie ein schwarzer Körper.

Graukörper strahlen weniger als ein Schwarzkörper

Eis oder Schnee sind hell und absorbieren also nur wenig kurzwellige Strahlung. Aber im langwelligen Bereich sind Schnee und Eis nahezu perfekte Schwarzkörper. Die Emissivität von Eis ist sehr hoch (vgl. → Tab. 3-1).

Box 3.1

Strahlungsgesetze

Das Planck'sche Gesetz beschreibt die temperaturabhängige Strahlung eines Schwarzkörpers

Die Schwarzkörperstrahlung E_λ lässt sich mit dem **Planck'schen Strahlungsgesetz** ausdrücken. Dieses Gesetz beschreibt die von der Wellenlänge λ [m] und Körpertemperatur T [K] abhängige Energie der Strahlung:

$$E_\lambda = \frac{2\pi h c^2}{\lambda^5 \left(e^{\frac{hc}{\lambda k T}} - 1\right)} \qquad [W\,m^{-2}\,m^{-1}]$$

Dabei sind c die Lichtgeschwindigkeit ($3\cdot 10^8$ m s^{-1}), h das Planck'sche Wirkungsquantum ($6.626\cdot 10^{-34}$ J s) und k die Boltzmannkonstante ($1.38\cdot 10^{-23}$ J K^{-1}). Alle im Buch vorkommenden Konstanten sind in → Box 4.2 zusammengestellt.

Das 1900 von Max Planck postulierte Gesetz lässt sich nicht aus der klassischen Physik herleiten. Es postuliert, dass Absorption und Emission in diskreten Quanten erfolgt, und gilt daher als einer der Ursprünge der Quantenphysik. Mit seinem Gesetz erklärte Max Planck gleichzeitig zwei bereits vorher bekannte Strahlungsgesetze. Diese können nun als Ableitungen des Planck'schen Gesetzes verstanden werden, sind aber immer noch unter den Namen ihrer Entdecker bekannt. Das erste ist das **Wien'sche Verschiebungsgesetz,** welches die Wellenlänge der maximalen Strahlung λ_{max} als Funktion der Temperatur des Schwarzkörpers beschreibt:

$$\lambda_{max} = \frac{W}{T} \qquad [\mu m]$$

Aus dem Strahlungsgleichgewicht kann die Temperatur berechnet werden

Dabei ist W die Wien'sche Konstante (2897.8 µm K). Damit kann aus dem gemessenen Strahlungsspektrum eines Körpers dessen Temperatur geschätzt werden. Diese Temperatur wird Strahlungstemperatur genannt.

Das zweite durch die Planck'sche Formulierung erklärte Strahlungsgesetz ist das **Stefan-Boltzmann'sche-Gesetz.** Es quantifiziert die gesamte Ausstrahlung eines Graukörpers (E):

$$E = \varepsilon\,\sigma\,T^4 \qquad [W\,m^{-2}]$$

Dabei ist σ die Stefan-Boltzmann-Konstante ($5.6704\cdot 10^{-8}$ W m^{-2} K^{-4}, vgl. → Box 4.2) und ε die Emissivität (vgl. → Tab. 3-1).

Auf der Basis der Grundgesetze für kurzwellige Einstrahlung und langwellige Ausstrahlung können wir ein einfaches **Klimamodell** für einen Planeten ohne Atmosphäre formulieren. Die folgende Gleichung zeigt vereinfacht die Gesamtstrahlungsbilanz dieses Planeten. Auf der linken Seite steht die **absorbierte kurzwellige Strahlung,** rechts die **emittierte**

langwellige Strahlung (eine reine Graukörperstrahlung, da keine atmosphärische Gegenstrahlung vorhanden ist):

$$(1-\alpha)\frac{J}{4} = \varepsilon\,\sigma\,T^4 \qquad [Wm^{-2}]$$

In dieser Formel ist α die planetare Albedo (also die Albedo vom Weltraum aus gesehen), J_0 die senkrechte kurzwellige Einstrahlung in W m^{-2} (die Division durch 4 entspricht der Verteilung auf die Kugeloberfläche, vgl. → Abb. 3-4), ε ist die dimensionslose Emissivität, σ die Stefan-Boltzmann-Konstante (5.6704 10^{-8} W m^{-2} K^{-4}) und T die global gemittelte Oberflächentemperatur in Kelvin.

Aus dieser Gleichung lässt sich die **Gleichgewichtstemperatur** eines Planeten berechnen. Für typische Werte der Erde (Albedo von 0.15, Emissivität von 0.95, Einstrahlung von ca. 1360 W m^{-2}) beträgt diese Temperatur T

$$T = \sqrt[4]{\frac{(1-\alpha)\,J_0}{4\,\varepsilon\,\sigma}} = 270.6\,K$$

Dabei wurden aber Tag und Nacht gemittelt, was nur dann eine sinnvolle Schätzung ergibt, wenn Energie gespeichert wird, und dazu braucht es Atmosphäre und Ozean. In Wirklichkeit würden auf einem solchen Planeten die Temperaturen mittags enorm hoch steigen und nachts gegen den absoluten Nullpunkt fallen, ähnlich wie auf dem Mond. Diese Überlegungen mögen unrealistisch sein, sie zeigen aber erstens die große Wirkung der Atmosphäre und der Ozeane auf das Klima der Erde. Zweitens zeigt der Vergleich des Ergebnisses ohne Atmosphäre – 270.6 K (also ca. –3 °C) – mit der tatsächlichen Mitteltemperatur von ca. 288 K die wichtige Rolle des natürlichen Treibhauseffekts durch CO_2 und Wasserdampf. Ohne Treibhausgase wäre Leben, wie wir es kennen, nicht möglich.

Ein nur wenig komplizierteres Klimamodell, das extra für Lehrzwecke entwickelt wurde, ist das «Monash Simple Climate Model». Hier lassen sich verschiedenste Modelleinstellungen auf einer Website durchspielen und vergleichen (https://monash.edu/research/simple-climate-model/mscm/).

Strahlung ist **elektromagnetische Wellenenergie.** Die Gesamtenergie kann durch eine Strahlungsflussdichte (J s^{-1} m^{-2} oder W m^{-2}) ausgedrückt werden, die Energie in Abhängigkeit der Wellenlänge als spektrale Strahlungsflussdichte (W m^{-2} m^{-1}). Die Wellenlänge wird meist als λ geschrieben und in Nanometer (nm) oder Mikrometer (μm) angegeben. Der Reziprokwert heißt Wellenzahl (Einheit: nm^{-1} oder μm^{-1}). Die Division durch die Lichtgeschwindigkeit ergibt die Periode (in s),

Strahlung und Energie

der Reziprokwert ist die Frequenz in Hertz (Hz = s^{-1}). Diese Einheiten und ihre Beziehung sind in → Abb. 3-6 schematisch dargestellt.

Das Spektrum der Strahlung in der Atmosphäre und am Erdboden ist schematisch in → Abb. 3-7 gezeigt. Für die Vorgänge in der Atmosphäre und auf der Erde sind drei Bereiche des elektromagnetischen Spektrums besonders wichtig: **UV-Strahlung, sichtbare Strahlung** (Licht) und **Infrarot-Strahlung** (Wärmestrahlung).

Die Sonne erzeugt Energie durch Kernfusion und strahlt sie als kurzwellige Strahlung in den Weltraum ab

Die Sonne ist fast die einzige Energiequelle des Klimasystems. Im Sonneninneren wird durch Kernfusion Energie erzeugt, die durch Strahlungstransfer und Konvektion nach außen transportiert wird und schließlich in den Weltraum gestrahlt wird. Der abgestrahlte Energiefluss beträgt 3.9 10^{26} J s^{-1}. Die Strahlung stammt vor allem aus der **Photosphäre**, welche eine Temperatur von ca. 5000–6000 K aufweist (die extrem kurzwellige Strahlung stammt aus den äußeren, wesentlich heißeren Schichten Chromosphäre und Korona). Mit dem Wien'schen Gesetz (→ Box 2.1) lässt sich daraus die Wellenlänge der maximalen Strahlung berechnen:

$$\lambda_{max} = \frac{2897.8 \; \mu m \; K}{5500 \; K} = 0.527 \; \mu m$$

Die Sonne strahlt also am stärksten im **kurzwelligen Bereich,** genauer gesagt im sichtbaren Bereich (Licht mit einer Wellenlänge von 0.527 µm wird vom Auge als blaugrün wahrgenommen).

Die Erde strahlt ebenfalls, allerdings im Infrarotbereich

Auch die Erde strahlt elektromagnetische Strahlung ab, allerdings wegen ihrer viel tieferen Temperatur im **Infrarotbereich** (Wärmestrahlung). Auch dies lässt sich aus dem Wien'schen Gesetz berechnen. Bei Temperaturen im Bereich von 265–285 K ergibt sich eine Wellenlänge der maximalen Abstrahlung im Bereich von 10 µm. → Abb. 3-7 gibt eine Übersicht über die unterschiedlichen Wellenlängenbereiche und die Herkunft der Strahlung in den entsprechenden Bereichen.

Abb. 3-6 | Schematische Darstellung der Begriffe «Wellenlänge», «Wellenzahl», «Periode» und «Frequenz» anhand einer sich mit Lichtgeschwindigkeit ausbreitenden Welle (fs = Femtosekunde = 10^{-15} s, µm = Mikrometer = 10^{-6} Meter).

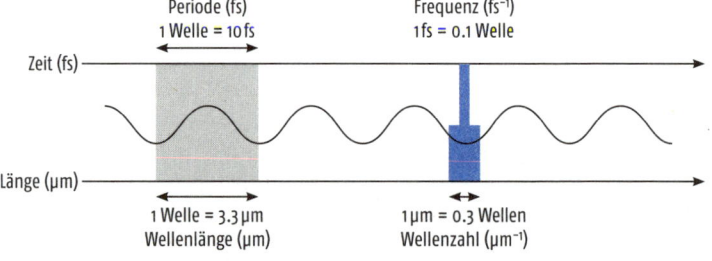

Schematische Darstellung der in der Atmosphäre vorkommenden Strahlung, deren Eindringtiefe in die Atmosphäre (ebenfalls angedeutet ist der Durchgang durch Wolken) und deren Herkunft. UVA, UVB und UVC bezeichnet ultraviolette Strahlung mit Wellenlängen von 100–280, 280–320 und 320–400 nm. VIS steht für sichtbare Strahlung, NIR und TIR für Nahinfrarot und thermisches Infrarot.

| Abb. 3-7

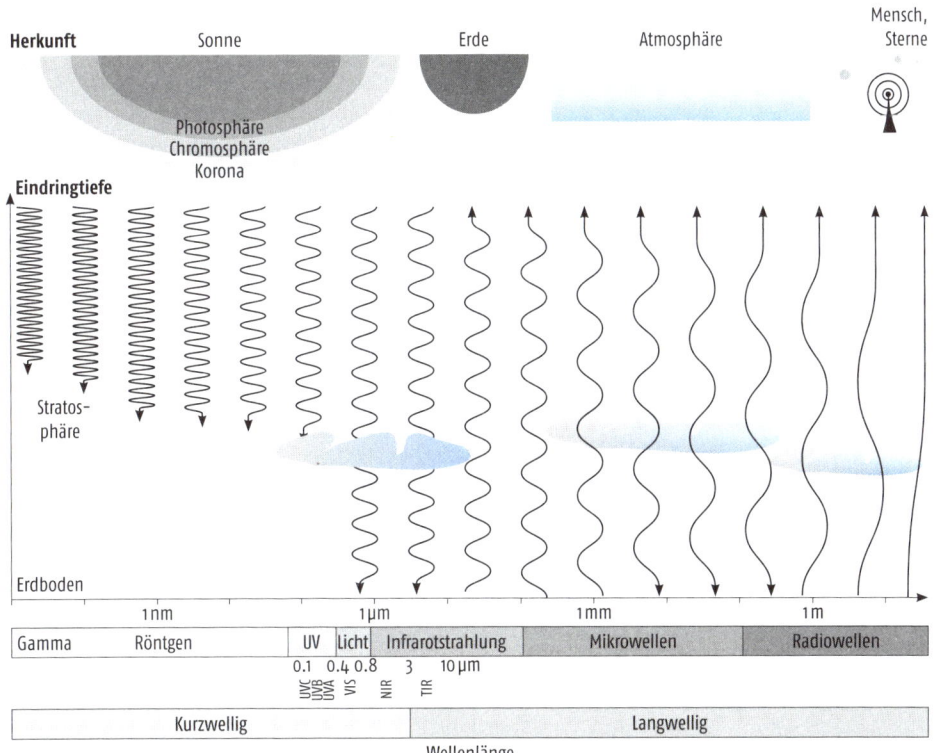

Streuung | 3.4

Strahlung wird durch die Atmosphäre erheblich modifiziert. Die daran beteiligten Vorgänge sind **Absorption** (die Schwächung elektromagnetischer Strahlung beim Durchgang durch Materie und Umwandlung in andere Energieformen), **Streuung** und **Reflexion** sowie Brechung **(Refraktion)** und Beugung **(Diffraktion).** Außerdem emittiert die Atmosphäre ihrerseits Strahlung. Treibhausgase, Aerosole und Wolken sind in der Lage, Strahlung nicht nur zu absorbieren, sondern auch wieder zu emittieren. Daraus resultiert eine fein gegliederte Wellenlängen-

Atmosphäre modifiziert Strahlung durch Emission, Absorption, Streuung und Refraktion

Strahlung und Energie

Rayleigh-Streuung an Luftmolekülen

abhängigkeit des Lichts. In diesem Unterkapitel betrachten wir die Streuung.

Sichtbares Licht wird an **Luftmolekülen** gestreut. Diese Streuung heißt **Rayleigh-Streuung** und ist wellenlängenabhängig. Kurze Wellenlängen werden stärker gestreut als lange. Blaues Licht wird also stärker gestreut als rotes (vgl. → Abb. 3-8). Nach Durchquerung der Atmosphäre fehlt dem direkten Sonnenlicht mehr blaues Licht als rotes. Bei Sonnenauf- oder -untergang, wenn der Pfad der Strahlen durch die Atmosphäre sehr lang wird, erscheint die Sonne daher rot. Im gestreuten Licht, das dem Himmel die Farbe gibt, ist dagegen das blaue Licht stärker vertreten als das rote. Der wolkenlose **Himmel** erscheint daher **blau**.

Mie-Streuung an Aerosolen

Solare Strahlung wird auch an größeren **Partikeln** (z. B. Aerosolen) gestreut, Partikel deren Größe ungefähr der Wellenlänge des sichtbaren Lichts entsprechen. Diese Streuung wird auch **Mie-Streuung** genannt. Sie ist weniger stark wellenlängenabhängig. Befinden sich viele Partikel in der Atmosphäre, erscheint der Himmel **milchig** trüb.

Sowohl Rayleigh- als auch Mie-Streuung sind nicht isotrop, d.h., die Streuung erfolgt nicht gleichmäßig in alle Richtungen. In → Abb. 3-8 ist dies schematisch dargestellt. Mie-Streuung erfolgt bevorzugt in **Vorwärtsrichtung,** vor allem wenn die streuenden Aerosole größer sind als die Wellenlänge des Lichts (vgl. → Abb. 3-8).

Das gestreute Licht, welches die Erdoberfläche erreicht, wird als diffuses Licht bezeichnet. Für die Energiebilanz spielt letztlich keine Rolle, ob Licht die Erdoberfläche als direkte oder diffuse Strahlung erreicht. Für Pflanzen kann dies allerdings durchaus eine Rolle spielen.

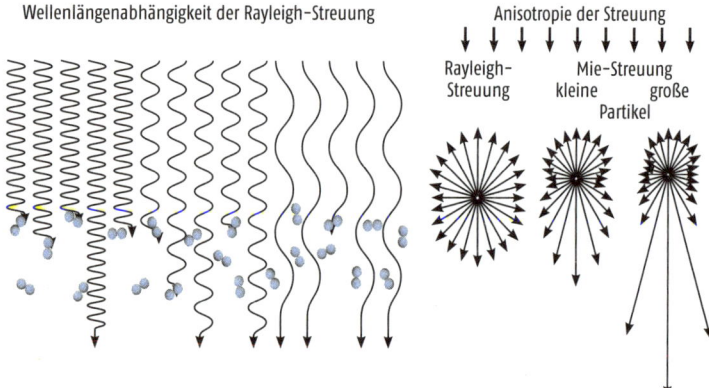

Abb. 3-8

Links: Vereinfachte Darstellung der Wellenlängenabhängigkeit der Rayleigh-Streuung. Rechts: Anisotropie der Streuung.

Wellenlängenabhängigkeit der Rayleigh-Streuung

Anisotropie der Streuung

Rayleigh-Streuung

Mie-Streuung kleine große Partikel

Strahlungseinfall durch ein absorbierendes Medium (Lambert-Bouguer-Gesetz, auch Beer's Law). J_0 ist die auf eine senkrechte Fläche fallende Sonnenstrahlung außerhalb der Atmosphäre (W m^{-2}), J_1 die entsprechende Strahlung am Erdboden (vgl. → Abb. 3-3). Der Winkel h_m beschreibt die Sonnenhöhe. J_2 ist die Einstrahlung auf eine horizontale Fläche am Erdboden, m ist die relative Luftmasse (Pfadlänge) durch die Atmosphäre (vgl. → Abb. 3-10), und τ ist die optische Dicke.

| Abb. 3-9

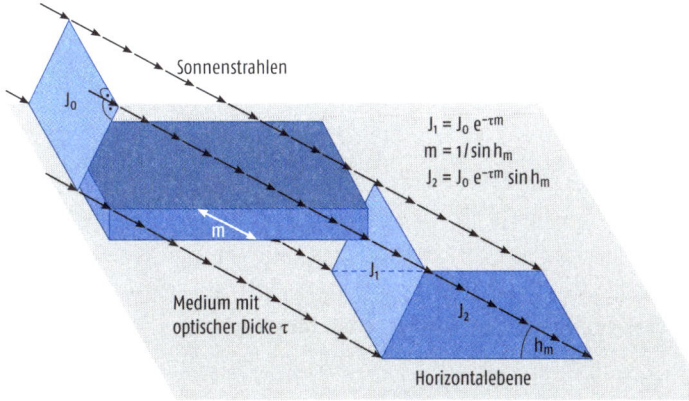

Die Verminderung der direkten Strahlung durch diese Vorgänge – Rayleigh-Streuung, Mie-Streuung und Absorption – ist vom Einfallswinkel der Sonne abhängig. Je flacher der Einfallswinkel, desto länger ist die relative Wegstrecke m des Lichts durch die absorbierende Schicht. Dies ist in → Abb. 3-10 illustriert. Bei einem flachen Sonneneinfallswinkel wird daher viel Licht absorbiert und gestreut, und entsprechend weniger erreicht die Erdoberfläche. Diese Abhängigkeit wird durch das **Lambert-Bouguer-Gesetz** (oder Beer-Lambert-Gesetz) erfasst (vgl. → Abb. 3-9, welche eine Verfeinerung der → Abb. 3-3 darstellt):

Lambert-Bouguer-Gesetz: Absorption ist von der durchstrahlten Weglänge abhängig

$$J = J_0 \, e^{-\tau m} \qquad [W m^{-2}]$$

Hier steht τ für die dimensionslose **optische Dicke.** Sie ist wellenlängenabhängig und kann als Summe der optischen Dicke für die Rayleigh-Streuung, der optischen Dicke für die Mie-Streuung und der optischen Dicke für die Absorption verstanden werden. Eine optische Dicke von 1 bedeutet, dass die Strahlung bei senkrechtem Einfall auf $1/e$ reduziert wird. Solche Werte können vorkommen, typische Werte sind aber eher im Bereich 0–0.1.

Die Größe m heißt relative Luftmasse und gibt das Verhältnis zwischen der tatsächlichen Pfadlänge der Strahlen zur Pfadlänge bei senkrechtem Strahlungseinfall auf Meereshöhe an. Eine relative Luftmasse von 2 bedeutet also, dass der Strahlungspfad durch die Atmosphäre doppelt so lang ist wie auf Meereshöhe, wenn die Sonne im Zenit steht.

Wegstrecke ausgedrückt in relativen Luftmassen (normiert auf senkrechten Strahlungseinfall)

Abb. 3-10

Konzept der relativen Luftmasse m (ein Maß für die durchstrahlte Masse) und Refraktion der Sonnenstrahlung beim Gang durch die Atmosphäre (m_0 ist die senkrecht durchstrahlte Atmosphäre, p der Luftdruck, p_0 der Luftdruck auf Meereshöhe). Ab einer Sonnenhöhe h_m von 5° gibt $m_0/\sin h_m$ eine gute Näherung für m. Bei scheinbar horizontalem Strahlungsdurchgang (gestrichelte Linie) ist der tatsächliche Strahlenpfad gekrümmt, m wird daher sehr groß.

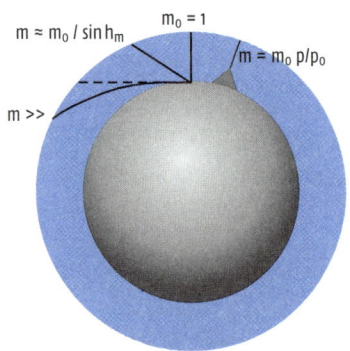

Für Sonnenwinkel h_m von ca. 5° über dem Horizont liefert folgende Annäherung gute Ergebnisse für m auf Meereshöhe:

$$m = \frac{1}{\sin h_m} = \frac{1}{\cos z}$$

mit dem Zenitwinkel z. Für kleinere Sonnenwinkel muss die Brechung (Refraktion) der Lichtstrahlen berücksichtigt werden (vgl. → Abb. 3-10). So können relative Luftmassen von bis zu 10 entstehen. Die relative Luftmasse m ist außerdem abhängig von der Höhe über Meer respektive dem Luftdruck: Auf 3000 m ü. M. beträgt die Luftsäule nur noch 70 % derjenigen über Meereshöhe, und der Pfad m_p verkürzt sich im Vergleich zum Pfad auf Meereshöhe m_0 (mit Luftdruck auf Meereshöhe p_0) zu:

$$m_p = m_0 \frac{p}{p_0}$$

Vor allem für ultraviolete Strahlung spielt die Strahlungszunahme mit der Höhe eine Rolle. Da in großen Höhen wegen des Schnees außerdem die Albedo hoch ist, steigt im Hochgebirge die Strahlenbelastung und die Gefahr eines Sonnenbrands zusätzlich.

Die gesamte Verminderung heißt **Extinktion**. Leider sind hier verschiedene Definitionen gebräuchlich:

$$E_\lambda = -\log\left(\frac{J}{J_0}\right) \quad \text{oder} \quad E_\lambda = -\ln\left(\frac{J}{J_0}\right) \quad \text{oder} \quad E_\lambda = 1 - \frac{J}{J_0}$$

Die **Transmission** ist der Anteil der verbleibenden Strahlung:

$$T = \frac{J}{J_0}$$

Absorption | 3.5

Nicht nur Streuung verändert die Strahlung auf ihrem Weg durch die Atmosphäre, sondern auch Absorption. In → Abb. 3-1 haben wir festgestellt, dass 79 W m^{-2} der eintreffenden kurzwelligen Strahlung in der Atmosphäre absorbiert werden. Auch ein großer Teil der ausgehenden Strahlung wird absorbiert und reemittiert.

Verschiedene Vorgänge führen zu Absorption, wobei diesen Vorgängen gemeinsam ist, dass die Energie der Strahlung in eine andere Energieform übergeführt wird. In Gasen können Moleküle durch Strahlung gespalten oder in Schwingung oder Rotation versetzt werden. Dazu kommt die Absorption der Strahlung durch flüssige oder feste Schwebeteilchen, also Aerosole oder Wolkentröpfchen.

Absorption durch Gase erfolgt in diskreten spektralen Linien, d.h. bei ganz bestimmten Wellenlängen. Diese entsprechen genau derjenigen Photonenenergie, welche für den Übergang zwischen zwei **Quantenzuständen** des Moleküls, beispielsweise der Übergang von einem Schwingungszustand in einen anderen, oder für die **Photodissoziation**, also die Aufspaltung des Moleküls (vgl. → Kap. 2) nötig ist. Dass Absorptionslinien doch nicht exakt linienförmig sind, liegt daran, dass Stoßpartner Energie zu- oder abführen können und dass die Moleküle selber in Bewegung sind und diese Bewegungsenergie sich zu derjenigen des Photons dazu addiert. Oft liegen sehr viele Absorptionslinien nahe beieinander. So entstehen **Absorptionsbanden,** welche in einem bestimmten Wellenlängenbereich einen großen Teil der Strahlung absorbieren.

→ Abb. 3-11 zeigt die drei wichtigsten Mechanismen der Absorption. Absorptionsbanden im ultravioletten Bereich entstehen durch **Photodissoziation.** Die hier absorbierte Strahlung wird nicht emittiert, son-

Absorption im UV-Bereich durch Photodissoziation

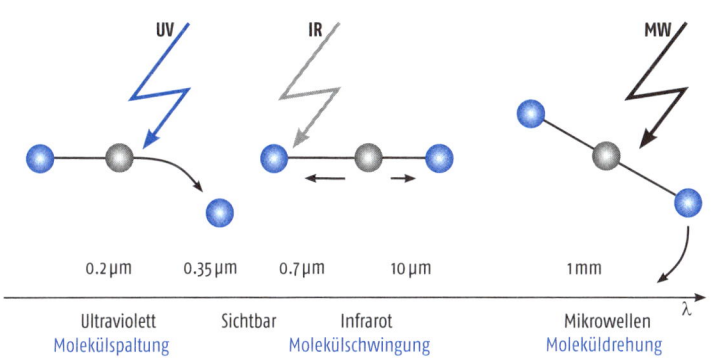

| Abb. 3-11

Absorption der Strahlung durch Moleküle am Beispiel von CO_2: Durch UV-Strahlung kann das Molekül gespalten werden, durch Infrarotstrahlung in Schwingung und durch Mikrowellenstrahlung in Rotation versetzt werden. Dabei wird jeweils Strahlung in diskreten Wellenlängenbereichen absorbiert.

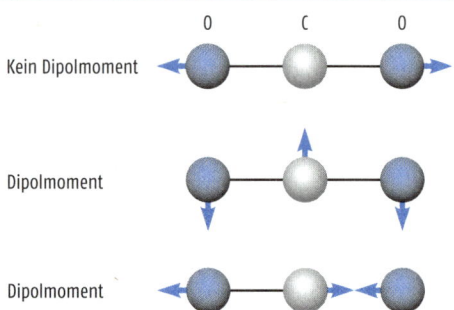

Abb. 3-12

Drei verschiedene Schwingungszustände des CO_2-Moleküls. Die obere Schwingung ist rotationssymmetrisch und führt zu keinem Dipolmoment des Moleküls. Die unteren beiden Schwingungen führen zu räumlichen Ladungsverschiebungen und daher zu einem Dipolmoment.

dern für das Aufbrechen von Bindungen verwendet und so den Reaktionsprodukten zugeführt. In → Abb. 3-11 ist dies für CO_2 dargestellt, was UV-Strahlung im Bereich von 150–210 nm erfordert (Strahlung dieser Wellenlängen kommt in der unteren Atmosphäre nicht vor). In → Kap. 2 haben wir dies auch am Beispiel Sauerstoff und Ozon (O_2, O_3) erläutert. Dabei werden O_3 und O_2 laufend ineinander übergeführt und dabei die Strahlungsenergie letztlich in Wärme umgewandelt.

Absorption im Nahinfrarot und Infrarot durch Schwingungen der Moleküle

Die **Absorptionsbanden** im Nahinfrarot und Infrarot entstehen durch **Schwingungen** von mehratomigen Molekülen wie H_2O, CO_2, CH_4 und anderen. → Abb. 3-11 (Mitte) zeigt dies für das CO_2-Molekül. Durch Absorption von Strahlung in genau diesen Banden können Moleküle ihren Schwingungszustand wechseln. Umgekehrt können Moleküle ihre Wärme genau in diesen Banden effizient abstrahlen. Moleküle mit einem Dipolmoment und daher räumlich ungleicher Ladungsverteilung wie H_2O haben dabei mehr Möglichkeiten und daher mehr Banden. Auch bei Molekülen mit gleicher Ladungsverteilung wie CO_2 können gewisse Schwingungen (die unteren beiden in → Abb. 3-12) zu räumlich ungleicher Ladungsverteilung und daher weiteren Absorptionsbanden führen.

Die Absorption im Mikrowellenbereich ist oft durch Rotation verursacht. Ein Molekül (im Beispiel in → Abb. 3-11 ist es CO_2) wird dabei in Drehung versetzt. Dieses Phänomen kann man für die Analyse von Gasen nutzen, beispielsweise in der Rotationsspektroskopie.

3.6 | Der Treibhauseffekt

Die Absorption langwelliger Strahlung durch CO_2 und andere Gase führt zum **Treibhauseffekt.** Die nach oben gerichtete terrestrische Ausstrahlung wird durch Treibhausgase in der Atmosphäre absorbiert und

| Abb. 3-13

Schematische Darstellung des Treibhauseffekts. Die Atmosphäre besteht aus zwei dünnen Schalen (horizontale Linien), welche transparent für kurzwellige Strahlung sind (schwarzer Pfeil links, der Betrag wird als F angenommen) und opak für langwellige Strahlung. Die blauen und grauen Pfeile bezeichnen pro Schale die ausgehende und eintreffende langwellige Strahlung (nach Wallace und Hobbs 2006). Der blau-grau gestrichelte Pfeil deutet an, dass ein Teil der Energieflüsse vom Erdboden durch turbulente Wärmeflüsse erfolgen könnte. Im Weltraum, am Erdboden und für jede Schicht ist die Bilanz null.

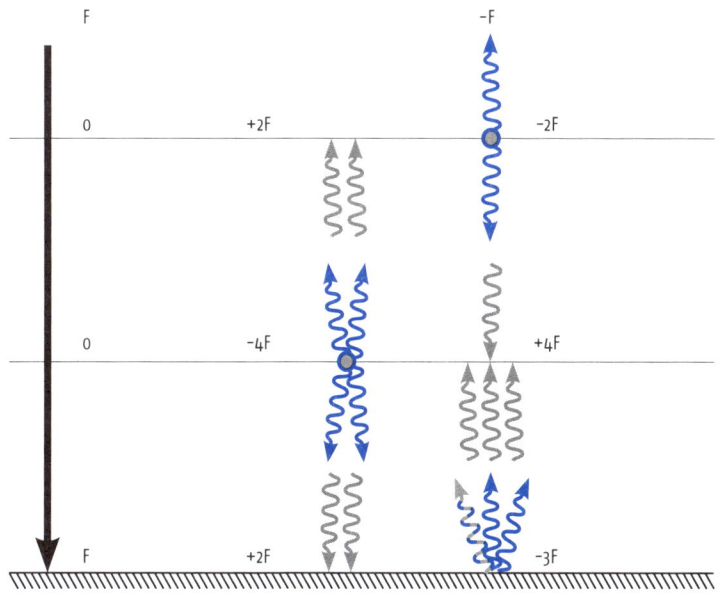

in alle Richtungen reemittiert. Ein Teil dieser reemittierten Strahlung wird wiederum von der Erdoberfläche absorbiert und erhöht hier die Energiebilanz. Der **natürliche Treibhauseffekt** des Wasserdampfs wird durch die vom Menschen ausgestoßenen Treibhausgase verstärkt. Dieser zusätzliche, **anthropogene Treibhauseffekt** ist für die heute beobachtete Klimaveränderung größtenteils verantwortlich (vgl. → Kap. 10).

Die Funktionsweise des Treibhauseffekts ist in → Abb. 3-13 sehr vereinfacht dargestellt. Anstelle einer Atmosphäre werden hier zwei dünne, ineinander geschachtelte Schalen angenommen, welche vollständig **transparent** sind für **kurzwellige Strahlung,** aber vollständig **opak** für **langwellige Strahlung.** Der Strahlungsfluss der Sonne wird mit F quantifiziert und erreicht ungehindert die Erdoberfläche. An der obersten Schale muss der kurzwellige Strahlungsfluss (im Strahlungsgleichgewicht) durch einen entgegengerichteten, gleich großen langwelligen Strahlungsfluss $-F$ ausgeglichen werden. Die Strahlung erfolgt in

Treibhauseffekt durch Absorption und Reemission von langwelliger Strahlung

Die ausgehende langwellige Strahlung nimmt in der Atmosphäre mit der Höhe ab, muss aber am oberen Rand die absorbierte kurzwellige Strahlung ausgleichen

> Am Erdboden muss die ausgehende langwellige Strahlung sehr hoch sein, damit genügend Strahlung den Weltraum erreicht

gleicher Weise in alle Raumrichtungen. Wenn die oberste Schale einen Fluss F in den Weltraum abstrahlt, dann wird sie auch einen gleich großen Fluss F Richtung Erde abstrahlen. Sie strahlt also insgesamt 2 F ab (blau) und muss die gleiche Energiemenge auch wieder aufnehmen.

In diesem Beispiel ist Strahlung der einzig mögliche Energietransport, d.h., es wird ein nach oben gerichteter Strahlungsfluss von 2 F benötigt (grau). Dieser Strahlungsfluss muss von der darunterliegenden Schale stammen, welche demnach 2 F nach oben strahlt und die gleiche Menge, 2 F, auch nach unten strahlen muss (blau). Die untere Schale benötigt also einen Strahlungsfluss von 4 F, wovon F von der darüberliegenden Schale kommt. 3 F werden also von der Erdoberfläche benötigt. Die langwellige Abstrahlung am Boden (3 F) übertrifft also die kurzwellige Strahlung F um ein Mehrfaches. Gemäß dem Stefan-Boltzmann-Gesetz ist die Strahlung von der Temperatur abhängig. Für $\varepsilon = 1$, wie im Beispiel angenommen:

$$3F = \sigma T^4$$
$$T = \sqrt[4]{\frac{3F}{\sigma}}$$

Um diese Strahlungsleistung abgeben zu können, müsste sich der Erdboden also stark erwärmen. Für $F = 340$ W m^{-2} entstünde ein Gleichgewicht mit einer sehr warmen Erdoberfläche (366 K).

In Wirklichkeit ist die Atmosphäre weder völlig transparent für kurzwellige Strahlung noch völlig opak für langwellige Strahlung. Ein Teil der Strahlung wird gestreut respektive reflektiert. Außerdem ist Energietransport nicht nur durch Strahlung, sondern auch durch Konvektion und dadurch transportierte sensible oder latente Wärme möglich, angedeutet mit einem blau-grau gestrichelten Pfeil zuunterst in Abb. 3-13. In der Stratosphäre kommt die Wärmeproduktion durch die Ozonschicht durch Absorption von solarer UV-Strahlung hinzu. Trotzdem erklärt dieses einfache Beispiel, warum an der Erdoberfläche die langwelligen Strahlungsflüsse wesentlich größer sind als die kurzwelligen. Es macht auch deutlich, dass der Treibhauseffekt primär zu einer **Erwärmung der Erdoberfläche** (und nicht der Atmosphäre) führt. Die Atmosphäre wird dann erst von der Erdoberfläche her erwärmt.

> Treibhauseffekt in der realen Atmosphäre

Noch wesentlich komplizierter gestalten sich die Verhältnisse dadurch, dass Absorption und Emission durch Gase in abgegrenzten Wellenlängenbereichen erfolgen, während die Schwarzkörperstrahlung eines Festkörper ein kontinuierliches Spektrum aufweist. So kann ein Teil der terrestrischen Strahlung durch das **«atmosphärische Fenster»** ungehindert in den Weltraum abgestrahlt werden. Außerdem absorbieren in gewissen Absorptionsbanden sowohl H_2O als auch CO_2, welche aber wiederum unterschiedliche Vertikalprofile haben und bei unterschiedlichen Temperaturen unterschiedlich effizient wirken. Eine Zunahme an Treibhausgasen führt aber immer zu einer Zunahme an Absorption, auch in den untersten Schichten.

Mit zunehmender Höhe nimmt die verbleibende optische Dicke bis zur Atmosphärenobergrenze schnell ab, insbesondere wegen des abnehmenden Wasserdampfgehalts. Aus größerer Höhe kann Strahlung daher direkt in den Weltraum gelangen, ohne wieder absorbiert zu werden. Die stratosphärische **Ozonschicht** ist außerdem eine Wärmequelle und gleichzeitig von der direkten Erwärmung von der Erdoberfläche her abgeschnitten. Als Konsequenz dieser Faktoren kann die in der Stratosphäre erzeugte Wärme effizient in den Weltraum abgestrahlt werden. Das gilt besonders für diejenigen Treibhausgase wie CO_2, welche in Wellenlängenbereichen emittieren, für welche die darunterliegende Atmosphäre fast vollständig opak ist. Mehr Treibhausgase verstärken hier die Abstrahlung in den Weltraum. In der Stratosphäre führt der Treibhauseffekt deswegen zu einer **Abkühlung** und nicht zu einer Erwärmung.

Treibhausgase kühlen die Stratosphäre

Transmission durch die Atmosphäre | 3.7

Aus der Überlagerung des Emissionsspektrums der Sonne sowie der Strahlungsverminderung durch Absorption und Streuung in der Atmosphäre entsteht letztlich das gemessene Spektrum am Erdboden. Die Spektren der solaren Einstrahlung am Erdboden und der terrestrischen Ausstrahlung an der Atmosphärenobergrenze sind in → Abb. 3-14 dargestellt. Sie überschneiden sich nur unbedeutend im Bereich 3–5 µm. Wir können daher **Sonnenstrahlung** ungefähr mit **kurzwelliger Strahlung** und **terrestrische Strahlung** ungefähr mit **langwelliger Strahlung** gleichsetzen. Dabei wird der **Nahinfrarotbereich** dem kurzwelligen Spektrum zugerechnet.

Das solare Spektrum wird durch eine theoretische Schwarzkörperstrahlung bei 5525 K gut angenähert. Ganz kurze Wellenlängen sind im gemessenen Spektrum allerdings untervertreten, zudem gibt es Banden mit reduzierter Strahlung im Nahinfrarotbereich. Für die Erde gibt eine theoretische Schwarzkörperstrahlung bei 288 K, der Mitteltemperatur der Erde, nur für das Interval 8–13 µm eine gute umhüllende Kurve. Alle anderen Wellenlängen sind untervertreten. Das Integral unter der Kurve (die gesamte Energie) entspricht sogar einer noch tieferen Temperatur von 255 K. Der Grund liegt darin, dass nur ein Teil der Strahlung direkt vom Erdboden kommt. Ein großer

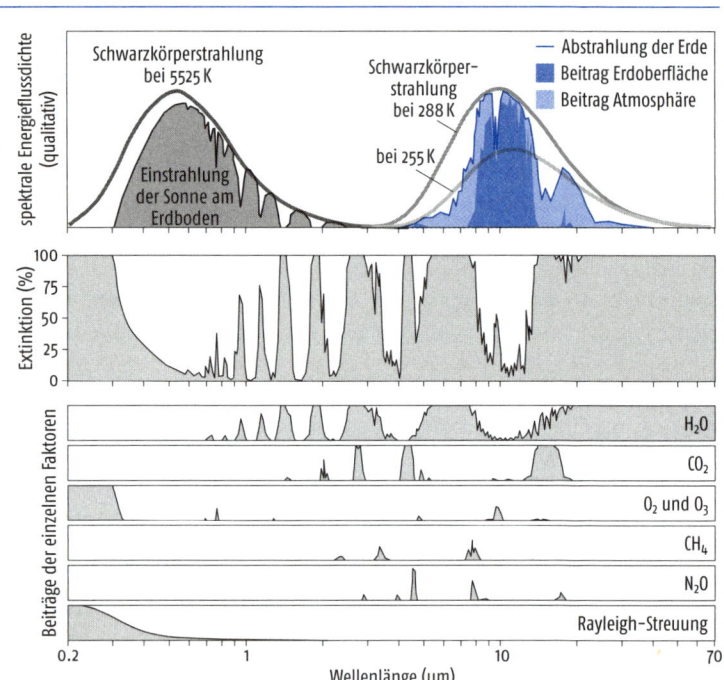

Abb. 3-14 Oben: Solare Einstrahlung an der Erdoberfläche für senkrechten Strahlungseinfall (links) sowie terrestrische Ausstrahlung (rechts) an der Atmosphärenobergrenze (schematisch), unterteilt in Strahlung von der Erdoberfläche und aus der Atmosphäre. Ebenfalls eingetragen sind Planck'sche Schwarzkörperspektren (die y-Achse ist qualitativ – die spektralen Strahlungsflussdichten der terrestrischen Ausstrahlung sind ca. 100 Mal kleiner als diejenigen der Sonne). Unten: Gesamte Extinktion durch die Atmosphäre sowie die Anteile der Absorption einzelner Gase und der Rayleigh-Streuung (verändert, nach Robert A. Rohde, Global Warming Art).

Beitrag zur terrestrischen Ausstrahlung kommt von der Atmosphäre, die wesentlich kühler ist.

Die Abweichungen zwischen der tatsächlichen Strahlung und der Schwarzkörperstrahlung ist auf Absorption und Streuung in der Atmosphäre zurückzuführen. Die gesamte atmosphärische Extinktion (hier in %) ist in der mittleren Figur gezeigt. Für ganz kurzwellige Strahlung (kleiner als 0.3 µm respektive 300 nm) ist die Extinktion total. Im sichtbaren Licht ist die Strahlung dagegen nur wenig beeinträchtigt. Im Infrarotbereich zeigen sich die vorhin diskutierten Absorptionsbanden. Für Wellenlängen größer als 15 µm ist die Atmosphäre wiederum vollständig opak (undurchsichtig).

Die unteren Figuren zeigen die Wirkung **absorbierender Gase** und der Rayleigh-Streuung einzeln. Die Streuung vermindert die direkte Einstrahlung und ist wellenlängenabhängig (stärker bei kurzen Wellenlängen), aber doch kontinuierlich. Die Streuung sowie die Absorption durch Sauerstoff und Ozon ist der Grund für die insgesamt geringere Einstrahlung bei Wellenlängen unterhalb von 0.4 µm. Die Absorptionsbanden im Infrarot sind durch die Treibhausgase Kohlendioxid (CO_2), Lachgas (N_2O), Methan (CH_4) und Ozon (O_3)

verursacht (nicht dargestellt sind FCKWs, die ebenfalls wichtige Treibhausgase sind). Die Absorptionsbanden der einzelnen Gase überlappen sich dabei teilweise. In denselben Wellenlängenbereichen strahlen die Gase auch wieder. Die im Weltraum in diesen Bereichen gemessene Strahlung stammt daher von den Treibhausgasen. Im «atmosphärischen Fenster» von 8–13 µm ist die Absorption am geringsten und daher die Abstrahlung der Erdoberfläche am effizientesten. Ein Satellit im Weltraum «sieht» in dem Wellenlängenbereich bei wolkenlosem Himmel also die Erdoberfläche.

Wärmeflüsse und lokale Energiebilanzen | 3.8

Fast zwei Drittel der an der Erdoberfläche absorbierten Strahlung werden in Wärme umgewandelt oder für die Verdunstung verwendet. Sie fließen als turbulente Wärmeflüsse in die Atmosphäre. Die turbulenten Wärmeflüsse werden in diesem Kapitel näher diskutiert. In den bisherigen Betrachtungen sind wir von zeitlich und global gemittelten Verhältnissen ausgegangen. Für das Verständnis der turbulenten Wärmeflüsse und ihren Zusammenhang mit der Strahlungsbilanz müssen wir die Erdoberfläche aber lokal und vor allem zeitabhängig, im Tages- und Jahresgang, betrachten.

Wird die lokale Energiebilanz zu einer bestimmten Zeit betrachtet, so gleichen sich die Flüsse nicht aus. Die Flüsse in den und aus dem Untergrund, die wir bisher nicht betrachtet haben, können dann eine größere Rolle spielen. Sie haben einen Tages- und Jahresgang, der sich wiederum in einem Tages- und Jahresgang des Temperaturverlaufs im Untergrund zeigt. Wärme wird gespeichert und wieder abgegeben. Auch die **anthropogene Wärmeproduktion** (nicht zu verwechseln mit dem Treibhauseffekt) kann lokal eine Rolle spielen (vgl. → Kap. 8.3).

Die lokale, instantane Energiebilanz ist variabler

Die lokale Energiebilanz setzt sich aus der **Strahlungsbilanz** und den Wärmeflüssen zusammen. Die Strahlungsbilanz am Erdboden Q^*, auch Nettostrahlung genannt, ist dabei die steuernde Größe der Energiebilanz. Sie ist wiederum unterteilt in die kurzwellige Strahlungsbilanz K^* (die Differenz zwischen der eintreffenden Strahlung $K\downarrow$ und der reflektierten Strahlung $K\uparrow$) und die langwellige Strahlungsbilanz L^* (Differenz zwischen der atmosphärischen Gegenstrahlung $L\downarrow$ und der langwelligen Abstrahlung $L\uparrow$):

$$Q^* = K^* + L^* = K\downarrow - K\uparrow + L\downarrow - L\uparrow \qquad [Wm^{-2}]$$

Bei der kurzwelligen Strahlung wird dabei oft zwischen der direkten ($S\downarrow$) und der für Pflanzen wichtigen **diffusen Strahlung** ($D\downarrow$) unterschie-

Q^* = Strahlungsbilanz
Q_G = Bodenwärmefluss
Q_H = sensibler Wärmefluss
Q_E = latenter Wärmefluss
Q_F = anthropogene Wärmeproduktion

den, welche durch den Prozess der Rayleigh- und Mie-Streuung in der Atmosphäre entsteht (vgl. → Kap. 3.4).

Wird die Energiebilanz für eine Fläche und nicht ein Volumen betrachtet, ist keine Speicherung von Energie möglich, und die Strahlungsbilanz (plus allfälliger Wärmeausstoß durch den Menschen Q_F) muss durch Wärmeflüsse exakt ausgeglichen werden:

$$Q^* + Q_F + Q_G + Q_E + Q_H = 0 \quad [Wm^{-2}]$$

Dabei ist Q_H der **sensible Wärmefluss** in die Atmosphäre, Q_E der **latente Wärmefluss** in die Atmosphäre und Q_G der **Bodenwärmefluss**. Bei einer positiven Strahlungsbilanz muss Energie entweder nach oben oder unten in Form von Wärmeflüssen abgegeben werden, bei einer negativen Strahlungsbilanz muss Energie von oben oder unten zuströmen. Alle drei Wärmeflüsse können je nach Tageszeit und Situation sowohl vom Boden weg als auch zum Boden gerichtet sein.

Leider sind die **Vorzeichenkonventionen** unterschiedlich. In der Meteorologie werden an der Atmosphärenobergrenze in der Regel abwärts gerichtete Flüsse als positiv betrachtet, während am Erdboden manchmal aufwärts gerichtete Flüsse ebenfalls als positiv angenommen werden. In der Grenzschichtmeteorologie werden hingegen oft alle zur Erdoberfläche gerichteten Flüsse als positiv und alle davon weg gerichteten Flüsse als negativ angenommen, so auch in obiger Gleichung. Derselbe Bodenwärmestrom kann also je nach Betrachtungsweise ein positives oder negatives Vorzeichen haben. Deshalb empfiehlt es sich, stets die Richtung auch noch anzugeben, beispielsweise «der nach unten gerichtete Bodenwärmefluss».

In → Abb. 3-15 ist die Energiebilanz für zwei beispielhafte Situationen dargestellt. Die Situation tagsüber ist links gezeigt. Hier ist die Strahlungsbilanz am Erdboden positiv. Sie wird durch von der Oberfläche wegführende Wärmeflüsse ausgeglichen. In diesem Fall sind sowohl der Bodenwärmefluss als auch die beiden turbulenten Wärmeflüsse vom Boden weg gerichtet. Dies ist typischerweise am Vormittag und Mittag der Fall.

In der Nacht (rechts) ist $K\downarrow$ null; damit sind auch $K\uparrow$ und K^* null. Die Geamtstrahlungsbilanz am Erdboden entspricht daher der langwelligen Strahlungsbilanz ($Q^* = L^*$). Letztere ist in diesem Beispiel negativ. Alle drei Wärmeflüsse sind hier zur Bodenoberfläche gerichtet. Ein zur Oberfläche gerichteter latenter Wärmefluss bedeutet Taubildung.

Oft ist die Situation nicht ganz so einfach darstellbar wie in → Abb. 3-15. So kann es sein, dass die Oberfläche nicht klar auszumachen ist, beispielsweise bei einem Wald. Hier verändert sich die Strahlung durch den **Bestand** hindurch; zudem bilden die Bäume ein Volu-

Schematische Darstellung der lokalen Energiebilanz am Tag (links) und in der Nacht (rechts). Der sensible (Q_H) und latente (Q_E) Wärmefluss sowie der Bodenwärmefluss Q_G sind hier tagsüber von der Erdoberfläche weg, in der Nacht zur Erdoberfläche hin gezeichnet; das Vorzeichen kann je nach Situation aber auch anders sein.

| Abb. 3-15

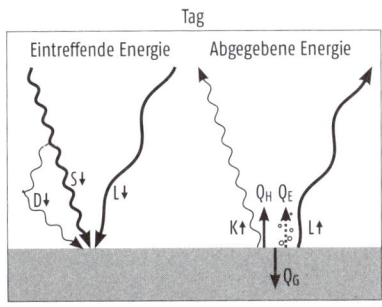
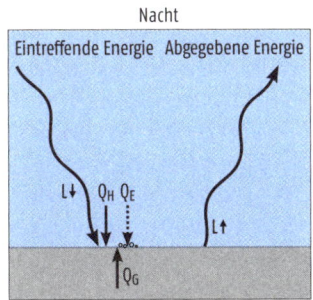

men, das auch Wärme speichern kann. Die Energiebilanzgleichung erhält hier einen **Speicherterm** S, sodass eine unausgeglichene Energiebilanz mit einer Veränderung des Speichers über die Zeit ausgeglichen werden kann:

$$Q^* + Q_F + Q_G + Q_E + Q_H + \frac{dS}{dt} = 0$$

Allgemein kann die Bodenoberfläche sehr heterogen sein, sodass sich die Energiebilanz räumlich rasch ändert. Die Vegetation spielt in diesem Zusammenhang eine wichtige Rolle. Sie beeinflusst, wie viel von der Nettostrahlung in den latenten und wie viel in den sensiblen Wärmefluss gesteckt wird. Außerdem erzeugt sie ein Bestandesklima mit anderen Strahlungsverhältnissen, Temperatur und Feuchte.

→ Abb. 3-16 zeigt den Tagesgang der Strahlungsbilanz an einem Schönwettertag in den Mittelbreiten. Die Albedo ist gering und die **kurzwellige Strahlungsbilanz** tagsüber sehr hoch. Die **langwellige Strahlung** zeigt nur einen geringen Tagesgang. Die Ausstrahlung ist leicht höher als die Gegenstrahlung, aber die Differenz ist nicht sehr groß. In der Nacht dominiert diese Differenz allerdings die **Gesamtstrahlungsbilanz,** die dann leicht negativ ist, während sie tagsüber stark positiv ist.

Die kurzwellige Strahlungsbilanz dominiert tagsüber, die langwellige in der Nacht

Der rechte Teil der Abbildung zeigt die Energiebilanz, und zwar in Form der **Nettostrahlung** sowie der drei Wärmeflussterme. Wohin fließt die aus der Strahlung gewonnene Energie? Solange Wasser zum Verdunsten zur Verfügung steht, fließt ein größerer Teil in den **latenten Wärmestrom.** Ein Teil fließt als Bodenwärmestrom in den Untergrund. Nur ein geringer Teil wird zum sensiblen Wärmestrom. Der **Wärmefluss in den Boden** ist vor allem am Vormittag groß, beginnt dann ab Mittag zu sinken und dreht dann sogar um.

Positive Nettostrahlung fließt zu einem großen Teil in den latenten Wärmefluss

Der Bodenwärmefluss ist am Nachmittag nach oben gerichtet, wenn die Oberfläche die maximale Temperatur überschritten hat

Dies wird nachvollziehbar, wenn wir uns noch einmal vor Augen führen (vgl. → Abb. 1-9), dass Veränderungen in der Temperatur im Boden nicht das Resultat von Wärmeflüssen, sondern von **Wärmeflussdivergenzen** sind. Die Wärmeflüsse im Boden sind ihrerseits wieder proportional zu den **Temperaturgradienten** (Konduktion); → Abb. 3-17 zeigt dies schematisch. Wenn also am Vormittag die Strahlungsbilanz steigt, erwärmt sich der Boden, der Wärmefluss ist dann nach unten gerichtet. Im Boden wird der Wärmefluss mit der Tiefe immer kleiner, gleichzeitig erwärmen sich die Schichten durch die Wärmeflusskonvergenz, denn der Wärmefluss wird zur Erhöhung der Temperatur verwendet. Das Temperaturprofil zeigt für die obersten Schichten eine monotone Abnahme in den Boden hinein. Wenn am Nachmittag an der Bodenoberfläche die Strahlungsbilanz abnimmt, beginnt auch die Temperatur der Bodenoberfläche zu sinken. Wenn ihre Temperatur tiefer liegt als diejenige der unmittelbar darunterliegenden Schicht, dreht sich auch der Wärmefluss um. Die Schicht unmittelbar unterhalb der Oberfläche hat also den **«Puls»** der mittäglichen Erwärmung noch gespeichert und gibt ihn nach oben und unten ab. Die immer noch positive Strahlungsbilanz muss durch Q_H und Q_E ausgeglichen werden.

Die hier geschilderte Erwärmung und Abkühlung des Bodens im Tagesgang betrifft nur die obersten Schichten, ist aber stark vom Bodentyp abhängig. Die Eindringtiefe des Temperaturtagesgangs liegt im Bereich von Dezimetern, des Temperaturjahresgangs im Bereich von Metern. Weiter unten nimmt die Temperatur mit der Tiefe stets zu. Der Bodenwärmefluss beeinflusst die lokale, instantane Situation und ist daher eine wichtige Größe in der Grenzschichtmeteorologie und Mikrometeorologie. Für klimatologische Betrachtungen wird der Bodenwärmefluss allerdings meist vernachlässigt.

Abb. 3-16

Schematische Darstellung des Tagesgangs der Strahlungsbilanz (links) und der Energiebilanz (rechts) an einem wolkenlosen Sommertag in den nördlichen Mittelbreiten (schematisch nach Oke 1987). Zur Erdoberfläche gerichtete Flüsse haben ein positives, von der Oberfläche weg gerichtete Flüsse ein negatives Vorzeichen.

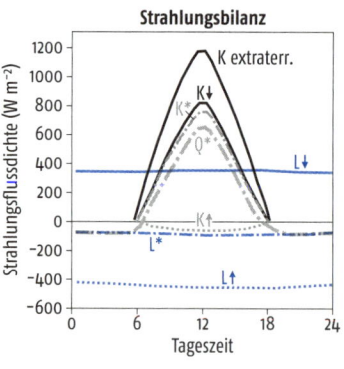
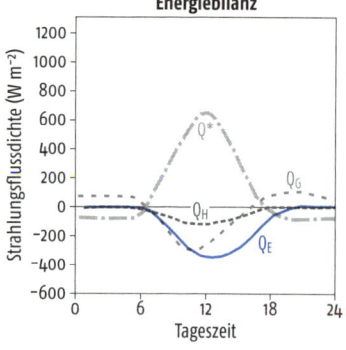

Schematische Darstellung der Beziehung zwischen Wärmeflussdivergenz und Temperaturänderungen im Boden. Links: Der Wärmefluss ist nach unten gerichtet, Wärmeflusskonvergenz führt zu einer Erwärmung der Bodenschicht. Mitte: Situation am Vormittag. Wärmeflusskonvergenz bei nach unten gerichtetem Wärmefluss. Wärmeflusskonvergenz und Erwärmung nehmen nach unten ab. Rechts: Situation am Nachmittag. Trotz positiver Strahlungsbilanz kann der Wärmefluss in den obersten Bodenschichten nach oben gerichtet sein, wenn die mittägliche Erwärmungsspitze bereits einige Millimeter oder Zentimeter in den Boden eingedrungen ist. Wärmeflussdivergenz führt zu einer Abkühlung der obersten Schichten, Wärmeflusskonvergenz zu einer Erwärmung der darunterliegenden Schichten.

| Abb. 3-17

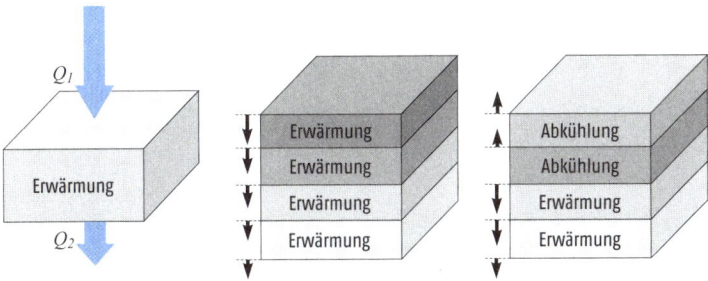

Nicht nur im Boden, sondern auch in der Atmosphäre wird die Energie vertikal ausgetauscht. Erwärmung und vertikaler Energieaustausch sind in der Atmosphäre eng miteinander gekoppelt. Das nächste Kapitel betrachtet die thermodynamischen Voraussetzungen für vertikale Austauschprozesse in der Atmosphäre.

Verwendete Literatur

Häckel, H. (2008) Meteorologie, 6. Aufl. UTB, Stuttgart.
Hartmann, D. L. et al. (2013) Observations: Atmosphere and Surface. In: Climate Change 2013: The Physical Science Basis. Contribution of Working Group I to the Fifth Assessment Report of the Intergovernmental Panel on Climate Change [Stocker, T. F. et al. (Hrsg.)]. Cambridge University Press, Cambridge, United Kingdom and New York, NY, USA, S. 159–254.
Oke, T. R. (1987) Boundary-Layer Climates. 2. Aufl. Routledge.
Schönwiese, C.-D. (2013) Klimatologie, 4. Aufl. UTB, Stuttgart.
Wallace, J. M., P. V. Hobbs (2006) Atmospheric Science. An Introductory Survey, 2. Aufl. Academic Press.

Weiterführende Literatur

Hartmann, D. L. (2016) Global Physical Climatology, 2. Aufl. Elsevier.
Latif, M. (2009) Klimadynamik. UTB, Stuttgart.

Thermodynamik und Statik der Atmosphäre | 4

Inhalt

4.1 Wärmelehre und vertikale Vorgänge

4.2 Die allgemeine Gaszustandsgleichung

4.3 Die potentielle Temperatur

4.4 Thermodynamik der feuchten Luft

4.5 Statische Stabilität

4.6 Energie in der Atmosphäre

In diesem Kapitel befassen wir uns mit der Thermodynamik und Statik der Atmosphäre, wir betrachten ihren Energiezustand und Konsequenzen für vertikale Vorgänge. Zunächst betrachten wir anhand der idealen Gasgleichung die physikalischen Beziehungen zwischen den fundamentalen Größen Druck, Temperatur und Dichte. Danach führen wir verschiedene, thermodynamisch begründete Temperaturmaße ein, welche den Vergleich von Luftmassen auf verschiedenen Höhen ermöglichen. Einige davon berücksichtigen auch die Rolle des Wasserdampfs, der als Gas leichter ist als trockene Luft und bei der Kondensation Wärme freisetzt. Die Betrachtung der Feuchte ist daher für das Verständnis der Meteorologie und Klimatologie zentral. Schließlich werden das Konzept der Stabilität eingeführt und verschiedene typische Situationen betrachtet.

Thermodynamische Diagrammpapiere beinhalten die Beziehungen zwischen thermodynamischen Größen in grafischer Form und sind ein wichtiges Werkzeug in der praktischen Meteorologie. Anhand solcher Papiere lassen sich einfache Diagnosen machen, zudem eignen sie sich zur Verbildlichung der thermodynamischen Prozesse in einem Luftpaket.

Im letzten Teil des Kapitels diskutieren wir verschiedene Größen zur Erfassung der Energie in der Atmosphäre. Diese Größen finden sowohl in der Wettervorhersage als auch zur Diagnostik des großräumigen Energieaustauschs durch die atmosphärische Zirkulation Verwendung.

4.1 Wärmelehre und vertikale Vorgänge

In der Troposphäre nimmt die Temperatur, wie wir in → Kap. 2 gesehen haben, mit der Höhe ab. Sie nimmt allerdings nicht überall gleich schnell ab. → Abb. 4-1 zeigt Temperaturprofile von zwei Radiosondenaufstiegen (Wetterballonen) am 7. Januar 1957 in Jakarta, nahe des Äquators, und am 18. Dezember 1958 in Jakutsk, bei 62° N. Deutlich zeigen sich Unterschiede, und zwar nicht nur in der absoluten Temperatur, sondern auch in der Form der Profile. Die Temperaturabnahme mit der Höhe ist in Jakarta viel stärker als in Jakutsk, wo in den unteren Schichten die Temperatur sogar stark zunimmt. Eine gleich tiefe Temperatur wie am Erdboden wird erst wieder auf 6–7 km erreicht. Gezeigt sind auch die langjährigen zonal gemittelten Temperaturprofile für den Äquator im Januar und für 62° N im Dezember. Immer noch zeigt sich eine schnellere Abnahme am Äquator als bei 62° N; die Profile kreuzen sich bei ca. 8.3 km.

Für die Klimatologie sind diese Unterschiede sehr wichtig. Warum sind die Temperaturprofile unterschiedlich? Welche Vorgänge stehen dahinter? Wie schnell kann Temperatur mit der Höhe abnehmen? Und was geschieht, wenn sich Luft vertikal bewegt?

In diesem Kapitel betrachten wir den Zustand der Atmosphäre und machen uns Überlegungen zur Thermodynamik und Statik, welche die Antworten auf die obigen Fragen liefern. Damit wir den Zustand definieren können, müssen wir zu Beginn die relevanten Größen einführen.

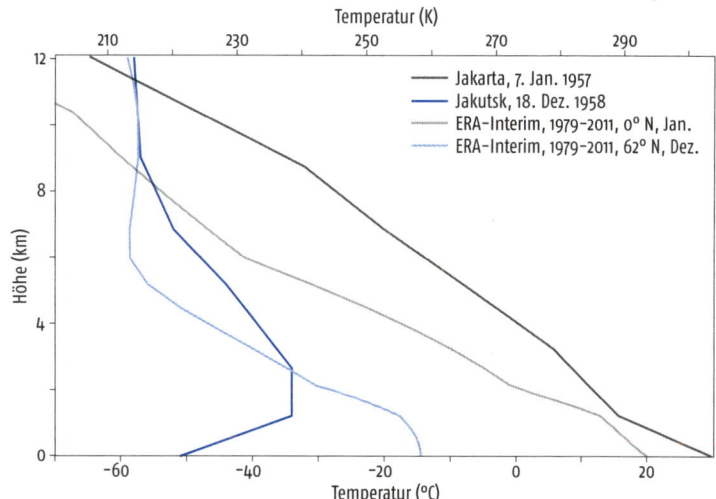

Abb. 4-1 | Zwei Radiosondenprofile der Temperatur über Jakarta, Indonesien, und Jakutsk, Russland (Quelle: CHUAN), sowie langjährige Jahresmittel der Temperaturprofile für den Äquator und für 62° N (Quelle: ERA-Interim).

Welches sind die wichtigsten **messbaren Eigenschaften** der Atmosphäre, mit welchen sich Wetter und Klima beschreiben lassen? Meist werden folgende meteorologische Zustandsgrößen betrachtet: **Temperatur, Luftdruck, Feuchte, Niederschlag** und **Wind**, für weitere Berechnungen braucht es die **Dichte**. Die Definitionen dieser Größen und die Einheiten, in denen sie gemessen werden, sind in → Box 4.1 angegeben (vgl. auch → Tab. 1-3 und → Box 1.5, resp. für die Messung → Tab. 9-1). In diesem Kapitel werden die Zusammenhänge zwischen den ersten drei dieser Größen diskutiert, im nachfolgenden Kapitel dann der Wind.

Hier soll nochmals nachdrücklich auf die Wichtigkeit der Einheiten hingewiesen werden (→ Tab. 1-3). Die Überprüfung der Einheiten in meteorologischen Berechnungen ist ein unerlässliches Werkzeug der Fehleranalyse und erleichtert gleichzeitig das Verständnis der Vorgänge.

Größen und Einheiten

Box 4.1

Meteorologische Größen

Temperatur (T): Gemäß physikalischer Definition ist die Temperatur eines Gases die gesamte kinetische Energie der Teilchen (Atome oder Moleküle). Diese Definition gilt für unterschiedlichste betrachtete Situationen: für einen geheizten Wohnraum, ein Reagenzglas oder ein Experiment der Hochenergiephysik. Für die Meteorologie, also für die Erfassung des atmosphärischen Zustands, braucht es aber eine andere Definition, welche die Vergleichbarkeit garantiert. Die meteorologische Definition ist folgende: Temperatur ist, was ein gut vor der Sonne geschütztes, ordnungsgemäß aufgebautes Thermometer anzeigt. Das Instrument soll auf 1.2–2 m über ebenem Grund aufgebaut sein. Die Messung soll repräsentativ sein für die Umgebung und nicht beeinflusst von Gebäuden oder Bäumen (vgl. → Kap. 9). Die Temperatur wird in K (Kelvin) oder °C angegeben, in den USA in Fahrenheit. Vor dem ersten Weltkrieg war auch die Einheit Réaumur verbreitet.

Druck (p): Druck ist definiert als Kraft pro Fläche. Bei einem Gasgemisch wie Luft setzt er sich aus den Partialdrucken der einzelnen Gase zusammen (vgl. → Box 2.2). Meist wird in der Meteorologie der gesamte Luftdruck betrachtet. Am Erdboden entspricht dieser der Schwerkraft der Luftsäule pro waagrechte Fläche des Erdbodens (→ Abb. 4-2). Die Luftdruckverteilung am Erdboden ist also nichts anderes als die Massenverteilung der Atmosphäre. Der Druck in Höhe z ist ein Integral zur Obergrenze der Atmosphäre:

$$p(z) = \int_z^\infty \rho\, g\, dz \qquad [kg\, m^{-1}\, s^{-2}]$$

Die Drucktendenz – die Veränderung des Drucks über die Zeit – ist in der Meteorologie ein wichtiger Indikator für Wetterumschläge. Der Druck kann auch auf gedachte

Abb. 4-2

Der Luftdruck ist das Gewicht der Luftsäule ($m\,g$) über einer Grundfläche A (Annahme: g ist konstant).

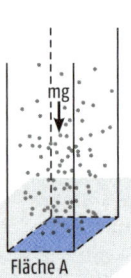

Fläche A

Flächen in der Atmosphäre bezogen werden, beispielsweise auf die Tropopause (vgl. → Box 5.2). Die Einheit des Drucks ist Pascal (Pa). Um praktischere Zahlen zu erhalten, werden meist hPa angegeben. Im amerikanischen Raum ist auch die Einheit mbar gebräuchlich, was rechnerisch dasselbe ist wie hPa aber keine SI Einheit ist (vgl. → Tab. 1-3). Der mittlere Luftdruck auf Meereshöhe von 1013.25 hPa wird manchmal als «physikalische Atmosphäre» bezeichnet (Einheit atm).

Dichte (ρ): Dichte ist definiert als Masse pro Volumen. Die Einheit ist kg m^{-3}. Oft wird dabei die feuchte und trockene Luft unterschieden, da feuchte Luft leichter ist als trockene (vgl. → Kap. 4.4). Weil der Wasserdampfgehalt sehr variabel ist, wird die Zusammensetzung der Luft in der Regel auf trockene Luft bezogen.

Niederschlag (P oder RR): Niederschlag bezeichnet das aus der Atmosphäre fallende, flüssige oder feste Wasser, umfasst also Regen, Schneefall und Hagel, aber auch Wasser, das sich aus der Atmosphäre absetzt wie z. B. Tau. Angegeben wird Niederschlag in mm (= kg m^{-3}), meist aufsummiert über 24 Stunden, wobei für Schnee hier das Flüssigwasseräquivalent berechnet wird. Idealerweise wird der Schnee geschmolzen und mit dem Regen zusammen gemessen. Oft werden Niederschlag und Neuschneehöhe aber separat erhoben. Die Umrechnung erfolgt dann mit Erfahrungswerten (z. B. 1 cm Schnee entspricht 1 mm Regen). Die Niederschlagsmessung ist zwar denkbar einfach – im einfachsten Fall braucht es nur ein Gefäß und einen Maßstab –, aber sehr unsicher. Vor allem das lokale Windfeld, aber auch Verdunstung, führen zu Verfälschungen.

Feuchte: In der Klimatologie und vor allem in der Meteorologie werden zahlreiche Feuchtemaße verwendet. Sie bezeichnen die Menge an Wasserdampf in der Atmosphäre und wie nahe an der Sättigung der Dampfdruck des Wassers ist. Den Feuchtemaßen ist eine separate Box (→ Box 4.3) gewidmet.

Wind (u, v, w): Wind ist eine vektorielle Größe, d.h., sie besteht aus einer Länge und einer Richtung oder aus zwei (oder drei) vektoriellen Komponenten, wobei u die West-Ost-Komponente erfasst, v die Süd-Nord-Komponente und w die vertikale Richung. Die SI-Einheit des Windes ist m s^{-1} (gebräuchlich waren aber auch andere Einheiten wie Knoten oder die ordinal skalierte Einheit Beaufort). Der Wind wird mit der Richtung der Herkunft bezeichnet; ein Westwind kommt aus dem Westen. Die

Richtung wird ab Norden im Uhrzeigersinn angegeben (45° ist ein Nordostwind, 315° ein Nordwestwind). Der Wind variiert aufgrund von Wirbeln und Turbulenz auch auf sehr kurzen Zeit- und Raumskalen. Für Sturmschäden sind oft nur wenige Sekunden dauernde Böen entscheidend. Der Vertikalwind w wird manchmal auch in Druckkoordinaten (vgl. → Box 5.2) angegeben und wird dann als ω (Omega) bezeichnet. Die Einheit ist dann Pa s^{-1}, ist aber nicht zu verwechseln mit der oben erwähnten Drucktendenz.

Die allgemeine Gaszustandsgleichung | 4.2

Zwischen den oben definierten atmosphärischen Zustandsgrößen gibt es Zusammenhänge, welche auf physikalische Gesetze zurückgehen. Ein solches Gesetz ist die **Gaszustandsgleichung,** welche in diesem Kapitel eingeführt wird. Die Gasgleichung ist eine der wichtigsten Gleichungen der Meteorologie und ist in vielen Bereichen der Physik und Chemie relevant.

Stellen wir uns eine **Masse** m von 1 kg Luft mit einem **Volumen** V, einer **Temperatur** T und einem **Druck** p vor. Diese Größen sind voneinander abhängig. Wenn beispielsweise die Temperatur konstant gehalten wird, dann bleibt auch das Produkt von Druck und Volumen konstant. Im **Zustandsdiagramm** liegen die Punkte auf einer Hyperbel. In → Abb. 4-3 sind solche Zustandsdiagramme dargestellt. Wird der Druck konstant gehalten, so bleibt das Verhältnis von Volumen und Temperatur konstant, und wenn das Volumen konstant gehalten wird, dann bleibt das Verhältnis von Druck und Temperatur konstant.

Die Gesetze wurden im 17. und 18. Jahrhundert erarbeitet und sind nach ihren Entdeckern benannt. Ähnlich wie beim Planck'schen Gesetz sind die gefundenen Beziehungen Spezialfälle eines allgemeinen, aber

Volumen, Temperatur und Druck eines Gases hängen zusammen

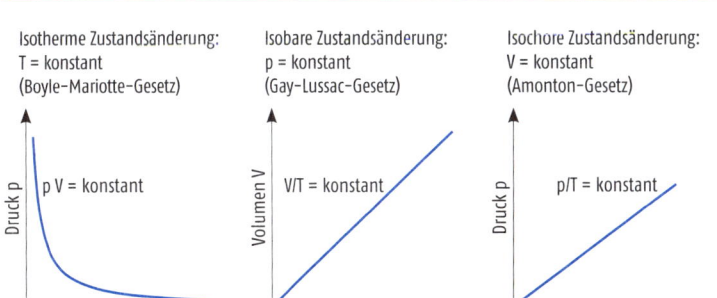

| Abb. 4-3
Zustandsdiagramme für Gase bei isothermen, isobaren und isochoren Zustandsänderungen.

erst später gefundenen Gesetztes: der thermischen Gaszustandsgleichung oder **allgemeinen Gasgleichung**, die 1834 von Emile Clapeyron formuliert wurde.

Die allgemeine Gaszustandsgleichung beschreibt den Zusammenhang zwischen Dichte, Druck und Temperatur eines Gases

Die allgemeine Gasgleichung gilt für ein **ideales Gas**, d.h., die Gasteilchen befinden sich in ungeordneter Bewegung und die einzige Wechselwirkung sind elastische Stöße (auf die Rolle des **Wasserdampfs** sowie Phasenumwandlungen wird später eingegangen):

$$p\,V = n\,R_m\,T \qquad [kg\,m^2\,s^{-2}]$$

Hier ist p der Luftdruck (in Pa), V das Volumen (in m^3), n die Stoffmenge (in mol) und T die Absoluttemperatur (in K). R_m ist die universelle oder molare Gaskonstante (in J mol^{-1} K^{-1}, vgl. → Box 4.2), auf die wir weiter unten eingehen. Die Einheit ist hier eine Arbeit. Die Gasmenge kann auch als Masse m (in kg) ausgedrückt werden:

$$p\,V = m\,R_L\,T \qquad [kg\,m^2\,s^{-2}]$$

Entsprechend muss auch die Gaskonstante mit der Masse definiert werden und wird damit eine spezifische Eigenschaft eines bestimmten Gases. R_L ist die spezifische Gaskonstante für Luft (in J kg^{-1} K^{-1}, vgl. → Box 4.2). Diese zweite Gleichung kann auch mithilfe der Dichte ρ (in kg m^{-3}) formuliert werden:

$$p = \rho\,R_L\,T \qquad [kg\,m^{-1}\,s^{-2}]$$

Kalorische Zustandsgleichung

Was passiert wenn wir ein Luftpaket mit konstanter Masse komprimieren, bespielsweise in einer Fahrradpumpe, oder wenn ein Luftpaket absteigt? Aus Erfahrung wissen wir, dass sich die Luft in einer Pumpe erwärmt. Aus der thermischen Gasgleichung allein können wir den Vorgang aber nicht beschreiben, da sowohl Druck als auch Temperatur ändern können. Der Ansatz ist hier, die Energie des Luftpakets zu betrachten. Dazu braucht es eine weitere Gleichung, die **kalorische Zustandsgleichung**.

Box 4.2

▼

Konstanten in der Meteorologie

In diesem Buch werden an mehreren Stellen physikalische Konstanten verwendet. An dieser Stelle sind sie kurz eingeführt. Die folgende → Tab. 4-1 zeigt Naturkonstanten (grau unterlegt), Materialeigenschaften sowie einige weitere wichtige Größen. Die Symbole werden in der Literatur zum Teil anders verwendet.

Konstanten in der Meteorologie. Grau unterlegte Konstanten sind Naturkonstanten, weiße sind Materialeigenschaften resp. wichtige Größen.

Tab. 4.1

Symbol	Name	Wert	Vorkommen	Beschreibung
k	Boltzmann-Konstante	$1.38 \cdot 10^{-23}$ J K^{-1}	Planck-Gleichung	Verhältnis zwischen Energie und Temperatur eines Teilchens (auch Gaskonstante eines Teilchens, da $R_m = k \, N_A$)
h	Planck'sches Wirkungsquantum	$6.626 \cdot 10^{-34}$ J s	Planck-Gleichung	Verhältnis von Energie und Frequenz eines Photons
σ	Stefan-Boltzmann-Konstante	$5.6704 \cdot 10^{-8}$ W m^{-2} K^{-4}	Stefan-Boltzmann'sche Gesetz	Verhältnis zwischen der Energie der Schwarzkörperstrahlung und der vierten Potenz der Temperatur
N_A	Avogadro-Zahl	$6.022 \cdot 10^{23}$ mol^{-1}		Anzahl Teilchen pro Mol
c	Lichtgeschwindigkeit im Vakuum	299792458 m s^{-1}	Planck-Gleichung	Naturkonstante
c_{mp}	Molare Wärmekapazität bei konstantem Druck	Zweiatomige Gase: $7/2 \, R_m = 29.1$ J mol^{-1} K^{-1}	Gasgleichung	Verhältnis zwischen Wärme und Temperaturänderung eines Gases
c_{mv}	Molare Wärmekapazität bei konstantem Volumen	Zweiatomige Gase: $5/2 \, R_m = 20.8$ J mol^{-1} K^{-1}	Gasgleichung	Verhältnis zwischen Wärme und Temperaturänderung eines Gases
R_m	Universelle oder molare Gaskonstante	8.3145 J mol^{-1} K^{-1}	Gasgleichung	$R_m = c_{mp} - c_{mv}$
R_L	Spezifische oder individuelle Gaskonstante	Für Luft: 287.1 J kg^{-1} K^{-1}	Gasgleichung	$R_L = R_m \, n/m$
c_{Lp}	Spezifische Wärmekapazität bei konstantem Druck	Für trockene Luft, p = 1013 hPa, T = 0 °C: 1005 J kg^{-1} K^{-1}		Verhältnis zwischen Wärme und Temperaturänderung der Luft
c_{Lv}	Spezifische Wärmekapazität bei konstantem Volumen	Für trockene Luft, p = 1013 hPa, T = 0 °C: 718 J kg^{-1} K^{-1}		Verhältnis zwischen Wärme und Temperaturänderung der Luft
L_v	Spezifische Verdampfungsenthalpie	Für Wasser bei 20 °C: 2453 kJ kg^{-1}		Benötigte Energie, um bei konstantem Druck Wasser vom flüssigen in den gasförmigen Zustand zu bringen
R	Erdradius	6378137 m		Annäherung an Kugel
g	Schwerebeschleunigung	Bei 45 °N: 9.806 m s^{-2}		
Ω	Winkelgeschwindigkeit	Für Erdrotation: $7.292 \cdot 10^{-5}$ rad·s^{-1}		
S_0	Solarkonstante	ca. 1360 W m^{-2}		Strahlungsenergie der Sonne am Oberrand der Erdatmosphäre, nicht konstant.

Diese Gleichung stellt den Zusammenhang zwischen innerer Energie U und Temperatur (respektive deren Änderungen) dar:

$$U = n\, c_{mv}\, T \qquad [J]$$
$$\Delta U = n\, c_{mv}\, \Delta T \qquad [J]$$

wobei c_{mv} die molare Wärmekapazität bei konstantem Volumen ist und n die Stoffmenge. Die Summe aus innerer Energie und dem Produkt aus Druck und Volumen heißt Enthalpie H:

$$H = U + p\,V = n\, c_{mv}\, T + p\, V = n\, c_{mp}\, T \qquad [J]$$
$$\Delta H = n\, c_{mp}\, \Delta T \qquad [J]$$

Dabei ist c_{mp} die molare Wärmekapazität bei konstantem Druck. Diese ist größer als c_{mv}, weil sich bei zunehmender Temperatur das Luftpaket ausdehnt und die entspechende Volumenarbeit in c_{mp} mitberücksichtigt ist. Die molaren Wärmekapazitäten sind von den Freiheitsgraden der Bewegungen eines Moleküls abhängig und betragen für einatomige Gase c_{mv} = 1.5 R_m (in J mol^{-1} K^{-1}) und c_{mp} = 2.5 R_m, für zweiatomige Gase c_{mv} = 2.5 R_m respektive c_{mp} = 3.5 R_m. Die universelle Gaskonstante R_m ist nichts anderes als die Differenz der beiden Wärmekapazitäten, $R_m = c_{mp} - c_{mv}$.

Gemäß dem **ersten Hauptsatz der Thermodynamik** ist die Änderung der inneren Energie U in einem System die Folge von Wärmezufuhr ΔQ oder Arbeit ΔW über die Systemgrenzen (eine Konsequenz der Energieerhaltung). Damit ist:

$$\Delta U = \Delta Q + \Delta W = \Delta Q - p\, dV \qquad [J]$$

Dabei entspricht ΔW der **Volumenarbeit** (bei der Komprimierung ist $dV < 0$, daher das negative Vorzeichen). Die Änderung der Enthalpie H ist:

$$\Delta H = \Delta U + p\, dV + dp\, V \qquad [J]$$

Bei isobaren Prozessen ($dp = 0$) ist $\Delta H = \Delta Q$. In der Fahrradpumpe oder bei einem absteigenden Luftpaket bleibt der Druck aber nicht konstant. Es gilt daher:

$$\Delta H = \Delta U + p\, dV + dp\, V = (\Delta Q - p\, dV) + p\, dV + dp\, V = \Delta Q + dp\, V \qquad [J]$$

Bei adiabatischen Zustandsänderungen wird keine Energie mit der Umgebung ausgetauscht

Wir können die Änderung der Lufttemperatur berechnen, falls angenommen wird, dass **kein Wärmeaustausch** mit der Umgebung stattfindet ($\Delta Q = 0$). Prozesse, bei welchen kein Wärmeaustausch mit der Umgebung stattfindet, heißen **adiabatische** Prozesse, solche bei welchen Wärme ausgetauscht wird, heißen entsprechend diabatische Prozesse. Diese spezielle Zustandsänderung heißt **adiabatische Kompression**. Die beiden Gleichungen für ΔU und ΔH können nun geschrieben werden als:

$$n\, c_{mv}\, \Delta T = -p\, dV \quad \text{und} \quad n\, c_{mp}\, \Delta T = dp\, V \quad [J]$$

Diese Gleichungen lassen sich mithilfe der Gasgleichung umformulieren:

$$n\, c_{mv}\, \Delta T = -\frac{n R_m T}{V} dV \quad \text{und} \quad n\, c_{mp}\, \Delta T = \frac{n R_m T}{P} dp \quad [J]$$

$$\frac{\Delta T}{T} = -\frac{R_m}{c_{mv}}\frac{dV}{V} \quad \text{und} \quad \frac{\Delta T}{T} = \frac{R_m}{c_{mp}}\frac{dp}{p} \quad [J\, mol^{-1}\, K^{-1}]$$

oder integriert:

$$\frac{T_1}{T_2} = \left(\frac{V_2}{V_1}\right)^{\frac{R_m}{c_{mv}}} \quad \text{und} \quad \frac{T_1}{T_2} = \left(\frac{p_1}{p_2}\right)^{\frac{R_m}{c_{mp}}}$$

Die beiden Gleichungen können mithilfe der Gasgleichung ($p\, V/T$ = konstant) auch direkt ineinander übergeführt werden. Daraus kann jetzt die Temperaturänderung in der Pumpe aus der Volumenänderung oder die Temperaturänderung in einem absteigenden Luftpaket aus der Druckänderung berechnet werden. Obwohl diabatische Vorgänge in der Atmosphäre eine entscheidende Rolle spielen, erklärt die adiabatische Kompression relativ gut, wie sich die Temperatur bei **Vertikalbewegungen** verändert. Dies macht man sich zunutze, um Temperaturen zu definieren, welche sich bei Vertikalbewegungen nicht ändern, wie im Folgenden ausgeführt wird.

Die potentielle Temperatur | 4.3

In der Meteorologie ist es oft nötig, Luftpakete auf verschiedenen Höhen bezüglich gewisser Zustandsgrößen miteinander zu vergleichen. Allerdings ist dies für die Temperatur nicht direkt möglich. Wegen der adiabatischen Kompression wird sich bei Vertikalbewegungen auch die Temperatur ändern, ohne dass Wärme ausgetauscht worden wäre. Die Meteorologie strebt deshalb nach **Maßzahlen,** die gegenüber Vertikalbewegungen **erhalten** bleiben. Ein solches Maß für die Lufttemperatur ist die **potentielle Temperatur Θ.** Sie ist definiert als diejenige Temperatur, die ein trockenes Luftpaket annehmen würde, wenn es trockenadiabatisch, also ohne Wärmeaustausch und ohne Kondensation oder Verdunstung, auf den Druck p_0= 1000 hPa gebracht würde. Rechnerisch:

Vergleich der Luft auf verschiedenen Höhen

$$\Theta = T\left(\frac{p_0}{p}\right)^{\frac{R_L}{c_{Lp}}} = T\left(\frac{1000\, hPa}{p}\right)^{0.286} \quad [K]$$

Die potentielle Temperatur entspricht also der adiabatischen Kompression auf einen Druck von 1000 hPa (ein Beispiel für ein Profil der absoluten und der potentiellen Temperatur ist in → Abb. 2-6 gezeigt). Zwei Luftpakete auf unterschiedlichen Höhen können so miteinander verglichen werden. Das potentiell wärmere Luftpaket hätte, auf 1000 hPa gebracht, eine geringere Dichte. Die potentielle Temperatur wird in der Meteorologie viel verwendet, teilweise sogar als vertikales Koordinatensystem, da sich Luftpakete ohne diabatische Prozesse auf Flächen gleicher potentieller Temperatur bewegen (vgl. → Box 5.2).

4.4 Thermodynamik der feuchten Luft

Wasserdampf verändert die Thermodynamik der Luft

Luft ist ein Gasgemisch. Für die Meteorologie spielt dabei insbesondere der Wasserdampf eine wichtige Rolle. Das betrifft nicht nur die Strahlung (vgl. → Kap. 3), sondern die gesamte Thermodynamik der Atmosphäre. Der mittlere Wasserdampfanteil der bodennahen Luft beträgt ca. 0.3 %. Um dies genau zu beschreiben, gibt es eine große Zahl von Feuchtemaßen, die in → Box 4.3 diskutiert werden.

Box 4.3

▼

Feuchtemaße

In der Meteorologie werden sehr viele verschiedene Feuchtemaße verwendet, teils aus Gründen der Konsistenz mit den wichtigsten Gleichungen, teils aus messtechnischen Gründen.
Wichtig ist zunächst der Dampfdruck e (Pa). Dies ist der **Partialdruck** des Wasserdampfs. Über einer ebenen Wasserfläche (vgl. → Abb. 2-10) kondensiert Wasserdampf, wenn e einen Wert e_s erreicht, der **Sättigungsdampfdruck** genannt wird. Der Sättigungsdampfdruck drückt einen Gleichgewichtszustand aus: Es treten gleich viele Moleküle von der Gasphase in die flüssige Phase über wie umgekehrt (vgl. → Kap. 2.4). Das Verhältnis des Dampfdrucks zum Sättigungsdampfdruck heißt **relative Feuchte** RF:

$$RF = 100 \ e/e_s \qquad [\%]$$

Die Beziehung zwischen Sättigungsdampfdruck und Temperatur wird in der Clausius-Clapeyron Gleichung dargestellt (vgl. → Kap. 2.5). In der Praxis wird der Sättigungsdampfdruck oft durch eine Näherungsformel, die **Magnus-Formel**, berechnet, wobei für den Sättigungsdampfdruck über Wasser e_{sw} und denjenigen über Eis e_{si} eine jeweils andere Formel verwendet wird (vgl. → Kap. 2.4). In dieser Formel muss die Temperatur T ausnahmsweise in °C ausgedrückt werden:

$$e_{sw}(T) = 6.122 \ hPa \ exp\left(\frac{17.62 \ T}{243.12 \ °C + T}\right) \qquad [hPa]$$

$$e_{si}(T) = 6.122 \, hPa \, \exp\left(\frac{22.46 \, T}{272.62 \,°C + T}\right) \quad [hPa]$$

Die **absolute Feuchte** ist die Dichte des Wasserdampfs ρ_v (in kg m^{-3}). Das **Massenmischungsverhältnis** r ist das Verhältnis der Masse des Wasserdampfes m_v zur Masse der trockenen Luft m_d. Die **spezifische Feuchte** s ist fast identisch, nimmt aber das Verhältnis zur feuchten Luft: $m_v/(m_v+m_d)$. Das **Volumenmischungsverhältnis** ist das Verhältnis des Partialdrucks zum Gesamtdruck (e/p). Folgende Gleichung beschreibt das Verhältnis zwischen dem Massenmischungsverhältnis r und dem Dampfdruck (r ist eine dimensionslose Größe, 0.622 ist das dimensionslose Verhältnis der molaren Massen von Wasser und Luft):

$$r = \frac{m_v}{m_d} = 0.622 \, \frac{e}{p-e} \quad [kg \, kg^{-1}]$$

Indirekte Feuchtemaße machen sich die Thermodynamik der feuchten Luft zunutze. Beispiele sind Taupunkt- und Feuchttemperatur. Die **Taupunkttemperatur** gibt den Wert der Lufttemperatur an, bis zu dem sie sich abkühlen muss, damit sie vollständig gesättigt ist; d.h. also bis $e = e_s$. Diese Größe lässt sich einfach messen, indem Luft bis zur Taubildung gekühlt und dann die Temperatur gemessen wird (vgl. → Tab. 9-1). Der Taupunkt ist also immer niedriger oder gleich der Lufttemperatur. Die Differenz wird als Taupunktdifferenz bezeichnet und ist in der angewandten Meteorologie eine oft verwendete Größe. In die oben eingeführte Magnus-Formel eingesetzt, ergibt sich aus der Taupunkttemperatur T_d direkt der Dampfdruck $e = e_s(T_d)$. Um die relative Feuchte zu rechnen, müssen beide Temperaturen in die Magnus-Formel eingesetzt werden:

$$RF = 100 \, \frac{e_s(T_d)}{e_s(T)} \quad [\%]$$

Die **Feuchttemperatur** ist jene Temperatur, die Luft erreicht, wenn sie durch Verdunsten von Wasser bis zur Sättigung gekühlt und dabei die benötigte latente Wärme der Luft entzogen wird. Diese Größe lässt sich noch einfacher messen als die Taupunkttemperatur, indem ein Thermometer mit einem feuchten Strumpf umwickelt und belüftet wird. Wenn die Lufttemperatur T_L bekannt ist, lässt sich aus der so gemessenen Feuchttemperatur T_f, dem Sättigungsdampfdruck für die Temperatur der feuchten Oberfläche e_{sf} (Magnus-Formel) und der Psychrometerkonstanten (γ = 67 Pa K^{-1}, der exakte Wert ist leicht temperaturabhängig) der Dampfdruck rechnen:

$$e = e_{sf} - \gamma \, (T_L - T_f) \quad [Pa]$$

Auch bei der Feuchte möchte man oft Luft auf verschiedenen Höhen vergleichen. Wenn keine Phasenänderung eintritt, ändern sich folgende Maße bei Vertikalbewegungen nicht und sind daher **Erhaltungsgrößen:** spezifische Feuchte, Volumen- und Massenmischungsverhältnis.

Thermodynamik und Statik der Atmosphäre

Vergleich feuchter Luftpakete: unterschiedliche Dichte von Wasserdampf und Luft, Phasenumwandlungen

Der Wasserdampf beeinflusst die Thermodynamik der Luft. Oben haben wir das Problem gelöst, trockene Luftpakete auf unterschiedlichen Höhen miteinander zu vergleichen. Jetzt möchten wir Luftpakete auf unterschiedlichen Höhen mit unterschiedlicher Feuchte miteinander vergleichen. Dabei gibt es im Vergleich zur trockenen Luft zwei weitere Effekte zu berücksichtigen. Einerseits hat **Wasserdampf eine geringere Dichte** und verändert damit deren Eigenschaften als Gasgemisch. Andererseits kann Wasserdampf an **Phasenumwandlungen** beteiligt sein, was wiederum Auswirkungen auf das Luftpaket hat.

Für feuchte Luft wird die Temperatur gerechnet, die trockene Luft annehmen würde, um die gleiche Dichte zu haben

Letztlich geht es darum, wiederum **potentielle Temperaturen** zu definieren, die gegenüber Vertikalbewegungen invariant sind. Dazu wird zuerst diejenige Temperatur gesucht, bei welcher trockene Luft die gleiche Dichte hat wie die betrachtete feuchte Luft. Dann kann aus dieser neuen Temperatur auch eine entsprechende potentielle Temperatur gerechnet werden, genau wie bei der Temperatur trockener Luft. Diese wäre dann invariant bei Vertikalbewegungen.

Die virtuelle Temperatur berücksichtigt die Dichte von Wasserdampf, die Äquivalenttemperatur auch den Phasenübergang

Um nur die unterschiedlichen Eigenschaften von Luft und Wasserdampf zu berücksichtigen, wurde die **virtuelle Temperatur** definiert (vgl. → Box 4.4). Die virtuelle Temperatur ist höher als die tatsächliche Lufttemperatur, denn feuchte Luft ist leichter als trockene Luft, genauso wie wärmere Luft leichter ist als kältere. Die **Äquivalenttemperatur** berücksichtigt auch den Phasenübergang (genauer: die beim Phasenübergang frei werdende Energie). Die entsprechenden potentiellen Temperaturen heißen **virtuell-potentielle Temperatur** und **äquivalentpotentielle Temperatur** (vgl. → Box 4.4). Diese Größen sind Erhaltungsgrößen. Solange die Wolkentropfen im Luftpaket bleiben und nicht ausregnen, sind die Phasenveränderungen reversibel. Die frei werdende oder konsumierte Energie des Phasenübergangs trägt zur Erwärmung oder Abkühlung der Luft bei, bleibt aber im Luftpaket; die Vertikalbewegung ist damit ein adiabatischer Vorgang. Prozesse dieser Art werden **feuchtadiabatische Prozesse** genannt.

Ein einzelnes Luftpaket behält während einer Vertikalbewegung also seine virtuell-potentielle Temperatur (solange keine Phasenumwandlung stattfindet) respektive seine äquivalentpotentielle Temperatur. Ob das Luftpaket aber überhaupt freie Vertikalbewegungen durchführen wird, hängt von der Stabilität der Luftsäule ab, die wir im Folgenden betrachten.

Box 4.4

Temperaturmaße für feuchte Luft

Die **virtuelle Temperatur** T_v ist diejenige Temperatur, die trockene Luft annehmen müsste, um bei gleichem Druck die gleiche Dichte zu erreichen wie die damit verglichene feuchte Luft. Dabei findet kein Phasenübergang statt:

$$T_v = T \,(1 + 0.608\, s) \qquad [K]$$

Dabei ist s die spezifische Feuchte, also die Masse des Wasserdampfs dividiert durch die Masse der feuchten Luft.
Die **virtuell-potentielle Temperatur** Θ_V wird darüber hinaus trockenadiabatisch auf einen Druck von 1000 hPa reduziert (s. oben).
Die **Äquivalenttemperatur** T_e ist diejenige Temperatur, welche die Luft annähme, wenn der gesamte in ihr enthaltene Wasserdampf kondensieren und die dabei frei werdende Wärmeenergie ausschließlich zur Erhöhung der Lufttemperatur verwendet würde. Die Äquivalenttemperatur erfasst also sensible und latente Wärme.
Die **äquivalentpotentielle Temperatur** Θ_e ist diejenige Temperatur, welche feuchte Luft annähme, wenn der gesamte darin enthaltene Wasserdampf bei konstantem Druck p vollständig kondensieren, die dabei freigesetzte Kondensationswärme ausschließlich der Luft zugeführt und das Luftpaket anschließend trockenadiabatisch auf 1000 hPa gebracht würde (vgl. → Box 4.4).
Die **pseudopotentielle Temperatur** Θ_{ps} ist sehr ähnlich der äquivalentpotentiellen Temperatur: Es ist die Temperatur, die feuchte Luft annähme, wenn sie gehoben würde, dabei der gesamte Wasserdampf sukzessive kondensiert und entfernt würde und die Luft danach trockenadiabatisch absänke. Der Unterschied zur (einfacher berechenbaren) äquivalentpotentiellen Temperatur ist klein und betrifft die Arbeit zur Hebung des Wassers, die hier mitberücksichtigt ist.

Statische Stabilität | 4.5

Wenn eine einigermaßen dicke, nicht gesättigte Luftschicht eine einheitliche virtuell-potentielle Temperatur hat, so wird in dieser Luftschicht die Lufttemperatur mit der Höhe genauso schnell abnehmen, wie aufgrund der adiabatischen Kompression (respektive der Gleichung der potentiellen Temperatur) vorausgesagt wird. Der Temperaturgradient (engl.: lapse rate), der sich hier einstellt, heißt **trockenadiabatischer Temperaturgradient** Γ_d. Entgegen der Gradientdefinition in → Box 1.4 wird er in der Meteorologie leider meist mit negativem Vorzeichen definiert. Um Klarheit zu schaffen sprechen wir in der Folge

Trockenadiabatisch:
-1 °C pro 100 m
Feuchtadiabatisch:
-0.5 °C pro 100 m

immer von Zu- oder Abnahme. Aus der Kombination der adiabatischen Kompression (vgl. → Kap. 4.2) mit dem hydrostatischen Gleichgewicht, das im nächsten Kapitel vorgestellt wird, ergibt sich:

$$-\frac{dT}{dz} = \Gamma_d = \frac{g}{c_{Lp}} \qquad [K\, m^{-1}]$$

Hier ist c_{Lp} die spezifische Wärmekapazität für Luft bei konstantem Druck. Der trockenadiabatische Temperaturgradient beträgt bei konstanter Feuchte ca. 1 °C pro 100 m, d. h., die Temperatur nimmt pro 100 m Aufstieg um 1 °C ab.

In einer feuchten Luftschicht nahe der Sättigung, die eine einheitliche äquivalentpotentielle Temperatur aufweist, wird der vertikale Temperaturgradient geringer sein, da hier die beim Aufstieg frei werdende Kondensationswärme die Luft erwärmt. Dieser Temperaturgradient heißt **feuchtadiabatischer Temperaturgradient** und beträgt ungefähr 0.5 °C pro 100 m (die Temperatur nimmt pro 100 m Aufstieg um 0.5 °C ab), wobei die genaue Zahl von der Feuchte abhängig ist. Er nähert sich mit fortschreitender Kondensation (fortschreitender **Austrocknung**) der Luft an den **trockenadiabatischen Temperaturgradienten** an.

Neutrale Schichtung: Dichte (Luftpaket) = Dichte (Umgebungsluft)

In beiden Fällen kann ein Luftpaket, wenn die Atmosphäre genau dem adiabatischen Temperaturgradienten folgt, frei aufsteigen oder absinken. Das Luftpaket wird immer dieselbe **Dichte** haben wie die Umgebungsluft. Wir nennen dies eine **neutrale Schichtung**.

Stabile Schichtung: Luftpaket kehrt in Ausgangslage zurück

Nimmt in einer Luftschicht die Temperatur mit der Höhe langsamer ab als 1 °C pro 100 m, ist dies nicht mehr der Fall (vgl. → Abb. 4-4 links). Wird jetzt ein Luftpaket ohne Phasenumwandlung nach oben bewegt, ist es dichter als die Umgebungsluft. Wir erkennen dies daran, dass seine virtuell-potentielle Temperatur geringer ist als die der Umgebungsluft. Das Luftpaket wird deshalb wieder absinken. Wenn wir dasselbe Luftpaket aus seiner Startposition nach unten bewegen, wird es leichter sein als die dortige Umgebungsluft und aufsteigen. Diese Situation heißt **stabile Schichtung**. Wenn sich das Luftpaket trockenadiabatisch bewegt, sprechen wir von einer **trockenstabilen Schichtung**, wenn Kondensation stattfindet, von einer **feuchtstabilen Schichtung**. Die Umgebungstemperatur nimmt bei einer stabilen Schichtung weniger schnell ab als der jeweilige adiabatische Temperaturgradient.

Inversion: Temperaturzunahme mit der Höhe

Manchmal nimmt die Temperatur mit der Höhe nicht ab, sondern über kurze Strecken sogar zu (vgl. → Abb. 4-1). Dieser besondere Fall einer stabilen Schichtung heißt **Inversion**. Inversionen bilden sich oft nachts in Bodennähe, wenn durch Ausstrahlung die Bodenoberfläche und damit die untersten Luftschichten stark abgekühlt werden. Auch an der Obergrenze der planetaren Grenzschicht (vgl. → Abb. 2-6) befin-

Statische Stabilität. Links: Stabile Schichtung. Wird ein Luftpaket nach oben bewegt, ist seine Temperatur kleiner und seine Dichte größer als die der Umgebungsluft; es sinkt zurück. Mitte: Labile Schichtung. Wird ein Luftpaket gehoben, ist es leichter als die Umgebungsluft und wird beschleunigt. Rechts: Liegt die Temperaturabnahme zwischen dem trocken- und dem feuchtadiabatischen Temperaturgradienten, wird die Schichtung labil, sobald Kondensation einsetzt.

Abb. 4-4

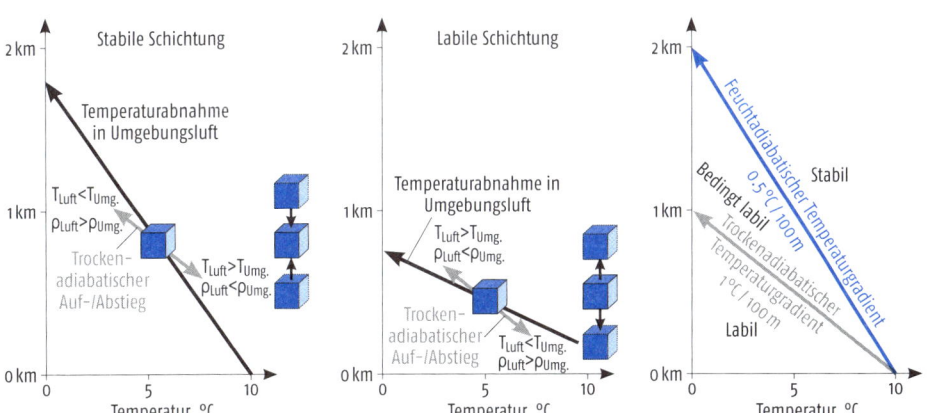

det sich oft eine Inversion. In der freien Troposphäre entstehen Inversionen oft durch Absinken. Eine stabile Schichtung wird durch Absinken verstärkt. Eine erdumspannende Inversion stellt natürlich die Stratosphäre dar.

In der untersten Troposphäre kommt es vor, dass die Temperatur in der Atmosphäre mit der Höhe schneller abnimmt als der adiabatische Temperaturgradient (→ Abb. 4-4 Mitte). Wird ein Luftpaket hier gehoben, ist es leichter als die Umgebungsluft (seine virtuell-potentielle Temperatur ist höher) und wird aufsteigen. Diese Schichtung heißt **labile Schichtung.** Auch hier kann zwischen **trockenlabil** (das Luftpaket bewegt sich trockenadiabatisch, der atmosphärische Temperaturgradient ist größer als der trockenadiabatische) und **feuchtlabil** (das Luftpaket bewegt sich feuchtadiabatisch, der Temperaturgradient ist größer als der feuchtadiabatische) unterschieden werden. Das Luftpaket steigt so lange, bis die Temperatur der Umgebungsluft wieder weniger schnell abnimmt als die Temperatur des Luftpakets und die virtuell-potentiellen Temperaturen der beiden gleich sind. Eine labile Schichtung führt relativ rasch zu Vertikalbewegungen und Turbulenz und damit schließlich zum Ausgleich des Temperaturgradienten.

Weil der trocken- und der feuchtadiabatische Temperaturgradient unterschiedlich sind, hängt die Stabilität einer Luftschicht auch von

Feuchtlabile Schichtung: Labil wenn Kondensation eintritt

der Feuchte ab. Liegt also der Temperaturgradient zwischen 1 °C pro 100 m und 0.5 °C pro 100 m, ist die Luft stabil geschichtet gegenüber trockenadiabatischen Änderungen, aber labil gegenüber feuchtadiabatischen Änderungen. Wenn jetzt ein Luftpaket so weit gehoben wird, dass es zu Kondensation kommt, beispielsweise durch eine Strömung über einen Hügelzug, wird aus dem trockenadiabatischen Aufstieg ein feuchtadiabatischer. Die Schichtung wird damit instabil. Eine solche Situation wird **bedingt labile** Schichtung genannt (→ Abb. 4-4, rechts).

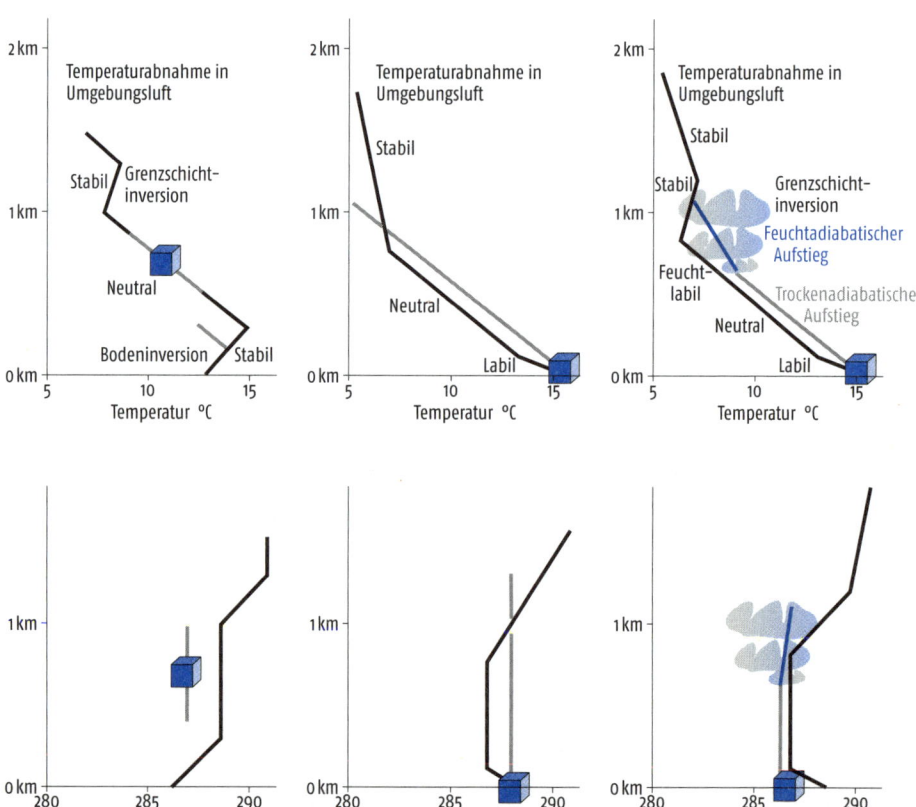

Abb. 4-5 | Drei Temperaturprofile in der unteren Troposphäre. Links: Über einer Bodeninversion befindet sich eine trockenneutrale Schicht, in welcher sich ein Luftpaket frei vertikal bewegen kann, darüber eine Grenzschichtinversion. Mitte: Die Atmosphäre ist zuunterst labil, darüber neutral, darüber liegt eine Grenzschichtinversion. Ein am Boden erwärmtes Luftpaket steigt so lange, bis es (bei ca. 1 km) schwerer ist als die Umgebungsluft. Rechts: Wie in der Mitte, aber mit Einsetzen von Kondensation. Das Luftpaket steigt höher. Unten: Wie oben aber für die virtuell-potentielle Temperatur. Ein trockenadiabatisch aufsteigendes Luftpaket bewegt sich senkrecht.

Auch der Herantransport unterschiedlicher Luftmassen mit unterschiedlicher Feuchte kann eine Rolle spielen. Wenn beispielsweise eine feuchtwarme Schicht unter einer kalttrockenen Schicht liegt, kann es zu Labilisierung kommen.

Die reale Atmosphäre hat in der Regel kein einheitliches Temperaturprofil, sondern ist geschichtet. → Abb. 4-5 zeigt drei typische Situationen in der unteren Atmosphäre. In der linken Situation führt eine Bodeninversion zuunterst zu einer stabilen Schichtung. Oberhalb davon ist die Schichtung neutral bezüglich trockenadiabatischen Veränderungen. Hier können Luftpakete frei aufsteigen oder absinken. Auf 1 km Höhe liegt die Grenzschichtinversion, welche den Austausch mit der darüberliegenden freien Troposphäre verhindert. Diese Situation ist typisch in Sommernächten. In der Situation in der Mitte ist die Schichtung in Bodennähe labil. Luftpakete erwärmen sich und steigen auf, bis sie in eine stabile Schicht kommen. Diese Situation ist typisch für sommerliche Verhältnisse tagsüber. In der Situation rechts steigt ein Luftpaket auf, und Kondensation setzt ein. Es bilden sich Wolken, deren Ausdehnung nach oben durch eine Inversion beschränkt ist. Dieselben Temperaturprofile sind unten als Profile der virtuell-potentiellen Temperatur dargestellt. Trockenadiabatische Bewegungen werden hier zu senkrechten Linien. Als typischer Temperaturgradient für die Atmosphäre wird oft ein Wert von 0.65 °C pro 100 m angenommen.

_____ Box 4.5
▼
Thermodynamische Diagramme

Die in diesem Kapitel besprochenen thermodynamischen Vorgänge (vgl. → Kap. 4.3 und 4.4) sowie die mit Vertikalbewegungen verbundenen Vorgänge lassen sich in thermodynamischen Diagrammen verdeutlichen. Es gibt zahlreiche solcher Diagramme. Ein Papier, aus welchem sich mit einem Lineal ganz einfach thermodynamische Größen umrechnen lassen, ist das Nomogramm (→ Abb. 4-6). Temperatur, potentielle Temperatur, Dichte, Druck und Sättigungsdampfdruck sind als senkrechte Skalen abgetragen. Sind zwei davon bekannt, lassen sich die anderen mittels eines Lineals ablesen. Die zugrunde liegenden Gleichungen sind dieselben, welche hier eingeführt worden sind.

Um vertikale Bewegungen thermodynamisch nachzuvollziehen, eignet sich die **Pseudoadiabatenkarte**. In → Abb. 4-7 und → Abb. 4-8 ist eine Version davon, das **Log-P-Skew-T-Diagramm**, gezeigt. Sie wird im Folgenden an einem Beispiel erklärt. Auf der y-Achse ist der Druck aufgetragen, und zwar logarithmisch und mit umgedrehter Achse (log p). Die Temperatur ist im 45°-Winkel als Gerade aufgetragen (skew T). Dies vergrößert den Unterschied zwischen **Trockenadiabaten** und

Abb. 4-6

Nomogramm zum Ablesen von therodynamischen Größen. Die Höhenskala ist jene der US Standard Atmosphere (Ambaum 2007), e_s stammt aus der Magnus-Formel (vgl. Box 4.3). (© Wiley Sons, reprinted with permission)

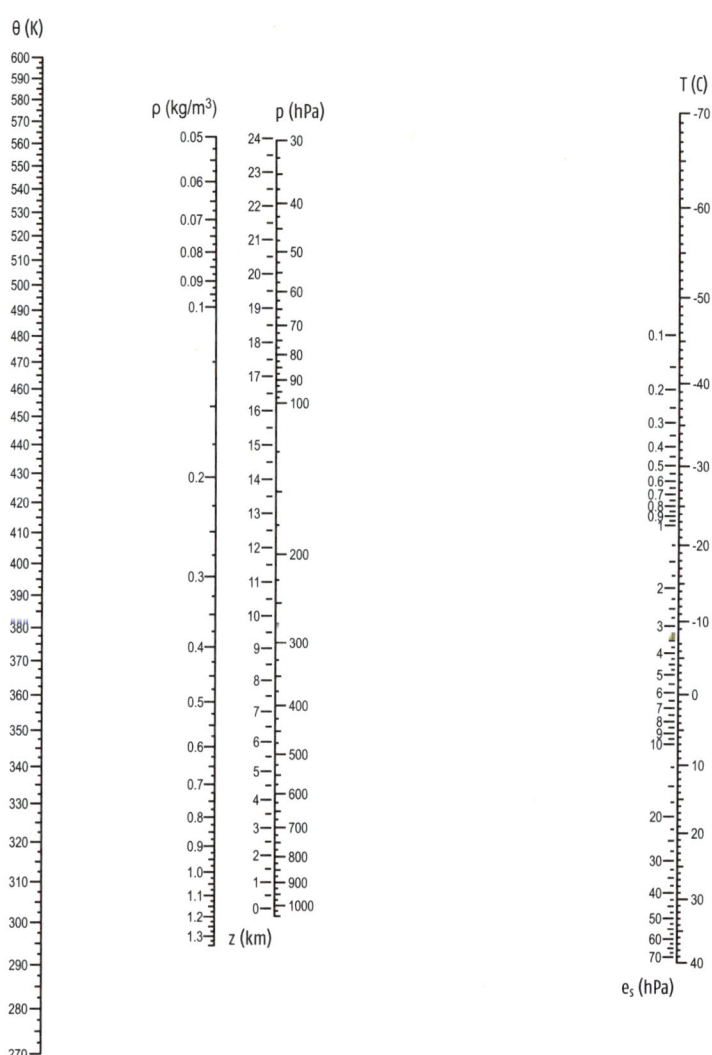

Pseudoadiabaten (resp. den Feuchtadiabaten). Ebenfalls eingetragen sind Linien gleichen **Wasserdampfsättigungsmischungsverhältnisses,** das ja ebenfalls von der Temperatur abhängt. Anhand dieser drei Angaben lassen sich nun verschiedene Situationen darstellen.

Im Folgenden sei als Beispiel das Überströmen über ein Gebirge erläutert. Gehen wir von einem Luftpaket auf 1000 hPa aus, mit einer Temperatur von 16.9 °C und einem Wasserdampfmischungsverhältnis von 3 g/kg. Nehmen wir zudem an, dass die Luft auf 600 hPa aufsteigen muss, um das Gebirge zu überqueren. Zunächst wird das Luftpaket trockenadiabatisch aufsteigen. Auf dem Diagrammpapier bedeutet dies, dass es sich parallel zu einer hellgrauen Linien schräg nach links oben bewegt. Irgendwann wird allerdings Kondensation einsetzen. Dies wird dann der Fall sein, wenn sein Mischungsverhältnis (eine Erhaltungsgröße, hier 3 g/kg) genau dem **Sättigungsmischungsverhältnis** entspricht. Das Sättigungsmischungsverhältnis 3 g/kg ist als hellblaue Linie eingetragen. Dort, wo das aufsteigende Luftpaket, welches sich parallel zu einer hellgrauen Linie bewegt, die entsprechende hellblaue Linie schneidet, wird Wolkenbildung einsetzen. Da dies noch unterhalb von 600 hPa stattfindet, muss die Luft weiter aufsteigen, allerdings ab hier nicht mehr trockenadiabatisch, sondern **feuchtadiabatisch**. Auf dem Diagrammpapier bedeutet dies, dass das Luftpaket ab hier entlang einer dunkelblauen Linie aufsteigen wird. Auf 600 hPa angekommen, überquert das Paket das Gebirge und wird wieder **absteigen**. Wenn kein Niederschlag gefallen ist, wird es auf dem Diagrammpapier wieder denselben Weg zurückverfolgen. Ist allerdings Niederschlag gefallen, dann wird das Paket weniger weit einer Pseudoadiabaten entlang zurückgehen, sondern nur so lange, bis die Restbewölkung aufgelöst ist. Danach wird es sich parallel zu

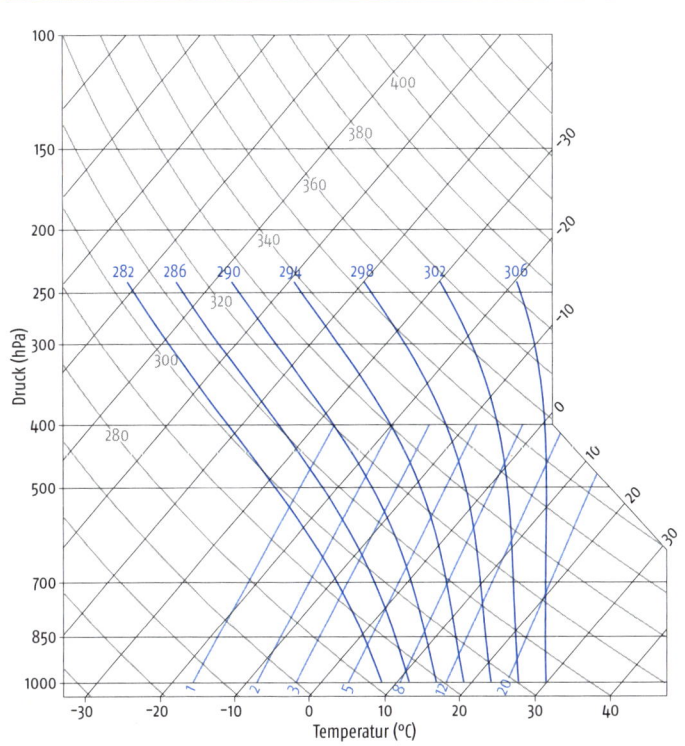

Abb. 4-7

Skew-T-log-P-Diagramm: Die Temperatur (in °C) ist als 45° geneigte Achse gezeichnet, Trockenadiabaten (in K) als graue Linien, Pseudoadiabaten (in K) als dunkelblaue Linien. Die hellblauen geraden Linien geben das Wasserdampfmischungsverhältnis an (in g/kg).

Abb. 4-8

Ausschnitt aus Diagramm in → Abb. 4-7 für eine Gebirgsüberströmung. Ein Luftpaket (T = 16.9 °C, p = 1000 hPa, r = 3 g/kg) wird auf 600 hPa gehoben. Es folgt bis zum Einsetzen von Kondensation einer Trockenadiabaten (graue Linie), dann einer Pseudoadiabaten (blaue Linie). Da Niederschlag fällt, folgt es beim Abstieg weniger lange einer Pseudoadiabaten, danach hingegen einer Trockenadiabaten. Es erreicht die Ausgangshöhe deutlich wärmer.

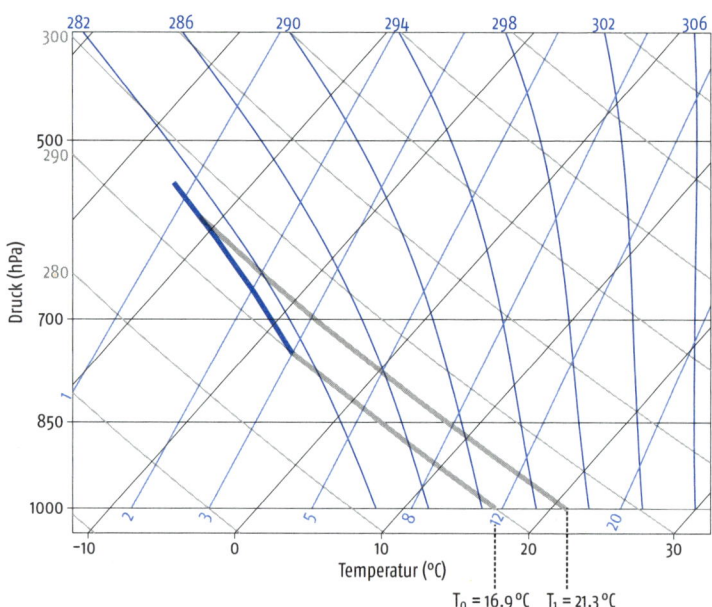

T_0 = 16.9 °C T_1 = 21.3 °C

einer hellgrauen Linie bewegen. Diese ist weniger steil. Als Folge wird es auf 1000 hPa mit einer höheren Temperatur ankommen. In diesem Beispiel beträgt die Temperatur 21.3 °C – das Luftpaket hat sich also um 4.4 °C erwärmt. Dieses Beispiel entspricht dem thermodynamischen Föhneffekt, auf welchen wir in → Kap. 8 eingehen.

▲

4.6 | Energie in der Atmosphäre

Energieformen in der Atmosphäre: Sensible und latente Wärme, kinetische und potentielle Energie

Wir haben in diesem Kapitel bereits verschiedene Energieformen kennengelernt. In diesem letzten Abschnitt sollen diese Energieformen nochmals zusammengetragen werden. Die thermische Energie der trockenen Luft wird als **sensible Wärme** bezeichnet. Da die Volumenarbeit mit enthalten ist, sprechen wir von Enthalpie E_h. Für die Einheitsmaße:

$$E_h = c_{Lp} T \qquad [J\ kg^{-1}]$$

wobei c_{Lp} die spezifische Wärmekapazität bei konstantem Druck für trockene Luft ist und T die Absoluttemperatur. Schreiben wir die Gleichung für reinen Wasserdampf, kommt zur sensiblen noch die **latente Wärme** des Wasserdampfs dazu. Pro Einheitsmaße Wasserdampf wäre dies

$$E_W = c_{Wp} T + L_v \qquad [J\ kg^{-1}]$$

Hier ist c_{Wp} die spezifische Wärmekapazität bei konstantem Druck für Wasserdampf, und L_v ist die spezifische Verdampfungsenthalpie. Feuchte Luft ist ein Gasgemisch aus trockener Luft und Wasserdampf. Entsprechend ist die Enthalpie feuchter Luft die gewichtete Summe der beiden:

Energie feuchter Luft: Sensible plus latente Wärme

$$E_f = (1-s)\, E_h + s\, E_w = (1-s)\, c_{Lp}\, T + s\, (c_{Wp} T + L_v) \approx c_{Lp}\, T + L_v\, s \quad [J\, kg^{-1}]$$

wobei s die spezifische Feuchte (in kg/kg) darstellt. Die Annäherung vernachlässigt die unterschiedlichen Wärmekapazitäten von Wasserdampf und trockener Luft.

Es gibt aber noch weitere, in der Atmosphäre relevante Energieformen. Die **kinetische Energie** beschreibt die Energie des Windes. Sie kann für die Einheitsmaße geschrieben werden als:

Kinetische und turbulentkinetische Energie beschreiben die Energie der Bewegung

$$E_{kin} = \frac{1}{2}\, (u^2 + v^2 + w^2) \quad [J\, kg^{-1}]$$

wobei u und v die Windkomponenten in horizontaler Richtung sind und w der Vertikalwind. Oft wird hier der stetige Wind betrachtet, beispielsweise ein Mittelwert über 30 Minuten, und nicht die schwieriger messbare Turbulenz. Die in der Turbulenz steckende Energie, die **turbulente kinetische Energie,** ist allerdings in der Meteorologie eine wichtige Größe zur Beurteilung der Turbulenz und für die Beurteilung des Schadenspotentials. Sie berechnet sich für die Einheitsmaße zu:

$$E_{tk} = \frac{1}{2}\, (\overline{u'^2} + \overline{v'^2} + \overline{w'^2}) \quad [J\, kg^{-1}]$$

wobei u', v' und w' die hochaufgelösten, die Turbulenz erfassenden, Abweichungen der drei Windkomponenten von einem zeitlichen Mittel (beispielsweise über 30 Minuten) sind. Die Quadrate dieser Abweichungen werden dann wieder zeitlich gemittelt, angegeben mit dem Überstrich.

Schließlich muss auch die **potentielle Energie** (Lageenergie) der Luft berücksichtigt werden. Je weiter wir uns von der Erdoberfläche entfernen, desto höher ist die potentielle Energie. Sie wird beschrieben durch (für die Einheitsmaße):

Die potentielle Energie beschreibt die Lageenergie

$$E_{pot} = \int g\, dz \approx g\, h \quad [J\, kg^{-1}]$$

mit der Erdbeschleunigung g (deren Höhenabhängigkeit in der Näherung rechts vernachlässigt wird) und der Höhe h. Wir werden diesen Ausdruck in → Box 5.2 als Geopotenzial kennenlernen.

Aus diesen Energieformen werden einige diagnostische Größen abgeleitet. Oft wird die **trockenstatische Energie** betrachtet. Sie ist die Summe aus der Enthalpie trockener Luft und der potentiellen Energie:

$$E_{ts} = E_h + E_{pot} = c_{Lp}\, T + g\, h \quad [J\, kg^{-1}]$$

Die **feuchtstatische Energie** berücksichtigt auch latente Wärme.

$$E_{fs} = E_f + E_{pot} = c_{Lp}\,T + g\,h + L_v\,s \qquad [J\,kg^{-1}]$$

Mit diesen Maßen können wir beispielsweise beurteilen, wie durch ein gewisses atmosphärisches Zirkulationsmuster Energie transportiert wird. In → Kap. 6 werden wir darauf eingehen.

In der Meteorologie sind diagnostische Größen der Energie auch wichtig, um abschätzen zu können, ob genügend Energie vorhanden ist, um zu starker Konvektionen und Gewittern zu führen. Die CAPE **(Convective Available Potential Energy)** ist die Energie einer bedingt labilen Schicht (vgl. → Abb. 4-4). Sie ist das Integral über die entsprechende Luftschicht:

$$\text{CAPE} = \int_{z_2}^{z_1} g\left(\frac{T_{v,\,Luftpaket} - T_{v,\,Umgebung}}{T_{v,\,Luftpaket}}\right) dz \qquad [J\,kg^{-1}]$$

wobei z_1 und z_2, also Unter- und Obergrenze der Schicht, einerseits gegeben sind durch das Niveau, ab welchem freie Konvektion stattfinden kann (z_1), und andererseits durch die neutrale Auftriebshöhe (z_2). CAPE ist eine wichtige Größe zur Beurteilung der potentiellen Instabilität. Die gleiche Definition, aber integriert über die darunterliegende Schicht, wird **Convective Inhibition** (CIN) genannt. CAPE und CIN sind gewissermaßen Gegenspieler. Diese Energie muss zunächst überwunden respektive aufgebracht werden, um Konvektion in der bedingt labilen Schicht auszulösen.

Mit dieser Diagnostik der Energie im Zusammenhang mit der Zirkulation sind wir bereits bei der Dynamik angelangt. Im nächsten Kapitel wird daher die Dynamik der Atmosphäre betrachtet.

Verwendete Literatur

Ambaum, M. (2007) A nomogram for the atmosphere. Weather, 62, 344–345.
Wallace, J. M., P. V. Hobbs (2006) Atmospheric Science. An Introductory Survey, 2. Aufl. Academic Press.

Weiterführende Literatur

Häckel, H. (2008) Meteorologie, 6. Aufl. UTB, Stuttgart.
Hartmann, D. L. (2016) Global Physical Climatology, 2. Aufl. Elsevier.
Schönwiese, C.-D. (2013) Klimatologie, 4. Aufl. UTB, Stuttgart.

Dynamik | 5

Inhalt

5.1 Dynamik aus Sicht der Klimatologie

5.2 Die Grundgleichungen der Atmosphäre

5.3 Gitter und Wettervorhersagemodelle

5.4 Windbegriffe

Dieses Kapitel befasst sich mit der Dynamik der Atmosphäre, welche eng mit dem Massen- und Impulshaushalt (vgl. → Abb. 1-8) verknüpft ist. Bei der Beschreibung von Strömungen kann man sich zunutze machen, dass wichtige Eigenschaften annähernd erhalten bleiben. Die Grundgleichungen der atmosphärischen Dynamik leiten sich daher aus drei Erhaltungssätzen ab. Die Kontinuitätsgleichung ist auf dem Grundprinzip der Massenerhaltung aufgebaut – Luft- und auch Wassergehalt bleiben erhalten. Die Bewegungsgleichungen in drei Raumrichtungen leiten sich aus der Impulserhaltung ab. Zusammen mit einer Gleichung für Energieerhaltung und der Gasgleichung lässt sich so die Dynamik der Atmosphäre mit wenigen Gleichungen beschreiben.

Atmosphärische Strömungen sind die Folge von Kräften. Sie lassen sich insbesondere auf folgende Kräfte zurückführen: Druckgradientkraft und (in der Vertikalen) Schwerkraft, Corioliskraft, Zentrifugalkraft und Reibungskraft. Nur Druckgradientkraft und Schwerkraft können Luft in Bewegung setzen. Ist ein Luftpaket aber einmal in Bewegung, entstehen weitere Kräfte, sodass sich oft ein Kräftegleichgewicht einstellt, in welchem eine unbeschleunigte Strömung erfolgt. Je nach Gleichgewicht zwischen den Kräften werden dafür verschiedene Windbegriffe verwendet, welche mit typischen Drucksituationen verbunden sind. Der geostrophische Wind beschreibt die in der freien Troposphäre vorherrschende Situation in welcher der Wind entlang isobarer Linien weht, im Gleichgewicht zwischen Druckgradient- und Corioliskraft. Der Gradientwind berücksichtigt zusätzlich die Krümmung der Isobaren. Beim Reibungswind, der in der planetaren Grenzschicht vorherrscht, kommt die Reibungskraft hinzu. Der Wind weht hier nicht mehr isobarenparallel. Der thermische Wind beschreibt die Veränderung des geostrophischen Winds mit der Höhe in einer Luftschicht als Folge horizontaler Temperaturgradienten in dieser Schicht.

5.1 | Dynamik aus Sicht der Klimatologie

Atmosphärendynamik ist auch in der Klimatologie wichtig

Die räumlich ungleiche Energiebilanz der Erde führt dazu, dass die Atmosphäre ständig in Bewegung ist. Die Bewegungen sind das Thema dieses Kapitels. Die Meteorologie beschäftigt sich mit der Dynamik der Atmosphäre, um Wettervorgänge zu verstehen und letztlich besser vorhersagen zu können. Die Klimatologie beschäftigt sich mit der Dynamik der Atmosphäre, um die Austauschvorgänge der Energie zu verstehen. → Abb. 5-1 zeigt eine Zyklone (Tiefdruckwirbel) über dem Atlantik am 22. Februar 2015. Für die Meteorologie sind die Fronten, Starkwindbänder und Niederschläge von Interesse, gleichzeitig sind es solche Wettersysteme, in welchen sich aus klimatologischer Sicht der meridionale Energieaustausch zwischen den Tropen und den hohen Breiten vollzieht.

Abb. 5-1 | Satellitenbild eines Zyklons über dem Nordatlantik am 22. Februar 2015 (MODIS/Aqua, NASA).

Ob meteorologische oder klimatologische Betrachtungsweise – die Gesetze, nach denen sich die Luft bewegt, sind dieselben. In diesem Kapitel wird die atmosphärische Dynamik anhand von einigen wenigen physikalischen Prinzipien eingeführt. Es geht dabei nicht um eine detaillierte Darstellung aller Vorgänge, sondern um die für das Verständnis atmosphärischer Strömungen notwendige Basis. Diese soll hier ausführlich mit den dazugehörigen mathematischen Formeln eingeführt werden. Analoge Überlegungen (allerdings qualitativ, ohne Formeln) für die Ozeane folgen in → Kap. 7.

Die Grundgleichungen der Atmosphäre | 5.2

Die Bewegungen in der Atmosphäre lassen sich mit einem Satz an **Grundgleichungen** beschreiben. Genauer ausgedrückt beschreiben sie die Bewegung in einem Fluid auf der rotierenden Erde als Folge der wirkenden Kräfte. Die Grundgleichungen bilden die Grundlage jedes **Wettervorhersagemodells**. Sie lassen sich aus drei **Erhaltungssätzen** ableiten: der Energieerhaltung, der Massenerhaltung und der Impulserhaltung. Sie sind damit direkt eine Folge der in → Abb. 1-8 eingenommenen Sichtweise des Klimasystems als Austausch und Speicherung von Energie, Masse und Impuls und verknüpfen die drei Eigenschaften miteinander. Zusammen mit der bereits diskutierten Gasgleichung ist eine vollständige Beschreibung der Strömung möglich.

Aus den Erhaltungssätzen für Energie, Masse und Impuls sowie der Gasgleichung lassen sich die Grundgleichungen der Atmosphäre herleiten

Die Kontinuitätsgleichung (Massenerhaltung) | 5.2.1

Wir beginnen unsere Betrachtungen mit der **Kontinuitätsgleichung,** welche auf dem Prinzip der **Massenerhaltung** beruht. Ein Ausdruck davon ist die in → Kap. 1 gemachte Feststellung, dass die Flüsse einer Eigenschaft in und aus einem Volumen der Änderung dieser Eigenschaft im Volumen entspricht:

Die Kontinuitätsgleichung beschreibt die Massenerhaltung

$$F_1 - F_2 - \frac{dC}{dt} = 0$$

Hier nehmen wir den Massenfluss in einem sich verengenden Rohr als Beispiel (u und A sind Geschwindigkeit und Querschnitt vor und nach der Verengung, vgl. → Abb. 5-2). Die entsprechende Gleichung ist somit:

$$A_1 u_1 \rho_1 - A_2 u_2 \rho_2 - \frac{dm}{dt} = 0 \qquad [kg\ s^{-1}]$$

Abb. 5.2 | Fluss eines inkompressiblen (oben) oder kompressiblen (unten) Mediums durch eine sich verengende Röhre. A: Querschnittsflächen, u ist die horizontale, v die vertikale Strömungsgeschwindigkeit, ρ ist die Dichte. Indizes 1 und 2 stehen für die Situation vor und nach der Verengung.

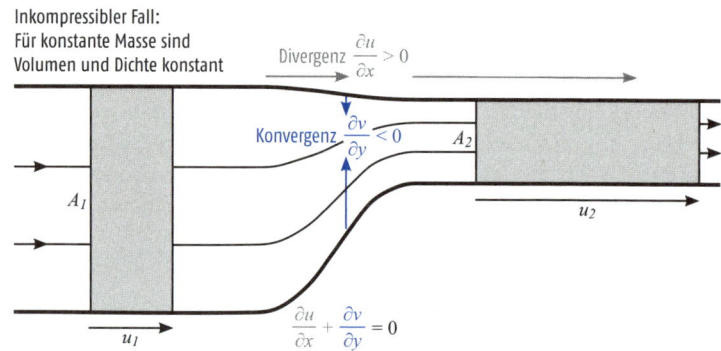

Inkompressibler Fall:
Für konstante Masse sind Volumen und Dichte konstant

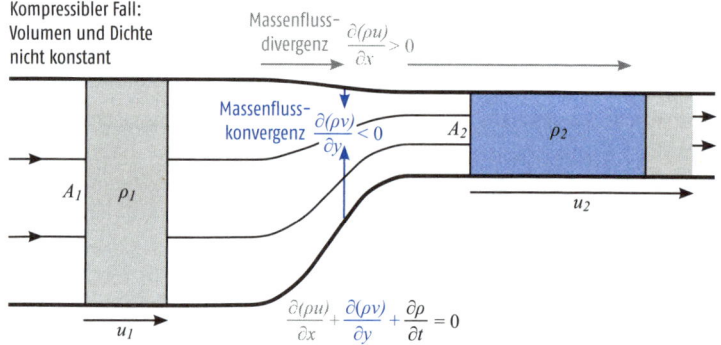

Kompressibler Fall:
Volumen und Dichte nicht konstant

Bei einer inkompressiblen Flüssigkeit ändert sich die Masse in dem Volumen nicht, daher: $dm/dt = 0$ und $\rho_1 = \rho_2$ und somit $A_1 u_1 = A_2 u_2$. Wenn sich der Querschnitt verkleinert, muss also die Strömung schneller werden.

Betrachten wir die Strömung in der Verengung, dann stellen wir fest, dass die Geschwindigkeit u in x-Richtung zunimmt. Die partielle Ableitung $\partial u/\partial x$ ist größer als Null. In der Physik spricht man in dieser Situation von **Divergenz** (den Begriff haben wir bereits mehrmals angetroffen, in → Box 5.1 wird er genauer erklärt).

Im inkompressiblen Fall wird Divergenz in einer Richtung durch Konvergenz in einer anderen Richtung ausgeglichen.

Es gibt aber auch eine Geschwindigkeitskomponente v in y-Richtung, also quer zur Richtung der Röhre. Hier findet eine **Konvergenz** (negative Divergenz) statt: $\partial v/\partial y < 0$. Die gesamte Divergenz ist die Summe der Divergenzen in den Raumrichtungen. Sie ist im inkompressiblen Fall immer Null. Die vertikale Konvergenz, die an der Verengung der Röhre entsteht, wird durch horizontale Divergenz exakt ausgeglichen. Zweidimensional:

$$\frac{\partial u}{\partial x} + \frac{\partial v}{\partial y} = \vec{\nabla}\vec{v} = 0 \qquad [s^{-1}]$$

Im kompressiblen Fall (z. B. Luft, → Abb. 5-2 unten) ist die Dichte nicht mehr konstant. Eine Halbierung des Querschnitts kann zu einer Verdoppelung der Geschwindigkeit führen, einer Verdoppelung der Dichte oder einer Kombination von Geschwindigkeits- und Dichteänderung. Das Volumen eines Flüssigkeitspakets vor und nach der Verengung ist nicht mehr gleich Die relativen Veränderungen des Volumens und der Dichte müssen sich aber gegenseitig aufheben. Wenn das Volumen um 10 % zunimmt, muss die Dichte um 10 % abnehmen.

Damit sind wir bei der zentralen Aussage der **Kontinuitätsgleichung** angelangt: **Dichteänderung** und **Massendivergenz** müssen sich **aufheben**. Eine von null verschiedene Divergenz muss sich in einer Dichteänderung äußern und umgekehrt. Wenn wir diese Gleichung für eine Strömung ausdrücken wollen, müssen wir nicht mehr die Geschwindigkeit $\vec{v}$ (in m s^{-1}), sondern die Massenflussdichte $\rho\vec{v}$ (in kg m^{-2} s^{-1}) betrachten. Im Folgenden betrachten wir ein dreidimensionales Strömungsfeld:

Im kompressiblen Fall bedingt Massenerhaltung, dass Dichteänderungen mit Divergenz einhergehen

$$\frac{\partial \rho}{\partial t} + \frac{\partial (\rho u)}{\partial x} + \frac{\partial (\rho v)}{\partial y} + \frac{\partial (\rho w)}{\partial z} = 0 \qquad [kg\, m^{-3}\, s^{-1}]$$

Oder mit dem Operator $\vec{\nabla}$ (vgl. → Box 1.4 und → Box 5.1) ausgedrückt:

$$\frac{\partial \rho}{\partial t} + \vec{\nabla}(\rho\,\vec{v}) = 0 \qquad [kg\, m^{-3}\, s^{-1}]$$

Mit der Produktregel kann die Gleichung ausmultipliziert werden:

$$\frac{\partial \rho}{\partial t} + u\frac{\partial \rho}{\partial x} + v\frac{\partial \rho}{\partial y} + w\frac{\partial \rho}{\partial z} + \rho\left(\frac{\partial u}{\partial x} + \frac{\partial v}{\partial y} + \frac{\partial w}{\partial z}\right) = 0 \qquad [kg\, m^{-3}\, s^{-1}]$$

oder leicht umgestellt:

$$\frac{\partial \rho}{\partial t} + u\frac{\partial \rho}{\partial x} + v\frac{\partial \rho}{\partial y} + w\frac{\partial \rho}{\partial z} = -\rho\left(\frac{\partial u}{\partial x} + \frac{\partial v}{\partial y} + \frac{\partial w}{\partial z}\right) \qquad [kg\, m^{-3}\, s^{-1}]$$

Hier steht rechts die durch Divergenz im Strömungsfeld hervorgerufene Massenflussdivergenz, ganz links die Dichteänderung. Im Unterschied zum inkompressiblen Fall kommen durch die Produktregel links drei weitere Terme dazu: die Advektion (der Begriff wird im nächsten Unterkapitel erklärt) des Dichtegradienten in den drei Raumrichtungen. Im inkompressiblen Fall gab es keinen Dichtegradienten, und daher kamen diese Terme auch nicht vor.

Box 5.1

Divergenz, Vorticity, potentielle Vorticity und Drehsinn

Der Begriff der **Divergenz** ist in der Meteorologie sehr wichtig. Er ist in → Abb. 5-3 veranschaulicht. Der Begriff bezieht sich auf ein Vektorfeld. Im zweidimensionalen Geschwindigkeitsfeld $\vec{v}$ wird Divergenz mit dem Operatorzeichen $\vec{\nabla}$ definiert als

$$\vec{\nabla}\,\vec{v} = \frac{\partial u}{\partial x} + \frac{\partial v}{\partial y} \qquad [s^{-1}]$$

Negative Divergenz heißt **Konvergenz**. Verwandt mit der Divergenz ist der Begriff der «Vorticity», dem fluiddynamischen Äquivalent zum Drehimpuls eines Festkörpers (die Rotation des Geschwindigkeitsfeldes). → Abb. 5-3 unten veranschaulicht den Begriff der Vorticity. Zweidimensional kann die Vorticity in einem Strömungsfeld geschrieben werden als:

$$\zeta = \frac{\partial v}{\partial x} - \frac{\partial u}{\partial y} \qquad [s^{-1}]$$

Für die Atmosphäre muss berücksichtigt werden, dass sich die Erde selbst dreht. In der Meteorologie bezeichnet man ζ deshalb als relative Vorticity (also Vorticity relativ zur Erdoberfläche) und definiert dazu die absolute Vorticity η.

$$\eta = \zeta + f \qquad [s^{-1}]$$

wobei f der Coriolisparameter ist, der den Beitrag der Erddrehung beschreibt. Bei 45° N beträgt f ca. 0.0001 s^{-1} (die Corioliskraft ist ausführlicher in → Box 5.3 erklärt). Daraus lassen sich verwandte Größen definieren, welche in einer Strömung erhal-

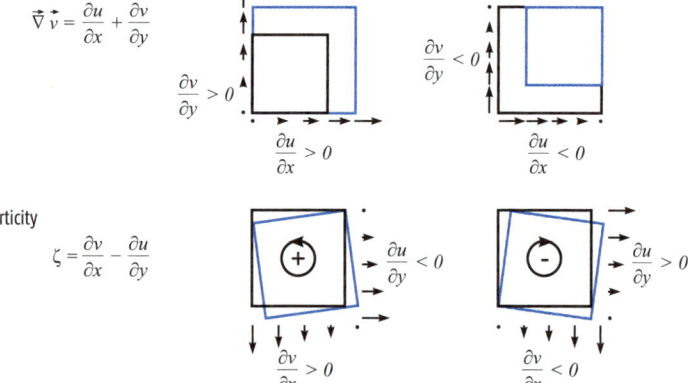

Abb. 5-3 | Schematische Darstellung von Divergenz und Vorticity. Vierecke stellen atmosphärische Luftpakete zum Zeitpunkt t_0 (schwarz) respektive t_1 (blau) dar.

ten bleiben. Für ein Luftpaket der Höhe *h* und einer einheitlichen relativen Vorticity bleibt die **barotrope potentielle Vorticity** erhalten:

$$\frac{\zeta + f}{h} = const. \qquad [m^{-1} s^{-1}]$$

Auf isentropen Flächen (vgl. → Box. 5.2) lässt sich die **isentrope potentielle Vorticity (PV)** definieren; eine Erhaltungsgröße, die in der Meteorologie oft verwendet wird:

$$PV = -g(\zeta_\theta + f) \frac{\partial \theta}{\partial p} \qquad [K\ kg^{-1}\ m^2\ s^{-1}]$$

Eine Drehung im Gegenuhrzeigersinn auf der Nordhemisphäre wird **zyklonal** genannt (vgl. dazu → Abb. 5-10), eine Drehung im Uhrzeigersinn **antizyklonal**. Für Drehungen auf der Südhemisphäre werden die Begriffe ausgetauscht: Hier ist eine Drehung im Uhrzeigersinn zyklonal. Dies hängt mit der Corioliskraft zusammen, welche in → Box 5.3 eingeführt wird.

▲

Die Bewegungsgleichungen (Impulserhaltungen) | 5.2.2

Auch die **Impulserhaltung** eignet sich zum Formulieren von Bedingungen, welche auf eine Strömung angewandt werden können. Aus ihr lassen sich die **Bewegungsgleichungen** herleiten, welche auf den englischen Naturforscher Sir Isaac Newton (1643–1727), den Begründer der klassischen Mechanik, zurückgehen. Genauso, wie aus der Massenerhaltung folgte, dass Dichteänderungen der Massenflussdivergenz entsprechen müssen, folgt aus der Impulserhaltung, dass die **Beschleunigung** der **Summe der Kräfte** pro Masse entsprechen muss.

Die Beschleunigung eines Luftpakets ist die Summe der Kraftvektoren pro Masse *m* respektive die Summe der Beschleunigungen durch diese Kräfte:

Impulserhaltung: Kräfte führen zu Beschleunigung

$$\frac{d\vec{v}}{dt} = \frac{1}{m} \sum \vec{F} = \sum \vec{a} \qquad [m\ s^{-1}]$$

Im Folgenden sollen die zu berücksichtigenden Kräfte für Vertikalbewegungen und danach für Horizontalbewegungen diskutiert werden.

Bisher haben wir die Auswirkungen von Vertikalbewegungen auf Luftpakete angeschaut resp. Methoden kennengelernt, wie wir Erhaltungsgrößen gewinnen können. In der Folge möchten wir die Vertikalbewegungen selber anschauen und die Gründe, die dazu führen. Die daraus abgeleiteten Gleichungen sind in der Meteorologie besonders

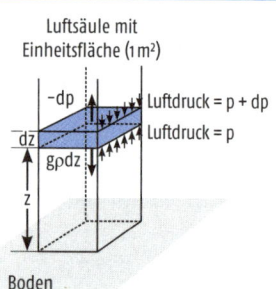

Abb. 5-4
Gleichgewicht der in der Atmosphäre wirkenden Kräfte ohne Vertikalbeschleunigung (auf die Fläche normiert). Die kleinen Pfeile markieren den Luftdruck. Der Unterschied dp (man beachte, dass dp hier negativ ist) bewirkt eine nach oben gerichtete Kraft. Der dicke Pfeil nach unten stellt die Schwerkraft dar. Für die Luft zwischen z und z + dz beträgt sie g ρ dz (nach Wallace und Hobbs 2006).

wichtig und heißen **hydrostatische Grundgleichung** und **barometrische Höhenformel**.

Hydrostatische Grundgleichung: Kräftegleichgewicht zwischen Druckgradient- und Schwerkraft

Betrachten wir einen Quader (blau) mit Grundfläche A und Höhe dz in einer Luftsäule in Ruhelage ($\rightarrow$ Abb. 5-4). Warum verharrt er dort? Von unten nach oben wirkt der Luftdruck, der an der Unterseite des Quaders herrscht ($p\,A$). Von oben nach unten wirkt einerseits die **Schwerkraft** des Luftquaders, $g\,\rho\,A\,dz$, andererseits das Gewicht der **darüberliegenden Luftsäule,** ausgedrückt als Luftdruck an der Oberseite des Quaders ($p + dp)\,A$. Das Kräftegleichgewicht lautet:

$$p\,A = (p + dp)\,A + g\,\rho\,A\,dz \qquad [kg\ m\ s^{-2}]$$

Die Differenz der beiden Druckkräfte $dp\,A$ heißt **Druckgradientkraft.** Diese ist also der Schwerkraft des Quaders entgegengesetzt. Das Gleichgewicht heißt **hydrostatisches Gleichgewicht.** Normiert auf die Fläche (d.h., als Druck formuliert, wie in $\rightarrow$ Abb. 5-4) beträgt das vertikale **Kräftegleichgewicht** $-dp = g\,\rho\,dz$, woraus durch Umformen die **hydrostatische Grundgleichung** formuliert werden kann:

$$\frac{dp}{dz} = -g\,\rho \qquad [kg\ m^{-2}\ s^{-2}]$$

Barometrische Höhenformel

Die Druckabnahme mit der Höhe ist somit proportional zur Dichte. Umgekehrt lässt sich aus der Kenntnis der Druckabnahme und der Temperatur der **Höhenunterschied** zwischen zwei Druckflächen (in der Folge mit Index 1 und 2 beschrieben) berechnen. Wird in der hydrostatischen Grundgleichung die Dichte mit der Gasgleichung ersetzt

$$dz = R_L\,\frac{T_v}{g}\,\frac{dp}{p} \qquad [m]$$

und dann über ein kleines Intervall intergriert (der Temperaturverlauf muss geschätzt werden, hier nehmen wir eine gleichmäßige Abnahme der virtuellen Temperatur T_v an), ergibt sich die **barometrische Höhenformel**:

$$\Delta z = z_2 - z_1 = R_L \frac{\bar{T}_v}{g} \ln\left(\frac{p_1}{p_2}\right) \qquad [m]$$

Hier ist $\bar{T}_v$ die virtuelle Temperatur über die Schicht gemittelt. Bisher haben wir angenommen, dass sich das Luftpaket in Ruhelage befindet und daher ein Kräftegleichgewicht herrschen muss. Ein solches Kräftegleichgewicht muss aber nicht immer gegeben sein. Ein Kräfteungleichgewicht zwischen Druckgradientkraft $-dp$ und Schwerkraft $g\,\rho\,dz$ führt zu einer Vertikalbeschleunigung, welche der Differenz der beiden Kräfte entspricht:

Vertikalbeschleunigung = Druckgradientkraft − Schwerkraft

$$\frac{dw}{dt} = -\frac{1}{\rho}\frac{dp}{dz} - g \qquad [m\,s^{-2}]$$

Die Druckabnahme mit der Höhe ist, wie oben gezeigt, dichteabhängig. Wenn die Druckabnahme in zwei nebeneinanderliegenden vertikalen Säulen nicht gleich ist, entstehen dadurch **horizontale Druckgradienten**. In → Abb. 5-5 ist schematisch die Situation dargestellt, in welcher die Erdoberfläche unter der rechten Säule wärmer ist und sich die Luft darüber gemäß der Gasgleichung ausdehnt. Die Flächen gleichen Drucks werden damit angehoben. In der Höhe entsteht so ein Druckgefälle zur linken Säule, während am Boden der Druck immer noch derselbe ist – das Gewicht der Luftsäule hat sich ja nicht verändert. Luft beginnt nun in der Höhe von rechts nach links zu strömen, um den Druck auszugleichen. Damit wird aber die Luftsäule rechts leichter,

Ausdehnung einer Luftsäule setzt Zirkulationszelle in Gang

Schematische Darstellung der Entstehung einer Zirkulationszelle. Links: Gedachte Flächen gleichen Drucks über einer Fläche. Mitte: Die rechte Fläche erwärmt sich, die Luft darüber dehnt sich aus. Flächen gleichen Drucks werden nach oben geschoben. Es entsteht ein Druckgefälle nach links; es entstehen Ausgleichsströmungen. Rechts: Die von rechts nach links strömende Luft hat die atmosphärische Masse in der Luftsäule rechts vermindert, am Boden lastet weniger Druck, wodurch ein Tiefdruckgebiet entsteht. Am Ende entsteht eine geschlossene Zirkulationszelle.

Abb. 5-5

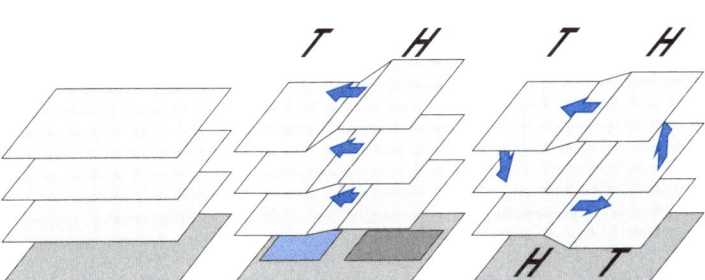

und der Luftdruck am Boden sinkt. Es entsteht somit eine Situation, bei der am Boden der Druck über der warmen Fläche kleiner ist als über der kalten, dagegen in der Höhe größer ist. Eine **Zirkulationszelle** entsteht.

Dieser Vorgang spielt in der Atmosphäre eine wichtige Rolle. **Lokale Windsysteme** (vgl. → Kap. 8.3) wie Berg-Tal- oder Land-See-Windsysteme sind auf diese Weise angetrieben. Auch die großräumige Zirkulation in den **Hadleyzellen**, auf die wir im nächsten Kapitel eingehen (→ Kap. 6.3), kann als eine solche Zirkulationszelle verstanden werden. Die so entstehenden Drucksysteme heißen **thermische Drucksysteme** (im Gegensatz zu den dynamischen Drucksystemen, die wir in → Kap. 6 kennenlernen werden). Wird die Atmosphäre von unten aufgeheizt, entsteht ein **Hitzetief**, wenn die Oberfläche kalt ist, ein **Kältehoch**. Diese Systeme können kleinskalig sein; über den großen Kontinenten entstehen aber auch sehr großskalige, thermische Drucksysteme, wie beispielsweise das Sibirienhoch. In → Kap. 6 und 8 wird die Rolle dieser Systeme für die allgemeine Zirkulation der Atmosphäre diskutiert resp. auf ihre Bedeutung für das Klima in den betroffenen Regionen eingegangen.

Box 5.2

Vertikale Koordinatensysteme

Die Umrechnung von Druckdifferenzen in Höhendifferenzen zeigt, dass es verschiedene Arten gibt, die dritte Dimension auszudrücken. Daher gibt es mehr als ein mögliches vertikales Koordinatensystem (vgl. → Abb. 5.6). In einem **kartesischen Koordinatensystem** wäre die geometrische Höhe die vertikale Koordinate, und Luftpakete auf derselben Höhe hätten denselben vertikalen Koordinatenwert. Die geometrische Höhe ist allerdings oft unpraktisch, sowohl bezüglich der Messung (sie wurde, zumindest bevor GPS-Systeme verbreitet waren, nicht direkt gemessen) als auch bezüglich der Formulierung verschiedener Gleichungen. Es bietet sich daher an, eine andere, möglichst messbare, Eigenschaft als vertikale Koordinate zu wählen, die sich dann in diesem Koordinatensystem horizontal nicht ändert. Eine solche ist der Druck.

Wird in einem Druckkoordinatensystem gerechnet, liefert die Höhe einer vorgegebenen Druckfläche das Pendant zur Druckverteilung auf konstanter Höhe. Wenn also eine **Druckfläche** über einem Ort höher oben liegt als über einem anderen, würden wir auf einer Fläche konstanter Höhe dort hohen Druck sehen. → Abb. 5-6 zeigt diese beiden Koordinatensysteme schematisch. Die Karte der Höhe einer Druckfläche liest sich also wie eine topographische Karte. Allerdings wird üblicherweise nicht die geometrische Höhe verwendet, sondern die sogenannte geopotentielle Höhe,

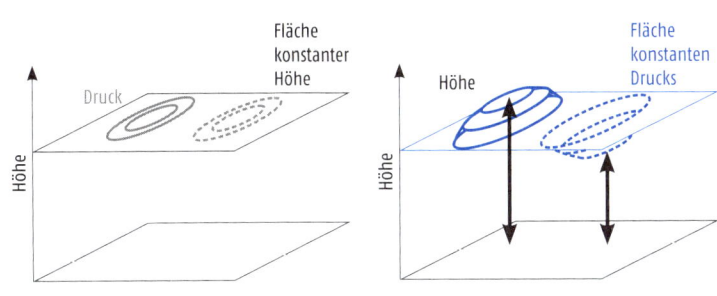

Abb. 5-6

Vertikale Koordinatenachsen in der Meteorologie.

welche ein Maß ist für das Geopotential. Das **Geopotential** Φ (Einheit: m² s⁻²) entspricht der Lageenergie und ist definiert als:

$$\Phi = \int_0^z g\, dz \approx g\, h \qquad [m^2\, s^{-2}]$$

mit der geometrischen Höhe h. Die **geopotentielle Höhe** (gemessen in geopotentiellen Metern) ist das Geopotential dividiert durch die Normalschwerebeschleunigung auf 45° N (9.806 m s⁻²). Somit weicht die geopotentielle Höhe nur wenig von der geometrischen Höhe ab (g variiert mit der geographischen Breite und mit der Höhe). Zur Darstellung wird der Luftdruck als vertikale Achse oft logarithmiert aufgetragen. Der logarithmische Zusammenhang zwischen Höhe und Druck kann anhand der barometrischen Höhenformel nachvollzogen werden. Wird der Druck als *ln* (1000 hPa/p) aufgetragen, entspricht dies ungefähr einer geometrischen Höhenskala; die Proportionalitätskonstante $R_l\, T/g$ (vgl. barometrische Höhenformel) heißt **Skalenhöhe** (engl. scale height) und beträgt ungefähr 7–8 km. Für den Druck *p* in hPa:

$$h \approx 7.5 \text{ km } \ln\left(\frac{1000\, hPa}{p}\right) \qquad [km]$$

Die Skalenhöhe wurde beispielsweise in → Abb. 2-6 verwendet, um zur logarithmischen Druckskala (rechts) eine lineare Höhenskala (links) zu zeichnen.
In der Meteorologie gibt es aber noch weitere vertikale Koordinatensysteme. Oberhalb der planetaren Grenzschicht nimmt die potentielle Temperatur mit der Höhe stets zu (vgl. → Abb. 2-6). Hier kann die dritte Dimension auch durch die **potentielle Temperatur** erfasst und diese als vertikales Koordinatensystem verwendet werden. Bei adiabatischen Vorgängen bewegen sich Luftpakete in diesem Koordinatensystem dann immer horizontal.
Meteorologische Felder werden manchmal auch für gedachte Flächen in der Atmosphäre ausgedrückt, beispielsweise für die Tropopause. Temperatur, Druck und andere Größen werden dann auf diese gedachte Fläche interpoliert.

In dieser Situation haben wir nur den Druckunterschied als treibende Kraft angeschaut. Für eine allgemeinere Betrachtung müssen weitere Kräfte berücksichtigt werden, und wie in der vertikalen stellt sich auch bei horizontalen Strömungen oft ein Kräftegleichgewicht ein. Die zentrale Kraft resp. Beschleunigung ist wie im vertikalen Fall die **Druckgradientbeschleunigung,** welche durch den horizontalen Druckunterschied auf ein Luftpaket ausgeübt wird. Sie weist vom hohen Druck zum tiefen Druck (Subskript z und p bezeichnen die horizontalen Gradienten auf Höhen- resp. Druckflächen, vgl. Box 5-2):

$$\vec{a}_p = -\frac{1}{\rho}\vec{\nabla}_z p = -g\vec{\nabla}_p z = -\vec{\nabla}_p \Phi \qquad [m\ s^{-2}]$$

oder komponentenweise:

$$a_{p_x} = -\frac{1}{\rho}\frac{\partial p}{\partial x} \qquad [m\ s^{-2}]$$

$$a_{p_y} = -\frac{1}{\rho}\frac{\partial p}{\partial y} \qquad [m\ s^{-2}]$$

Die Corioliskraft ist eine Scheinkraft. Sie führt auf der Nordhalbkugel zu einer Rechtsablenkung

Die Schwerkraft wirkt in der Horizontalen nicht, dafür kommen drei weitere Kräfte dazu: **Corioliskraft, Zentrifugalkraft** und **Reibungskraft.** Die **Corioliskraft** ist eine **Scheinkraft** die dadurch auftritt, dass unser Bezugssystem rotiert. Sie ist in → Box 5.3 genau erklärt. Die Corioliskraft führt zu einer Ablenkung aller bewegten Körper. Diese Ablenkung ist bei der Drehung im Gegenuhrzeigersinn immer nach rechts, und zwar umso stärker, je schneller sich das Luftpaket bewegt. Auf der Nordhemisphäre erfolgt daher eine Ablenkung nach rechts, auf der Südhemisphäre eine Ablenkung nach links (vgl. → Box 5.3).

Box 5.3

Box 5.3 Veranschaulichung der Corioliskraft

Die **Corlioliskraft** ist eine Scheinkraft, welche dadurch entsteht, dass sich unser Bezugssystem bewegt. → Abb. 5-7 zeigt als Vereinfachung eine drehende Scheibe. Wir betrachten einen bewegten Körper (z. B. ein Luftpaket), der sich aus Sicht eines Beobachters im Weltraum (weißer Pfeil) geradlinig bewegt. Die Scheibe dreht sich aber unter dem Körper weg (erkennbar an den Küstenlinien), sodass für einen Beobachter auf der Scheibe (grauer Pfeil) die Bahn des Körpers nicht mehr geradlinig ist. Unabhängig davon, ob sich der Körper von der Mitte zum Rand bewegt oder umgekehrt, ergibt sich für ihn eine Rechtsablenkung, da sein Bezugssystem im Gegenuhrzeigersinn **rotiert.** Bei einer Rotation im Uhrzeigersinn würde sich in

Die Grundgleichungen der Atmosphäre

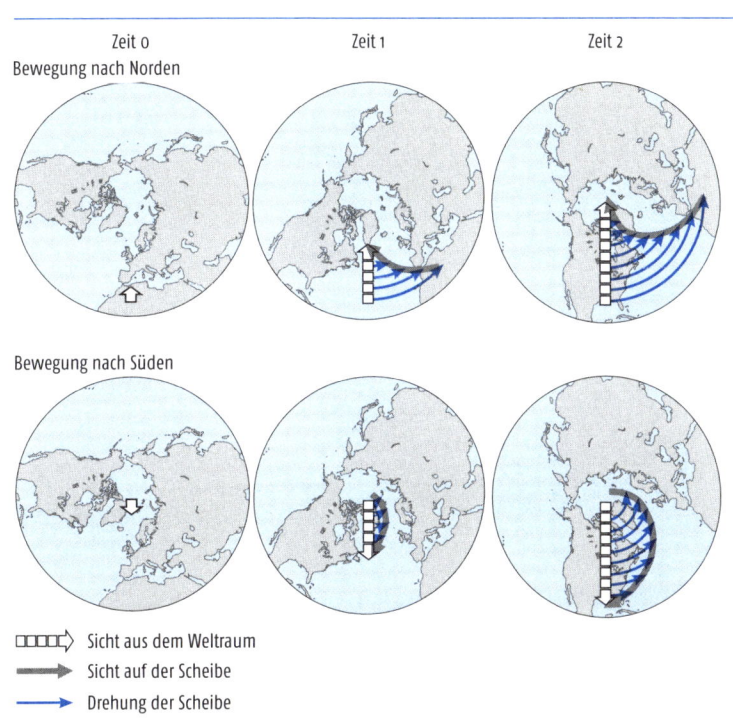

Abb. 5-7

Ein Körper bewegt sich reibungsfrei auf einer rotierenden Scheibe. Der Körper behält seine Bewegungsrichtung, während sich die Scheibe unter ihm wegdreht. Oben ist eine Bewegung zur Mitte der Scheibe dargestellt, unten von der Mitte zum Rand. Die weißen Pfeile stellen die Sicht des Beobachters im Weltraum dar, der dicke graue Pfeil die Sicht des Beobachters auf der Scheibe. Dünne blaue Pfeile veranschaulichen die Rotation.

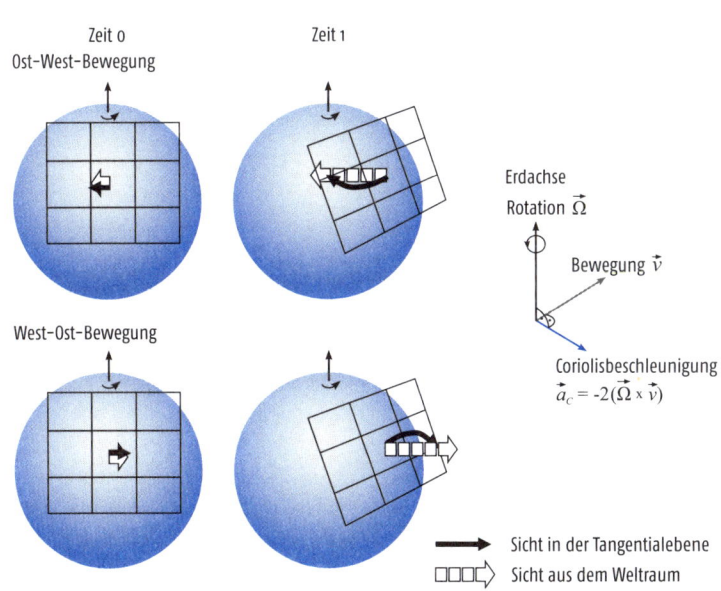

Abb. 5-8

Schematische Darstellung der Corioliskraft bei einer Bewegung in West-Ost- oder Ost-West-Richtung auf einer rotierenden Kugel. Die weißen Pfeile stellen die Bewegung aus Sicht des Beobachters im Weltraum dar. Die Bewegungsrichtung ändert sich für den Beobachter im Weltraum nicht, aber für den Beobachter in der Tangentialebene (als Raster dargestellt), da diese rotiert. Der Pfad auf der Tangentialebene (schwarzer Pfeil) hat eine Rechtsablenkung erfahren.

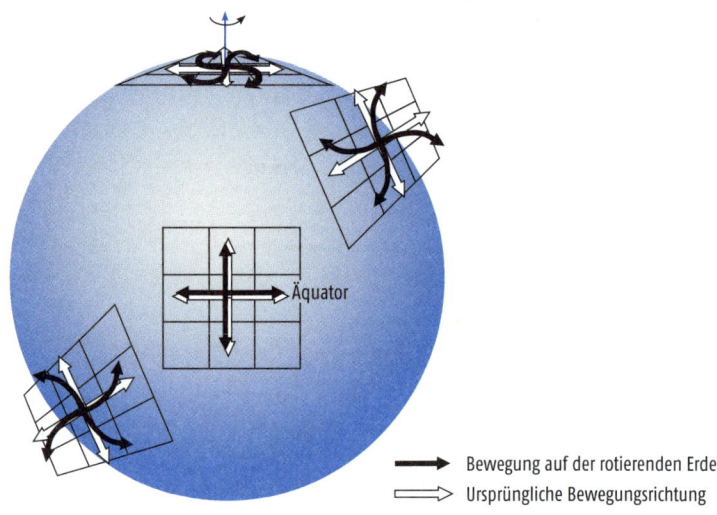

Abb. 5-9
Zusammenfassende Darstellung der Corioliskraft auf einer rotierenden Kugel. Der weiße Pfeil zeigt die ursprüngliche Bewegungsrichtung, der schwarze Pfeil zeigt die Bewegung auf der rotierenden Erde für vier verschiedene Situationen.

➡ Bewegung auf der rotierenden Erde
⇨ Ursprüngliche Bewegungsrichtung

beiden Fällen eine Linksablenkung ergeben. Dies ist auf der Südhemisphäre der Fall. Auf einer rotierenden Kugel wirkt die Corioliskraft auch bei Bewegungen in Ost-West- oder West-Ost-Richtung. Um dies zu verstehen, kann eine **Tangentialebene** als Koordinatensystem gedacht werden (→ Abb. 5-8). Auch in dieser Situation bleibt die Bewegungsrichtung aus dem Weltraum gesehen gleich (weiße Pfeile), aber die Tangentialebene rotiert. Die ursprüngliche Bewegungsrichtung liegt nun nicht mehr in der Tangentialebene; zudem hat sich für den Beobachter auf der Tangentialebene (schwarzer Pfeil) die Richtung geändert.

Die Corioliskraft ist physikalisch ein **Vektor,** der senkrecht auf der Drehachse und senkrecht auf der Bewegungsrichtung steht. Dies ist in → Abb. 5-8 rechts dargestellt. Meist interessiert in der Meteorologie allerdings nur die horizontale Komponente. → Abb. 5-9 zeigt zusammenfassend die Bewegung auf einer rotierenden Kugel in allen vier Hauptrichtungen. Die aus der Sicht des Erdbeobachters resultierenden Bahnen weisen in der Nordhemisphäre immer eine Rechtsablenkung auf, am stärksten beim Pol. Am Äquator gibt es keine Ablenkung, und in der Südhemisphäre werden bewegte Körper nach links abgelenkt.

Die Coriolisbeschleunigung ist ein **Vektor**, der immer von der Drehachse wegzeigt. Sie lässt sich als Kreuzprodukt der Geschwindigkeit $\vec{v}$ und der Erdrotation $\vec{\Omega}$ schreiben (vgl. → Abb. 5-8), wobei $\vec{\Omega}$ ein Pseudovektor ist. Bei einer Rotation um die z-Achse, wie beispielsweise bei der rotierenden Scheibe (→ Abb. 5-7), ist $\vec{\Omega}$:

$$\vec{\Omega} = \begin{pmatrix} 0 \\ 0 \\ \Omega \end{pmatrix} \qquad [s^{-1}]$$

Hier ist Ω der Betrag der **Winkelgeschwindigkeit** der Erdrotation (= $7.292 \cdot 10^{-5}$ rad s^{-1}). Auf der kugelförmigen Erde entspricht die Rotationsachse nur am Nordpol der z-Achse. Im geographischen Koordinatensystem der Erde ist:

$$\vec{\Omega} = \Omega \begin{pmatrix} 0 \\ \cos \varphi \\ \sin \varphi \end{pmatrix} \qquad [s^{-1}]$$

mit der geographischen Breite φ. Damit ist die Coriolisbeschleunigung:

$$\vec{a_C} = -2\,\Omega \begin{pmatrix} w \cos \varphi - v \sin \varphi \\ u \sin \varphi \\ -u \cos \varphi \end{pmatrix} \qquad [m\ s^{-2}]$$

Die vertikale Geschwindigket w ist oft klein und wird vernachlässigt. Auch die vertikale Komponente der Corioliskraft wird in der Meteorologie vernachlässigt, da sie gegenüber der Schwerkraft klein ist (für u = 10 m s^{-1} auf 45° N betrüge sie 0.001 m s^{-2}). Für die Einheitsmasse schreibt sich die Coriolisbeschleunigung dann vereinfacht:

$$\vec{a_C} = -2\,\Omega \sin \varphi \begin{pmatrix} -v \\ u \\ 0 \end{pmatrix} = -f \begin{pmatrix} -v \\ u \\ 0 \end{pmatrix} \qquad [m\ s^{-2}]$$

oder mit dem vertikalen Einheitsvektor $\vec{k} = \begin{pmatrix} 0 \\ 0 \\ 1 \end{pmatrix}$:

$$\vec{a_C} = -f\,\vec{k} \times \vec{v} \qquad [m\ s^{-2}]$$

Der Ausdruck $f = 2\,\Omega\,\sin\,\varphi$ wird **Coriolisparameter** genannt, bei 45° N beträgt er ca. 10^{-4} s^{-1}. Die Coriolisbeschleunigung in x-Richtung ist somit von der Geschwindigkeit v in y-Richtung abhängig und umgekehrt:

$$a_{C_x} = f\,v \qquad [m\ s^{-2}]$$
$$a_{C_y} = -f\,u \qquad [m\ s^{-2}]$$

Aufgrund der Formel lässt sich auch leicht erkennen, dass auf ruhende Objekte keine Corioliskraft wirkt und dass am Äquator die horizontale Komponente der Corioliskraft verschwindet.

Bisher sind wir von geradlinigen Bewegungen ausgegangen. Strömungen in der Atmosphäre sind aber nicht immer geradlinig. Winde strömen oft, wie wir in → Kap. 5.4 sehen werden, um Drucksysteme und damit auf gebogenen Bahnen. Hier wollen wir dazu kurz ein paar

Tiefdruckgebiete heißen Zyklonen, Hochdruckgebiete Antizyklonen

Abb. 5-10
Schematische Darstellung von Hoch- und Tiefdruckgebieten in der Nord- und Südhemisphäre.

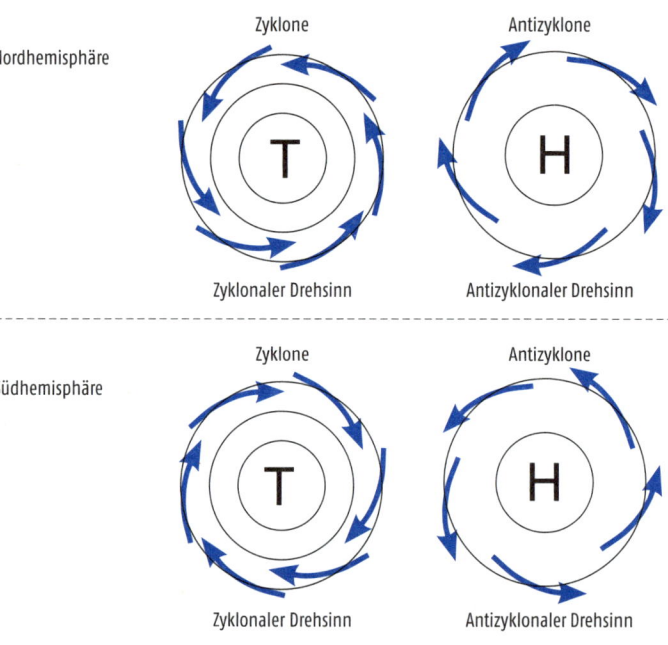

Begriffe einführen. → Abb. 5-10 zeigt schematisch Hoch- und Tiefdruckgebiete, also Regionen mit hohem oder tiefem Luftdruck am Erdboden. Die Strömung um ein Tiefdruckgebiet ist **zyklonal,** d.h. auf der Nordhemisphäre im Gegenuhrzeigersinn, auf der Südhemisphäre im Uhrzeigersinn. Tiefdruckgebiete heißen deshalb auch **Zyklonen.** Die Strömung um das Hochdruckgebiet ist antizyklonal (auf der Nordhemisphäre im Uhrzeigersinn). Hochdruckgebiete heißen auch **Antizyklonen.**

Bei der Strömung um **Hoch-** und **Tiefdruckgebiete** spielt die **Zentrifugalkraft** eine Rolle. Sie ist ebenfalls eine Scheinkraft, die wir hier berücksichtigen müssen, wenn wir ein Luftpaket betrachten, also uns als Beobachter mit dem Paket mitbewegen. Sie entsteht, wenn das Luftpaket sich nicht geradlinig, sondern auf einer gekrümmten Bahn bewegt, und wirkt immer nach außen. Die Zentrifugalbeschleunigung ist:

Zentrifugalkraft entsteht durch eine gekrümmte Bahn

$$a_z = \frac{v^2}{r} \qquad [m\ s^{-2}]$$

wobei v die Bahngeschwindigkeit und r der Krümmungsradius der Bahn ist. Die Zentrifugalkraft wird durch die Trägheit des Körpers (des Luftpakets) verursacht.

Die **Reibungskraft** (Reibungsbeschleunigung $\vec{a}_R$) entsteht durch Strömungswiderstände. In der Regel wirken Reibungskräfte an der Erdoberfläche, wirken sich aber durch vertikalen Impulstransport nach oben aus. Auch in der freien Atmosphäre kann es durch Verwirbelung zu Strömungswiderständen kommen. Die Reibungskraft ist der Bewegung immer entgegengerichtet.

Für ein horizontal bewegtes Luftpaket müssen also verschiedene Kräfte berücksichtigt werden. Oft betrachten wir Kräftegleichgewichte; je nachdem, welche Kräfte darin dominieren, werden verschiedene Windbegriffe verwendet (vgl. → Kap. 5.4). Ein Ungleichgewicht dieser Kräfte führt zu einer Horizontalbeschleunigung. Daraus leiten sich die Grundgleichungen der Atmosphäre her.

Reibungskraft entsteht durch Strömungswiderstände

Notation der Grundgleichungen

| 5.2.3

Die **Grundgleichungen** der Atmosphäre bilden den Kern jedes **numerischen Modells** des Wetters und Klimas. Die fundamentalen thermodynamischen Variablen sind Druck, Dichte der Luft und des Wasserdampfs und Temperatur, dazu kommt jetzt der Wind (oder, was äquivalent ist: Divergenz, Vorticity und Vertikalwind). Dies sind die fundamentalen prognostischen Größen, also diejenigen Größen, welche beispielsweise in einem Wettervorhersagemodell direkt berechnet werden.

Grundgleichungen als «dynamischer Kern» von Modellen

Anhand der Grundgleichungen (welche wie erwähnt auf den **Erhaltungssätzen** für Energie, Masse und Impuls beruhen) sind wir in der Lage, die zeitliche Entwicklung des Wetters auf einige Tage hinaus zu prognostizieren. Die Gleichungen beschreiben die Änderungen von Wind, Dichte und Temperatur in einem Luftpaket als Summe der wirkenden Kräfte oder Prozesse.

An dieser Stelle möchten wir am Beispiel der Temperaturänderung die Sichtweise des Luftpaketes und diejenige der Strömung erläutern, welche sich auch in der Notation äußert (vgl. → Box 1.4): $\partial T/\partial x$ ist eine partielle Ableitung; sie kann als Änderung (hier in x-Richtung) in einem **ortsfesten** Koordinatensystem verstanden werden (sogenannte **Euler'sche Sichtweise**). Dagegen ist dT das totale Differential, also die Änderung in der Temperatur, wenn wir uns ein kleines Stück in Richtung (dx, dy, dz, dt) bewegen. Somit kann das totale Differential als Veränderung in einem Luftpaket aufgefasst werden. Diese Betrachtungsweise wird auch **Lagrange-Sichtweise** genannt.

Euler- und Lagrange-Perspektiven

Eine **Temperaturänderung** an einem festen Ort ($\partial T/\partial t$) kann physikalisch als Summe von zwei Beiträgen betrachtet werden. Einerseits kann sich ein bewegtes Luftpaket erwärmen oder abkühlen (dT/dt), und zwar entweder durch Wärmezufuhr (Wärmeflüsse vom Boden, Strahlungs-

Temperaturänderungen in einer Luftmasse und durch Advektion

prozesse, Phasenwechsel des Wasserdampfs; J steht hier für eine Heizrate in J kg^{-1} s^{-1}) oder durch adiabatische Kompression (vgl. → Kap. 4):

$$\frac{dT}{dt} = \frac{1}{c_{Lp}} J + \frac{R_L T}{c_{Lp} p} \frac{dp}{dt} \qquad [K\,s^{-1}]$$

Andererseits können unterschiedlich warme (aber sich selber nicht erwärmende) Luftpakete über einen Ort strömen. Der zweite Vorgang heißt **Advektion,** das Herantransportieren von Luft mit anderen Eigenschaften. Wir haben diesen Vorgang bei der Kontinuitätsgleichung bereits angetroffen. Er lässt sich definieren durch den räumlichen Temperaturgradienten (Temperaturunterschied zwischen Luftpaketen an unterschiedlichen Positionen) multipliziert mit der Windgeschwindigkeit:

$$- u \frac{\partial T}{\partial x} - v \frac{\partial T}{\partial y} - w \frac{\partial T}{\partial z} \qquad [K\,s^{-1}]$$

oder kurz:

$$- \vec{v} \, \vec{\nabla} T \qquad [K\,s^{-1}]$$

insgesamt ist also:

$$\frac{\partial T}{\partial t} = \frac{dT}{dt} - u \frac{\partial T}{\partial x} - v \frac{\partial T}{\partial y} - w \frac{\partial T}{\partial z} \qquad [K\,s^{-1}]$$

oder nach Einsetzen der obigen Gleichung:

$$\frac{\partial T}{\partial t} = \frac{1}{c_{Lp}} J + \frac{R_L T}{c_{Lp} p} \frac{dp}{dt} - u \frac{\partial T}{\partial x} - v \frac{\partial T}{\partial y} - w \frac{\partial T}{\partial z} \qquad [K\,s^{-1}]$$

Diese Gleichung besagt, dass sich die Temperaturänderung an einem festen Ort aus der Zufuhr von Energie, der adiabatischen Kompression sowie dem Zuströmen von Luft anderer Temperatur aus den drei Raumrichtungen zusammensetzt.

Dieselbe Gleichung können wir auch mathematisch aus dem totalen Differential erhalten (vgl. → Box 1.4). Letzteres ist definiert als:

$$dT = \frac{\partial T}{\partial t} dt + \frac{\partial T}{\partial x} dx + \frac{\partial T}{\partial y} dy + \frac{\partial T}{\partial z} dz \qquad [K]$$

Nach Division durch dt (aus dx/dt wird u, aus dy/dt wird v, aus dz/dt wird w) erhalten wir dieselbe Gleichung wie oben, nur aufgelöst nach dT/dt:

$$\frac{dT}{dt} = \frac{\partial T}{\partial t} + u \frac{\partial T}{\partial x} + v \frac{\partial T}{\partial y} + w \frac{\partial T}{\partial z} \qquad [K\,s^{-1}]$$

Im Folgenden schreiben wir alle Grundgleichungen so, nämlich aufgelöst nach dem totalen Differential (der Lagrange-Perspektive). Auf diese Weise können wir Veränderungen in einem Luftpaket den physikalischen Ursachen gleichsetzen, beispielsweise den auf ein Luftpaket wirkenden Kräften, der Massenflussdivergenz oder (wie oben) der Wärmezufuhr und Kompression. Wir schreiben dies mit einem zweiten Gleichheitszeichen rechts dazu. Wir können dann die Gleichung rechts nach den Veränderungen in einem ortsfesten Koordinatensystem auflösen (beispielsweise $\partial T/\partial t$); für die Temperatur haben wir das oben bereits gemacht.

Von den **sieben Grundgleichungen** sind die ersten drei die Folge der Impulserhaltung in drei Dimensionen (nach ihren Begründern heißen sie **Navier-Stokes-Gleichungen**; die Bezeichnung wird auch für alle sieben Gleichungen verwendet). Gleichungen vier und fünf beschreiben die **Massenerhaltung** separat für Luft und Wasserdampf. Dann folgen die **Energieerhaltung** und schließlich die **Gasgleichung**.

Beschleunigung = Summe der Kräfte pro Masse, Dichteänderung = Massenflussdivergenz, Temperaturänderung = Wärmezufuhr und Kompression

$$\frac{du}{dt} = \frac{\partial u}{\partial t} + u\frac{\partial u}{\partial x} + v\frac{\partial u}{\partial y} + w\frac{\partial u}{\partial z} \quad = fv - \frac{1}{\rho}\frac{\partial p}{\partial x} + a_{R_x} \quad [m\ s^{-2}]$$

$$\frac{dv}{dt} = \frac{\partial v}{\partial t} + u\frac{\partial v}{\partial x} + v\frac{\partial v}{\partial y} + w\frac{\partial u}{\partial z} \quad = -fu - \frac{1}{\rho}\frac{\partial p}{\partial y} + a_{R_y} \quad [m\ s^{-2}]$$

$$\frac{dw}{dt} = \frac{\partial w}{\partial t} + u\frac{\partial w}{\partial x} + v\frac{\partial w}{\partial y} + w\frac{\partial w}{\partial z} \quad = -g - \frac{1}{\rho}\frac{\partial p}{\partial z} \quad [m\ s^{-2}]$$

$$\frac{d\rho}{dt} = \frac{\partial \rho}{\partial t} + u\frac{\partial \rho}{\partial x} + v\frac{\partial \rho}{\partial y} + w\frac{\partial \rho}{\partial z} \quad = -\rho\left(\frac{\partial u}{\partial x} + \frac{\partial v}{\partial y} + \frac{\partial w}{\partial z}\right) \quad [kg\ m^{-3}\ s^{-1}]$$

$$\frac{d\rho_v}{dt} = \frac{\partial \rho_v}{\partial t} + u\frac{\partial \rho_v}{\partial x} + v\frac{\partial \rho_v}{\partial y} + w\frac{\partial \rho_v}{\partial z} \quad = -\rho_v\left(\frac{\partial u}{\partial x} + \frac{\partial v}{\partial y} + \frac{\partial w}{\partial z}\right) + S_v \quad [kg\ m^{-3}\ s^{-1}]$$

$$\frac{dT}{dt} = \frac{\partial T}{\partial t} + u\frac{\partial T}{\partial x} + v\frac{\partial T}{\partial y} + w\frac{\partial T}{\partial z} \quad = \frac{1}{c_{Lp}}J + \frac{R_L T}{c_{Lp}\ p}\frac{dp}{dt} \quad [K\ s^{-1}]$$

$$p = \rho\ R_L\ T \quad [hPa]$$

Die erste Gleichung setzt die Beschleunigung in x-Richtung du/dt (ganz links) den auf das Luftpaket in x-Richtung wirkenden Kräften respektive Beschleunigungen (ganz rechts) gleich: der Coriolisbeschleunigung, der Druckgradientbeschleunigung und der Reibungsbeschleunigung. Die zweite Gleichung beschreibt dasselbe für die y-Richtung. Die dritte Gleichung (für die z-Richtung) beschreibt die Vertikalbeschleunigung dw/dt als Folge der Schwerkraft und der vertikalen Druckgradientkraft. Sie entspricht der hydrostatischen Grundgleichung, bei welcher wir allerdings von einer unbeschleunigten Bewegung ausgegangen waren ($dw/dt = 0$). Die vierte und fünfte Gleichung beschreiben die Änderung der Dichte der Luft (resp. des Wasserdampfs) als Folge von Divergenz. Wir haben genau diese Gleichung oben bereits angetroffen. Für den Wasserdampf gibt es Quellen und Senken außerhalb des atmosphärischen Systems wie Verdunstung, Kondensation und Niederschlag. Diese werden in einen Term S_v gefasst. Die sechste Gleichung drückt wie oben beschrieben die Veränderung der Temperatur in einem Luftpaket als Folge von Erwärmung und adiabatischer Kompression aus. Als siebte Gleichung wird die Gasgleichung verwendet.

Vereinfachungen sind nötig

In der Praxis werden diese Gleichungen oft vereinfacht, oder Größen daraus sind parametrisiert. So wird die Vertikalbeschleunigung oft gleich null gesetzt (dw/dt = 0, d.h. hydrostatisches Gleichgewicht). Auch die Reibungsterme oder die Erwärmungsraten aufgrund diabatischer Vorgänge müssen außerhalb dieses Gleichungssystems geschätzt werden.

5.3 | Gitter und Wettervorhersagemodelle

Diskretisierung der stetigen Funktionen in einem Gitter

Die atmosphärischen Grundgleichungen sind **stetig,** aber für die numerische Berechnung in der Atmosphäre braucht es diskrete **Raum- und Zeitschritte.** Die Gleichungen müssen also **diskretisiert** werden. Die zeitliche Diskretisierung erfolgt durch die Berechnung über Zeitschritte Δt, die nicht konstant sein müssen. Für die räumliche Diskretisierung gibt es unterschiedliche Möglichkeiten. Oft werden **räumliche Gitter** verwendet, wobei die auszuwertende Funktion entweder für einen Punkt **(Gittermittelpunkt)** oder integriert über ein Intervall berechnet wird. Räumliche Gitter können unterschiedliche Geometrien haben (vgl. → Abb. 5-11). Auch Gitter mit räumlich oder zeitlich variierender Auflösung sind möglich.
Eine einfache Anwendung für eine diskretisierte Berechnung der Grundgleichungen ist in → Box 5.4 gezeigt. Hier wird eine einfache Wettervorhersage für wenige Gitterpunkte und Zeitschritte von Hand gerechnet.

Spektrale Methode

Eine andere Art der Diskretisierung, die in Wettermodellen oft verwendet wird, ist die spektrale Methode. Hier werden die Grundgleichungen ganz anders dargestellt, nämlich als Expansion von sphärischen Basisfunktionen ähnlich der Fourierexpansion (vgl. → Box 6.2). Dabei wird ein räumliches Feld gewissermaßen als Kombination von räumlichen «Grundschwingungsmustern» dargestellt, welche räumlich immer feiner werden. Die Diskretisierung besteht darin, bei einer gewissen Feinheit (d.h. Wellenzahl; vgl. → Box 6.2) abzubrechen.
Alle Diskretisierungen führen aber auch zu Ungenauigkeiten oder Artefakten, zu Problemen mit der Nicht-Erhaltung von Erhaltungsgrößen oder zu Problemen der numerischen Stabilität.

Schematische Darstellung verschiedener Rechengitter (Longitude-Latitude-Gitter, ikosahedrales Gitter, cubed sphere). | Abb. 5-11

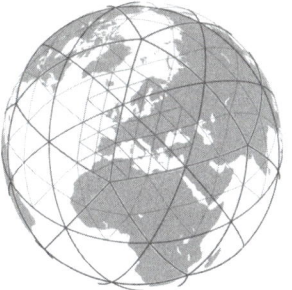
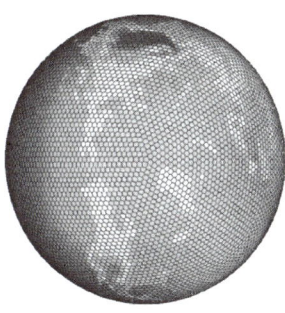

Die Modellgleichungen sind **deterministisch;** das Ergebnis ist also durch die Gleichungen sowie die Anfangs- und Randbedingungen vollständig bestimmt. Allerdings können bereits kleinste Veränderungen bei den Anfangsbedingungen zu großen Abweichungen der Ergebnisse führen. Gleichzeitig ist es unmöglich, die Anfangsbedingungen überall und mit genügender Genauigkeit zu kennen. Man spricht deshalb vom **«deterministischen Chaos»**, das von Edward Lorenz entdeckt wurde, oder etwas poetischer vom «Schmetterlingseffekt» (ein Schmetterling in Brasilien kann mit seinem Flügelschlag einen Hurrikan auslösen – zumindest im Modell). Tatsächlich wird aus diesem Grund eine Wettervorhersage über mehr als ca. 10–15 Tage kaum möglich sein.

Determinismus und Chaos

▼ Box 5.4

Eine einfache Wettervorhersage

Die Grundgleichungen der Atmosphäre wurden bereits 1904 von Vilhelm Bjerknes in der hier präsentierten Form dargelegt und bilden bis heute die Grundlage jedes **Wettermodells.** Allerdings gab es 1904, lange vor der Erfindung des Computers, keine Möglichkeit, die Gleichungen numerisch zu lösen und Vorsagen zu rechnen. In den 1920er-Jahren träumte Lewis Fry Richardson davon, die Gleichungen mittels Tausender von Menschen zu lösen. Die Wettermodellierung war denn auch ab ungefähr 1950 eine der ersten (zivilen) Anwendungen auf den neuen Computern, es dauerte aber noch einiges länger, bis in die 1980er-Jahre, bis die numerische Wettervorhersage besser war als geschulte Experten.
In der Folge möchten wir das Prinzip der numerischen Wettervorhersage an einem Beispiel nachvollziehen. Das Beispiel ist so einfach gehalten, dass sich in einer Gruppe von ca. 18 Personen mit Taschenrechnern drei Vorhersageschritte in vernünf-

tiger Zeit rechnen lassen. Wir nehmen ein zweidimensionales Gitter mit 4 x 4 Zellen (jede Person stellt eine Gitterzelle dar, die restlichen besorgen den «Input/Output»). Weiter nehmen wir an, dass das Windfeld und die Dichte konstant bleiben und die Luft trocken ist. Von den sieben Gleichungen verbleibt also nur noch diejenige mit der Temperatur. Umgeformt nach der Temperaturänderung an einem Ort:

$$\frac{\partial T}{\partial t} = \frac{1}{c_{Lp}} J + \frac{R_L T}{c_{Lp} p} \frac{dp}{dt} - u \frac{\partial T}{\partial x} - v \frac{\partial T}{\partial y} \qquad [K\,s^{-1}]$$

Wir nehmen jetzt weiter an, dass die Luftmasse ihre Temperatur nicht ändert und somit nur Advektion stattfindet. Für die Temperatur können wir die Gleichung daher vereinfachen (eine zweite Gleichung kann für die Feuchte gerechnet werden):

$$\frac{\partial T}{\partial t} = - u \frac{\partial T}{\partial x} - v \frac{\partial T}{\partial y} \qquad [K\,s^{-1}]$$

Wir müssen diese Gleichung jetzt diskretisieren, wobei wir die Differenzen über unsere raumzeitlichen **Diskretisierungsschritte** verwenden (vgl. → Box 1.4). Unser Raumgitter hat einen Abstand der Gitterzellen (Δx und Δy) von 100 km und einen Zeitschritt (Δt) von einer Stunde. Die Vorhersage der Temperatur für eine bestimmte Gitterzelle x, y ist also die Temperatur des vorherigen Zeitschritts (T_0) plus die Advektion des Temperaturgradienten:

$$T = T_0 + \Delta t \left(-u \frac{T_x - T_{x-1}}{\Delta x} - v \frac{T_y - T_{y-1}}{\Delta y} \right) \qquad [K]$$

x_{-1} und y_{-1} stehen für die Nachbarzellen in x- und y-Richtung (u und v sind beide größer als 0).

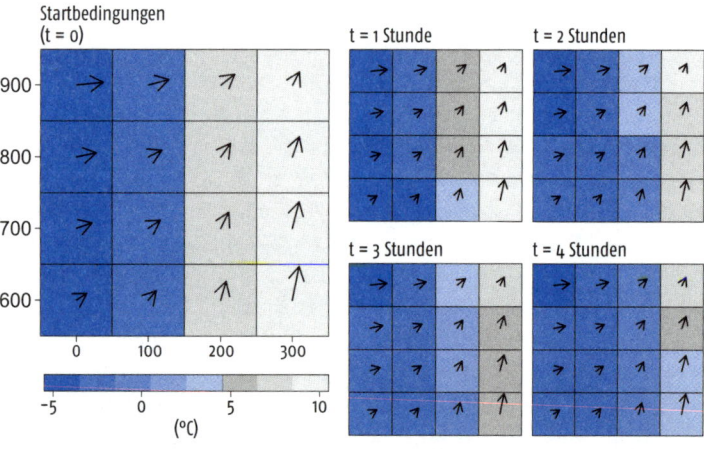

Abb. 5-12

Startbedingungen und erste vier Zeitschritte der manuellen Wettervorhersage (nach einer Idee von Charlton-Perez und Dacre 2011).

Wie jede Wettervorhersage braucht auch diese hier **Startbedingungen** für jeden Wert sowie **Randbedingungen** für jeden Zeitschritt während der Modellvorhersage. Die Randbedingungen sind hier das Windfeld sowie die Temperatur außerhalb der Ränder. Bei einem globalen Atmosphärenmodell beinhalten die Randbedingungen auch die Ozeanoberflächentemperaturen sowie externe Faktoren. → Abb. 5-12 zeigt die Startbedingungen (die gleichzeitig als Randbedingungen dienen) sowie die Ergebnisse der ersten vier Zeitschritte. Deutlich ist die Advektion der Temperatur durch den Wind zu erkennen. Auf unserem E-Learning-Material CLIMANDES (www.geography.unibe.ch/dienstleistungen/geographica_bernensia/online/gb2015u27/) findet sich nähere Information zu diesem Beispiel (dabei wird auch die Feuchte betrachtet).

Windbegriffe | 5.4

Bei der Diskussion der Impulserhaltung haben wir vier Kräfte kennengelernt. In gewissen Situationen dominieren gewisse Kräfte, während andere vernachlässigt werden können. Je nach Rolle der wirkenden Kräfte werden unterschiedliche **Windbegriffe** verwendet, die jeweils an unterschiedliche Drucksituationen gebunden sind. Jeder Windbegriff bezeichnet ein **Kräftegleichgewicht,** die Beschleunigung ist also immer null. In diesem Kapitel werden die wichtigsten Windbegriffe eingeführt.

Geostrophischer Wind | 5.4.1

Oberhalb der atmosphärischen Grenzschicht und ab einer gewissen Entfernung zum Äquator wird der Wind durch das Gleichgewicht zwischen **Druckgradientkraft** und **Corioliskraft** ausreichend beschrieben. Als Beschleunigungen formuliert:

Geostrophischer Wind oberhalb der Grenzschicht

$$\vec{a_P} + \vec{a_C} = 0 \qquad [m\ s^{-2}]$$

Daraus folgt:

$$\vec{a_P} = -\frac{1}{\rho f}\ (\vec{k} \times \vec{\nabla}_z p) \qquad [m\ s^{-1}]$$

Bei einem geradlinigen Druckfeld müssen keine weiteren Kräfte mehr berücksichtigt werden. Man bezeichnet diesen Wind als **geostrophischen Wind** (→ Abb. 5-13 oben links). Der geostrophische Wind weht entlang der Isobaren (Linien gleichen Drucks) respektive Isohypsen (Linien gleicher geopotentieller Höhe, vgl. → Tab. 5-1). Durch den geostro-

Tab. 5-1
Isolinien in der Meteorologie und Klimatologie.

Name	Bezeichnung
Isobaren	Linien gleichen Drucks
Isallobaren	Linien gleicher Luftdruckveränderung
Isothermen	Linien gleicher Temperatur
Isentropen	Linien gleicher Entropie (gleicher potentieller Temperatur)
Isohalinen	Linien gleichen Salzgehalts
Isohypsen	Linien gleicher geopotentieller Höhe
Isohyeten	Linien gleichen Niederschlags
Isotachen	Linien gleicher Windgeschwindigkeit
Isopyknen	Linien gleicher Dichte

phischen Wind kann daher kein Druckausgleich zwischen Hoch- und Tiefdruckgebieten zustande kommen. Nahe des Äquators liefert der geostrophische Wind allerdings keine gute Annäherung an die realen Windverhältinsse. Druckdifferenzen werden hier schnell ausgeglichen, da die Corioliskraft praktisch null ist.

5.4.2 Gradientwind

Gradientwind bei gekrümmten Isobaren

Sind die **Isobaren** respektive **Isohypsen gekrümmt,** kommt als weitere Kraft die **Zentrifugalkraft** dazu. Der Wind, der aus dem Gleichgewicht der Druckgradientkraft, Corioliskraft und Zentrifugalkraft resultiert, heißt **Gradientwind.** Als Beschleunigung:

$$\vec{a_P} + \vec{a_C} + \vec{a_Z} = 0 \qquad [m\ s^{-2}]$$

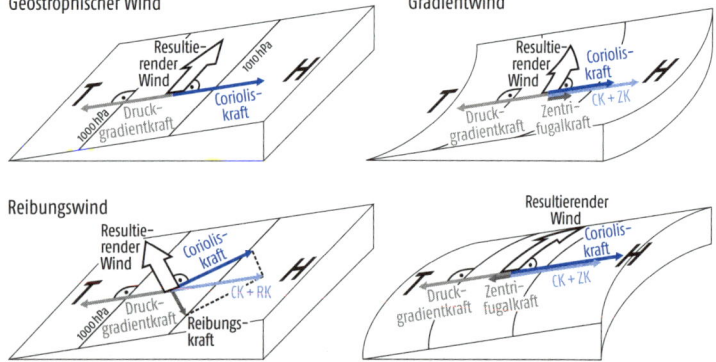

Abb. 5-13 Kräfteschema der verschiedenen Winde. CK = Corioliskraft, ZK = Zentrifugalkraft, RK = Reibungskraft. Die Vertikale gibt den Luftdruck an.

Der Betrag hängt von der Geschwindigkeit des Luftpakets und von der Krümmung der Isobaren ab. Bei der Zirkulation um ein **Tiefdruckgebiet** (→ Abb. 5-13 oben rechts) addiert sich die Zentrifugalkraft zur Corioliskraft. Die resultierende Windgeschwindigkeit ist kleiner als im geostrophischen Fall, oder anders ausgedrückt: Bei gleicher Windgeschwindigkeit müssen hier die Druckgradienten stärker sein (die Isobaren enger geschart). Umgekehrt wirkt bei der Zirkulation um ein **Hochdruckgebiet** die Zentrifugalkraft zum tiefen Druck hin und verstärkt somit den Druckgradienten, sodass bereits geringe Druckgradienten ausreichen (→ Abb. 5-13 unten rechts).

Reibungswind | 5.4.3

In Bodennähe ist die **Reibung** nicht mehr vernachlässigbar. Durch die Reibung (Impulsfluss zwischen Boden und Atmosphäre) wird die **Windgeschwindigkeit** reduziert. Die Reibungskraft ist also dem Wind entgegengesetzt und ist proportional zu dessen Geschwindigkeit. Durch die Reibungskraft ist die Windgeschwindigkeit vermindert. Daher ist auch die Corioliskraft vermindert und vermag die Druckgradientkraft nicht mehr zu kompensieren. Es entsteht ein neues Kräftegleichgewicht,

Reibungswind in der Bodennähe

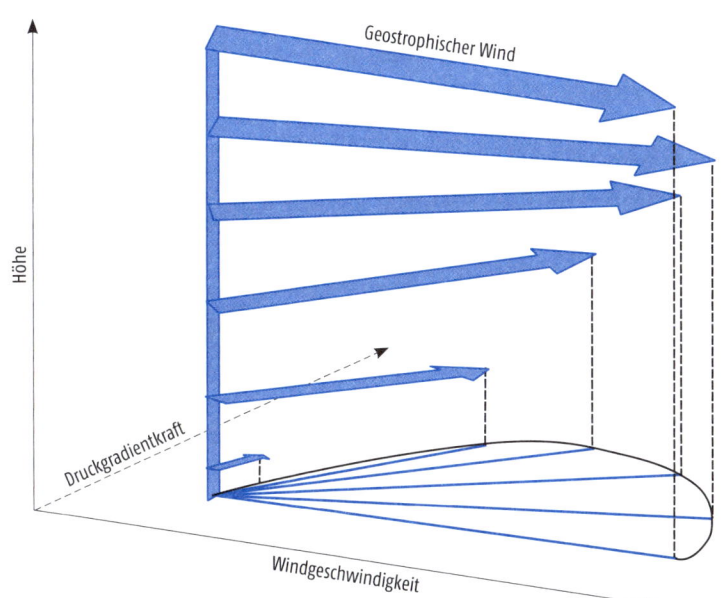

| Abb. 5-14

Die Ekmanspirale des Windes in der bodennahen Luftschicht auf der Nordhemisphäre. Das Koordinatensystem ist so gedreht, dass die x-Achse der geostrophischen Windrichtung, die y-Achse der Richtung der Druckgradientkraft entspricht.

das in → Abb. 5-13 unten links (für gerade Isobaren) dargestellt ist. Mit Beschleunigungen formuliert:

$$\vec{a_P} + \vec{a_C} + \vec{a_R} = 0 \qquad [m\ s^{-2}]$$

Anders als der geostrophische Wind weht der Reibungswind nun nicht mehr isobarenparallel. Die Reibungsvorgänge führen also zu einem **Druckausgleich**.

Winddrehung in der Bodenschicht

Die Reibung der Erdoberfläche wirkt nur in der **untersten Luftschicht** direkt auf die Luftpakete. Durch Vertikalbewegung (Turbulenz) wird ein Teil des Reibungseffekts allerdings nach oben gemischt, wodurch ein Impulsfluss entsteht, der die Luftpakete beschleunigt. Auch die Luftpakete in einem gewissen Abstand zum Boden werden also durch Reibung abgelenkt, allerdings weniger stark. Es entsteht eine Spirale, die sogenannte **Ekmanspirale** (vgl. auch → Kap. 7 für die analoge Situation im Ozean). Das daraus entstehende Windprofil und die Winddrehung mit der Höhe ist in → Abb. 5-14 schematisch dargestellt. In der Nordhemisphäre dreht der Wind mit der Höhe nach rechts.

5.4.4 Thermischer Wind

Thermischer Wind: Änderung des geostrophischen Winds mit der Höhe

Der geostrophische Wind kann sich mit der Höhe verändern, wenn sich der Druckgradient mit der Höhe verändert. Diese Änderungen können als alleinige Folge von **horizontalen Dichtegradienten** innerhalb der betrachteten Schicht gedeutet werden, die wiederum eine Folge von Temperaturgradienten sind. Die Veränderung des geostrophischen Winds mit der Höhe heißt daher **thermischer Wind**. Der thermische Wind ist kein realer Wind in dem Sinne, dass ein Kräftegleichgewicht gezeichnet werden könnte. Auf jeder Höhe bleibt der Wind geostrophisch und folgt dem geostrophischen Kräftegleichgewicht.

Nehmen wir zwei Druckflächen p_0 und p_1. Die Geopotentiale dieser Flächen seien Φ_0 und Φ_1. Nehmen wir weiter an, dass die Luft in Richtung Westen wärmer wird. Die Dicke $\Delta \Phi$ der Schicht ist also nicht überall gleich, sondern wird nach Westen dicker. Damit wird auch der Gradient des Geopotentials auf der Fläche p_1 anders sein als auf p_0. In diesem Fall (für die Nordhemisphäre) wird die südliche Komponente des geostrophischen Windes auf p_1 schwächer sein als auf p_0 (vgl. → Abb. 5-15). Veränderungen des geostrophischen Winds rühren also daher, dass die Höhendifferenz $\Delta \Phi$ einen horizontalen Gradienten hat. Der thermische Wind schreibt sich dann:

$$\vec{v_T} = -\frac{1}{f}\ \vec{k} \times \vec{\nabla}_p (\Phi_1 - \Phi_0) \qquad [m\ s^{-1}]$$

mit dem vertikalen Einheitsvektor $\vec{k} = \begin{pmatrix} 0 \\ 0 \\ 1 \end{pmatrix}$ und dem Coriolisparameter f.

Die Schichtdicke kann durch die barometrische Höhenformel (vgl. → Kap. 5.2.2) ersetzt werden. Ausgedrückt als Komponenten in die x- und y-Richtung ergibt sich dann:

$$u_T = \frac{R_L}{f} \left(\frac{\partial T_v}{\partial y}\right) \ln\left(\frac{p_1}{p_0}\right) \qquad [m\ s^{-1}]$$

$$v_T = -\frac{R_L}{f} \left(\frac{\partial T_v}{\partial x}\right) \ln\left(\frac{p_1}{p_0}\right) \qquad [m\ s^{-1}]$$

wobei R_L die individuelle Gaskonstante für trockene Luft ist (vgl. → Box 4.1) und T_v die **virtuelle Temperatur**. → Abb. 5-15 zeigt den thermischen Wind schematisch. In den Situationen links haben Druck- und **Temperaturgradienten** dieselbe Richtung. Der geostrophische Wind behält die Richtung bei, wird aber mit der Höhe verstärkt (→ Abb. 5-15 unten) resp. abgeschwächt oder sogar umgedreht (→ Abb. 5-15 oben). In der Situation rechts sind Temperatur- und Druckgradienten nicht parallel. In diesem Fall findet eine geostrophische **Temperaturadvektion** statt (Verlagerung der blauen und grauen Flächen in → Abb. 5-15 rechts). Gezeigt ist die Warmluftadvektion: Luft strömt quer zu den Isothermen von warm nach kalt. Bei Warmluftadvektion auf der Nordhemisphäre (rechts) verschiebt sich der Tiefdruckkern mit der Höhe zur kalten Luft-

Thermischer Wind führt zu einer Verstärkung, Abschwächung oder Drehung des Windes

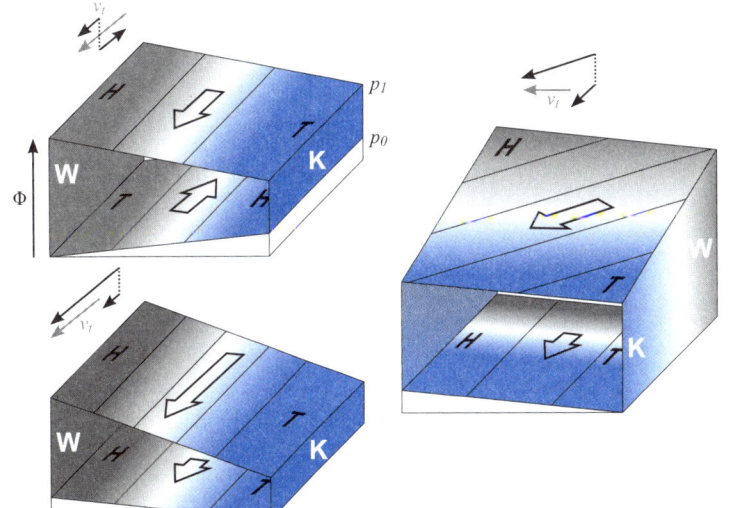

Abb. 5-15

Anordnung der Isothermen (grau-blaue Färbung), der Isohypsen (Linien gleicher geopotentieller Höhe, schwarz), des geostrophischen Windes (schwarze Pfeile) und des thermischen Windes (graue Pfeile, oben links neben jeder Figur) in drei Situationen auf der Nordhemisphäre. Die Vertikale gibt die geopotentielle Höhe an, die Flächen sind isobare Flächen, H und T beziehen sich auf hohe oder tiefe geopotentielle Höhe.

Der thermische Wind ist parallel zu den Isothermen

masse hin (im Bild nach vorne). Daraus folgt eine Winddrehung mit der Höhe im Uhrzeigersinn. Das Hoch verschiebt sich dagegen in der Höhe zur warmen Luftmasse hin (in → Abb. 5-15 nach hinten).

Obwohl er kein realer Wind ist, kann der thermische Wind gedanklich auf ähnliche Weise wie der geostrophische Wind nachvollzogen werden. Genauso wie letzterer parallel zu den Isohypsen (vgl. → Tab. 5-1) weht, ist der thermische Wind parallel zu den **Isothermen**. Seine Ablenkung ist, von der warmen Luft zur kalten Luft blickend, auf der Nordhemisphäre nach rechts, auf der Südhemisphäre nach links. Der thermische Wind weht nicht um ein Tief, aber um kalte Luft. Der thermische Wind verschwindet, wenn auf einer Druckfläche kein Temperaturgradient vorhanden ist. Diese Atmosphärenschichtung wird **barotrop** genannt. Wenn sich (wie in → Abb. 5-15) Druck- und Temperaturflächen schneiden, heißt die Schichtung **baroklin**. Auf einer Temperaturfläche existiert dann ein Druckgradient und umgekehrt, wie in → Abb. 5-15.

Der thermische Wind ist in der Klimatologie zentral. Viele Merkmale der globalen atmosphärischen Zirkulation wie der **Subtropenjet**, die «Easterly Jets» in den Monsunregionen oder auch Merkmale der stratosphärischen Zirkulation können mit dem Konzept des thermischen Winds einfach verstanden werden. Im folgenden Kapitel wird aufbauend auf den in diesem Kapitel gegebenen Grundlagen die allgemeine Zirkulation der Atmosphäre erläutert.

Box 5.5

▼

Spiel zwischen Auftrieb und mechanischen Kräften: die Froude- und Richardson-Zahlen

Wird eine Strömung ein Hindernis um- oder überströmen? Wird eine Windscherung an der Obergrenze der planetaren Grenzschicht genügend stark sein, um die darunterliegende Kaltluft zu mischen? In beiden Fällen stellt sich die Frage des Zusammenwirkens von **thermischer** und **mechanischer Stabilität** in einer Strömung. Dazu sind in der Meteorolgie verschiedene Maßzahlen gebräuchlich.

Die dimensionslose **Richardson-Zahl** Ri (benannt nach Lewis Fry Richardson, den wir bereits in → Box 5.4 kennengelernt haben) ist eine dimensionslose Kennzahl, welche allgemein ausgedrückt das Verhältnis zwischen thermischen und mechanischen Kräften resp. zwischen Auftrieb und Scherung (Turbulenzbildung) in einer Strömung beschreibt. Es gibt verschiedene Versionen und Schreibweisen der Richardson-Zahl. Die Gradient-Richardsonzahl für ein kleines Höhenintervall dz ist definiert als:

$$Ri = \frac{\frac{g}{\theta}\frac{d\theta}{dz}}{\left(\frac{dv}{dz}\right)^2} = \frac{N^2}{\left(\frac{dv}{dz}\right)^2} \qquad [s^{-2}\,s^2]$$

Hier beschreibt der Nenner die Scherung (v ist die Windgeschwindigkeit), die zu Turbulenz führt und als auslenkende Kraft auf ein Luftpaket in einer Strömung

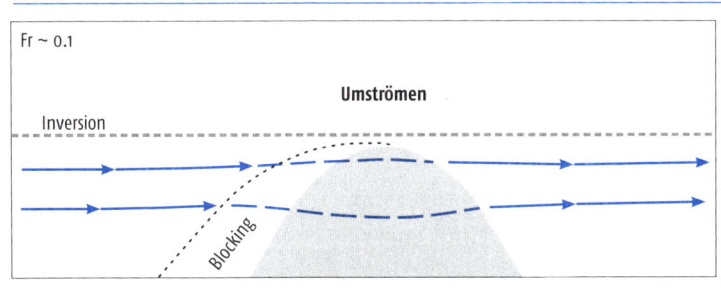
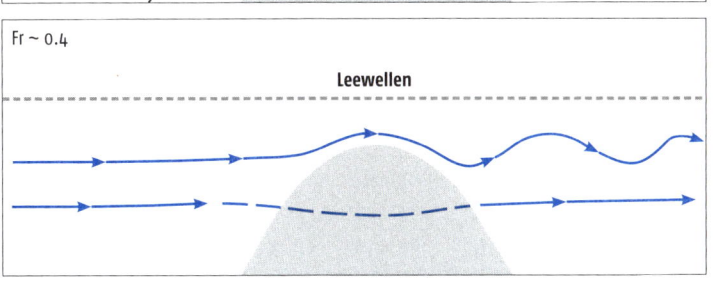
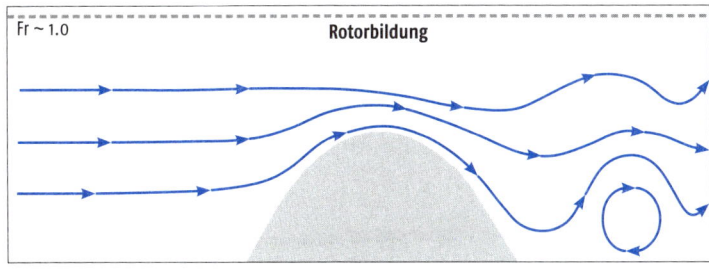
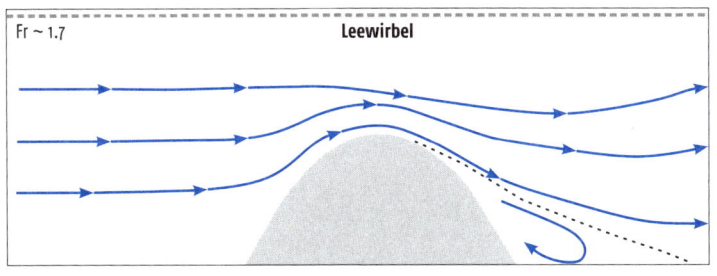

Abb. 5-16
Um- und Überströmung eines Gebirgszugs für verschiedene Froude-Zahlen (nach Bendix 2004 und Barry 2008).

verstanden werden kann. Der Zähler beschreibt den Auftrieb (Θ ist die potentielle Temperatur, vgl. → Kap. 4), welcher in Abhängigkeit zur Stabilität als rückwirkende Kraft auf das schwingende Luftpaket wirkt. Die Quadratwurzel des Zählers ist die **Brunt-Väisälä-Frequenz** N, welche die Frequenz eines frei schwingenden Luftpakets beschreibt. Bei einer kritischen Richardsonzahl unter 0.25 wird eine laminare Strömung turbulent; oberhalb davon ist die Bildung von Turbulenz praktisch ganz unterdrückt.

Wenn diese Formel vereinfacht über die ganze Grenzschicht geschrieben wird, ergibt sich eine einfache Formel, welche nur Inversionshöhe z, Windgeschwindigkeit v an der Inversion (am Boden ist sie null) und die Brunt-Väisälä-Frequenz enthält:

$$Ri = \frac{z^2 N^2}{v^2} \qquad [m^2\, s^{-2}\, m^{-2}\, s^2]$$

Sehr oft wird auch die **Froude-Zahl** verwendet. Sie ist der Kehrwert der Quadratwurzel der Richardson-Zahl. Auch hier gibt es verschiedene Schreibweisen. Für die oben definierte Version der Richardson-Zahl erhält man die dimensionslose **interne Froude-Zahl:**

$$Fr = \frac{1}{\sqrt{Ri}} = \frac{v}{z\,N} \qquad [m\,s^{-1}\,m^{-1}\,s]$$

Aus dieser Zahl kann geschätzt werden, ob eine Strömung einen Gebirgszug überströmen kann oder nicht und welche Strömung sich hinter dem Gebirgszug einstellt. → Abb. 5-16 zeigt die Anströmung an ein Gebirge für verschiedene interne Froude-Zahlen. Bei einer sehr kleinen Froude-Zahl (hohe Stabilität, geringe Geschwindigkeit) kann das Gebirge nicht überströmt werden. Es wird daher umströmt, und vor dem Gebirge kann kalte Luft blockiert liegen bleiben. Bei einer etwas höheren Froude-Zahl (0.4) können die oberen Schichten das Gebirge überströmen und bilden nach der Überströmung Leewellen. Bei einer kritischen Froude-Zahl um 1.0 (geringe Stabilität, hohe Windgeschwindigkeit) kann es im Lee des Gebirges zu Rotorbildung kommen, bei noch höheren Zahlen zu abgekoppelten, stehenden Leewirbeln.

Die Richardson- und Froude-Zahlen sind nicht nur in der Grenzschichtmeteorologie oder Gebirgsmeteorologie gebräuchlich, sondern sind auch in der **Aviatik** (beispielsweise für das Auftreten von **Turbulenz**) oder der Ozeanographie wichtig. Auf das Beispiel der **Gebirgsüberströmung** werden wir in → Kap. 8 zurückkommen.

Verwendete Literatur

Barry, R. (2008) Mountain Weather and Climate. 3. Aufl. Cambridge University Press.
Bendix, J. (2004) Geländeklimatologie. UTB, Stuttgart.
Bjerknes, V. (1904) Das Problem der Wettervorhersage, betrachtet vom Standpunkte der Mechanik und der Physik. Meteorol. Z., 21, 1–7.
Charlton-Perez, A., H. Dacre (2011) Lewis Fry Richardson's forecast factory – for real. Weather, 66, 52–54. doi:10.1002/wea.670
Wallace, J. M., P. V. Hobbs (2006) Atmospheric Science. An Introductory Survey, 2. Aufl. Academic Press.

Weiterführende Literatur

Brönnimann, S., A. Giesche, S. Hunziker, M. Jacques-Coper (2015) CLIMANDES Climate science e-learning course. Geographica Bernensia U27. DOI: 10.4480/GB2015.U27
Häckel, H. (2008) Meteorologie, 6. Aufl. UTB, Stuttgart.

Allgemeine Zirkulation der Atmosphäre | 6

Inhalt

6.1 Vertikaler Strahlungs- und Energietransport

6.2 Horizontaler Energietransport

6.3 Die zonal gemittelte meridionale Zirkulation

6.4 Die zonal gemittelte zonale Zirkulation

6.5 Zonal asymmetrische Zirkulationssysteme

Das Klimasystem kann als eine Wärmemaschine betrachtet werden. Angetrieben wird die Maschine durch räumliche Unterschiede des Energiegehalts im Klimasystem. Die Maschine versucht, die Unterschiede auszugleichen, indem sie die Energie umwandelt und transportiert. Die Umsetzung der Strahlungsenergie der Sonne erfolgt zu einem großen Teil an der Erdoberfläche, die Rückgabe an den Weltraum dagegen aus allen Atmosphärenschichten. Deshalb ist ein Ausgleich durch Energietransport von der Erdoberfläche in die Troposphäre notwendig. Weil außerdem die Tropen mehr Energie gewinnen als abstrahlen, während es in den polaren Regionen umgekehrt ist, ist ein Ausgleich zwischen Tropen und polaren Regionen nötig. Für diesen Ausgleich sorgt vor allem die Atmosphäre. Einen global kleineren, aber regional sehr wichtigen Beitrag leisten dazu auch die Ozeane.

In der Atmosphäre besorgen die Hadleyzellen den Ausgleich bis in die Subtropen. Daran schließt sich polwärts das Band der Westwinde an. Hier besteht das größte meridionale Temperaturgefälle: die planetare Frontalzone, die vor allem im Winter ausgeprägt ist. Energie wird hier durch planetare Wellen und darin eingebettete Störungen und Wettersysteme transportiert. Die planetaren Wellen werden durch die Gebirgsmassive und Land-Meer-Kontraste maßgeblich beeinflusst, sodass sich regional unterschiedliche Klimata ausbilden. Die Verteilung der Landmassen und Gebirge führt zu kontinentalen Zirkulationssystemen wie den Monsunen.

6.1 Vertikaler Strahlungs- und Energietransport

In → Kap. 3 haben wir die Energiebilanz der Erde betrachtet. Hier möchten wir daran anknüpfen und daraus sowie aus den Grundlagen zur Dynamik (→ Kap. 5) die atmosphärische Zirkulation verstehen. Rekapitulieren wir also die **Energiebilanz** der Erde (→ Abb. 3-1): Die Erdoberfläche absorbiert ca. 160 W m^{-2} kurzwellige Strahlung, die letztlich wieder als langwellige Strahlung an den Weltraum abgestrahlt werden muss. Kann die Erdoberfläche dies allein durch Abstrahlung leisten? Die Strahlung ist proportional zur vierten Potenz der Absoluttemperatur (vgl. → Box 3.1). Um mehr Strahlung abgeben zu können, muss sich die Erdoberfläche daher erwärmen.

Vertikaltransport von Energie durch Strahlung ist allerdings nicht sehr effizient. Dies zeigen Berechnungen mit einem Strahlungstransfer- und Konvektionsmodell (gewissermaßen einem eindimensionalen Klimamodell), wie sie erstmals in den 1960er-Jahren durchgeführt wurden (→ Abb. 6-1). Wenn der Energietransport nur durch Strahlung stattfinden könnte, müsste sich die Erde auf ca. 70 °C erwärmen, um genügend Strahlungsenergie abgeben zu können. Im Strahlungsgleichgewicht würde die Temperatur innerhalb der untersten 10 km dann um 150 °C abnehmen (hellgraue Kurve in → Abb. 6-1). Eine solche Schichtung wäre allerdings hochgradig labil (vgl. → Kap. 4.5). Offensichtlich ist Strahlung kein effizienter Mechanismus des Energietransports.

Troposphäre: Vertikaler Energietransport durch Konvektion

Selbst in einer trockenen Atmosphäre würde sofort **Konvektion** einsetzen und zusätzlich Energie in Form von sensibler Wärme transportieren (dunkelgraue Kurve in → Abb. 6-1). Kommt zusätzlich Wasserdampf hinzu, kann Wärme auch als latente Wärme transportiert werden. Wie wir gesehen haben (→ Abb. 3-1) wird ungefähr 12 % der am Boden eintreffenden kurzwelligen Strahlung in Form von **sensibler Wärme** an die Atmosphäre abgegeben. Ein weit größerer Anteil, ungefähr 52 %, wird als **latenter Wärmefluss** an die Atmosphäre abgegeben. Die restlichen 36 % werden – im Langzeitmittel, wenn der Fluss in den Untergrund vernachläßigt werden kann – abgestrahlt. Letzteres entspricht allerdings nur dem Nettofluss. Die absolute langwellige Abstrahlung ist aufgrund der einfallenden langwelligen Strahlung um ein Mehrfaches größer.

Stratosphäre: Vertikaler Energietransport durch Strahlung

In der Stratosphäre kommt eine andere Energiequelle dazu: Die **Absorption von UV-Strahlung** durch molekularen Sauerstoff und Ozon und die damit verbundene Erwärmung (vgl. → Kap. 2). Diese Wärmequelle ist in der oberen Stratosphäre stärker als in der unteren und daher nimmt die Temperatur mit der Höhe zu. Wegen der dadurch entstehenden, sehr stabilen Schichtung der Stratosphäre können keine starken vertikalen turbulenten Flüsse entstehen. Der **Energieausgleich**

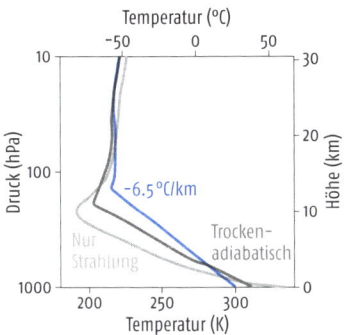

Abb. 6-1

Das strahlungskonvektive Gleichgewicht. Temperaturprofile für nur Strahlungstransport, trockene Atmosphäre und einen Temperaturgradienten von 6.5 °C pro km in der Troposphäre (nach Manabe und Strickler 1964).

kann daher fast nur durch Strahlung erfolgen. Stratosphäre und Troposphäre sind also bezüglich der Mechanismen des vertikalen Wärmetransports sehr verschieden.

Das aus diesen Vorgängen hervorgehende Temperaturprofil wird **strahlungskonvektives Gleichgewicht** («radiative-convective equilibrium») genannt (→ Abb. 6-1). Die Troposphäre folgt dabei in dieser globalen Betrachtung ungefähr einem Temperaturgradienten von 6.5 °C/km, die Stratosphäre dem photochemisch-strahlungsbedingten Gleichgewicht. Das strahlungskonvektive Gleichgewicht widerspiegelt also die Mechanismen, wie Energie im Klimasystem von der Erdoberfläche nach oben transportiert wird und wie sie von dort aus in den Weltraum abgestrahlt werden kann.

Temperaturprofil im strahlungskonvektiven Gleichgewicht

Horizontaler Energietransport | 6.2

Wir haben die obigen Betrachtungen für globale Mittel angestellt. Wie sieht die **horizontale Verteilung** von Energie aus? In → Abb. 3-5 haben wir die Tagessummen der Einstrahlung als Funktion der geographischen Breite und des Kalendermonats betrachtet. Wir haben festgestellt, dass im Jahresmittel die Tropen mehr Einstrahlung erhalten als die polaren Regionen und dass das Gefälle vor allem im Winter groß ist. → Abb. 6-2 stellt nun die zonal und jährlich gemittelte **Strahlungsbilanz** dar. Die kurzwellige Einstrahlung an der Atmosphärenobergrenze ist als schwarze Linie eingetragen, dunkelblau die vom Klimasystem **absorbierte kurzwellige Sonnenstrahlung** (eintreffende minus ausgehende kurzwellige Strahlung, K↓ − K↑). Diese ist in den Tropen höher als in den mittleren und hohen Breiten, und der relative Unterschied ist größer als bei der Einstrahlung an der Atmosphärenobergrenze. Die

In den Tropen höhere kurzwellige Einstrahlung als über den Polen

Verminderung leicht nördlich des Äquators ist die Folge der Bewölkung in der Innertropischen Konvergenzzone (vgl. → Kap. 6.3).

Würde die absorbierte Strahlung als Karte dargestellt, würde schnell ersichtlich, dass es auch räumliche Unterschiede gibt. Ein Grund dafür ist die **räumlich unterschiedliche Albedo:** Ozeane sind im Allgemeinen dunkler als die Landoberfläche, absorbieren also mehr Sonnenstrahlung als Wüstengebiete oder Schneeoberflächen (vgl. → Tab. 3-1). In der (kurz- und langwelligen) Nettostrahlung, welche in → Abb. 6-3 rechts dargestellt ist und auf welche wir in der Folge eingehen, ist dies ebenfalls ersichtlich.

> In den Tropen höhere langwellige Ausstrahlung als über den Polen, aber kleinere Unterschiede als für kurzwellige Strahlung

Die graue Linie in → Abb. 6-2 sowie die Karten auf der linken Seite von → Abb. 6-3 zeigen umgekehrt die **ausgehende langwellige Strahlung.** Auch hier wird eine jahreszeitliche und räumliche Verteilung sichtbar: Die **tropischen Regionen** strahlen mehr Wärme ab als die hohen Breiten, weil die Erdoberfläche hier wärmer ist (vgl. Stefan-Boltzmann-Gesetz, → Box 3.1). Allerdings strahlen die inneren Tropen weniger als die Subtropen. Der Grund dafür ist die Bewölkung aufgrund der hochreichenden Konvektion. Strahlung geht hier von den kalten **Wolken** aus, während vom Weltraum aus die warme Erdoberfläche nicht zu sehen ist. Am stärksten strahlen die **subtropischen Wüstengebiete.** Ebenfalls stark strahlen die wolkenlosen **subtropischen Ozeane** (→ Abb. 6-3).

> Die Sahara ist eine Senke für Strahlungsenergie, Ozeane erhalten mehr Strahlung als Kontinente

Subtrahiert man die ausgehende langwellige Strahlung von der absorbierten kurzwelligen Strahlung, erhält man die **Nettostrahlung** an der Atmosphärenobergrenze (Q* = K↓ − K↑ − L↑, da L↓ = 0). Sie zeigt, wie viel Energie in Form von Strahlung die Atmosphäre in einer bestimmten Region erhält (→ Abb. 6-3). Der **Energiegewinn** ist am höchsten in den Tropen, wie zu erwarten ist. Umgekehrt sind die polaren

Abb. 6-2 | Jahresmittel der eintreffenden kurzwelligen Strahlung, der absorbierten solaren Strahlung und der ausgehenden langwelligen Strahlung als Funktion der geographischen Breite basierend auf ERBE-Satellitendaten. Würde die x-Achse als Cosinus des Breitengrades abgetragen, wären die hellblaue und die graue Fläche zwischen den Kurven exakt gleich.

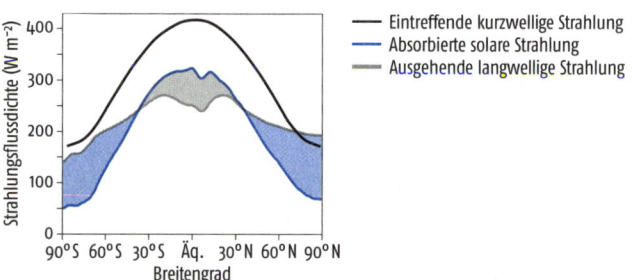

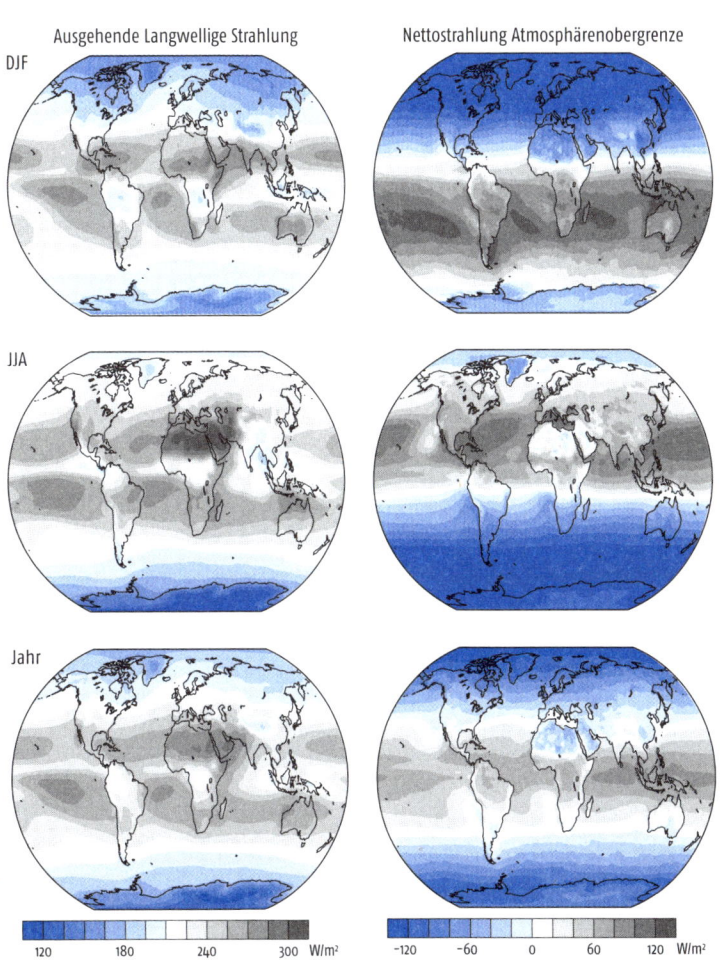

Abb. 6-3
Ausgehende langwellige Strahlung (links) und Nettostrahlung an der Atmosphärenobergrenze (rechts) für verschiedene Jahreszeiten (DJF = Dezember bis Februar, JJA = Juni bis August) und für das Jahresmittel (unten) (Quelle: ERBE).

Regionen Energiesenken. Es zeigt sich aber auch, dass beispielsweise die Sahara netto Strahlungsenergie verliert. Sie ist also auf **Wärmezufuhr** von außen angewiesen. Allgemein erhalten die Ozeane mehr Strahlung als die Kontinente. In → Abb. 6-3 sind die Karten für Sommer und Winter separat dargestellt. In diesem jahreszeitlichen Vergleich zeigt sich, dass die Gradienten in Richtung des Winterpols stärker sind als in Richtung des Sommerpols.

Die Nettostrahung Q* ist, in zonale und jährliche Mittel gefasst, als farbige Flächen in → Abb. 6-2 sichtbar. Dort, wo die **absorbierte kurzwellige Strahlung** höher ist als die **abgestrahlte langwellige Strahlung**

Meridionaler Energietransport gleicht das räumliche Ungleichgewicht in der Nettostrahlung aus

(graue Flächen), liegt ein **Strahlungsüberschuss** vor, wo Erstere tiefer liegt als Letztere, ein **Strahlungsdefizit** (blaue Flächen). Gäbe es keinen horizontalen Energieausgleich, wäre die Atmosphäre überall im Strahlungsgleichgewicht, und die ausgehende Strahlung wäre gleich der eintreffenden. Die Tropen würden sich stark erwärmen und die polaren Gegenden stark abkühlen. Durch die ungleiche eintreffende Strahlung und dadurch ungleiche Erwärmung werden aber **Ausgleichsmechanismen** in Gang gesetzt, die dahingehend wirken, dass Energie von den Tropen in die Außertropen transportiert und letztlich **abgestrahlt** wird. Die herrschende Temperatur kann somit als dynamisches Gleichgewicht zwischen dem Aufbau eines Temperaturgradienten durch ungleiche Strahlungsbilanz und dem Abbau durch die Zirkulation verstanden werden.

Physikalisch können wir uns dem Problem durch die **Energieerhaltung** nähern. Wenn die gesamte atmosphärische und ozeanische Säule über einer Grundfläche betrachtet wird, muss der **Nettostrahlung** an der Atmosphärenobergrenze eine Änderung des Energieinhalts der Säule oder eine **horizontale Wärmeflussdivergenz** entsprechen. Für die Atmosphäre alleine können wir die Differenz zwischen der Nettostrahlung an der Atmosphärenobergrenze Q^*_{TOA} und dem Bodenwärmefluss (hier dargestellt für einen Ozean: Q_O) wie eine vertikale Energieflussdivergenz auffassen (vgl. → Abb. 6-4; wir definieren einen abwärts gerichteten Strahlungsfluss Q als positiv). Diese muss durch eine horizontale Wärmeflussdivergenz $\vec{\nabla} \vec{F_A}$ oder durch eine Änderung des atmosphärischen Speichers ($\frac{dE_A}{dt}$, also der **feuchtstatischen Energie**) ausgeglichen werden:

$$Q^*_{TOA} - Q_O = \frac{dE_A}{dt} + \vec{\nabla} \vec{F_A} \qquad [W]$$

Dieselbe Überlegung lässt sich für die gesamte, d.h. Ozean und Atmosphäre umfassende Säule anstellen (→ Abb. 6-4, links); der Wärmefluss am Ozeanboden kann jetzt vernachlässigt werden. Wärmeflussdiver-

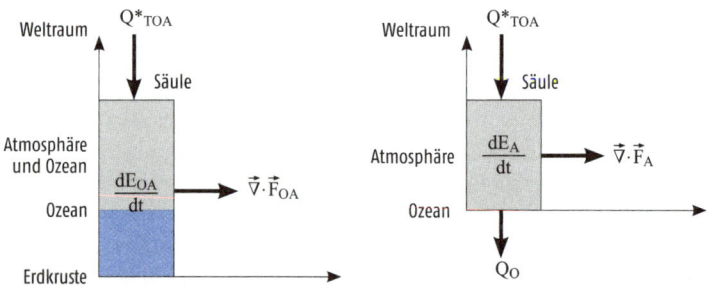

Abb. 6-4 Schematische Darstellung des Zusammenhangs zwischen Nettostrahlung und horizontaler Wärmeflussdivergenz in Ozean und Atmosphäre (links) resp. nur in der Atmosphäre (rechts).

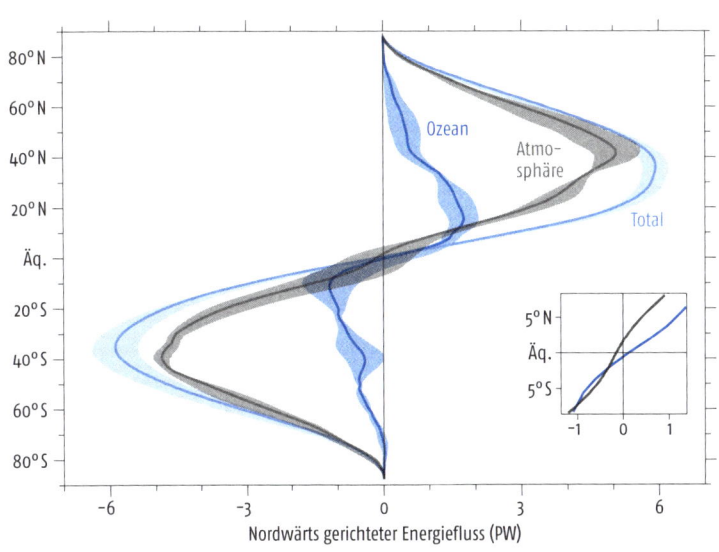

Abb. 6-5

Nordwärts gerichteter Energietransport F_y in Ozean und Atmosphäre mit Unsicherheiten (nach: Fasullo and Trenberth 2008b). Die Ableitung der Kurve «Total», also $\partial F_y/\partial y$, entspricht $[Q^*_{TOA}]$, also den farbigen Flächen in Abb. 6-2. Der Ausschnitt zeigt eine Vergrößerung der Situation um den Äquator (nur Atmosphäre und Ozean und ohne Unsicherheiten).

genz und Speicher beziehen sich dafür auf Ozean und Atmosphäre zusammen:

$$Q^*_{TOA} = \frac{dE_{OA}}{dt} + \vec{\nabla} \vec{F_{OA}} \qquad [W]$$

Im Folgenden betrachten wir nur den meridionalen Fluss F_y. In → Abb. 6-2 haben wir gesehen, dass Q^*_{TOA} in den Tropen positiv ist und in den Außertropen negativ. Im Gleichgewicht ($\frac{dE_{OA}}{dt} = 0$) und für zonale Mittel (mit [] gekennzeichnet) wäre also:

$$[Q^*_{TOA}] = \frac{\partial F_y}{\partial y} \qquad [W]$$

Dazu müssen wir Ozean und Atmosphäre separat betrachten, denn zum globalen meridionalen **Energieausgleich** tragen sowohl **Ozean** als auch **Atmosphäre** bei. Wie sieht also F_y aus? → Abb. 6-5 zeigt den nordwärts gerichteten Energietransport F_y in Atmosphäre und Ozean. Obschon Ozeane extrem viel Wärme speichern, sind die wirkenden Geschwindigkeiten sehr klein. Auch die Temperaturgradienten sind geringer, sodass der Beitrag der Ozeane zum Wärmetransport nur in den **inneren Tropen** die Hauptlast übernimmt. In den Mittelbreiten spielt, zonal gemittelt, vor allem die Atmosphäre eine Rolle.

Dabei muss allerdings berücksichtigt werden, dass in den nördlichen Mittelbreiten und hohen Breiten, bei 60° N, nur noch ein kleiner Teil

Meridionaler Energietransport in den inneren Tropen vor allem durch Ozeane, außerhalb der Tropen vor allem durch die Atmosphäre.

des Erdumfangs von Ozean bedeckt ist. Trotz der breitenkreisgemittelt kleinen Rolle des ozeanischen Wärmetransports ist er beispielsweise im Nordatlantik durchaus wichtig und wirkt sich auf das lokale Klima aus. Das Klima von Norwegen und Svalbard (Spitzbergen) wird sogar sehr stark durch die ozeanische Wärmezufuhr geprägt. Hier ist die Fortsetzung des Golfstroms – der **Nordatlantikstrom** – klimawirksam.

In der Atmosphäre wird durch die **ungleiche Verteilung** von Strahlungsenergie die **allgemeine Zirkulation** in Gang gesetzt, auf die wir im nächsten Unterkapitel im Detail eingehen. Energie wird dabei in allen bisher kennengelernten Arten transportiert: als sensible oder latente Wärme, als potentielle Energie oder als kinetische Energie.

Energietransport von den Ozeanen zum Land

Bevor wir die atmosphärische Zirkulation in Form von zonalen Mitteln anschauen, sei hier nochmals auf zwei Eigenschaften der Energiebilanz hingewiesen: der Land-Meer-Kontrast und die Unterschiede zwischen Nord- und Südhemisphäre (→ Abb. 6-6). Global gesehen sind **Kontinente Energiesenken** (nicht nur die Sahara). Die Atmosphäre über den Kontinenten strahlt ca. 2.2 PW (Petawatt, vgl. → Tab. 1-4) mehr ab, als sie an kurzwelliger Strahlung absorbiert; bei der Atmosphäre über Ozeanen verhält es sich umgekehrt, sie absorbiert mehr, als sie abstrahlt. Ein Grund dafür ist die höhere Albedo der Landmassen (→ Abb. 6-3). Die Atmosphäre muss also 2.2 PW Energie von den Ozeanen auf die Landmassen transportieren. Hier zeigt sich deutlich, dass die Kreisläufe von Energie und Wasser miteinander verbunden sind. Der **latente Energiefluss** von den Ozeanen auf die Kontinente hat seine Entsprechung im **Abfluss** der großen Ströme: Die atmosphärische Zirkulation transportiert Feuchte von den Ozeanen über die Landoberfläche. In → Abb. 1-10 ist dieser Fluss eingetragen: Der Nettofluss beträgt rund 40 000 km³ pro Jahr. Über dem Land kondensiert die Feuchte und setzt Wärme frei, Niederschlag fällt, und das Wasser fließt zurück in die Ozeane.

Die Energieflüsse in der Atmosphäre sind nicht ganz im Gleichgewicht. Der Energieüberschuss über den Ozeanen ist etwas größer als das Energiedefizit über den Landflächen. Netto fließen ca. 0.4 PW in die Ozeane. Dies entspricht auf die gesamte Erde berechnet 0.8 W m^{-2} und damit ungefähr der Zahl in → Abb. 3-1.

Die Nordhemisphäre hat eine negative Strahlungsbilanz, ist aber wärmer

Ist die Strahlungsbilanz der beiden **Hemisphären** gleich oder besteht hier eine Asymmetrie? Zwar ist die Antarktis sehr **hell** und reflektiert solare Strahlung, aber auch die Kontinente der Nordhemisphäre sind heller als die Ozeane der Südhemisphäre und strahlen Wärme ab. Es zeigt sich, dass die beiden Hemisphären fast genau gleich viel Strahlung erhalten. In → Abb. 6-6 ist eine Modellsimulation für das vorindustrielle Klimasystem dargestellt. Die **Nordhemisphäre** hat hier eine **leicht**

Links: Energieflüsse (in PW) im Klimasystem für Meer- und Landflächen separiert anhand von Messungen und Reanalysedaten (Fasullo und Trenberth 2008a). Die Erde ist nicht ganz im Strahlungsgleichgewicht; es verbleibt ein Nettofluss von 0.4 PW in den Ozean. Rechts: Modellierte vorindustrielle Wärmeflüsse (PW) in Ozean (blau) und Atmosphäre (grau) in einer hemisphärischen Betrachtung (Feulner et al. 2013). Hier ist die Erde im Gleichgewicht. Die Flüsse an der Atmosphärenobergrenze bezeichnen die absorbierte kurzwellige Strahlung sowie die ausgehende langwellige Strahlung.

| Abb. 6-6

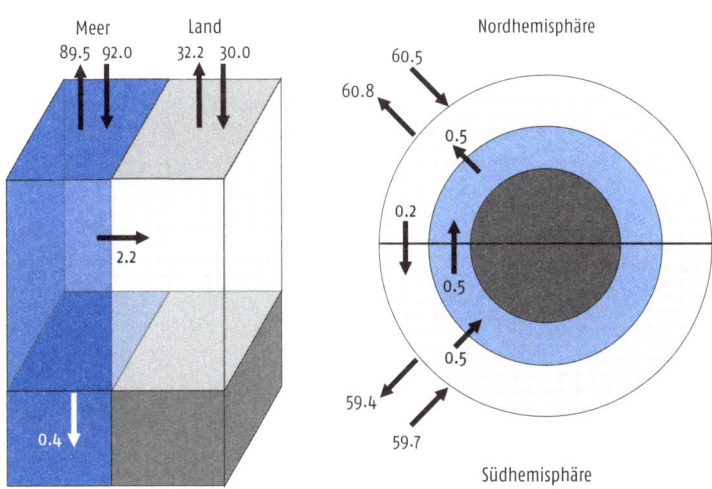

negative **Strahlungsbilanz,** die Südhemisphäre eine leicht positive. Das Strahlungsungleichgewicht beträgt jeweils aber nur ca. 0.3 PW.

Trotzdem ist die **Nordhemisphäre wärmer** als die Südhemisphäre. Die Ursache liegt im **ozeanischen Wärmetransport.** Die Ozeane transportieren ca. 0.5 PW an Energie von der Südhemisphäre in die Nordhemisphäre. Dies ist im Ausschnitt in → Abb. 6-5 verdeutlicht, wo der nordwärts gerichtete ozeanische Wärmefluss (blau) am Äquator positiv ist (die Kurve schneidet rechts der Nulllinie). Diese 0.5 PW sind allerdings mehr als das Strahlungsungleichgewicht zwischen den Hemisphären. Ein Teil der durch den Ozean transportierten Wärme wird in der Nordhemisphäre abgestrahlt, ein anderer Teil fließt via **Atmosphäre** wieder zurück (vgl. graue Linie im Ausschnitt in → Abb. 6-5, welche links der blauen Linie liegt). Darauf werden wir im nächsten Kapitel zu sprechen kommen. Dieses Beispiel zeigt, dass die Energieflüsse im Klimasystem doch relativ komplex sind, weil **kleine Differenzen** zwischen großen Flüssen eine Rolle spielen. Es zeigt auch, dass der Wärmetransport durch die Ozeane, obschon relativ unbedeutend für den Transport von Wärme in die polaren Breiten, einen großen Einfluss auf die tropische atmosphärische Zirkulation hat.

Ozeane transportieren Wärme von der Süd- in die Nordhemisphäre, die Atmosphäre in Gegenrichtung

6.3 Die zonal gemittelte meridionale Zirkulation

Das durch **Strahlungsungleichgewichte** entstehende Energiegefälle zwischen Tropen und Pol, zwischen der Erdoberfläche und der freien Atmosphäre und zwischen Ozean und Kontinenten muss durch **Wärmeflüsse** ausgeglichen werden. Diese Wärmeflüsse werden vornehmlich durch die atmosphärische Zirkulation bewerkstelligt. Aber wie muss die Zirkulation aussehen, um diese Aufgabe wahrnehmen zu können?

Thermisch direkte Zirkulationszellen transportieren Energie

Eine Möglichkeit sind **konvektive Zirkulationszellen**. Heizt man den Boden eines Tanks mit Luft unter der einen Seite und kühlt unter der anderen, entsteht eine Zirkulationszelle. Durch Unterschiede in der Wärmezufuhr steigt die Luft über der Wärmequelle auf und wird duch die Zelle zur anderen Seite des Tanks transportiert. Dort sinkt die Luft ab und fließt am Boden des Tanks zurück. Solche Zirkulationszellen heißen **thermisch direkt** (vgl. auch → Abb. 5-5).

Erdrotation erfordert eine meridionale Zirkulation mit mehreren Zellen

Auch auf der Erde könnte durch eine solche Zirkulation Energie ausgetauscht werden. → Abb. 6-7 zeigt schematisch, wie eine solche Zirkulation auf einer nicht rotierenden Erde aussehen könnte. Wegen der **Erdrotation** ist eine Zirkulationsstruktur mit einer einfachen, von den Tropen bis zu den Polen reichenden **Zirkulationszelle** allerdings nicht möglich. Zwar liegt über den Tropen eine Zirkulationszelle, welche Luft und Wärme aufwärts und polwärts transportiert, aber die polwärts strömende Luft wird durch die Erddrehung nach Osten abgelenkt, wird also zu einem Westwind. Zwischen ungefähr 40° und 60° entsteht deshalb ein erdumspannendes **Westwindband** (die Westwinddrift, vgl. → Kap. 8), welches die Luft der tropischen Breiten von der polaren Luft abtrennt. Die in den Tropen aufgestiegene Luft kann nicht in diesen Bereich vordringen und sinkt bereits über den Subtropen ab (vgl. → Abb. 6-7). Die Luft strömt dann als Passatwind wieder äquatorwärts, wie im nächsten Kapitel (vgl. → Kap. 6.3.1) erläutert wird. Diese

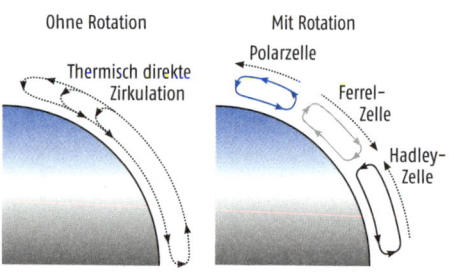

Abb. 6-7
Schematische Darstellung des Energieausgleichs durch die meridionale Zirkulation auf einer unbewegten Kugel (links) und der rotierenden Erde (rechts). Gestrichelte Pfeile zeigen die Richtung des Energietransports durch diese Zellen.

Die zonal gemittelte Zirkulation. Oben: Die zonal gemittelte meridionale Stromfunktion (in 10^{10} kg s^{-1}). Pfeile geben die Bewegungsrichtung an. Unten: Der zonal gemittelte Zonalwind (in m s^{-1}). Die linken Figuren stehen für Dezember bis Februar, die rechten für Juni bis August (Daten: ERA-Interim 1979–2016).

Abb. 6-8

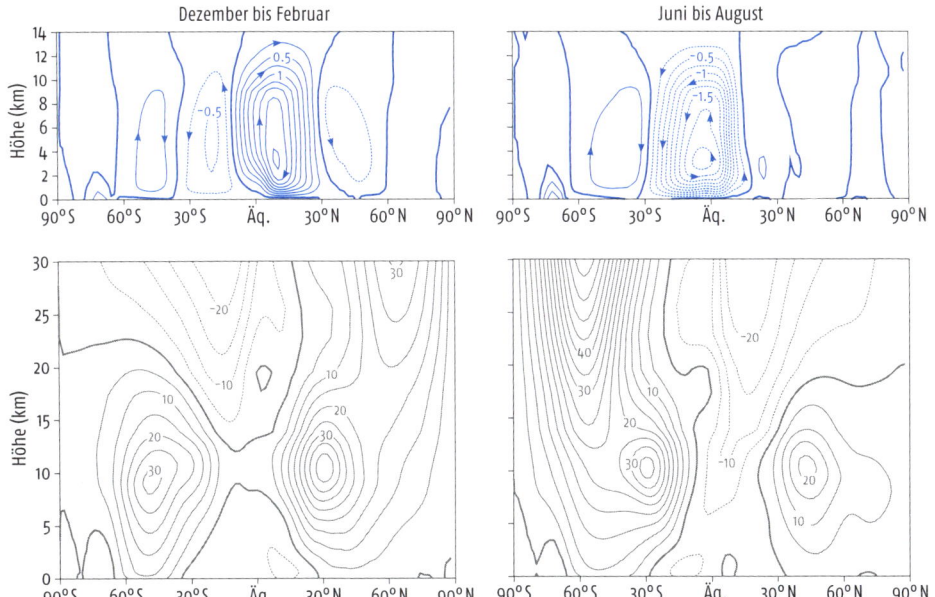

geschlossenen Zirkulationswalzen, eine auf der Nord- und eine auf der Südhemisphäre, heißen **Hadleyzellen**.

Als **thermisch direkte Zirkulation** (Energie wird in abnehmender Richtung des Gradienten transportiert) könnten die Hadleyzellen die Energieunterschiede zwischen den Tropen und den polaren Breiten durch Transport abbauen. Sie decken aber nur die Tropen und Subtropen ab. Polwärts schließen sich daran Zellen mit umgekehrtem Drehsinn: die **Ferrelzellen**, welche in Kapitel 6.3.2 näher betrachtet werden. Als **thermisch indirekte** Zellen transportieren sie Energie äquatorwärts und können also nicht zum Abbau der Energieunterschiede beitragen.

Energietransport von den Tropen in die Subtropen durch Hadleyzellen

Wie die Atmosphäre trotzdem Energie polwärts durch die Region der Ferrelzelle transportieren kann, wird in → Kap. 6.5.4 erklärt. Ein Ausgangspunkt dazu stellen Wellen in der Westwindzirkulation dar, die sogenannten **Rossbywellen**. Diese Wellen sowie vor allem die darin eingebetteten Störungen (Wettersysteme) besorgen letztlich den Energietransport. In den folgenden Kapiteln werden aber zunächst die meridionalen Zirkulationszellen diskutiert.

Energietransport in den Mittelbreiten durch Wettersysteme

Allgemeine Zirkulation der Atmosphäre

Die meridionale Stromfunktion zeigt die Umwälzung

Fassen wir die zonal gemittelte Meridionalzirkulation nochmals zusammen. → Abb. 6-8 (oben) zeigt diese für den Nordsommer (links) und den Nordwinter (rechts) in Form der Stromfunktion. Die **Stromfunktion** Ψ ist für einen Querschnitt (zonale Mittel) durch die Atmosphäre definiert und ist ein Maß der meridionalen Umwälzung. Durchgezogene Linien zeigen Umwälzung im Uhrzeigersinn, gestrichelte im Gegenuhrzeigersinn. Sie wird durch Integrieren des zonal gemittelten Meridionalwinds [v] vom oberen Rand der Atmosphäre nach unten berechnet (p ist der Druck, g die Schwerebeschleunigung, a der Erdradius und φ die geographische Breite):

$$\Psi(p, \varphi) = \frac{2\pi a \cos \varphi}{g} \int_0^p [v]\, dp \qquad [kg\, s^{-1}]$$

Die Interpretation ist analog zur Druckverteilung auf einer horizontalen Fläche: Die Strömung erfolgt entlang der Linien. Wo diese eng geschart sind, ist die Strömung schnell.

Die Hadleyzelle ist in der Winterhemisphäre stärker

Die Zirkulation ist in der Winterhemisphäre stärker ausgeprägt. Hier zeigt sich in der Meridionalzirkulation die Zellenstruktur: die Hadleyzelle, die Ferrelzelle und die (schwach ausgeprägte und daher in dieser Darstellung nicht sichtbare) Polarzelle. In der Sommerhemisphäre ist diese Struktur weniger stark ausgeprägt; im Nordsommer ist die nördliche Hadleyzelle sogar kaum sichtbar. Dies liegt an der Verlagerung durch die Monsune; wir werden darauf zurückkommen. In der Folge widmen wir uns den einzelnen in dieser Figur angesprochenen Merkmalen.

6.3.1 Die Innertropische Konvergenzzone und die Hadleyzellen

Die innerste, tropische Zirkulationszelle, die **Hadleyzelle** (vgl. → Box 6.1), ist, wie oben dargelegt, eine **thermisch direkte** Zirkulation; d.h., sie entsteht durch unterschiedliche Erwärmung der Tropen und Außertropen und transportiert Energie von der Quelle, den Tropen, zu den Außertropen. Im Folgenden diskutieren wir die charakteristischen Elemente der Hadleyzelle.

Box 6.1

Halley und die Passatwinde

Zahlreiche Impulse für die Meteorologie in früherer Zeit gingen von der Seefahrt aus. Ein gutes Beispiel dafür ist die erste globale Windkarte (oder vielleicht besser: Karte der Winde über den tropischen Meeren), welche 1686 vom englischen Astronomen

Edmund Halley veröffentlicht wurde. Diese Karte zeigt detailliert die Passatwinde in den verschiedenen Ozeanbecken. Für den damaligen Welthandel – und insbesondere für die aufstrebende Kolonialmacht England – war diese Information sehr wichtig. Daneben ist es auch die erste «meteorologische Karte», bis dahin wurden meteorologische Aufzeichnungen nämlich nie in Kartenform publiziert. Halley stellte auch andere geophysikalische Größen kartografisch dar und war ein Pionier auf diesem Gebiet.

Karte der Winde von Edmund Halley (Halley 1686). | Abb. 6-9

Der große Strahlungsüberschuss in den Tropen führt zu einer Erwärmung der Erdoberfläche und zu Verdunstung. Dadurch wird, tages- und jahreszeitlich abhängig, Konvektion ausgelöst, welche oft große, lineare Strukturen bildet und auf Satellitenbildern teils gut erkennbar ist. Es zeigt sich ein fast erdumspannendes Band. Diese hochreichenden **Konvektionszellen** in Äquatornähe bilden den **aufsteigenden Ast** der Hadley-Zellen, die **innertropische Konvergenzzone** (ITCZ, vgl. → Kap. 8). Ein gutes Maß für die ITCZ ist daher der Vertikalwind in der mittleren Troposphäre (→ Abb. 6-10, für 500 hPa, also ca. 5.5 km). Deutlich sind Regionen mit starkem Aufsteigen oder Absinken der Luft zu erkennen. Die ITCZ ist hier als blaues Band in den Tropen sichtbar. Die Lage der ITCZ verschiebt sich im Jahresverlauf mit dem Sonnenstand. Besonders über den Kontinenten verschiebt sich die ITCZ im Sommer weit in die Subtropen und sogar Mittelbreiten hinein. Grund ist das Aufheizen der Landmassen im Sommer, das **Monsunphänomen,** das in → Kap. 5.3 näher betrachtet wird. Ein weiteres Merkmal ist die diagonal nach Süden weisende Struktur über dem Südpazifik, die sogenannte Südpazifische Konvergenzzone. Im Mittel liegt die ITCZ leicht nördlich des Äquators, da die Nordhemisphäre wärmer ist als die Südhemisphäre (vgl. → Kap. 6.2).

Innertropische Konvergenzzone als aufsteigender Ast der Hadleyzellen

Abb. 6-10 Lage der ITCZ, dargestellt als Vertikalwind auf der 500 hP-Fläche im Dezember bis Februar (links) und im Juni bis August (rechts). Blaue Farben zeigen aufsteigende Luft (<−0.025 Pa s^{-1}), graue Farben absinkende (>0.025 Pa s^{-1}; Daten: ERA-Interim 1979−2016).

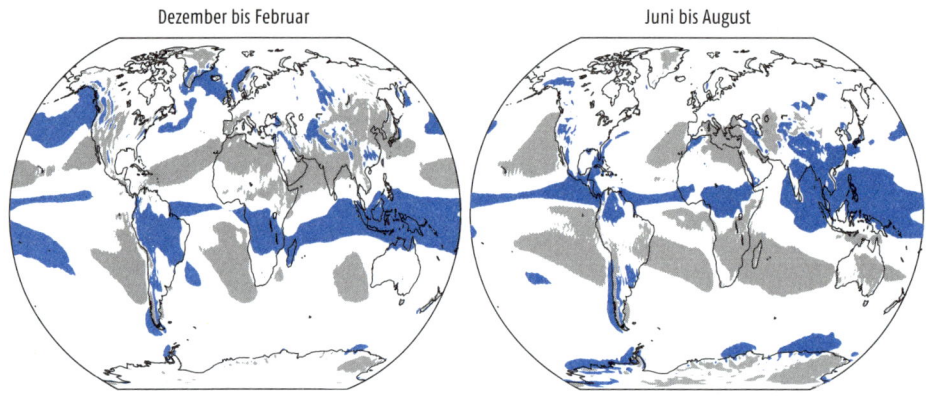

Dezember bis Februar   Juni bis August

Die ITCZ hat ihren Namen von der Konvergenz der bodennahen Strömung, der Passatwinde. Im deutschen Sprachraum wird sie zuweilen auch äquatoriale Tiefdruckrinne genannt. In der ITCZ steigt die Luft bis in große Höhen, oft bis zu 16 km oder noch höher (in Druckkoordinaten: 70 hPa). Die Tropopause liegt in den Tropen wesentlich höher als in den Mittelbreiten und ist auch um einiges kälter. Die **tropische Tropopause** gehört zu den kältesten Regionen der Erde (vgl. → Abb. 2-5).

Subtropenhochs als absteigender Ast der Hadleyzellen

In der Tropopausenregion der ITCZ ist die potentielle Energie hoch. Hier findet Divergenz statt, und die energiereiche Luft strömt in beide Hemisphären. Durch die zunehmende Corioliskraft wird die polwärts strömende Luft abgelenkt und zu einem Westwind. Bei ungefähr 40° dominiert dann horizontale Konvergenz in der Tropopausenregion. Die Luft sinkt, wie oben bereits erwähnt, in den Subtropen ab. Dieser **absinkende Ast** der Luft ist in → Abb. 6-10 als graue Flächen sichtbar. Anders als in der ITCZ, welche eher einem erdumspannenden Band gleicht (wenn auch mit unterschiedlicher Breite und mit Unterbrechungen), sind die Regionen mit Absinken regional beschränkt. Es sind die stabilen **subtropischen Hochdruckgebiete**, in welchen die Luft absinkt. Durch das Absinken ist dort die Bewölkung gering. Viele **Wüstengebiete** liegen in den Subtropen (vgl. → Kap. 8). Aus den Subtropenhochs strömen in Bodennähe die Passatwinde als regelmäßige Winde (vgl. → Box 6.1) zum Äquator, die Nordostpassate nördlich des Äquators und die Südostpassate südlich. Die Subtropenhochdruckgebiete selber und die ITCZ sind dagegen Zonen häufiger «Kalmen», also windschwacher Situationen.

Die Hadleyzellen sind für den globalen Energietransport entscheidend. Schauen wir uns also die Energieflüsse in den Hadleyzellen an (→ Abb. 6-11). Die kurzwellige Nettostrahlung K^* an der Erdoberfläche ist positiv. Die Strahlungsbilanz wird durch die anderen Terme der Energiebilanz ausgeglichen (vgl. → Kap. 3.8). Es fließt einerseits Wärme in den Ozean und in die Atmosphäre, und es wird Wärme abgestrahlt. Bei den Flüssen in die Atmosphäre dominiert der latente Wärmefluss; die Abstrahlung und der sensible Wärmefluss sind kleiner. Betrachten wir die Energiebilanz für die untersten ca. 2 km der Atmosphäre in den Tropen, kommt zum Energieüberschuss durch die Strahlungsbilanz am Erdboden ein erheblicher Zustrom von Energie. Die Passatwinde aus den Subtropen, besonders dann, wenn sie über einen warmen Ozean geströmt sind, bringen große Mengen an latenter Wärme. Die feuchtstatische Energie in den bodennahen Luftschichten der inneren Tropen ist also hoch, und für diese Schicht alleine betrachtet ist $\vec{\nabla} \vec{F_A} < 0$ (Konvergenz des Energieflusses).

In der ITCZ steigt energiereiche, heiße und feuchte Luft auf. Bei der Kondensation in den großen **tropischen Konvektionssystemen** wird die latente Wärme in der oberen Troposphäre wieder frei. Beim Aufstieg wird Energie außerdem in potentielle Energie umgewandelt. Aus der ITCZ strömt die Luft polwärts in beide Hemisphären, jedoch stärker in die Winterhemisphäre. Die Energie wird durch diese Strömung **polwärts transportiert.** In dieser Schicht ist $\vec{\nabla} \vec{F_A} > 0$ (Divergenz des Energieflusses). Der ausströmende Ast ist energiereicher als die in Bodennähe

Wärmetransport durch oberen Ast der Hadleyzirkulation

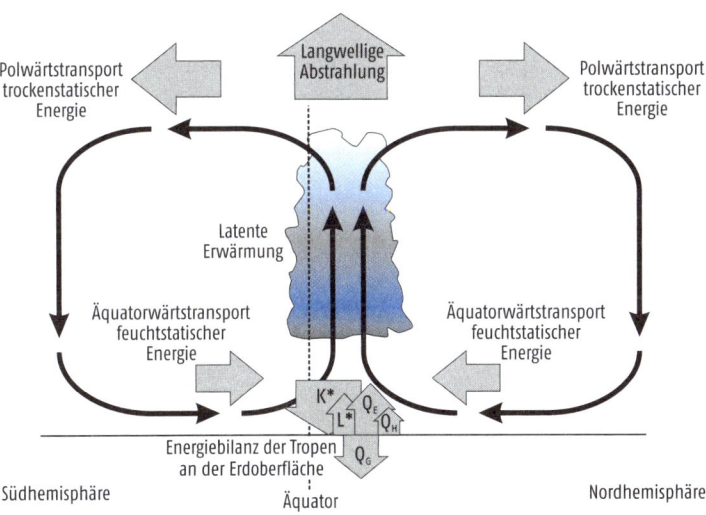

| Abb. 6-11

Schematische Darstellunge der Hadleyzellen und der beteiligten Energieflüsse (Pfeile geben ungefähre Größenordnung).

zur ITCZ hin transportierte feuchte Luft. Obwohl also der Massenfluss ausgeglichen ist, transportieren die Hadleyzellen Energie polwärts, weil die trockenstatische Energie (die Feuchte ist sehr gering), die in ihrem oberen Bereich polwärts strömt, größer ist als die feuchtstatische Energie, die in den bodennahen Schichten äquatorwärts strömt (über die ganze Säule ist also $\vec{V} \vec{F_A} > 0$).

Gleichzeitig wird ein Teil der frei gewordene Wärme durch die Atmosphäre wieder **abgestrahlt**. In der oberen Troposphäre ist Abstrahlung wesentlich effizienter als vom Erdboden aus, da die darüberliegende Atmosphäre auch für thermische Strahlung relativ transparent ist (sie enthält nur noch ca. 10 % der Masse und damit nur noch ca. 10 % des CO_2 sowie fast keinen Wasserdampf mehr). Die Abstrahlung ist aber insgesamt geringer als die Einstrahlung, und Q^*_{TOA} ist positiv, womit wir wieder bei → Abb. 6-2 angelangt sind.

Die Tatsache, dass die ITCZ im Mittel auf der **Nordhemisphäre** liegt, ist darauf zurückzuführen, dass die Nordhemisphäre wärmer ist als die Südhemisphäre, was durch ozeanischen Wärmetransport aus der Südhemisphäre in die Nordhemisphäre erklärt werden kann (vgl. → Kap. 6.2, → Abb. 6-6). Durch die nördliche **Hadleyzelle** fließt Energie zurück in die Südhemisphäre. Das geht nur, wenn die ITCZ im Mittel auf der Nordhemisphäre liegt.

Schwankungen und Trends der Hadleyzellen

Die Hadleyzellen sind nicht immer gleich stark. Schwankungen von Position, Stärke und Weite der Hadleyzellen entstehen beispielsweise durch Veränderungen in den **tropischen Meeresoberflächentemperaturen**. Phänomene wie El Niño/Southern Oscillation (vgl. → Kap. 10.2.2) oder Änderungen der Temperaturen im tropischen Atlantik beeinflussen die Hadleyzelle. Mit der globalen Erwärmung wird davon ausgegangen, dass die Hadleyzellen breiter werden. Damit ist eine **Polwärts-Migration** der subtropischen Trockenzonen verbunden, was zu einer Verschiebung der Dürrezonen führt.

6.3.2 | Ferrelzellen und Polarzellen

Ferrelzellen in den Mittelbreiten

An die Hadleyzellen schließen sich polwärts die Ferrelzellen an. Sie sind nach einem der Pioniere der Erforschung der atmosphärischen Zirkulation, William Ferrel (1817–1891), benannt. Sie teilen den absteigenden Ast über den Subtropenhochdruckgebieten mit den Hadleyzellen, umfassen dann aber denjenigen Teil der Luft, der aus den Hochdruckgebieten polwärts in Richtung der subpolaren Tiefdruckgebiete strömt, dort oder unterwegs aufsteigt und in der oberen Troposphäre zurückströmt.

Die Ferrelzellen sind variabel und in der zonal gemittelten Stromfunktion deutlich schwächer ausgeprägt als die Hadleyzellen. Die Ferrelzellen müssen sich als aus einzelnen Wettersystemen zusammengesetzt gedacht werden, die außerdem nicht breitenkreisparallel verlaufen, sondern über dem Nordpazifik und dem Nordatlantik jeweils eine von Südwest nach Nordost ziehende Achse haben.

Polwärts an die Ferrelzellen schließen sich die **polaren Zellen** an. Ein Teil der aufsteigenden Luft in den Tiefdruckgebieten über den nördlichen Mittelbreiten (diesen Ast der Zirkulation teilen die polaren Zellen mit den Ferrelzellen) fließt polwärts, sinkt über den polaren Regionen ab und kühlt sich durch Strahlung ab. Die Luft strömt dann als kalte Polarluft von dort zurück in die Mittelbreiten. Die polaren Zellen sind damit wiederum eine thermisch direkte Zirkulation: Der Polwärtstransport von energiereicher Luft von den Mittelbreiten in der oberen Troposphäre ist ebenso wie die Strömung von kalter Luft von den Polarregionen in die Mittelbreiten ein Wärmefluss in Richtung der Polarregionen. Die Polarzellen sind aber nur schwach ausgeprägt und im zonalen Mittel kaum sichtbar.

Polare Zellen sind schwach

Die zonal gemittelte zonale Zirkulation | 6.4

Bisher haben wir nur die meridionale Zirkulation betrachtet, welche letztlich die Tropen mit den polaren Gegenden verbindet. Besonders in den Außertropen ist die atmosphärische Zirkulation aber in erster Linie zonal. In diesem Kapitel wird daher die zonal gemittelte zonale Zirkulation betrachtet. → Abb. 6-8 zeigt unten einen Querschnitt durch die zonal gemittelte zonale Zirkulation. Im langjährigen Zonalmittel kommen in der Troposphäre vor allem Westwinde vor. Ostwinde dominieren in den bodennahen Schichten ab 30° äquatorwärts. Das sind die Passatwinde, die in → Kap. 6.3.1 angesprochen wurden. Westwinde dominieren in allen anderen Regionen und Höhen. Wie die meridionale Zirkulation ist auch die zonale Zirkulation in der Winterhemisphäre ausgeprägter.

Auffallend sind in → Abb. 6-8 die hohen Windgeschwindigkeiten bei 30° N auf einer Höhe von 10 km. Dies ist Ausdruck des Subtropenjets. Der **Subtropenjet** befindet sich an der Stelle, wo die aus den Hadleyzellen ausströmende Luft zu einem Westwind wird. Wegen der **Erdrotation** wird die polwärtige Strömung nach Osten abgelenkt. Diese Ostwärtsbeschleunigung führt zu hohen Windgeschwindigkeiten. Die Geschwindigkeit der Erdrotation ist bei 30° N bereits ca. 65 m s^{-1} langsamer als am Äquator. Wenn die Luft ihre Bahngeschwindigkeit behält, wird sie

Subtropenjet als Folge der unterschiedlich schnellen Rotation der Erde am Äquator und in den Subtropen um 65 m s^{-1} ostwärts beschleunigt. Das ist allerdings deutlich mehr als der zonal gemittelte Zonalwind. Durch die Interaktion der Strömung mit der Zirkulation und den Wettersystemen der Mittelbreiten wird der Jet abgebremst.

Der Subtropenjet als Folge des meridionalen Temperaturgradienten (thermischer Wind)

Man kann den Subtropenjet aber auch aus der **thermischen Windgleichung** (vgl. → Kap. 5.4.4) heraus verstehen, wie anhand von → Abb. 6-12 dargestellt wird. Die zonale Komponente des thermischen Winds u_T ist proportional zum Temperaturgradienten und umgekehrt proportional zum Coriolisparameter. Zwischen zwei Druckschichten $p_1 < p_0$:

$$u_T = \frac{R_L}{f} \left(\frac{\partial T_v}{\partial y}\right) \ln\left(\frac{p_1}{p_0}\right) \qquad [m\ s^{-1}]$$

Im zonalen Mittel (vgl. auch → Abb. 2-4) sind die Temperaturen in der Troposphäre in den Tropen höher als in den Außertropen ($\frac{\partial T}{\partial y} < 0$), und der Gradient ist dabei am stärksten in den Subtropen. Oberhalb der **Tropopause** dreht sich der Temperaturgradient dagegen um: Die untere Stratosphäre ist über den Tropen kälter als über den Polen ($\frac{\partial T}{\partial y} > 0$). Diese Situation ist schematisch in der linken Figur dargestellt. Der thermische Wind (in der mittleren Figur) ist die Veränderung des Zonalwindes mit der Höhe und ist eine Funktion des meridionalen Temperaturgradienten. Er ist in dieser Situation in jeder troposphärischen Schicht ein Westwind, in jeder stratosphärischen Schicht ein Ostwind.

Unter der Annahme, dass überall geostrophische Winde herrschen, entspricht der tatsächliche Wind dem Integral des thermischen Windes vom Boden aus (rechte Abbildung). Ist der Wind am Boden null, so wird er, je weiter wir in die Troposphäre aufsteigen, ein immer stärke-

---

Abb. 6-12 | Der thermische Wind und der Subtropenjet. Links: Schematischer meridionaler Temperaturgradient in der Troposphäre und Stratosphäre. Mitte: Profil des thermischen Windes für die gestrichelte Linie in der linken Figur; positiv bedeutet Westwind. Links: Profil des daraus resultierenden geostrophischen Windes unter der Annahme, dass der Wind am Boden null ist.

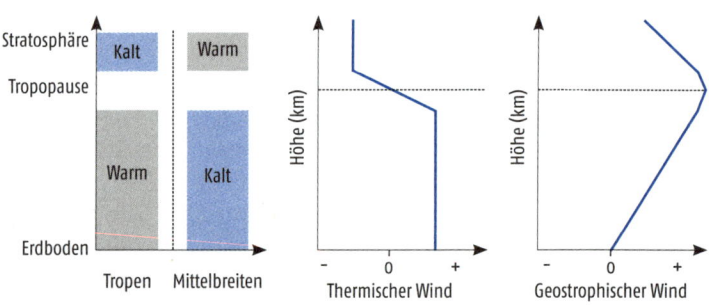

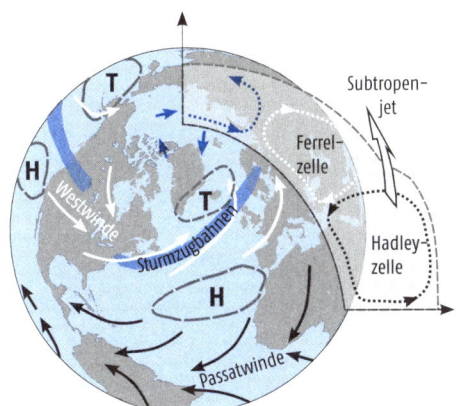

Abb. 6-13

Die globale Zirkulation der bodennahen Atmosphäre mit Querschnitt durch die Troposphäre (H und T zeigen Hoch- und Tiefdruckgebiete am Boden).

rer Westwind, da sich stets thermische Westwinde dazuaddieren. Weil zudem die meridionalen Temperaturgradienten über die Subtropen hinweg am stärksten sind (hier ist auch $1/f$ ausreichend groß), wird dort auch der thermische Wind am stärksten sein.

Sobald der Temperaturgradient umdreht, also an der Tropopause, wechselt auch der thermische Wind das Vorzeichen. Ab hier aufwärts addieren sich Ostwindkomponenten dazu. Das heißt, der Westwind wird mit der Höhe wieder schwächer. Aus dem Gesetz des thermischen Windes erwarten wir also die stärksten zonalen Windgeschwindigkeiten an der Tropopause in den Subtropen. Das ist genau das, was sich empirisch beobachten lässt (vgl. → Abb. 6-8).

Polwärts des Subtropenjets dominieren in der Troposphäre Westwinde auf allen Höhen und in allen Jahreszeiten. Diese Westwinde sind am stärksten im Winter. Dann bilden sie nördlich von 60° N den sogenannten **Polarwirbel,** eine zirkumpolare Westströmung, welche die gesamte Tropo- und Stratosphäre umfasst (vgl. → Abb. 6-8). Der winterliche Polarwirbel ist besonders über der Antarktis sehr stark ausgeprägt. Im Sommer werden diese Westwinde durch Ostwinde abgelöst.

Der winterliche Polarwirbel umfasst die gesamte untere und mittlere Atmosphäre

Die **Westwinde** prägen das Klima der Mittelbreiten und damit auch Europas. Veränderungen in den Westwinden sind für das variable Wetter und Klima der Mittelbreiten verantwortlich. → Kap. 6.5.4 geht im Detail darauf ein. Diese Schwankungen werden durch Variabilitätsmodi wie die Nordatlantische Oszillation (→ Kap. 10.2.3.) und in der Südhemisphäre den Southern Annular Mode (→ Kap. 10.2.4) ausgedrückt.

Westwindklima in Europa

Nachdem wir die zonal gemittelte zonale und meridionale Zirkulation einzeln betrachtet haben, zeigt → Abb. 6-13 nochmals schematisch beide zusammen. Sie zeigt die Passatwinde als zum Äquator zurückfließenden Ast der Hadleyzelle, die Südwestströmung (insbesondere über dem Atlantik) als polwärts fließenden Ast der Ferrelzelle sowie den Subtropenjet. Die Figur deutet aber auch an, dass die Zirkulation nicht nur zonal gemittelt betrachtet werden kann. Die Sturmzugbahnen verlaufen entlang einer geneigten Achse, und in den Außertropen treten an bestimmten Orten Hoch- und Tiefdruckgebiete hervor.

6.5 Zonal asymmetrische Zirkulationssysteme

6.5.1 Das globale Bodenwindfeld

Die Erdoberfläche ist zonal asymmetrisch – somit auch die Zirkulation

Die zonal gemittelte Sichtweise der Zirkulation – meridionale Zellen, Subtropenjet, äquatoriale Ostwinde und Polarwirbel – reicht nicht aus, um die atmosphärische Zirkulation zu verstehen. Die feste Erde selbst ist nicht zonal symmetrisch, sondern gegliedert in Ozeane und Kontinente, Gebirge und flaches Land. Dies beeinflusst einerseits die Strahlungsbilanz, wie aus → Abb. 6-3 sichtbar wurde (vgl. auch → Abb. 6-6), andererseits aber auch die Dynamik. Nur so kann die globale Zirkulation verstanden werden.

Bodennahe Winde verschieben sich jahreszeitlich

→ Abb. 6-14 zeigt die mittleren **bodennahen Winde** sowie den Luftdruck im Januar und Juli. In den Tropen zeigt die Figur die Passatwinde (vgl. dazu Edmund Halleys Karte aus dem Jahr 1686 in → Abb. 6-9), während kaum Luftdruckgradienten vorhanden sind. Dies liegt an der geringen Corioliskraft: Druckgradienten werden schnell ausgeglichen. In den Außertropen wird die Beziehung zwischen Drucksystemen und Wind sichtbar. Der Wind weht (auf der Nordhemisphäre) im Uhrzeigersinn aus dem Hoch hinaus und im Gegenuhrzeigersinn in das Tief hinein. Über den Ozeanen der Mittelbreiten sind die Winde beinahe **geostrophisch,** d.h., sie folgen den Isobaren, während sie über Land stärker davon abweichen **(Reibungswind).**

Ganz klar zeigen sich auch jahreszeitliche Unterschiede, sowohl im Druck als auch im Windfeld. Die Passatwinde und die ITCZ (sichtbar als Konvergenz im bodennahen Windfeld) verschieben sich mit dem Sonnenstand. Die Westwindzirkulation der mittleren und subpolaren Breiten ist im Winter stärker ausgeprägt als im Sommer, die Subtropenhochdruckgebiete sind dagegen stärker im Sommer.

Die Figur zeigt aber auch, dass ganz offensichtlich die zonal gemittelte Sichtweise, die wir im vorigen Kapitel eingenommen haben, nicht ausreicht, um die realen Verhältnisse zu erklären. Die Land-Meer-Verteilung spiegelt sich nicht nur in der Strahlung (→ Abb. 6-3), der Temperatur, dem Niederschlag und der Verdunstung (→ Abb. 1-1), sondern

Zonal asymmetrische Zirkulationssysteme

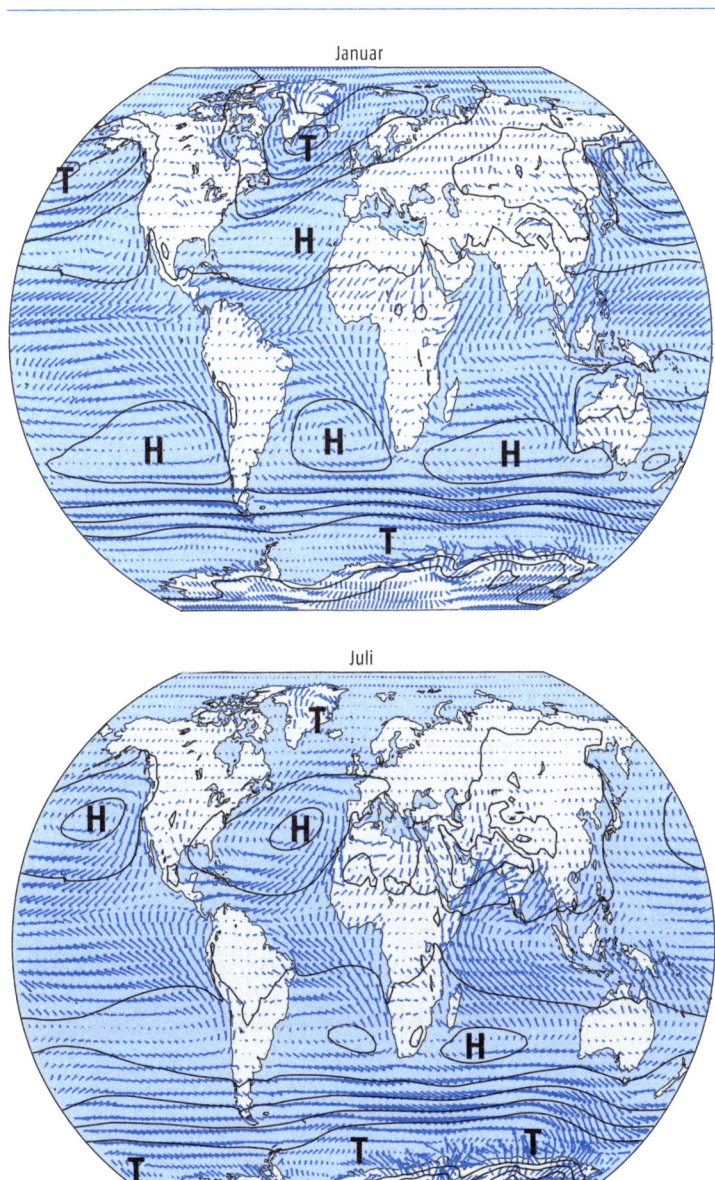

Abb. 6-14

Das bodennahe Windfeld sowie der Luftdruck auf Meereshöhe im Januar und Juli (Daten: ERA-Interim 1979–2016).

auch im Luftdruck und Wind. So liegen die Hoch- und Tiefdrucksysteme der Außertropen bevorzugt über dem Meer. Aber auch in den Tropen zeigen sich klare Unterschiede zwischen Land und Meer, zwischen östlichen und westlichen Ozeanbecken.

In diesem Kapitel betrachten wir die **zonal asymmetrische Zirkulation**, also Zirkulationssysteme, die nicht im zonalen Mittel abgebildet sind. Dabei diskutieren wir wieder zuerst die Situation in den Tropen, danach die Zirkulation der Mittelbreiten.

6.5.2 Die Walker-Zirkulation

In der zonal gemittelten, meridionalen Stromfunktion sind die Hadleyzellen das prominenteste Zirkulationsmerkmal. Aber auch die Hadleyzellen sind nicht zonal symmetrisch (vgl. → Abb. 6-10). So verschiebt sich beispielsweise über Asien die Konvektion im Sommer weit in den Kontinent hinein und wird Teil des Monsuntrogs (vgl. → Kap. 6.5.3), während die ITCZ über den Ozeanen nahe beim Äquator verharrt. Es kommen nicht nur längengradabhängige Abweichungen der Zirkulationszellen vor, sondern sogar geschlossene **zonale Zirkulationszellen** (d.h. in Ost-West-Richtung verlaufende Zellen).

Walker-Zirkulation: Aufsteigen über dem Wärmepol des Westpazifiks, Absinken über dem kalten Ostpazifik

Die bekannteste zonale Zirkulationszelle (vgl. → Abb. 6-15) ist die **pazifische Walker-Zirkulation**. Diese Zirkulation (benannt nach ihrem Entdecker, dem britischen Meteorologen Sir Gilbert Walker, 1868–1958) wird durch **Konvektion** im äquatorialen Westpazifik angetrieben, der Region der Erde mit den höchsten **Meeresoberflächentemperaturen** (vgl. → Abb. 1-1). In der oberen Troposphäre strömt die Luft aus der Konvektionsregion aus. Während die nord- oder südwärts ausströmende Luft zu den Hadleyzellen wird, strömt ein Teil der Luft auch nach Osten und Westen.

Die in der oberen Troposphäre nach Osten fließende Luft überströmt einige Tausend Kilometer entfernt, im äquatorialen Ostpazifik, eine Region mit sehr niedrigen Meeresoberflächentemperaturen,

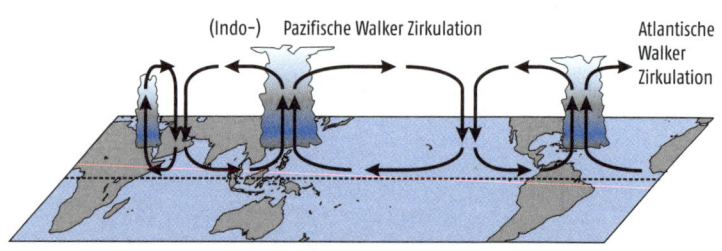

Abb. 6-15

Schematische Darstellung der globalen Walker-Zirkulation für neutrale Verhältnisse im Pazifik (für die Situation bei El-Niño-Verhältnissen vgl. → Kap. 10.2.2).

weil dort **kaltes Tiefenwasser** an die Oberfläche strömt (darauf wird in → Kap. 7 eingegangen). Hier sinkt die Luft ab, und es entsteht eine zonale Zirkulationszelle mit Passatwinden am Boden, Aufsteigen im Westpazifik, Rückfluss entlang des Äquators in der oberen Troposphäre als Westwind und Absinken über dem Ostpazifik (→ Abb. 6-15).

Die Walker-Zirkulation ist eng mit ozeanischen Prozessen verknüpft (vgl. → Kap. 7), und sie ist nicht immer gleich stark. Bei **El Niño-Ereignissen** kommt sie zum Erliegen oder dreht sich sogar um. Darauf wird in → Kap. 10.2.2 eingegangen.

Auch über den anderen Ozeanbecken finden wir Walker-Zirkulationen. Die pazifische Walker-Zirkulation ist aber nicht nur die ausgeprägteste dieser Zellen, sondern steuert auch die angrenzenden Zellen über dem **Indischen Ozean** und dem **Atlantik**. Dies ist in → Abb. 6-15 angedeutet.

Monsune | 6.5.3

Große Kontinentalmassen, insbesondere jedoch große Hochplateaus wie jenes von Tibet, sind in der Lage, starke, jahreszeitlich wechselnde Windsysteme zu erzeugen, die Monsune. Die bekanntesten Monsungebiete mit jahreszeitlich wechselnden Wind- und Wolkensystemen sind diejenigen Indiens, Ostasiens, Australiens, Südwestafrikas und Südamerikas. Monsune können als eine starke Nord- oder Südauslenkung der **innertropischen Konvergenzzone** (ITCZ) als Folge der Kontinentalmassen verstanden werden. Oft wird dann allerdings nicht mehr von der ITCZ gesprochen, sondern vom **Monsuntrog.**

Monsune sind jahreszeitliche Windsysteme die über allen Kontinenten auftreten

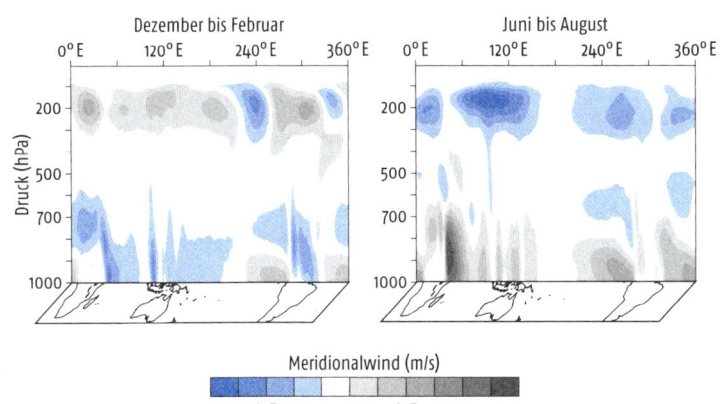

| Abb. 6-16

Querschnitt des Meridionalwindes am Äquator im Dezember bis Februar (links) resp. Juni bis August (rechts). Als vertikale Skala wird der Druck linear abgetragen, sodass die Fläche den Massenflüssen entspricht. Daten: ERA-Interim 1979–2016.

→ Abb. 6-16 zeigt den Meridionalwind in einem Querschnitt entlang des Äquators. Winde, die von der Süd- in die Nordhemisphäre übertreten, sind in Grau, solche, die von der Nord- in die Südhemisphäre übertreten, in Blau dargestellt. Deutlich zeigt diese Figur die Nord-Süd-Verschiebung der Hadleyzelle: Wenn im Nordsommer die ITCZ auf der Nordhemisphäre liegt, dominieren in der unteren Troposphäre

Abb. 6-17 | Schematische Darstellung des indischen (links) und des ostasiatischen (rechts) Monsuns im Sommer (oben) und Winter (unten). Die Pfeile geben die Strömung in den untersten ca. 2 km an. Die blauen Flächen links oben zeigen schematisch die Monsunniederschläge, die gestrichelte Linien das durchschnittliche Datum des Einsetzen des Monsuns. Dicke gestrichelte Pfeile symbolisieren den Subtropenjet, dünne gestrichelte Linien rechts die Grenzen des Sommermonsuns resp. der winterlichen Kaltluftvorstöße.

Sommermonsun

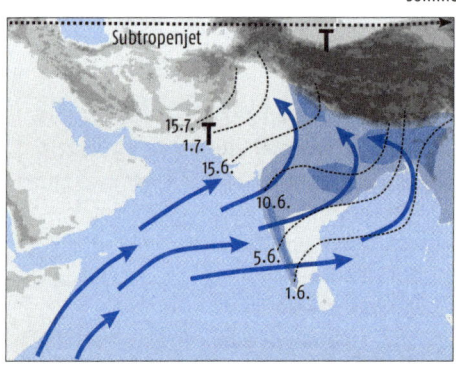
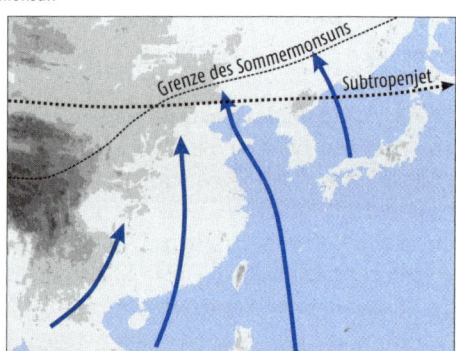

Wintermonsun

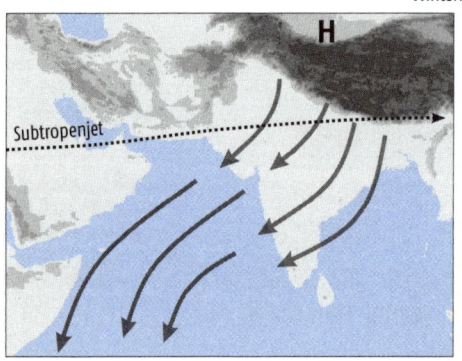
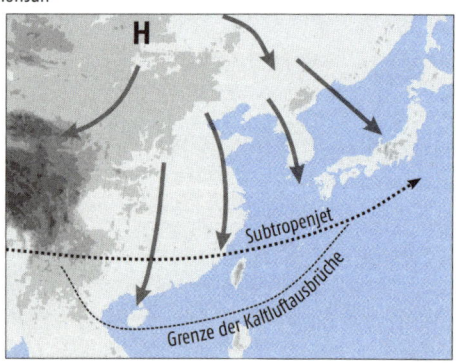

Höhe über Meer (m)

nordwärts gerichtete Strömungen, in der oberen Troposphäre südwärts gerichtete. Im Nordwinter ist die Zirkulation umgekehrt, allerdings schwächer ausgeprägt.

Ebenfalls sichtbar sind zonale Unterschiede. Im Nordsommer (rechts) ist die Zirkulation am ausgeprägtesten bei 0° E, 40° E, 120° E und 250° E. Erstere sind die drei großen Monsunsysteme der Nordhemisphäre: der westafrikanische, der indische und der ostasiatische Monsun. Besonders gut sichtbar ist der sogenannte «Somali-Jet», wo der Luftstrom, der zum indischen Monsun wird, den Äquator in Form eines Starkwindbandes überquert. Die südhemisphärischen Monsune, der südamerikanische und der australische Monsun, werden in der → Abb. 6-16 links bei 300° E und 120° E sichtbar.

Das wohl bestbekannte Monsunsystem ist der **Indische Monsun** (worunter meist der Sommermonsun verstanden wird; es gibt über Indien aber auch den Wintermonsun), der in → Abb. 6-17 (links) erklärt wird. In den Sommermonaten sind die Niederschlagsraten in großen Teilen Indiens extrem hoch (vgl. → Kap. 8), dagegen herrscht im Winter Trockenheit. Der Sommermonsun bildet die Grundlage für die Nahrungsmittelproduktion einer sehr großen Bevölkerung.

Der Indische Monsun hat seinen Ursprung im Südindik

Die Ursachen des indischen Sommermonsuns hängen mit der Lage der Landoberfläche und Gebirge zusammen. Durch die stärkere Erwärmung der eurasischen Landmasse im Vergleich zum Indischen Ozean wird die ITCZ im Sommer landeinwärts gezogen. Insbesondere das Tibetische Hochplateau trägt dazu bei, dass ein Hitzetief entsteht. Das **Hitzetief** führt zu einem Sog, der feuchte Luftmassen vom Ozean zum Kontinent heranführt.

Der Ursprung der Monsunluft liegt im Hochdruckgebiet des südlichen Indischen Ozeans. Von dort strömt die Luft Richtung Ostafrika, wo sie den Äquator überquert (→ Abb. 6-17). Auf dem Weg über den Ozean nimmt der Feuchtegehalt der Luft stark zu.

Ohne weitere wirkenden Kräfte würde die Luft nach Überquerung des Äquators allerdings schnell nach rechts abgelenkt und bald in die Südhemisphäre zurückkehren. Dass dies nicht geschieht, liegt einerseits am **Sog** durch das Monsun-Tiefdruckgebiet, andererseits aber auch an der **Reibung** der Strömung mit den ostafrikanischen und arabischen Gebirgen an der linken Seite der Strömung. Die feuchte Luft strömt Richtung Indien und erreicht die Küstengebirge Südwestindiens, wo erste intensive Regenfälle einsetzen. Nach dem Überströmen der Gebirge führt die Strömung ostwärts über den **Golf von Bengalen.** Wegen der Kanalisierung durch die **Himalayas** und des Sogs des Tiefdruckgebiets dreht der Monsun hier nach Nordwesten und strömt zum nördlichen **Industal.** Das Einsetzen des Monsuns erfolgt oft plötzlich,

Strömung überquert Äquator und erreicht Indien

zuerst (Anfang Juni) in Südindien, etwas später im Gangestal. Ende Juni erreicht der Monsun das Industal (vgl. → Abb. 6-17).

Der ostasiatische Sommermonsun (→ Abb. 6-17 rechts) dringt noch weiter nördlich vor, bis gegen 50 °N. Er ist zumindest teilweise mit dem Indischen Sommermonsun verknüpft.

Rolle des Tibetischen Plateaus (Sog durch Hitzetief) und der Himalayas (Barriere)

Lange Zeit wurde der Sommermonsun vorwiegend mit dem **Hitzetief** über dem **Tibetischen Plateau** erklärt. Neuere Arbeiten zeigen aber, dass auch andere Faktoren eine Rolle spielen. So halten die hohen Berge der Himalayas die feuchte Monsunströmung davon ab, sich mit der trockenen Luft über dem Tibet zu vermischen (vgl. → Abb. 6-18). Sie zwingen die Luft zum Aufsteigen. Damit wird mehr **latente Wärme** freigesetzt. Dieser Effekt wird in der Literatur **«Barriereneffekt»** genannt; ein Begriff, der allerdings auch für andere Phänomene verwendet wird.

Verschiebung des Subtropenjets nördlich der Himalayas

Ebenfalls wichtig für die Monsunentstehung ist die Interaktion der Strömung mit den Mittelbreiten, welche insbesondere die **sprunghafte Anfangsphase** des Sommermonsuns beeinflusst. Damit sich das Monsunwindsystem entfalten kann, muss sich der **Subtropenjet** über die **Himalayas** hinweg nach Norden verlagern (vgl. → Abb. 6-17); dann erst können über dem indischen Subkontinent in der **Höhe Ostwinde** entstehen, welche den Rückfluss der Monsunzirkulation darstellen.

Nordöstliche Höhenströmung im Monsun als thermischer Wind

Diese nordöstliche Gegenströmung in der Höhe kann auch leicht aus der **thermischen Windgleichung** (vgl. → Kap. 5.4.4) verstanden werden. Der Temperaturgegensatz zwischen der warmen eurasischen Landmasse und dem kühleren Chinesischen Meer respektive Indischen Ozean führt zu einem nordöstlichen thermischen Wind. Zwar sind in der untersten Schicht die südwestlichen Monsunwinde stark, durch den thermischen Wind werden sie in der Höhe aber rasch abgeschwächt. In

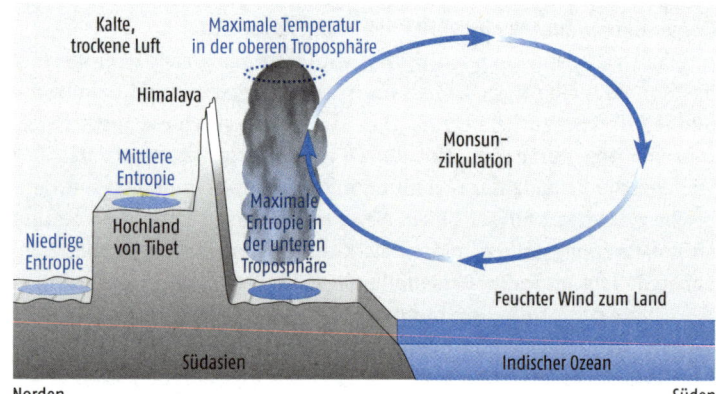

Abb. 6-18

Schematische Darstellung des «Barriereneffekts» der Himalayas: Die Gebirgskette verhindert die Vermischung der trockenen Luft über dem Tibetischen Plateau mit der feuchten, energiereichen Luft der aufsteigenden Monsunzirkulation. Dies verstärkt die Monsunzirkulation zusätzlich (nach Cane 2010).

der mittleren Troposphäre wird die Strömung daher nordöstlich und daher zu einem **«Easterly Jet»**. Auch über dem afrikanischen Monsungebiet (vgl. → Kap. 8) entsteht aus dem Gegensatz zwischen dem warmen Kontinent und dem kühleren Atlantik ein östlicher Jet.

Indien und vor allem Ostasien weisen auch einen ausgeprägten Wintermonsun auf. Jetzt liegt die ITCZ im Süden, und auch der Jetstream hat sich nach Süden verlagert. Kalte Luft, welche sich über dem eurasischen Kontinent bildet, strömt aus dem starken kontinentalen Hochdruckgebiet südwärts. Über Ostasien erreicht die Luft die Tropen (vgl. → Abb. 6-17) und trägt somit zum Wärmeaustausch zwischen Tropen und polaren Regionen bei.

Energieaustausch und Mäander in der Westwindströmung | 6.5.4

Auch in den Mittelbreiten beschreibt die zonal gemittelte Zirkulation die tatsächliche Situation nur sehr ungenau. Sie kann insbesondere nicht erklären, wie Energie polwärts transportiert wird, denn eine exakt westliche Zirkulation in den Mittelbreiten würde kaum **meridionalen Energietransport** zulassen. Es würde sich ein großer meridionaler Temperaturgradient aufbauen. Zonen mit großen Temperaturgradienten heißen **barokline** Zonen. Hier baut sich ein großes Gefälle an potentieller Energie auf (vgl. → Kap. 4.6). Die Strömung wird dadurch dynamisch **instabil**. Es entstehen **Wellen,** in welchen sich Wettersysteme entwickeln. In diesen Wellen und Wettersystemen kann letztlich Energietransport stattfinden.

    Wellen entstehen grundsätzlich dann, wenn durch eine Auslenkung wieder eine rückwirkende Kraft entsteht. Bei den Wellen in der Westströmung ist Letztere die Zunahme der **Corioliskraft** in Richtung der Pole: Eine Auslenkung in Richtung Äquator hat zur Folge, dass wegen der dort kleineren Corioliskraft die Zirkulation zyklonal wird und zu einem Zurückpendeln führt. Das Umgekehrte geschieht bei einer Auslenkung zu den Polen. Das Zurückpendeln führt zu einem «Überschießen» – eine Welle entsteht. Unten wird dies an einem Beispiel erklärt.

    Wellen, die aufgrund der meridionalen Zunahme der Corioliskraft entstehen, heißen **Rossby-Wellen**. Sie können unterschiedliche Wellenlängen haben. Alle Rossby-Wellen propagieren relativ zur Strömung westwärts, aber mit einer Geschwindigkeit, die von der Wellenlänge abhängig ist. Bei **kurzen Wellen** ist diese Geschwindigkeit in der Regel kleiner als die mittlere Strömung, sodass sie relativ zur festen Erdoberfläche ostwärts, also stromabwärts, propagieren. Sie können größer werden und sich brechen oder mit der Strömung interagieren; in der Regel haben sie aber eine kurze Lebensdauer. **Lange Wellen** können

Zonale Zirkulation erlaubt keinen meridionalen Wärmetransport und wird instabil

Kurze Wellen breiten sich nach Osten aus

Abb. 6-19

Langjähriger Mittelwert der geopotentiellen Höhe auf 500 hPa im Dezember bis Februar (links) und Juni bis August (rechts). Blaue und graue Schattierungen zeigen negative und positive Abweichungen vom zonalen Mittel von mehr als 50 gpm (NCEP/NCAR Reanalyse, 1981–2010).

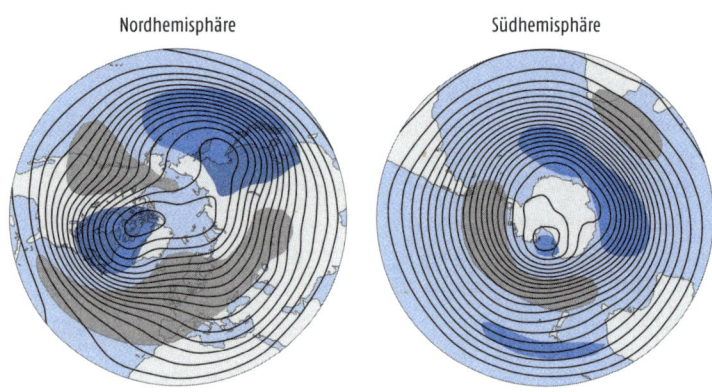

Nordhemisphäre — Südhemisphäre

Lange Wellen erscheinen quasistationär an bevorzugten Orten

mit der mittleren Strömung ungefähr Schritt halten. Sie bleiben aus der Sicht eines Beobachters auf der Erdoberfläche also **quasistationär**. Lange Wellen sind auch langlebiger und weisen eine bevorzugte räumliche Lage auf, d.h., sie entstehen immer wieder an denselben Orten. → Abb. 6-19 zeigt Langzeitmittel der 500 hPa geopotentiellen Höhe (vgl. → Box 5.2) im Winter der Nord- und Südhemisphäre. Obschon die Abbildung dreißigjährige Mittelwerte zeigt, mitteln sich die Wellen nicht aus; die bevorzugten Muster bleiben bestehen.

Diese Karten können wie eine topographische Karte gelesen werden. Über dem Pol liegt – bildlich gesprochen – eine Delle. Gleichzeitig zeigen die Schattierungen die Abweichungen vom zonalen Mittel. Graue Schattierungen zeigen **Rücken** (wie Bergrücken auf einer Karte) blaue Schattierungen zeigen **Tröge**.

Tröge sind die «Täler» in einer Welle und äußern sich in niedrigerer geopotentieller Höhe in der mittleren und oberen Troposphäre. Sie können auch lang gestreckte Zungen bilden. → Abb. 6-20 zeigt eine schematische Darstellung. Auf der Vorderseite von Trögen, also der stromabwärts liegenden resp. östlichen Seite, strömt warme Luft polwärts. Entlang der Höhenströmung bewegen sich hier die Wettersysteme. Im Vertikalschnitt zeigt sich bei ostwärts propagierenden Wellen eine Verlagerung nach Westen mit der Höhe. An der Erdoberfläche liegt daher unter der Trogvorderseite ein Tiefdruckgebiet. Die Strömung ist konvergent, es kommt zu Hebung. In der oberen Troposphäre ist die Strömung divergent. In der Höhe bilden sich oft kräftige Windbänder, die **Jetstreams,** auf welche wir weiter unten noch eingehen. Auf der Rückseite strömt kalte Luft ein. Hier herrscht in der Höhe Konvergenz, in der mittleren Troposphäre Absinken und am Boden bei hohem Druck Divergenz.

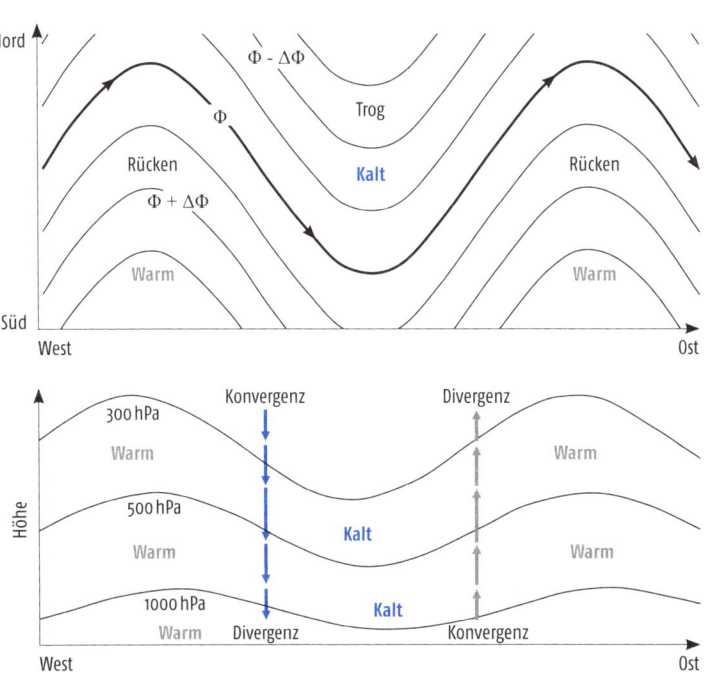

Abb. 6-20
Schematische Abbildung einer Strömung mit Trog und Rücken (nach www.wetter3.de).

Die mittlere Strömung in der Nordhemisphäre (→ Abb. 6-19) zeigt ein Muster mit zwei oder drei **Wellentrögen** und Rücken. Die Anzahl Tröge und Rücken auf einem Breitengrad um den ganzen Globus heißt **Wellenzahl** (vgl. → Box 6.2); in dem Fall handelt es sich um Wellenzahl 2–3. Die Südhemisphäre zeigt dagegen ein ganz anderes Muster. Es gibt dort vor allem einen Trog und einen Rücken oder Wellenzahl 1. Hier handelt es sich aber um eine klimatologische Betrachtung – für einen einzelnen Zeitpunkt würden stärkere Wellen und solche mit höheren Wellenzahlen sichtbar, welche sich aber zeitlich teilweise ausmitteln.

Im Nordwinter dominieren Wellenzahlen 2 und 3, im Südwinter Wellenzahl 1

Box 6.2

Wellenzahl und Fourierzerlegung

Die Anzahl der Wellen (Abfolge von Rücken und Trögen) entlang eines Breitengrads um die ganze Erde heißt Wellenzahl k (vgl. zu Wellenzahl, Fequenz und Periode auch → Kap. 3). Eigentlich handelt es sich aber um eine Überlagerung einer Vielzahl von Wellen. Mathematisch wird dafür die Fourierzerlegung verwendet, d.h., eine mathematische Funktion wird als Reihe entwickelt. In der Sinus-Cosinus-Schreibweise kann die geopotentielle Höhe z als Funktion des Längengrads λ folgendermaßen geschrieben werden:

$$z(\lambda) = \frac{a_0}{2} + a_1 \cos \lambda + b_1 \sin \lambda + a_2 \cos 2\lambda + b_2 \sin 2\lambda + \ldots \quad [gpm]$$

oder zusammengefasst:

$$z(\lambda) = \frac{a_0}{2} + \sum_k (a_k \cos k\lambda + b_k \sin k\lambda) \quad [gpm]$$

Hier sind a_k und b_k die Koeffizienten der Wellenzahl k. Die Amplitude A der Wellenzahl k beträgt dann:

$$\frac{A}{k} = \sqrt{a_k^2 + b_k^2} \quad [gpm]$$

Eine ähnliche Zerlegung wird auch für die spektrale Formulierung der Bewegungsgleichungen verwendet.

Fourierzerlegungen werden in der Klimatologie auch häufig für die Darstellung des Jahresgangs verwendet, wobei hier φ durch einen Jahreswinkel ersetzt wird, also 2π (Tag / 365). Die Anpassung erfolgt oft mittels linearer Regression (vgl. → Box 9.1). Für die meisten Variablen reichen Wellenzahlen 1 und 2 (auch die ersten beiden harmonischen Komponenten genannt) aus, um den Jahresgang gut darzustellen.

▲

Planetare Wellen entstehen wegen der Gebirge und dem Land-Meer-Kontrast immer wieder an denselben Orten

Diese langen quasistationären oder planetaren Wellen spielen auch eine wichtige Rolle für die Variabilität des Klimas. Wie wir in → Kap. 10 sehen werden, sind **Klimafernkopplungen**, sogenannte «**Teleconnections**», oft mit Veränderungen des planetaren Wellenmusters verbunden. Zwei Ursachen sind dafür verantwortlich, dass die Wellen immer wieder an ähnlichen Orten ausgelöst werden: **Gebirge** und **Land-Meer-Kontraste**.

Beim Überströmen von Gebirgen entsteht ein Lee-Trog

Gebirgsketten, die aufgrund ihrer Größe nicht umströmt werden können, sondern überströmt werden müssen, beispielsweise die Rocky Mountains, führen zu einer Veränderung der Vorticity (vgl. → Box 5.1). Grund dafür ist die **vertikale Kompression** und **horizontale Divergenz** des Luftpakets (→ Abb. 6-21) während des Überströmens. Die barotrope potentielle Vorticity ($\zeta + f)/h$ bleibt erhalten (→ Box 5.1). Hier ist h die Dicke der strömenden Schicht, ζ ist die **relative Vorticity,** f der Coriolisparameter. Wenn h abnimmt, muss somit auch ζ abnehmen. Die relative Vorticity nimmt daher ab, und die Strömung wird antizyklonal (Drehung im Uhrzeigersinn). Das Luftpaket biegt dadurch äquatorwärts ab. Nach dem Überströmen dehnt sich das Luftpaket vertikal und zieht sich gleichzeitig horizontal zusammen. Die relative Vorticity nimmt wieder zu, die Strömung wird weniger antizyklonal und der Ausdruck $\zeta + f$ nimmt wieder seinen ursprünglichen Wert an. Ab hier ändert sich h nicht mehr. Allerdings ist das Luftpaket nun weiter äquatorwärts gerückt. Weil h konstant bleibt, muss auch $\zeta + f$ erhalten bleiben. Da der Coriolisparameter f näher am Äquator kleiner ist, muss die relative Vorticity ζ wieder größer werden und das Luftpaket wieder eine zyklonale Drehung der Strömung erfahren. Es entsteht eine Welle. Die Breitengradabhängigkeit der Corioliskraft wirkt der Auslenkung entgegen, da die Strömung stets über die Gleichgewichtsposition hinausschießt.

Der **Temperaturkontrast** zwischen dem kalten nordamerikanischen Kontinent und dem warmen Atlantik trägt im Winter ebenfalls zur Ausbildung oder Verstärkung der Welle östlich der Rockies bei. Andererseits bewirken der starke Temperaturgradient, die sehr starke Verdunstung und damit diabatische Prozesse eine instabile Zirkulation; dadurch entstehen Tiefdruckgebiete und Stürme, welche ihrerseits wieder durch Impulsflusskonvergenz die planetaren Wellen verstärken können. Tiefdruckgebiete entstehen bevorzugt in Regionen hoher **Baroklinität** (also in Regionen mit großen Temperaturgradienten) und hoher Windscherung. Das Vorhandensein eines **Jets** in höheren Schichten begünstigt die Entstehung.

Der Kontrast zwischen kaltem Land und warmem Meer beeinflusst die Zirkulation

Der **Trog der Rockies** befindet sich über den östlichen USA und dem Atlantik. Dagegen befindet sich Europa oft auf der Vorderseite des Trogs. Dadurch strömt **feuchtwarme Luft nach Europa,** während der

Europa befindet sich auf der Vorderseite des Lee-Trogs der Rocky Mountains

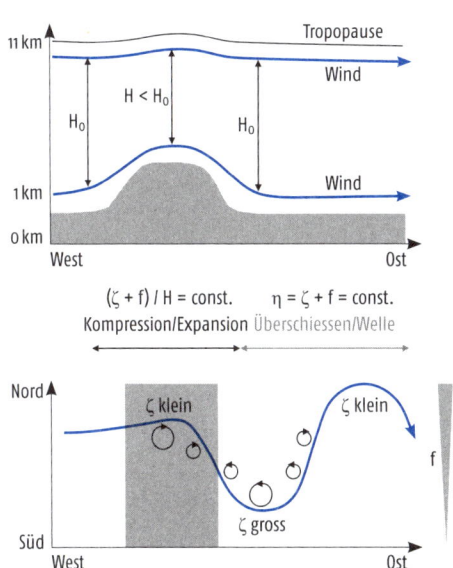

Abb. 6-21

Schematische Darstellung der Entstehung einer Leewelle beim Überströmen der Rocky Mountains. Die obere Figur zeigt einen Höhenquerschnitt (h ist die Distanz zwischen Boden und Tropopause). Unten: Durch die vertikale Stauchung und Streckung verändert sich die relative Vorticity. Nach dem Hindernis bleibt h zwar konstant, aber nun befindet sich das Luftpaket weiter äquatorwärts, wo der Coriolisparameter f kleiner ist. Eine Welle entsteht.

Abb. 6-22

Entstehung einer Lee-Welle hinter den Rocky Mountains durch die Veränderung der relativen Vorticity. Die Vorderseite dieser Welle liegt über dem Atlantik und führt warme Luft in Richtung Europa (nach Seager 2006).

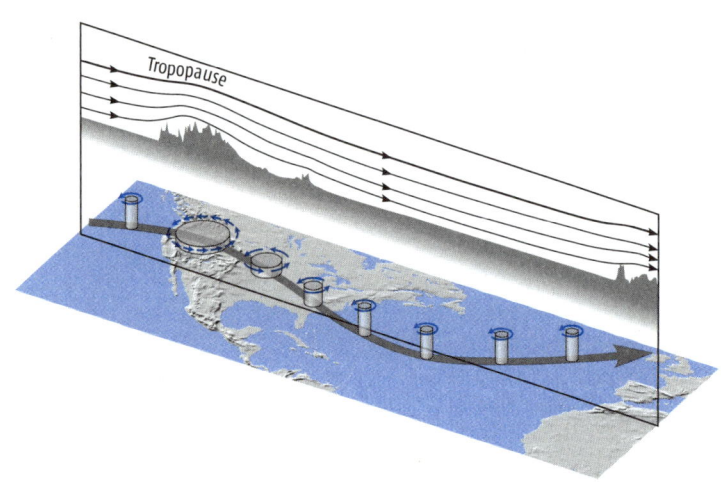

Osten der **USA unter arktischer Kaltluft** liegt (→ Abb. 6-22). Die Temperaturunterschiede auf demselben Breitenband zwischen der amerikanischen Ostküste und Westeuropa werden oft mit dem **Golfstrom** respektive dem Nordatlantikstrom erklärt. Aber die Tatsache, dass wegen den Rocky Mountains ein quasistationärer Trog über dem Atlantik liegt, trägt ebenfalls zumindest einen großen Teil dazu bei.

Tiefdruckgebiete entstehen im Westen der Ozeanbecken, wo Temperaturgradienten groß sind

Über dem Westpazifik spielen ähnliche Faktoren eine Rolle: Das **Tibetische Plateau** als Hindernis verändert die Strömung, der Kontrast zwischen dem kalten eurasischen Kontinent und dem warmen Kuroshio (japanisch «Strömung»: ein warmer Meeresstrom im Westpazifik, der vor der Küste Japans seinen Anfang hat, vgl. → Kap. 7, → Abb. 7-4) trägt zur Bildung eines Trogs bei. Der Atlantik vor Neufundland und der Westpazifik vor Japan sind die Ausgangspunkte der beiden wichtigsten **«Stormtracks»** (→ Abb. 6-13) der Nordhemisphäre.

Thermisch getriebener Subtropenjet; dynamisch getriebener Polarfrontjet

Verknüpft mit den «Stormtracks» und den baroklinen Zonen sind Jetstreams. Diese werden oft Polarfrontjet (oder engl. Eddy-Driven Jet) genannt und sind nicht mit dem Subtropenjet zu verwechseln, den wir früher kennengelernt haben. Der Subtropenjet ist ein thermisch getriebenes, erdumspannendes Starkwindband, das räumlich und zeitlich verhältnismäßig stabil ist (→ Abb. 6-23) und sich daher deutlich in den zonal gemittelten Windprofilen ausdrückt.

Der Polarfrontjet wird nicht thermisch, sondern durch die «Eddies», also die Wettersysteme, angetrieben. Diese bewirken eine **Konvergenz** des Impulsflusses und können zu einer **Fokussierung der Höhenströmung** führen. Der Polarfrontjet, der dadurch entsteht, ist deshalb sehr viel

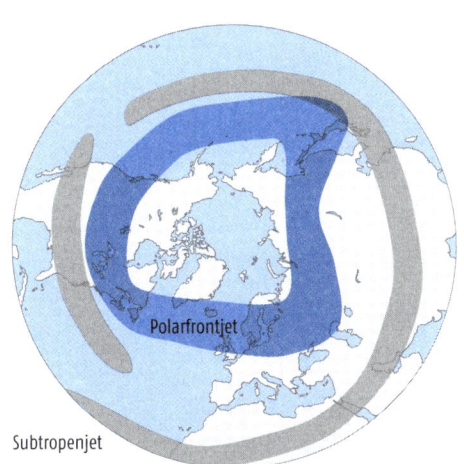

Abb. 6-23

Lage des Subtropenjets (graue Fläche) und des Polarfrontjets (blau schattierte Fläche). Die beiden Jets können zusammenfallen. Während die Lage und Stärke des Subtropenjets relativ konstant ist, verändert der Polarfrontjet Stärke und Lage sehr rasch (abgeändert, nach Palmèn und Newton 1969).

variabler und kleinräumiger und tritt daher in gemittelten Feldern kaum zutage.

Der Polarfrontjet befindet sich nördlich des Subtropenjets, kann zuweilen aber auch mit ihm zusammenfallen (→ Abb. 6-23). Etwa 20°-30° nördlich des Subtropenjets sind die Verhältnisse für baroklines Wachstum von Wirbeln am günstigsten, also beispielsweise über dem nördlichen Nordatlantik. Dort entstehen deswegen auch am häufigsten Jetstreams.

Das **Wetter** der Mittelbreiten hängt eng mit diesen Vorgängen zusammen. Die Luftdruckverteilung in den Mittelbreiten an einem einzelnen Tag zeigt das variable Wetter, mit schnell wechselnden **Hoch- und Tiefdruckgebieten**. Die Tiefdruckgebiete wandern nach Osten und zerfallen, Hochdrucksysteme wachsen und ziehen sich zurück. Neue Tiefdruckgebiete entwickeln sich.

Dabei sind die Wettersysteme eng mit der Höhenströmung gekoppelt. Dies ist in → Abb. 6-24 dargestellt (vgl. auch → Abb. 6-20). **Tiefdruckgebiete** entstehen in Regionen mit **Höhendivergenz**, Hochdruckgebiete entstehen bei Höhenkonvergenz. Auf der **Trogvorderseite** strömen tropische Luftmassen aus den Subtropenhochdruckgebieten polwärts und treffen dort auf **polare Luftmassen**. Hier entstehen Luftmassengrenzen **(Fronten)**, welche letztlich zum Energieaustausch führen. Die Wettersysteme wandern mit der Höhenströmung mit.

Beim Durchgang einer Warmfront zeigt sich zuerst oft eine hohe Zirrusbewölkung, dann ziehen immer dickere und tiefere Wolken auf, bis schließlich oft ausgiebiger Niederschlag fällt (Landregen). Vor dem

Durchzug eines Wettersystems

Abb. 6-24

Schematische Darstellung der Strömung in der Höhe und am Boden und des Zusammenwirkens der beiden. Wo die Höhenströmung konvergent ist, befindet sich am Boden oft ein Hochdruckgebiet, wo sie divergent ist, ein Tiefdruckgebiet (vgl. → Abb. 6-20).

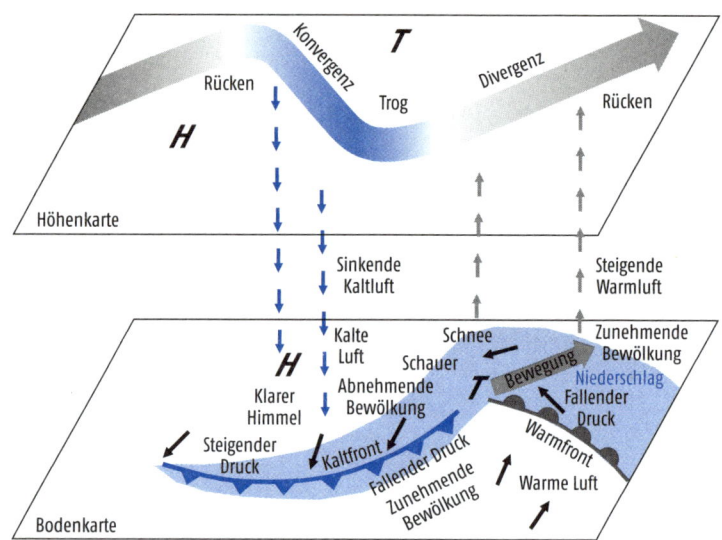

Durchgang einer Kaltfront herrscht in den Alpen oft Föhn. Die Kaltfront bricht dann plötzlich ein, im Sommer oft angekündigt von Schauern und Gewittern vor der Front und einem Druckabfall. Hinter der Kaltfront findet sich dann oft typische Kaltluftbewölkung. So äußern sich also der globale Energieaustausch und der großräumige Luftmassenwechsel direkt über unseren Köpfen.

Nicht alle Wettersysteme wandern einfach mit der Höhenströmung. Wenn ein Hochdruckgebiet polwärts vom Rücken der Welle abgetrennt ist, kann es durch ein oder zwei äquatorwärts liegende Tiefdruckgebiete am Ort gehalten werden. Es blockiert dann die Westwinde, die entweder weit äquatorwärts um das Hoch herumströmen oder sich aufteilen in einen polwärts und einen äquatorwärts strömenden Ast. Solche **blockierten Wetterlagen** führen am Boden unter dem «Block» oft zu Hitzewellen (im Sommer), zu lang anhaltenden Trockenperioden (im Winter) oder unter den Tiefdruckgebieten zu lang anhaltenden oder wiederkehrenden Niederschlägen und Überschwemmungen.

Quasistationäre, dynamische Drucksysteme: Islandtief und Azorenhoch

Eine Karte des Luftdrucks auf Meereshöhe ist nichts anderes als eine Karte der Massenverteilung der Atmosphäre. Eine Klimatologie des Luftdrucks entsteht aus der Überlagerung vieler einzelner Wettersysteme. Dadurch werden Effekte deutlich, die auf einer einzelnen Wetterkarte nicht sehr klar hervortreten. Im Winter befindet sich mehr Masse über den kalten Kontinenten, im Sommer befindet sich mehr

Masse über den kalten Ozeanen. Gewisse Merkmale sind aber in Sommer und Winter ähnlich. Wie für die 500-hPa-Fläche gibt es auch beim Luftdruck auf Meereshöhe eine stationäre Komponente in Ort und Pfad der Wettersysteme. Die Hoch- und Tiefdrucksysteme, die auch noch im gemittelten Druckfeld auftreten, heißen quasipermanente Drucksysteme. Weil sie für die Schwankungen der Witterung von Monat zu Monat oder von Winter zu Winter eine wichtige Rolle spielen, heißen sie auch «**Aktionszentren**». Beispiele dafür sind das **Islandtief** oder das **Azorenhoch,** welche für Wetter und Klima in Europa bestimmend sind. Der Westen Nordamerikas wird vom Aleutentief und dem nordpazifischen Hoch geprägt. Auch über den südlichen Ozeanen gibt es **quasipermanente Drucksysteme** (vgl. → Abb. 6-14).

Diese Drucksysteme werden auch **dynamische Drucksysteme** genannt. Sie unterscheiden sich von den in → Abb. 5-5 vorgestellten **thermischen Drucksystemen,** welche allein aufgrund der Energiebilanz der Erdoberfläche entstehen. Letztere bilden sich über den großen Kontinenten, vor allem Eurasien (das Russlandhoch ist in → Abb. 6-25 deutlich zu sehen). Thermische Drucksysteme entstehen durch Abkühlung (im Winter) resp. Erwärmung (im Sommer) der Luftmassen und sind im Allgemeinen eher flach. Die dynamischen Drucksysteme über den Ozeanen, wie z.B. das Islandtief, umfassen dagegen die ganze Troposphäre. Sie entstehen im Zusammenhang mit den dort liegenden quasistationären Wellen sowie der üblicherweise hohen Baroklinität stromabwärts der Kontinente und im Bereich warmer Ozeanströmungen mit extrem hoher Verdunstung. Dadurch sind die für das Wetter in Europa so wichtigen Drucksysteme Islandtief und Azorenhoch quasistationär.

Thermische und dynamische Drucksysteme

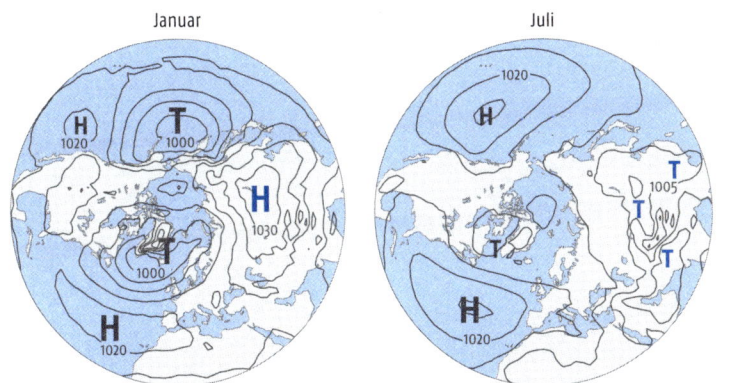

| Abb. 6-25

Druck auf Meereshöhe im Januar (links) und Juli (rechts). Hoch- und Tiefdruckgebiete sind mit H und T gekennzeichnet, wobei blau und grau thermische resp. dynamische Drucksysteme anzeigen (Daten: NCEP/NCAR, 1981–2010).

6.5.5 Zusammenfassung des meridionalen Energieaustauschs

Hadleyzellen transportieren Energie polwärts bis in die Subtropen

Am Anfang dieses Kapitels haben wir die atmosphärische Zirkulation aus der ungleichen meridionalen Verteilung der Nettostrahlung [Q^*] und der Notwendigkeit des meridionalen **Energietransports** F_y hergeleitet. Wir haben die Temperaturverteilung als **dynamisches Gleichgewicht** zwischen dem Etablieren eines **Gradienten** und dem Abbau des Gradienten verstanden. Danach haben wir die zonal gemittelte Zirkulation betrachtet und sind schließlich bei den Tiefdruckgebieten gelandet. Wie tragen all diese Zirkulationselemente jetzt zum Energietransport bei? → Abb. 6-26 zeigt links die zonal gemittelte Nettostrahlung (vgl. → Abb. 6-2), welche der meridionalen Wärmeflussdivergenz entsprechen muss (vgl. → Abb. 6-4). Die Figur rechts zeigt die einzelnen Beiträge zum meridionalen Energiefluss F_y (vgl. → Abb. 6-5). Die zonal gemittelten **Hadleyzellen** können Energie von den Tropen polwärts transportieren, und zwar in Form von sensibler und latenter Wärme, potentieller oder kinetischer Energie. Allerdings führt der Transport nur bis in die Subtropen. Die anschließende Ferrelzelle ist eine «**thermisch indirekte**» **Zirkulation**; sie befördert Energie äquatorwärts statt polwärts (hellgraue Linie). Damit bilden sich zwei große Luftmassen aus: **die tropische Luftmasse** und die **polare Luftmasse**. Wie kann die Energie zwischen diesen Luftmassen ausgetauscht werden?

Der Energietransport kann hier nur durch die **zonal asymmetrische Zirkulation** bewerkstelligt werden. Er erfolgt einerseits durch planetare Wellen (auch «**stationäre Eddies**» genannt), andererseits durch in diese

Abb. 6-26 Energieaustausch im Klimasystem in der Nordhemisphäre. Links: Nettostrahlung an der Atmosphärenobergrenze. Rechts: Meridionale Wärmeflüsse in Ozean und Atmosphäre. Der atmosphärische Wärmefluss ist weiter aufgeteilt. Transiente und stationäre Eddies (Wellen) bilden zusammen F (alle Eddies) (Fasullo und Trenberth 2008b, Oort 1971).

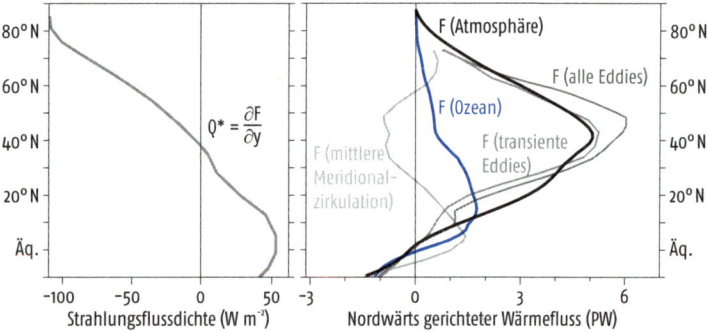

Wellen eingebettete Wettersysteme, wie zum Beispiel Tiefdruckgebiete («**transiente Eddies**»). Der Energietransport durch Wellen ist in → Box 6.3 erklärt. Es zeigt sich, dass die transienten Eddies in den Mittelbreiten fast den gesamten Energietransport bewerkstelligen. Sie sind letztlich der Ort, wo der Austausch stattfindet und die tropische Luftmasse mit der polaren Luftmasse ausgetauscht wird.

Der Energietransport über die Mittelbreiten erfolgt durch Wellen und Wirbel

___

Box 6.3

Wie können Wellen Energie austauschen?

Eine **wellenförmige Strömung** bringt zwar ein Luftpaket von niederen Breiten zu hohen Breiten, es kehrt dann aber auch wieder zurück. Energie wird nur dann transportiert, wenn im Wellenberg und -tal Energie mit der Umgebung ausgetauscht wird. → Abb. 6-27 zeigt dies schematisch. Der **Austausch** kann durch Wärmeflüsse oder Durchmischung stattfinden oder auch einfach durch Abstrahlung. Als Folge des Austauschs sind das Temperaturfeld und das Strömungsfeld leicht verschoben. Der Wärmefluss in Süd-Nord-Richtung durch einen bestimmten Breitengrad für ein bestimmtes Drucklevel kann in kinematischen Einheiten (vgl. → Box 1.5) als Produkt des **Meridionalwinds** und der **Temperatur** geschrieben werden, vT, gemittelt über alle Längengrade. Die Abweichung der Temperatur respektive des meridionalen Windes vom Zonalmittel wird mit einem Stern bezeichnet (T^* respektive v^*). Der Beitrag der planetaren Wellen wird deutlich, wenn das Produkt v^*T^* berechnet wird. Auf der Westseite des Wellenrückens ist v^* positiv (Südwind); auch T^* ist positiv (wärmer als im Zonalmittel). Das Produkt ist somit positiv; warme Luft wird Richtung Pol transportiert. Auf der Westseite des Wellentrogs ist v^* negativ (Nordwind) und die Temperatur kühler als im Zonalmittel ($T^*<0$). Das Produkt ist ebenfalls positiv. Wenn kalte Luft Richtung Äquator transportiert wird, ist dies also zugleich auch

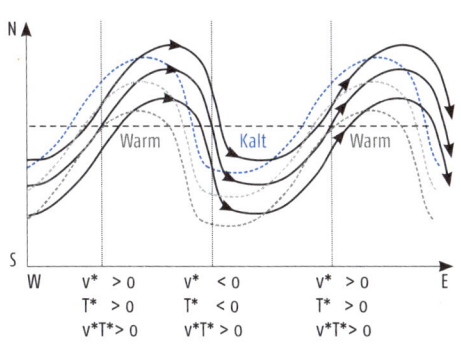

| Abb. 6-27

Energieaustausch durch stationäre Wellen. Durchgezogene Linien mit Pfeilen symbolisieren die Strömung, gestrichelte grau-blaue Linien das Temperaturfeld. Die horizontale gestrichelte Linie stellt einen Breitenkreis dar, für den wir den polwärtigen Wärmefluss berechnen wollen (nach Hartmann 2016).

ein Wärmefluss Richtung Pol. Wird das Produkt für jeden Längengrad berechnet und dann aufsummiert, entsteht ein polwärts gerichteter Wärmefluss.
In → Abb. 6-26 wird der Wärmefluss aufgeteilt in Beiträge durch die zonal gemittelte Zirkulation, stationäre Eddies (Wellen) und transiente Eddies (Wirbel). Dazu werden Meridionalwind und Temperatur jeweils aufgeteilt in eine zonal und zeitlich gemittelte Komponente (beispielsweise ein Monatsmittel; die Aufteilung in stationäre und transiente Eddies ist aber natürlich nicht exakt möglich), eine Abweichung der zeitlich gemittelten Komponente vom zonalen Mittel sowie die Abweichung vom zeitlichen Mittel (hier für ein Drucklevel):

$$v = [\bar{v}] + \bar{v}^* + v' \quad \text{und} \quad T = [\bar{T}] + \bar{T}^* + T'$$

$$v\,T = ([\bar{v}] + \bar{v}^* + v')\,([\bar{T}] + \bar{T}^* + T')$$

Ausmultipliziert:

$$v\,T = [\bar{v}][\bar{T}] + [\bar{v}]\bar{T}^* + [\bar{v}]T' + \bar{v}^*[\bar{T}] + \bar{v}^*\bar{T}^* + \bar{v}^*T' + v'[\bar{T}] + v'\bar{T}^* + v'T'$$

Wird das zeitliche Mittel betrachtet, fallen vier Terme weg:

$$\overline{v\,T} = [\bar{v}][\bar{T}] + [\bar{v}]\bar{T}^* + \bar{v}^*[\bar{T}] + \bar{v}^*\bar{T}^* + \overline{v'T'}$$

Für das zonale und zeitliche Mittel fallen zwei weitere Terme weg:

$$\overline{[v\,T]} = [\bar{v}][\bar{T}] + [\bar{v}^*\bar{T}^*] + [\overline{v'T'}]$$

Auf der rechten Seite verbleibt ein Ausdruck für den Beitrag der zeitlich und zonal gemittelten Meridionalzirkulation, denjenigen der stationären Eddies (Wellen) und denjenigen der transienten Eddies (Wirbel). Die Beiträge der drei Komponenten (integriert über die ganze Atmosphäre) sind in → Abb. 6-26 gezeigt.

Verwendete Literatur

Cane, M. A. (2010) A Moist Model Monsoon. Nature, 463, 163–164.
Fasullo, J. T., K. E. Trenberth (2008a) The annual cycle of the energy budget: Pt I. Global mean and land-ocean exchanges. J. Climate, 21, 2297–2313.
Fasullo, J. T., K. E. Trenberth (2008b) The annual cycle of the energy budget: Pt II. Meridional structures and poleward transports. J. Climate, 21, 2314–2326.
Feulner, G., S. Rahmstorf, A. Levermann, S. Volkwardt (2013) On the Origin of the Surface Air Temperature Difference between the Hemispheres in Earth's Present-Day Climate. J. Climate, 26, 7136–7150, doi: 10.1175/JCLI-D-12-00636.1.
Hartmann, D. L. (2016) Global Physical Climatology, 2. Aufl. Elsevier.
Hartmann, D. L. et al. (2013) Observations: Atmosphere and Surface. In: Climate Change 2013: The Physical Science Basis. Contribution of Working Group I to the Fifth Assessment Report of the Intergovernmental Panel on Climate Change [Stocker, T. F. et al. (Hrsg.)]. Cambridge University Press, Cambridge, United Kingdom and New York, NY, USA, S. 159–254.

Halley, E. (1686) An Historical Account of the Trade Winds, and Monsoons, Observable in the Seas between and Near the Tropicks, with an Attempt to Assign the Phisical Cause of the Said Winds. Philosophical Transactions, 16, 153–168.
Manabe, S., R. Strickler (1964) Thermal Equilibrium of the Atmosphere with a Convective Adjustment. J. Atmos. Sci., 21, 361–385.
Oort, A. H. (1971) The observed annual cycle in the meridional transport of atmospheric energy. J. Atmos. Sci., 28, 325–339.
Palmén, E., C. W. Newton (1969) Atmospheric Circulation Systems. Their Structural and Physical Interpretation. Academic Press, New York, 1969. xviii + 606 pp.
Seager, R. (2006) The source of Europe's mild climate. American Scientist, 94(4), 334–341.
Wallace, J. M., P. V. Hobbs (2006) Atmospheric Science. An Introductory Survey, 2. Aufl. Academic Press.

Weiterführende Literatur

Fohrer, N., H. Bormann, K. Miegel, M. Casper, A. Bronstert, A. Schumann, M. Weiler (2016) Hydrologie. Haupt, UTB basics.
Latif, M. (2009) Klimadynamik. UTB, Stuttgart.
Weischet W., W. Endlicher (2008) Einführung in die Allgemeine Klimatologie. 7. Aufl. UTB Stuttgart.

# Die Ozeane und ihre Wechselwirkung mit der Atmosphäre | 7

Inhalt

7.1 Die Erde – ein Ozeanplanet

7.2 Die ozeanische Zirkulation

7.3 Die Ozean-Atmosphären-Wechselwirkung

7.4 Meereis

Die Ozeane spielen für das physikalische Klimasystem eine wichtige Rolle. Sie speichern und transportieren Energie, Wasser und gelöste Spurengase. Die Ozeane beeinflussen die Atmosphäre thermisch und durch Verdunstung. Sie sind Teil der globalen Stoffkreisläufe wie beispielsweise des Kohlenstoffkreislaufs. Durch die Kopplung von Ozean und Atmosphäre entstehen typische Klimaphänomene wie El Niño/Southern Oscillation (ENSO). Darüber hinaus beheimaten die Ozeane einen großen Teil des tierischen Lebens auf der Erde.

Die Meeresströmungen an der Erdoberfläche sind windgetrieben. Sie widerspiegeln die quasistationären atmosphärischen Hoch- und Tiefdruckgebiete, die Passatwinde und weitere Windsysteme. Die global umwälzende, tiefgreifende Ozeanzirkulation ist dichtegetrieben, wobei vor allem der Salzgehalt eine wichtige Rolle spielt. Schwankungen dieser Zirkulation über den Zeitraum von Jahrzehnten können zu Klimaschwankungen führen.

Eine ganz besondere Rolle spielt die Meereisbedeckung der Arktis und Antarktis. Meereis verändert die Energie- und Stoffflüsse zwischen Atmosphäre und Ozean entscheidend. Hier können Rückkopplungseffekte stattfinden, die den Klimawandel verstärken.

Die Erde – ein Ozeanplanet | 7.1

70 % der Erdoberfläche sind von **Ozeanen** bedeckt. Die Ozeane spielen im Klimasystem eine äußerst wichtige Rolle: Sie transportieren und

Die Ozeane und ihre Wechselwirkung mit der Atmosphäre

Ozeane beeinflussen das mittlere Klima und die Variabilität über Jahre bis Jahrzehnte

speichern **Energie**, **Kohlenstoff** und andere Eigenschaften und wechselwirken mit der Atmosphäre. Die Ozeane und der Gegensatz zwischen Land und Ozean bestimmen das mittlere Klima, die Ozeane selbst spielen für die Variabilität im Bereich von Jahren (in den Tropen) bis Jahrzehnten (in den Außertropen) eine Rolle.

Der größte Ozean der Erde ist der Pazifik, er bedeckt rund ein Drittel der Erdoberfläche und macht fast die Hälfte der Ozeanfläche aus. Atlantik und Indischer Ozean sind jeweils etwa halb so groß wie der Pazifik. Alle Ozeane haben ihre charakteristische Geometrie, wobei beim Atlantik und Pazifik die Nord-Süd-Erstreckung über alle Breitengrade bemerkenswert ist. Der südliche Ozean und das Nordpolarmeer sind im Winter zu einem großen Teil eisbedeckt. Als Folge davon schwankt auch der Salzgehalt. Der salzigste Ozean ist der Atlantik. Der südliche Ozean umfasst alle Wassermassen südlich von 60° S. Ein großer Teil des Antarktischen Eisschilds befindet sich unterhalb des Meeresspiegels des südlichen Ozeans.

Dieses Kapitel widmet sich den Ozeanen und ihrer Rolle im Klimasystem. Zunächst werden kurz die wichtigsten Eigenschaften der Ozeane vorgestellt: Ihre Zusammensetzung und ihre Zirkulation. Dabei wird auf Formeln ganz verzichtet – die Ozeanzirkulation folgt im Prinzip denselben Gesetzen wie diejenige der Atmosphäre, welche in → Kap. 5 eingeführt wurden. Danach werden die Kopplungsvorgänge zwischen Ozean und Atmosphäre kurz angesprochen. Schließlich wird im letzten Unterkapitel eine ganz besondere Eigenschaft der Ozeane thematisiert: ihre Eisbedeckung.

Eigenschaften von Ozeanen

Der Einfluss der Ozeane auf die Atmosphäre ist aus physikalischer Sicht nachvollziehbar. Wie in → Kap. 1 können wir auch hier die Flüsse und Bilanzen von Energie, Masse und Impuls an der Grenzfläche Ozean-Atmosphäre betrachten. Die Flüsse an dieser Fläche werden durch die im Vergleich zur Landoberfläche anderen **physikalischen Eigenschaften** der Ozeanoberfläche geprägt. So sind Ozeane beispielsweise **weniger rau** als die Landoberfläche, was die Windgeschwindigkeit und Turbulenz (und damit Austauschprozesse) beeinflusst. Ozeane haben in der Regel auch eine **niedrigere Albedo** als die Landoberfläche – außer wenn sie eisbedeckt sind, dann ist die Albedo sehr viel höher. Strahlung wird nicht nur von der Ozeanoberfläche, sondern bis in eine gewisse Tiefe des Wassers hinab absorbiert. Ozeane haben eine sehr **große Wärmekapazität**. Anders als die Landoberfläche sind sie ein **Fluid**, das Masse und Wärme horizontal und vertikal transportieren kann. Ozeane können Gase lösen und große Mengen an Kohlenstoff und anderen klimatisch relevanten Elementen **speichern**. Ozeane stellen daher auch eine Verbindung zwischen Klima und Biosphäre her.

Die globalen Ozeane (Quelle: NOAA/Wikipedia). | Tab. 7-1

Ozean (inkl. Nebenmeere)	Fläche	Volumen	Mittlere Tiefe	Tiefste Stelle	Salzgehalt Oberfläche
Atlantik (ohne Arktis)	85.1 Mio. km²	310.4 Mio km³	3646 m	9219 m	3.54 % (3.3–3.7 %)
Pazifik	168.7 Mio. km²	670.0 Mio km³	3972 m	10911 m	3.45 %
Indischer Ozean	70.5 Mio. km²	264.0 Mio km³	3897 m	7906 m	3.48 %
Südlicher Ozean	20 Mio. km²	71.8 Mio km³	3590 m	5805 m	schwankend
Nördliches Eismeer	15.5 Mio. km²	18.8 Mio km³	1205 m	5669 m	schwankend
Alle Ozeane	360 Mio. km²	1335 Mio km³	3688 m	10911 m	3.5 %

Die ganz unterschiedlichen Eigenschaften führen auch zu **Land-Meer-Kontrasten**, auf die weiter unten eingegangen wird.

Der Einfluss der Ozeane auf das **Klima** war bereits im 19. Jahrhundert bekannt. So wurde die relative Wärme Europas im Gegensatz zur Temperatur auf denselben Breitengraden in Nordamerika mit dem **Golfstrom** (genauer: dem **Nordatlantikstrom**) in Verbindung gebracht. James Croll (vgl. → Box 10.3) wies Ozeanen eine wichtige Rolle im Klimasystem zu. Obschon die Ozeanographie zu einer blühenden Wissenschaft wurde, dauerte es bis in die 1950er-Jahre, bis die Zusammenhänge zum Klima eingehender untersucht wurden.

Schon im 19. Jh. wies James Croll den Ozeanen eine wichtige Rolle zu

Die ozeanische Zirkulation | 7.2

Warum zirkuliert ein Ozean? Neben den Gezeiten gibt es grundsätzlich zwei mögliche Antriebsfaktoren: **Dichteunterschiede** im Ozeanwasser und – an der Oberfläche – den **Wind**. Die Oberflächenströme sind primär windgetrieben. Die erdumspannende, umwälzende Zirkulation der Ozeanbecken ist dagegen dichtegetrieben.

Die **Dichte** des Ozeanwassers ist eine Funktion der **Temperatur** und des **Salzgehalts**. Je kälter und salziger das Wasser ist, desto schwerer ist es. → Abb. 7-1 zeigt die Dichte von Ozeanwasser als Funktion von Temperatur und Salzgehalt. Die Dichte schwankt im Promillebereich. In die Abbildung sind auch die Wässer des Pazifiks, Atlantiks und Indiks sowie das antarktische Tiefenwasser eingetragen. Jedes Ozeanbecken, jede Ozeanschicht hat ihren **typischen Salzgehalt** und ihre **typische Temperatur**.

Die Dichte von Ozeanwasser hängt von Temperatur und Salzgehalt ab

Die Wasserdichte ändert sich durch **Verdunstung** oder **Niederschlag**, durch Erwärmung oder **Abkühlung,** durch **Zufluss von Süßwasser** aus Flüssen oder durch die Bildung oder das Schmelzen von Eis. All diese

Abb. 7-1

Dichte von Ozeanwasser als Funktion von Temperatur und Salzgehalt. Darin eingetragen sind auch verschiedene Ozeanwässer (jeweils unterhalb von 200 m) (nach Dietrich 1963).

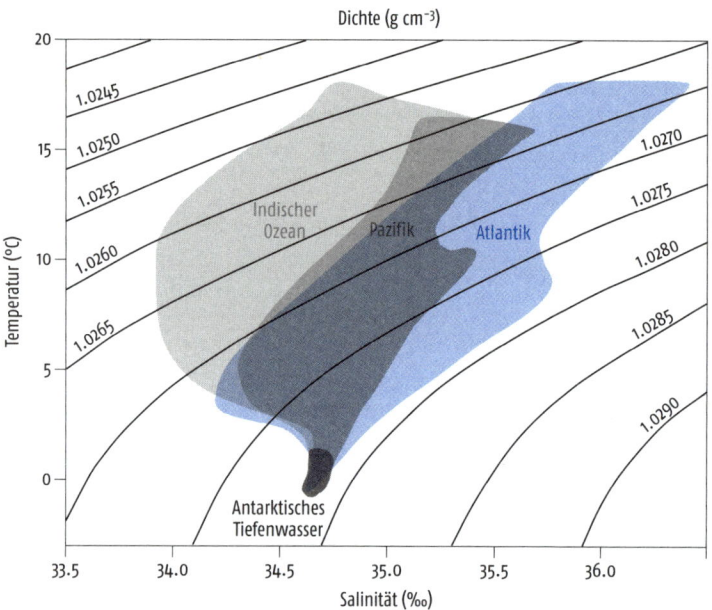

Dichteänderungen erfolgen durch Prozesse an der Oberfläche oder durch Mischung

Prozesse finden an der Meeresoberfläche statt. Innerhalb des Ozeans ändert sich die Dichte des Ozeanwassers nur durch Mischungsvorgänge, welche sich im Diagramm (→ Abb. 7-1) auf einer Geraden abspielen. Als Folge der gekrümmten Linien gleicher Dichte (eine Folge der Temperaturabhängigkeit des Volumenausdehnungskoeffizienten) kann die Dichte der Mischung größer sein als die Dichte der beiden sich mischenden Wässer. Anders als bei Süßwasser erreicht Salzwasser seine maximale Dichte beim Gefrierpunkt, der (in Abhängigkeit des Salzgehalts) bei etwa −1.7 °C liegt.

Tiefsee: 0 bis 5 °C, Oberflächenwasser: −1.7 °C (polare Ozeane) bis 30 °C (Tropen)

Liegt schwereres über leichterem Wasser, so sinkt das schwerere ab, wodurch es zur **Durchmischung** kommt. Die Dichte nimmt in einem Ozeanprofil deshalb nach unten fast überall zu und nähert sich 1.028 g cm^{-3}. → Abb. 7-2 zeigt **Vertikalprofile** der Temperatur, des Salzgehalts und der Dichte in einem Ozean. Die Temperatur, hier für das Beispiel eines tropischen Ozeans, nimmt nach unten ab und liegt beim **Tiefenwasser** in einem Bereich von −1 bis 3 °C. Das dichteste Wasser befindet sich im Atlantik und in der Antarktis. Antarktisches Tiefenwasser hat Temperaturen um 0 °C. In tropischen Ozeanen erreichen die **Oberflächentemperaturen** 30 °C. In den polaren Ozeanen liegt die Temperatur an der Oberfläche in der Nähe des Gefrierpunktes salzigen Wassers, bei ca. −1.7 °C.

Der **Salzgehalt** ist an der Oberfläche variabel. Hier kann er sich durch Verdunstung, Niederschlag, Zuflüsse und schmelzende Eismassen ändern. In tieferen Schichten nimmt der Salzgehalt mit der Tiefe ebenfalls leicht zu, da salziges Wasser dichter ist und sinkt.

Zwischen ca. 50 m und 600 m befindet sich eine markante Übergangsschicht vom Oberflächenwasser zum Tiefwasser. In dieser Schicht nimmt die Temperatur mit zunehmender Tiefe besonders schnell ab. Diese Schicht heißt **Thermokline**. Auch der Salzgehalt nimmt ab (Halokline), während die Dichte zunimmt (Pyknokline). Die Tiefe und Ausprägung dieser Schicht ist für die Ozeanographie und für das Wechselspiel zwischen Ozean und Atmosphäre zentral.

Die Übergangsschicht vom Oberflächen- zum Tiefwasser heißt Thermokline resp. Halokline

Die oberste Schicht des Ozeans steht in ständigem Kontakt mit der **Atmosphäre** und folgt dem Jahresgang der Temperatur. Hier kann saisonal, beispielsweise im Sommer, eine stabile Schichtung entstehen: Warmes, leichtes Wasser liegt oben. Umgekehrt kann es im Winter durch Abkühlung zu einer **Durchmischung** der obersten ca. 100–300 m kommen. Die Tiefenkonvektion und damit der Austausch und die Durchmischung von der Oberfläche bis in den tiefen Ozean kommen nur an bestimmten Stellen vor.

Die oberste Schicht kann saisonal durchmischt oder geschichtet sein

Temperatur, Dichte und Wasserzusammensetzung variieren auch horizontal. Hier bildet sich die ozeanische Zirkulation ab. Dadurch entstehen teils sehr scharfe und **kleinräumige Übergänge**. Diese spielen als

Vertikalprofile der Temperatur, des Salzgehalts und der Dichte im tropischen Ozean (Quelle: UCAR – Windows to the Universe). | Abb. 7-2

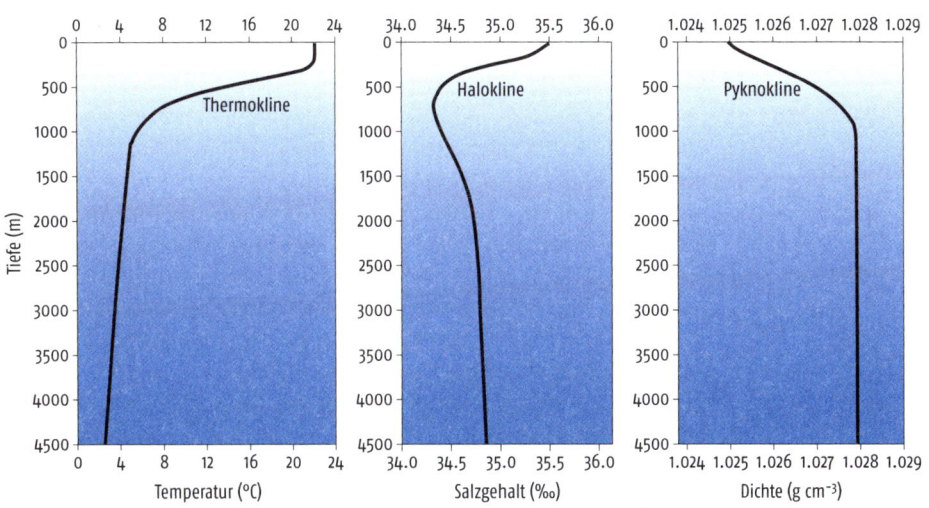

Abb. 7-3

Meeresoberflächentemperatur im Nordatlantik am 1. Februar 2017 (Daten: NOAA OISSTv2).

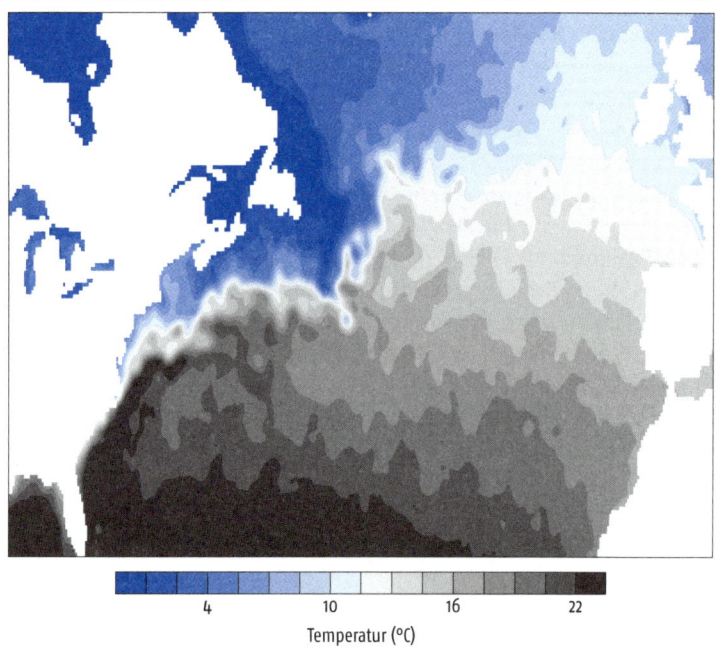

Nischen für das marine Leben, aber auch für die Stoffflüsse zwischen Ozean und Atmosphäre eine entscheidende Rolle. → Abb. 7-3 zeigt die Temperatur des Nordatlantiks am 1. Februar 2017. Temperaturgradienten von 10 °C und mehr über relativ kurze Strecken werden sichtbar. Eine noch höhere Auflösung würde noch schärfere Gradienten zeigen.

7.2.1 Die windgetriebene Zirkulation

Ein wichtiges Charakteristikum der Ozeane ist ihre Zirkulation. Damit können u. a. Energie oder gelöste Gase transportiert werden. Die Meeresströmungen an der Ozeanoberfläche sind in → Abb. 7-4 schematisch dargestellt. Deutlich treten Wirbel in den außertropischen Becken zum Vorschein. Wir sehen Regionen, wo kaltes Wasser äquatorwärts strömt, und solche, wo warmes Wasser polwärts strömt.

Wind setzt das Oberflächenwasser des Ozeans in Bewegung

Wichtigster Antriebsfaktor für die Meeresströmungen an der Ozeanoberfläche ist der **Wind**. Die Kraft des Windes wird als Deformation, als Welle, sichtbar. Wenn Wind über die Ozeanoberfläche streicht, findet eine Impulsübertragung statt, wodurch das Ozeanwasser an der Oberfläche zunächst in Richtung des Windes in Bewegung gesetzt wird. Durch Mischung in den obersten paar Dutzend Metern findet ein

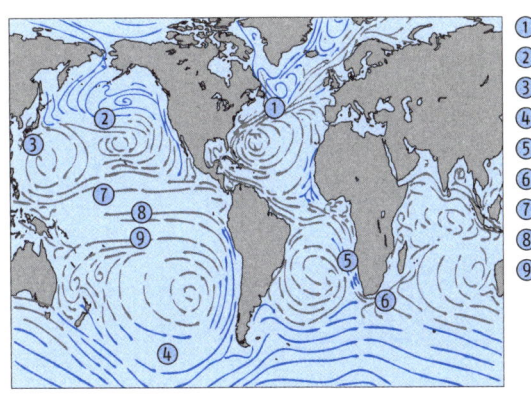

① Nortatlantikdrift
② Nordpazifikstrom
③ Kuroshio
④ Westwinddrift
⑤ Benguelastrom
⑥ Agulhasstrom
⑦ Nordäquatorialstrom
⑧ Äquatorialer Gegenstrom
⑨ Südäquatorialstrom

| Abb. 7-4

Darstellung der Meeresströmungen. Blau: Kalte Meeresströme, grau: warme Meeresströme (Quelle: US Navy Oceanographic Office).

vertikaler Impulstransport statt. Die oberste Schicht wirkt auf die darunterliegende Schicht, welche dadurch auch in Bewegung gesetzt wird. Der Impulsfluss setzt sich also nach unten fort, nimmt aber stetig ab, sodass die Bewegungen geringer werden (genauer: die Impulsflusskonvergenz führt zur Beschleunigung der betreffenden Schichten).

Genau wie in der Atmosphäre wirkt aber auch hier die Corioliskraft auf die sich bewegenden Massen. Auch das bewegte Oberflächenwasser wird von der **Corioliskraft** beeinflusst und entsprechend abgelenkt. Gegenüber der Windrichtung findet auf der Nordhemisphäre eine Rechtsablenkung, auf der Südhemisphäre eine Linksablenkung statt.

Durch Corioliskraft entsteht eine Ablenkung der Strömung gegenüber der Windrichtung

Da die oberflächennächste Wasserschicht die darunterliegende Schicht antreibt, wird auch Letztere gegenüber der Ersteren abgelenkt und in eine leicht andere Richtung fließen. Dadurch entsteht eine Spirale, die **«Ekman-Spirale»** genannt wird (→ Abb. 7-5; vgl. → Abb. 5-14 für den analogen Vorgang in der Atmosphäre). Die Spirale erstreckt sich

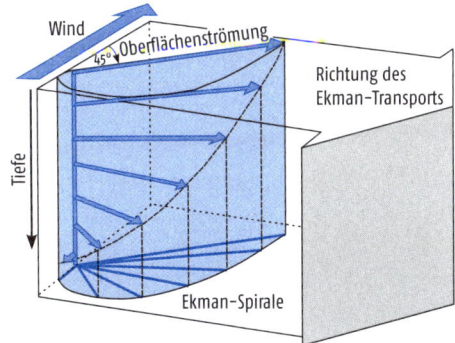

| Abb. 7-5

Ekman-Spirale im Ozean auf der Nordhemisphäre. Blaue Pfeile: Richtung der Strömung. Dicker grauer Pfeil: Der gesamte, vom Wind ausgelöste Massentransport steht rechtwinklig auf der Windrichtung.

Abb. 7-6

Zirkulation in einem Ozeanwirbel auf der Nordhemisphäre. Ein atmosphärisches Hochdruckgebiet treibt eine Strömung an, der Ekman-Transport ist nach rechts gerichtet, also zur Mitte des Wirbels. Hier wird sich durch den Massentransport also Wasser ansammeln.

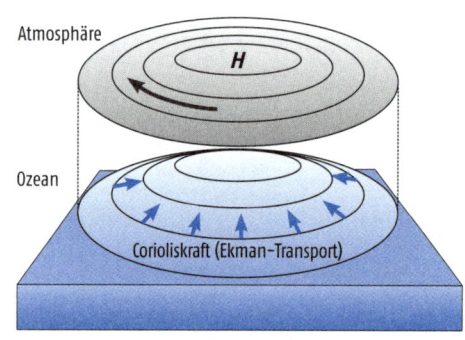

über einige 10–100 Meter. Im untersten Bereich der Spirale ist die Strömung derjenigen des Windes entgegengesetzt.

Die gesamte, durch den Wind in Gang gesetzte Masse bewegt sich rechtwinklig zur Windrichtung. Dieser Transport wird **«Ekman-Transport»** genannt. Wenn wir diese Schicht als ein Wasserpaket betrachten (also vertikal integrieren), können wir, ähnlich wie in der Atmosphäre, die Corioliskraft als rechtwinklig auf dem Wind stehend betrachten.

Ekman-Spirale: Gesamter Massentransport erfolgt rechtwinklig zum Windantrieb

Unter einem atmosphärischen **Hochdrucksystem** mit einem rotierenden antizyklonalen Wind (→ Abb. 7-6) wird durch den Ekman-Transport ein Massenfluss in Richtung des Zentrums des Drucksystems bewirkt. Diese «Aufhäufung» von Wasser führt zu einer **Aufwölbung** der Oberflä-

Die Windströmung um ein Hochdruckgebiet bewirkt im Ozean eine Aufwölbung im Zentrum

Abb. 7-7

Bei einer antizyklonalen Strömung auf der Nordhemispäre (oben) entsteht durch das Anhäufen von Wasser im Wirbel eine Druckgradientkraft nach außen. Diese wirkt der Corioliskraft entgegen. Die geostrophische Strömung folgt daher dem Wind um das Hochdruckgebiet. Unten ist die Situation für eine zyklonale Strömung gezeigt, wo durch Ekman-Transport eine Delle entsteht und die Druckgradientkraft nach innen zeigt.

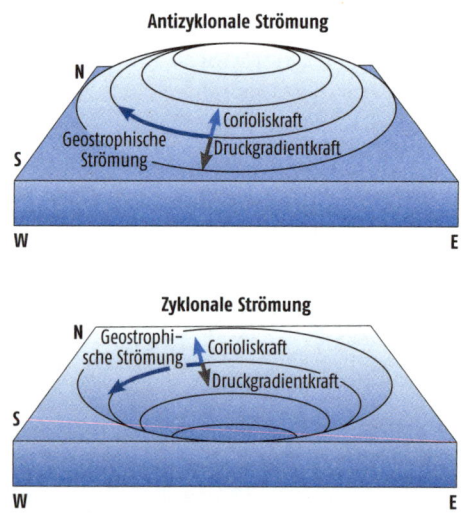

che, was wiederum zu einem Druckgradienten nach außen führt. Der Druckgradient ist dem Ekman-Transport entgegengesetzt. Im Zentrum eines Wirbels (engl. gyre) beträgt diese Aufwölbung ungefähr einen Meter. Es entsteht ein Gleichgewicht zwischen der Druckgradient- und der Corioliskraft, ähnlich wie in der Atmosphäre. Die Strömung in diesem Gleichgewicht wird als **geostrophische Strömung** bezeichnet.

Umgekehrt wird unter **Tiefdruckgebieten** Wasser nach außen gedrückt, wodurch eine «**Eindellung**» und eine Druckgradientkraft nach innen entstehen (→ Abb. 7-7). In den Ozeanbecken der mittleren Breiten, unter den quasistationären Drucksystemen der Atmosphäre, entstehen deshalb quasistationäre Wirbel in der Oberflächenströmung der Ozeane, welche ungefähr dem Wind entsprechen. Die antizyklonalen, subtropischen Wirbel sind viel ausgeprägter und stabiler als die zyklonalen, subpolaren Wirbel.

Quasistationäre Wirbel im Ozean unter Subtropenhochdruckgebieten

Die antizyklonale Vorticity (vgl. → Kap. 5), welche in den subtropischen Ozeanwirbeln entsteht, muss ausgeglichen werden, um die Vorticity der Strömung zu erhalten. Dies geschieht durch Reibung mit dem Rand des Ozeanbeckens auf der Westseite der Wirbel, wo die Strömung in Richtung des zunehmenden Coriolisparameters erfolgt. Es kommt zur Ausbildung von schmalen starken Strömen in den westlichen Ozeanbecken, den «**Western Boundary Currents**» (→ Abb. 7-8). **Golfstrom** und **Kuroshio** sind beide «Western Boundary Currents».

Strömungen in den westlichen Ozeanbecken werden verstärkt

Der windgetriebene Transport führt in den Ozeanen auch zu vertikalen Bewegungen. Am einfachsten ist dies bei Küsten ersichtlich. → Abb. 7-9 zeigt für die Nordhemisphäre einen Nordwind an einer Westküste. Der Ekman-Transport ist relativ zum Wind nach rechts gerichtet, also in der Figur nach links (oder Westen). Das Wasser fließt also von der **Küste** weg und wird durch **aufquellendes** Wasser aus der Tiefe ersetzt, da aus der Richtung des Landes kein Wasser nachfließen kann. Umgekehrt führt ein Südwind entlang einer Westküste zum Absinken.

Ekman-Transport von der Küste weg führt zu Aufquellen von Tiefenwasser

Das aufquellende Wasser ist deutlich kühler und **nährstoffreicher** als das Oberflächenwasser. Die Zonen mit aufquellendem Wasser sind deshalb nicht nur klimatisch, sondern auch für die **Fischerei** und den

Aufquellendes Tiefenwasser ist nährstoff- und fischreich

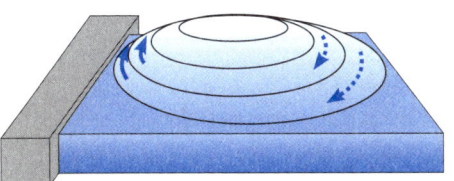

Abb. 7-8

Entstehung eines Western Boundary Currents auf der Nordhemispäre durch eine asymmetrische Form des Wirbels und stärkeren Gradienten an der Westseite.

Abb. 7-9

Windinduziertes Aufquellen respektive Absinken entlang einer Westküste auf der Nordhemisphäre. Im oberen Beispiel wird das Oberflächenwasser durch Ekman-Transport vom Land weggedrückt und durch kaltes Tiefenwasser ersetzt. Im unteren Beispiel ist der Ekman-Transport gegen die Küste gerichtet.

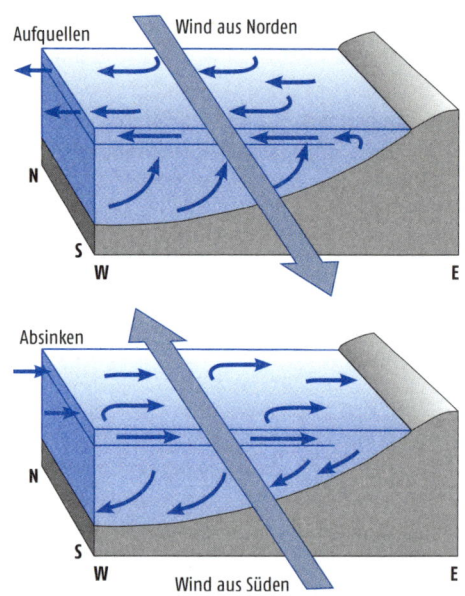

Vor Perus Küste im Humboldt-Strom quellt Wasser auf

Stoffhaushalt der Ozeane entscheidend. Eine solche Zone befindet sich beispielsweise vor der Küste von Peru und steht in Zusammenhang mit dem **El Niño-Phänomen**. Der kalte **Peru-** oder **Humboldt-Strom** (vgl. → Box 1.2 und → Kap. 8), führt hier kühlere Wassermassen von höheren südlichen Breiten in Richtung Äquator. Wichtiger ist aber seine Lage unter dem südpazifischen Hochdruckgebiet: Die dominierende Südströmung in der Atmosphäre führt zu einer Linksablenkung (da sich Peru auf der Südhemisphäre befindet) und drückt somit die Wassermassen von der Küste weg. Es steigt kaltes, nährstoffreiches Tiefenwasser auf, das die Grundlage für die **Küstenfischerei** bildet. Das kalte Wasser führt gleichzeitig zu häufigem Küstennebel (vgl. → Kap. 8).

Wenn das **El Niño-Phänomen** eintritt (vgl. → Kap. 10.2.2), wird das Aufquellen von Tiefenwasser unterbrochen, wodurch sich die Meeresoberflächentemperaturen vor der Küste stark erhöhen. Warmes nährstoffarmes Wasser strömt nun vom offenen Pazifik in Richtung der peruanischen Küste, was sich entsprechend negativ auf die Fischerei auswirkt.

In antizyklonalen Wirbeln sinkt Wasser ab, in zyklonalen steigt es auf

Vertikale Prozesse wie Aufquellen oder Absinken spielen auch in Wirbeln eine Rolle (→ Abb. 7-10). In antizyklonalen **Wirbeln** wird Oberflächenwasser im Zentrum angehäuft. Es kommt daher zum Absinken; die **Thermokline** wird nach unten gedrückt. In einem zyklonalen Wirbel wird umgekehrt die Thermokline nach oben gezogen.

Absinken und Aufsteigen in Wirbeln. Lage der Thermokline und vertikale Ausgleichsströmungen (blaue Pfeile) in einem antizyklonalen (links) und einem zyklonalen Wirbel (rechts) für die Situation auf der Nordhemisphäre.

Abb. 7-10

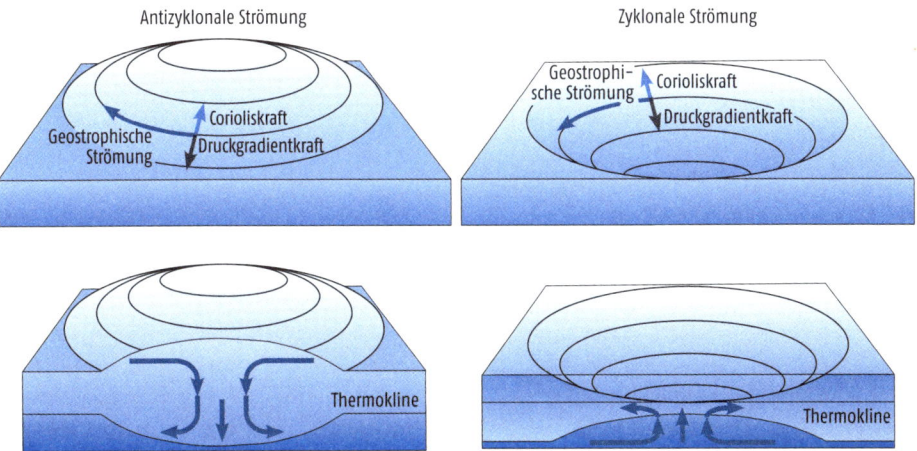

Der **Ekman-Transport** spielt auch in **äquatorialen Regionen** eine Rolle und kann dort zu **Aufquellen** führen (→ Abb. 7-11). Passatwinde, also Ostwinde, die von der Nord- und Südhemisphäre her am Äquator konvergieren, führen zu einem divergierenden Ekman-Transport. Dadurch entsteht eine leichte «Rinne» in der Oberfläche, wodurch sich die Thermokline aufwölbt. Entlang des Äquators, besonders im Pazifik, findet sich deshalb eine Region mit tieferen Ozeanoberflächentemperaturen aufgrund des aufquellenden, kalten Wassers.

Divergierender Ekman-Transport am Äquator führt zu Aufsteigen

Wenn der **Passatwind** der einen Hemisphäre in die andere Hemisphäre übertritt, ändert sich auch das Vorzeichen des Ekman-Trans-

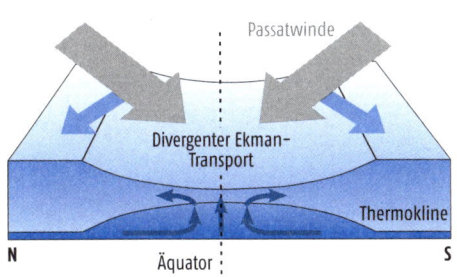

Abb. 7-11

Schematische Darstellung des äquatorialen Aufquellens (dünne dunkelblaue Pfeile) aufgrund divergierenden Ekman-Transports (breite blaue Pfeile) am Äquator.

Abb. 7-12 Schematische Darstellung des äquatorialen Gegenstroms im Pazifik. Wenn Südostpassate auf die Nordhemisphäre übertreten und zu Südwinden werden, ändert sich auch das Vorzeichen des Ekman-Transports. Es entsteht eine nach Osten gerichtete Strömung, eingebettet zwischen zwei von Ost nach West gerichteten Strömungen.

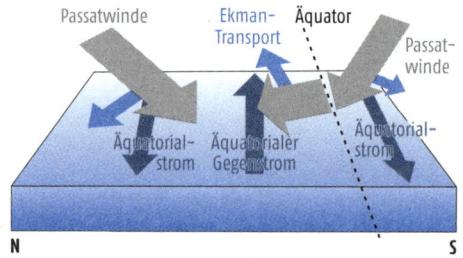

Äquatorialer Gegenstrom durch Ekman-Transport infolge äquatorüberquerender Passatwinde

ports. Wenn also der Südostpassat auf die Nordhemisphäre übertritt und am Äquator zum Südwind wird, entsteht ein nordäquatorialer **Gegenstrom**. Dadurch entsteht das komplizierte Strömungsmuster des tropischen Pazifiks mit zwei äquatorialen Strömen von Ost nach West und dazwischen einem Gegenstrom von West nach Ost (vgl. → Abb. 7-12).

7.2.2 Die dichtegetriebene Zirkulation

Dichteunterschiede treiben die große Umwälzzirkulation des Ozeans an

Die großräumige umwälzende Zirkulation der Ozeane ist nicht windgetrieben, sondern dichtegetrieben. Dies ist in → Abb. 7-13 schematisch dargestellt. Unterschiedliche Wassermassen haben, wie in → Abb. 7-1 gezeigt, eine unterschiedliche Dichte. Verantwortlich für Dichteänderungen sind Änderungen der Temperatur und des **Salzgehalts.** Wenn tropische Wassermassen in die Außertropen gelangen, nimmt ihr Salzgehalt durch **Verdunstung** zu, während ihre Temperatur durch **Abküh-**

Abb. 7-13

Schematisierter Vertikalschnitt der thermohalinen Zirkulation. Ozeanwasser gibt Wärme an die Atmosphäre ab und nimmt durch Verdunstung an Dichte zu. Im polaren Ozean sinkt das dichtere Wasser ab und breitet sich global aus.

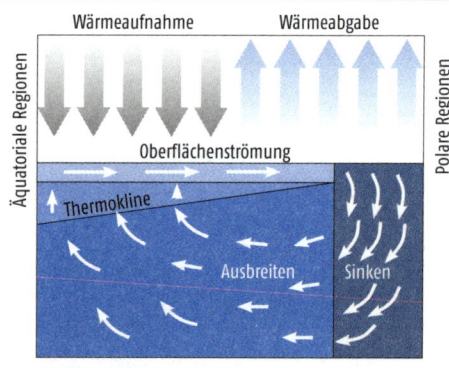

lung sinkt. Beides erhöht die Dichte, sodass in den subpolaren Regionen (in → Abb. 7-13 rechts) Wasser absinken kann. Gleichzeitig wird dadurch natürlich auch Wärme polwärts transportiert und an die Atmosphäre abgegeben, sodass die Ozeane einen Beitrag an den globalen Energieaustausch leisten.

Diese **Tiefenwasserbildung** vollzieht sich in genau lokalisierten Regionen der polaren Breiten beider Hemisphären: im Nordatlantik und im südlichen Ozean. → Abb. 7-14 zeigt diese Regionen auf einer Karte. Verschiebungen dieser Regionen in der Klimageschichte hatten einen großen Einfluss auf die Zirkulation der Ozeane und das Klima (vgl. → Kap. 10).

Die **Tiefenwasserbildung** ist der Antrieb einer erdumspannenden Zirkulation, die auch **thermohaline Zirkulation** genannt wird oder vereinfacht «**Conveyor Belt**» (Förderband) und in die sich die windgetriebenen Oberflächenströmungen eingliedern. Eine schematische Übersicht ist in → Abb. 7-14 dargestellt. Der Golfstrom und dessen Fortsetzung, der **Nordatlantikstrom,** sind Teil des «Conveyor Belts». Im Nordatlantik sinkt das salzhaltige und abgekühlte Wasser ab, es bildet sich Tiefenwasser, welches im Atlantik Richtung Süden strömt und im südlichen Ozean in die **zirkumpolare Strömung** um die Antarktis einmündet. Im Südpazifik strömt kaltes Tiefenwasser nach Norden und steigt im Nordpazifik an die Oberfläche. Von hier strömt das Wasser zum Äquator und durch den sogenannten «**Indonesischen Durchfluss**» in den Indischen Ozean. Nach der Umrundung Südafrikas erreicht die Oberflächenströmung den tropischen Atlantik, von wo der Golfstrom ausgeht. Dieses Bild ist allerdings äußerst vereinfachend.

Durch Verdunstung und Abkühlung nimmt die Dichte zu, Wasser kann sinken und Tiefenwasser bilden

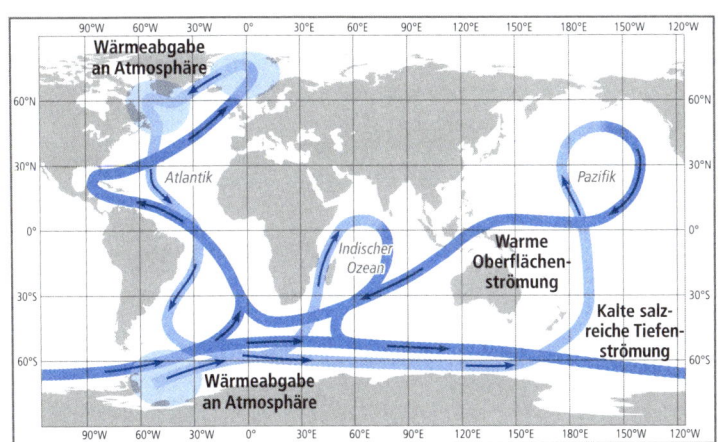

Abb. 7-14

Schematische Darstellung der thermohalinen Zirkulation, des «Conveyor Belt». Oberflächenströme sind dunkelblau, Tiefenwasserströme mittelblau. Die hellblauen Kreise zeigen Orte mit Tiefenwasserbildung (nach WMO/UNEP).

Die Umwälzzeit der globalen Ozeane beträgt ca. 1000 Jahre

Die **Umwälzzeit** in der globalen thermohalinen Zirkulation beträgt ungefähr 1000 Jahre. Ein großer Teil des Ozeanwassers hat also die menschgemachte Erwärmung der Atmosphäre und deren hohen CO_2-Gehalt noch nicht «gesehen». Der Ozean ist deshalb nicht im Gleichgewicht mit der Atmosphäre, sondern reagiert sehr träge auf deren Änderungen.

Die thermohaline Zirkulation beeinflusst das Klima

Veränderungen in der Dichte, vor allem durch Änderungen des Salzgehalts, können die thermohaline Zirkulation beeinflussen. Umgekehrt beeinflusst die thermohaline Zirkulation den **Wärmetransport** im Ozean und damit das Klima. Es zeigt sich, dass die Tiefenwasserbildung im Nordatlantik sehr sensitiv auf den Salzgehalt reagieren kann. Nimmt der Salzgehalt in dieser Region stark ab, so kann sie sogar ganz ausbleiben oder sich räumlich stark verschieben.

Die thermohaline Zirkulation kennt verschiedene Zustände, die für sich jeweils stabil sind. Die Übergänge zwischen diesen stabilen Zuständen sind relativ abrupt und erfolgen nicht in beide Richtungen auf dieselbe Weise. So führt eine Abnahme des Salzgehalts bei Überschreiten eines gewissen Schwellenwerts möglicherweise zu einem **Zusammenbruch** des Nordatlantikstroms. Die Tiefenwasserbildung verlagert sich in Richtung Süden oder erfolgt gar nicht mehr. Um diese – ebenso abrupt – wieder in Gang zu bringen, muss der Salzgehalt aber auf einen deutlich höheren Schwellenwert steigen. Dieses Verhalten nennt sich **Hysterese** (vgl. → Box 1.3).

Ausbleiben des Nordatlantikstroms in der «Jüngeren Dryas»

Markante Klimaschwankungen in der Vergangenheit, beispielsweise die **«Jüngere Dryas»** am Ende der letzten Eiszeit (vgl. → Kap. 10.4.2), werden auf eine plötzliche Abnahme des Salzgehalts im Nordatlantik zurückgeführt. Vermutlich haben sich damals riesige **Schmelzwasserseen** auf dem nordamerikanischen Kontinent gestaut und dann in den Nordatlantik ergossen. Die damit verbundene Unterdrückung der nordatlantischen Tiefenwasserbildung hat möglicherweise die thermohaline Zirkulation weitgehend gestoppt und in Europa zu einer rapiden und lang dauernden **Klimaabkühlung** geführt.

Box 7.1

Ein realistisches Szenario?

Nicht nur das Abschmelzen von Eis am Ende einer Eiszeit kann zu allzu großer Süßwasserzufuhr in den Atlantik führen. Auch der Klimawandel führt im Nordatlantik zu einer Abnahme des Salzgehalts, da der Niederschlag in den hohen Breiten zunimmt und daher mehr Süßwasser von den Kontinenten in den Atlantik strömt. Besteht dadurch Gefahr für den Nordatlantikstrom?

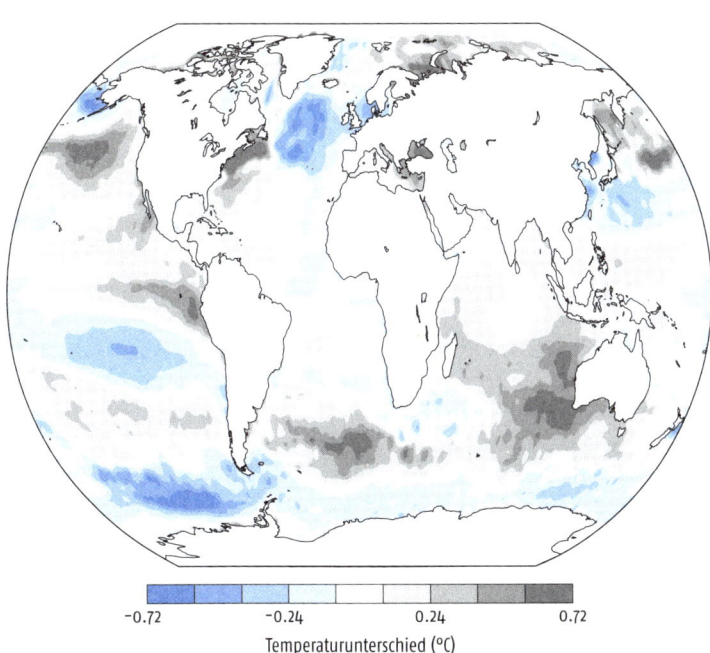

| Abb. 7-15

Differenz der Meeresoberflächentemperatur zwischen 2009–2015 und 2001–2008 (Quelle: NOAA).

Hollywood hat sich dieses Szenario – natürlich massiv beschleunigt und dramatisiert – zur Basis des Blockbusters «Day After Tomorrow» (2004) genommen. Durch eine Verlangsamung des Nordatlantikstroms werden die nördlichen Mittelbreiten im Film innerhalb weniger Wochen von Eis überzogen. Allgemein wird die Gefahr einer abrupten Veränderung des Nordatlantikstroms als Folge der Klimaänderung jedoch als minimal eingestuft. Auch zeigt die Klimageschichte, dass vor allem die Erwärmungsphasen rasch ablaufen, während Abkühlungsphasen mehr Zeit brauchen.

Realistischer sind langsamere Veränderungen der Umwälzzirkulation als Folge des Klimawandels. Neue Messungen bestätigen zwar, dass sich die Umwälzzirkulation des Atlantiks seit etwa 2005 verlangsamt hat, ähnlich wie das von Klimasimulationen her erwartet wird. Allerdings lässt sich dies bislang noch nicht eindeutig auf den Klimawandel zurückführen. Es zeigt sich, dass auch natürliche dekadische Schwankungen vorkommen können.

In «Day After Tomorrow» beginnt die Klimaschwankung mit einem plötzlichen Abfall der Meeresoberflächentemperatur im Nordatlantik. Tatsächlich war die Temperatur im Nordatlantik seit etwa 2009 ungewöhnlich tief (→ Abb. 7-15). Ob dies Ausdruck einer Verlangsamung ist oder durch ungewöhnliche vertikale Durchmischung erklärt werden kann, ist aber unklar.

7.3 Die Ozean-Atmosphären-Wechselwirkung

Ozean-Atmosphäre-Wechselwirkung durch Flüsse von Energie, Masse, Impuls

Veränderungen der thermohalinen Zirkulation zeigen, dass Ozean und Atmosphäre sich gegenseitig beeinflussen. Um diese **Wechselwirkung** besser zu verstehen, betrachten wir wie in → Kap. 1 die Flüsse von **Energie, Masse** und **Impuls** zwischen Ozean und Atmosphäre sowie die Speicherung von Energie und gelösten Gasen im Ozean. Die Prozesse sind schematisch in → Abb. 7-16 dargestellt. Die Bedeutung der Impulsflüsse wurde in diesem Kapitel bei der Diskussion der windgetriebenen Ozeanzirkulation bereits im Detail erläutert und wird hier nicht mehr wiederholt.

Wärmespeicherung im Ozean dämpft Temperaturschwankungen

Der Ozean ist durch seine große Masse und Wärmekapazität zunächst einmal ein riesiger **Wärmespeicher,** der Wärmeschwankungen verzögert wieder an die Atmosphäre abgeben kann. Der Temperaturverlauf im Jahresgang wird so durch den Ozean gedämpft, was in küstennahen Regionen der mittleren Breiten zum typischen **maritimen Klima** führt (vgl. → Kap. 8). Darüber hinaus kann beispielsweise ein winterliches Temperatursignal den Sommer unter einer stabilen obersten Ozeanschicht überdauern. Erst bei der nächsten saisonalen Durchmischung im Winter wird es sich wieder mit der Atmosphäre austauschen. Diese Vorgänge stellen ein Gedächtnis von Jahr zu Jahr dar und können so die Klimavariabilität modifizieren.

Die Ozeane speichern nicht nur Wärme, sondern vor allem Wasser. Sie stellen auf 70 % der Erdoberfläche quasi unbegrenzt Wasser für die **Verdunstung** zur Verfügung. Durch beides – Wärmeaustausch und Verdunstung – greifen die Ozeane in den **Energiehaushalt** der Atmosphäre ein. Die Ozeane absorbieren mehr Sonnenstrahlung als die Landoberfläche. Es muss daher netto ein Wärmefluss von den Ozeanen zur Land-

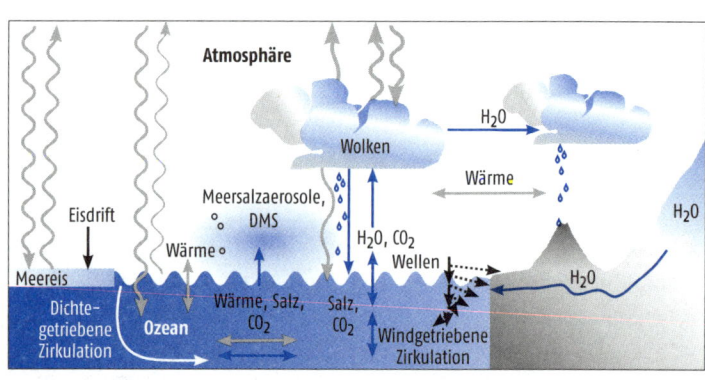

Abb. 7-16

Schematische Darstellung der Prozesse der Ozean-Atmosphären-Interaktion. Grau: Energieflüsse, blau: Massenflüsse, schwarz: Impulsflüsse.

oberfläche stattfinden (vgl. → Abb. 6-6). Der Energietransport erfolgt zu einem Teil in Form von latenter Wärme. Bei der **Kondensation** über der Landoberfläche wird die Wärme frei, und es fällt Niederschlag – die damit verbundene Masse wird als Abfluss wieder dem Meer zugeführt (vgl. → Abb. 1-10). Die Abflüsse der großen Flüsse der Erde stellen also teilweise die latente Energie dar, welche vom Meer auf die Landoberfläche geströmt ist.

Neben dem Wasser speichern die Ozeane auch andere für das Klima wichtige Stoffe: CO_2, N_2O, Schwefel, Phosphor und weitere. Im Folgenden wird die Bedeutung dieser Stoffflüsse kurz diskutiert. Der **Kohlenstoffkreislauf** und dessen Rolle für die Atmosphäre und das Klima (Treibhauseffekt) wurden bereits angesprochen. CO_2 hat aber im Ozean noch weitere negative Konsequenzen. In Wasser wird CO_2 nämlich gelöst und steht in einem Gleichgewicht:

$CO_2 + H_2O \leftrightarrow H_2CO_3 \leftrightarrow H^+ + HCO_3^-$ (R9)

CO_2 führt zu Versauerung der Ozeane

Nimmt nun CO_2 zu, so nimmt auch H^+ zu. Dies führt zu einer **Versauerung** der Ozeane, die unter dem heutigen menschgemachten CO_2-Anstieg voranschreitet und beispielsweise diejenigen marinen Lebewesen stark betrifft, welche Schalen aus **Kalk** bauen (vgl. auch → Kap. 10.5).

Ozeane sind auch für den Haushalt von **Stickstoff, Phosphor** und **Schwefel** wichtig. Sie emittieren Dimethylsulfid (DMS), eine Schwefelverbindung, welche von Algen produziert wird. In der Atmosphäre wird DMS oxidiert und kann **Sulfataerosole** bilden. Diese können wiederum als Wolkenkondensationskerne dienen (vgl. → Kap. 2.4). In entlegenen marinen Regionen, wo wenig menschgemachte Aerosole vorhanden sind und oft Situationen mit übersättigter Luft vorkommen, können die natürlichen Schwefelaerosole die **Wolkenbedeckung** beeinflussen.

Algen führen zu Sulfataerosolen

Meereis | 7.4

Die Energiebilanz der polaren Gegenden ist sehr stark vom Jahresgang und dem fehlenden Tagesgang geprägt. Im Winter ist die **Strahlungsbilanz** an der Erdoberfläche negativ. Auf den polaren Ozeanen kann sich deshalb im Winter eine ausgedehnte **Eisschicht** bilden. Die maximale Ausdehnung des arktischen Meereises wird üblicherweise im März erreicht. Dann wird die Energiebilanz positiv, und Eis beginnt zu schmelzen. Das Minimum wird jedes Jahr im September erreicht.

Die **Eisschicht** verändert die Flüsse von Masse, Energie und Impuls. Mit Gefrieren und Schmelzen sind beträchtliche latente Energiemengen verbunden, sodass sich die Temperatur nicht weit vom Gefrier-

Eis unterbindet den Wärmetransport und die Verdunstung vom Ozean in die Atmosphäre

Abb. 7-17

Durchschnittliche Meereisausdehnung zu den Zeiten der maximalen und minimalen Meereisausdehnung in der Arktis und der Antarktis (Quelle: NSDIC).

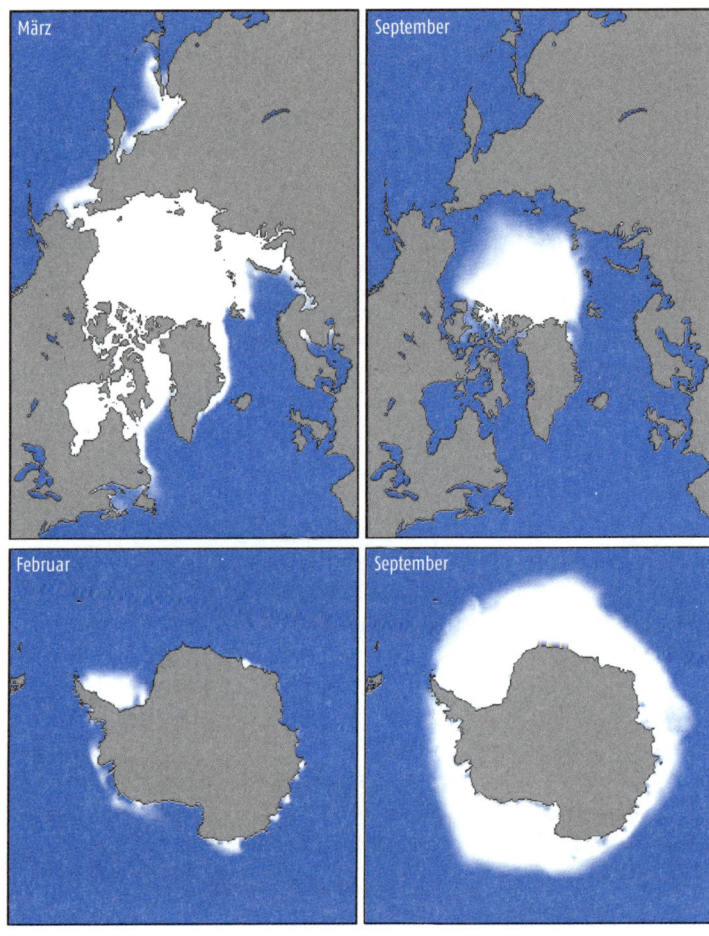

punkt entfernt, solange Eis schmilzt oder gefriert. Auch hinterlässt das gefrierende Meerwasser fast seinen gesamten Salzgehalt im übrig bleibenden Wasser, das dadurch salzhaltiger wird. Im Gegenzug führt Schmelzen zu frischerem Wasser. Auch vermindert die Eisdecke das **Verdunsten** von Wasser, umgekehrt kann sich auf dem Eis Schnee akkumulieren, der sonst den **Salzgehalt** des Ozeans verändern würde. Die **Energiebilanz** wird nicht nur durch den unterbundenen Wärmefluss verändert, sondern auch durch die Veränderung der Albedo und damit der Strahlung. Eis reflektiert einen großen Teil der kurzwelligen Strahlung, die daher nicht zur Erwärmung der obersten Ozeanschicht beitragen kann. Schmilzt das Eis, erwärmt die kurzwellige Strahlung den Ozean, was dazu beitragen kann, dass sich Eis weniger schnell neu bildet – die **Eis-Albedo-Rückkopplung** (vgl. → Box 1.3), das wohl klassischste Beispiel einer positiven Rückkopplung im Klimasystem.

Obschon die Prozesse in der **Arktis** und **Antarktis** grundsätzlich dieselben sind, so gibt es doch aufgrund der unterschiedlichen **Landmassenverteilung** große Unterschiede. → Abb. 7-17 zeigt die Meereisausdehnung in der Arktis und der Antarktis jeweils im Frühling und Herbst. Im Frühling, nach dem Ende des Polarwinters, erreicht die Eisbedeckung ihr Maximum. Im Herbst, wenn nach dem Ende des Polartags die Strahlungsbilanz wieder negativ wird, erreicht die Eisbedeckung die minimale Ausdehnung. Die Arktis besteht aus einem Ozeanbecken, dem Nordpolarmeer, das von Land umgeben ist. Im Winter ist das Becken vollständig mit Eis bedeckt; die Meereisausdehnung im Winter ist also durch das Land **begrenzt.** Im Sommer schmilzt das Meereis hingegen rasch ab, bisher verblieben aber meist 4 Mio. km² Eisfläche. In der Antarktis ist die Meereisausdehnung nicht vom Land begrenzt. Hier zeigt sich ein großer Jahresgang der Meereisbedeckung. Gleichzeitig ist die Antarktis selber eine Landfläche. Die Meereisfläche der Arktis und Antarktis im jeweiligen Frühling hat die gleiche Größenordnung.

Auch die langfristigen Veränderungen der Meereisfläche in der Arktis und Antarktis sind verschieden (vgl. → Abb. 7-18). In der Arktis sind die **Abschmelzraten** besonders groß, sodass gemäß einigen Szenarien in

Das Nordpolarmeer ist im Winter vollständig eisbedeckt

Die Meereisbedeckung hat in der Arktis in den letzten Jahrzehnten stark abgenommen

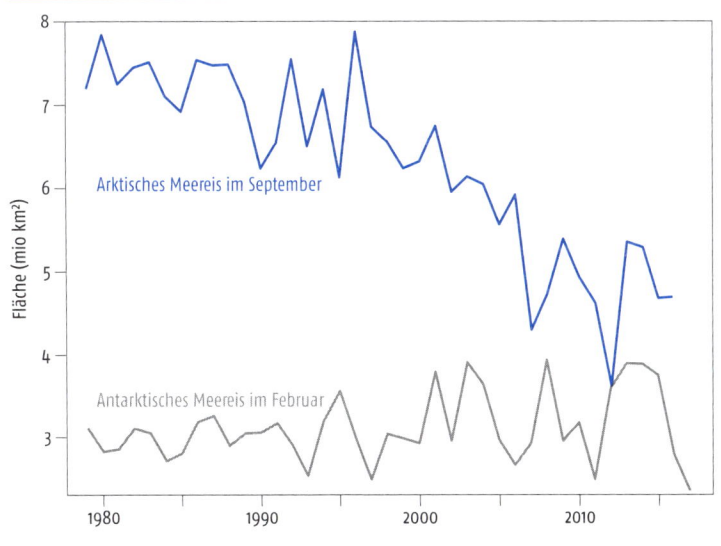

| Abb. 7-18

Veränderung der Meereisausdehnung im September in der Arktis respektive im Februar in der Antarktis zwischen 1979 und 2017 (Daten: NSIDC).

wenigen Jahrzehnten **eisfreie Sommer** vorkommen werden. Dagegen nimmt das Meereis in der Antarktis leicht zu oder bleibt stabil, wobei aber am Ende der letzten beiden Sommer vor Erscheinen dieses Buches (2016, 2017) sehr wenig antarktisches Meereis übrig blieb. Als Grund für die Zunahme des Meereises in den 1980er- und 1990er-Jahren wird das **Ozonloch** in der Stratosphäre vermutet, das die atmosphärische **Zirkulation** um die Antarktis im Sommer in den letzten Jahrzehnten verstärkt hatte. Als Folge erreichte warme, tropische Luft seltener die Antarktisregion.

Verwendete Literatur

Dietrich, G. (1963) General oceanography: an introduction. Wiley.

Weiterführende Literatur

DeWeaver, E. T., C. M. Bitz, L.-B. Tremblay (2008) Arctic Sea Ice Decline: Observations, Projections, Mechanisms, and Implications, AGU Monograph, 180, Washington, D.C.
Latif, M. (2009) Klimadynamik. UTB, Stuttgart.
Sarmiento, J. L., N. Gruber (2006) Ocean Biogeochemical Dynamics. Princeton University Press, 528 S.
Siedler, G., S. M. Griffies, J. Gould, J. A. Church (Hrsg.) (2013) Ocean circulation and climate: A 21st century perspective. 2nd Edition. International Geophysics.

Klimata der Erde | 8

Inhalt

8.1 Bestimmende Faktoren

8.2 Klimazonen der Erde

8.3 Regionale Klimata

Das Klima der Erde ist räumlich höchst variabel. In diesem Kapitel sollen die großräumig vorkommenden Klimata, auch Klimazonen genannt, sowie einige charakteristische regionale oder kleinräumige Klimata vorgestellt werden. Die Klimazonen unterscheiden sich unter anderem durch das Vorkommen von Pflanzen und Landschaften. Zwar stammt der Begriff der Klimazonen ursprünglich aus der Pflanzengeographie, doch wird er heute auch in der Klimaimpaktforschung immer noch oft verwendet, beispielsweise um die Auswirkungen der Klimaänderung auf die Vegetation zu beschreiben.

Klimazonen hängen von der geographischen Breite, der relativen Lage zu den Ozeanen und weiteren Faktoren ab, die in diesem Kapitel, aufbauend auf den vorangehenden Kapiteln, anhand der zugrunde liegenden Prozesse diskutiert werden. Die Strahlungs- und Energiebilanz und die daraus resultierende Zirkulation der Atmosphäre sowie der Einfluss der Ozeane spielen dabei eine zentrale Rolle, aber auch die Lage der Gebirge, Hochplateaus und Senken. Regional wird das Klima in manchen Regionen durch typische Zirkulationssysteme oder Ozeanströmungen charakterisiert, und innerhalb jeder Zone gibt es selbstredend Höhengradienten des Klimas.

Schließlich gibt es eine Reihe «typischer» oder «charakteristischer» lokaler oder regionaler Klimata, die kurz erläutert werden. Dazu gehören Küstenklima, Gebirgsklima sowie städtisches Klima. Insbesondere Küsten- und Stadtklima sind relevant, lebt doch der weit größte Teil der Weltbevölkerung in diesen Regionen.

8.1 Bestimmende Faktoren

Die Erde beherbergt eine große Vielfalt an **Klimata**, welche die **Landschaften** der Erde prägen: von den tropischen Regenwäldern und Savannen bis zu den polaren Eiswüsten, von den Trockensteppen bis zur sibirischen Taiga. Diese unterschiedlichen Landschaften und Klimata sind letztlich alle die Folge derselben, in diesem Buch beschriebenen Prozesse. Dieses Kapitel betrachtet die wichtigsten auf der Erde vorkommenden Klimata auf der großräumigen, regionalen und zum Teil lokalen Skala. Ziel ist es, die Klimata nicht nur zu beschreiben, sondern einerseits mit den bis hier diskutierten Prozessen in einen Zusammenhang zu stellen, insbesondere mit der Energiebilanz, der allgemeinen Zirkulation der Atmosphäre und der Rolle der Ozeane, und andererseits deren Bezug zu örtlichen Faktoren wie der **geographischen Breite**, der relativen **Lage zu den Ozeanen**, der **Höhe über Meer** und der Vegetation zu verstehen.

Klimazonen beschreiben grossräumige Klimata

Auf der großräumigen Skala werden unterschiedliche Klimata oft durch **Klimazonen** zusammengefasst. Der Begriff «Zone» schließt an den ursprünglichen Klimabegriff an (vgl. → Kap. 1), der unterschiedliche, von der geographischen Breite abhängige Charakteristika (von denen das Klima eines der wichtigsten ist) meint. Das Konzept von Klimazonen wurde im 19. Jahrhundert entwickelt. Hintergrund war die viel ältere **Pflanzengeographie**, ein Forschungszweig, zu dem Alexander von Humboldt (vgl. → Box 1.2) nicht nur global vergleichende Beschreibungen, sondern auch wesentliche Konzepte beigetragen hat. Klimazonen werden aber auch heute oft verwendet, so etwa in der **Klimaimpaktforschung**, wo sich beispielsweise Auswirkungen von Klimaänderungen auf Ökosysteme durch Klimazonen einfacher beschreiben lassen.

Innerhalb jeder Region gibt es wiederum **Höhengradienten** des Klimas. Klimazonen sind hier vertikal gestaffelt. Mit zunehmender Höhe folgen sich Zonen, die man sonst weiter polwärts antreffen würde, allerdings oft mit typischen Gebirgseffekten, auf die wir später eingehen werden. Somit bieten Gebirge auf kleinem Raum eine Vielfalt von Klimata.

Auf der regionalen Skala kommen zur geographischen Breite oder der Lage zu den Ozeanen weitere Faktoren dazu. In manchen Regionen wird das Klima durch typische atmosphärische **Zirkulationssysteme** oder **Ozeanströmungen** charakterisiert, wie sie in → Kap. 6 und 7 vorgestellt wurden. Auf der lokalen bis regionalen Skala gibt es schließlich eine Reihe «typischer» oder «charakteristischer» Klimata, die in diesem Kapitel kurz erläutert werden. Dazu gehören das **Küstenklima, Gebirgsklima** sowie das **städtische Klima**. Insbesondere Küsten- und Stadtklima

Langjährige Mittelwerte der Temperatur und des Drucks (oben, als Isolinien) sowie der Größe Niederschlag minus Verdunstung (unten, die Skala ist hier nicht linear) für den Dezember bis Februar resp. Juni bis August (ERA-Interim Daten, 1979–2016).

Abb. 8-1

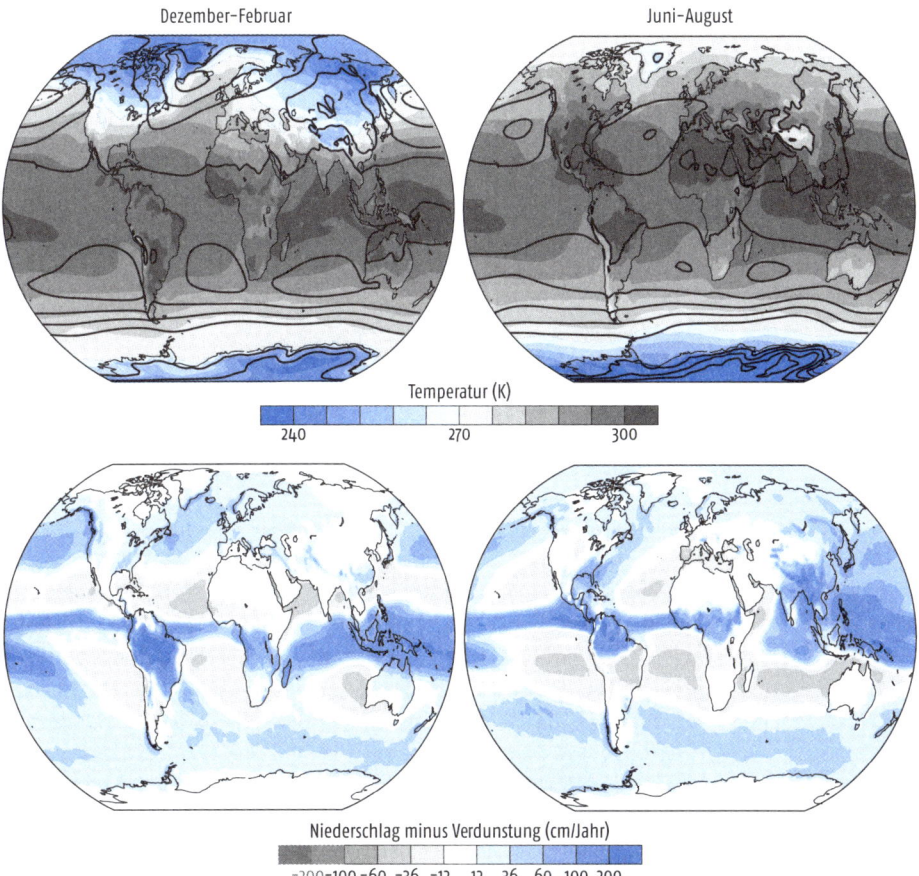

sind relevant, lebt doch der weit größte Teil der Weltbevölkerung in diesen Klimata.

In der Folge sollen die Faktoren, welche die räumliche Variabilität des Klimas begründen, diskutiert werden. → Abb. 8-1 zeigt globale Karten des mittleren Klimas im Sommer und im Winter, da auch der Jahresgang eines der Elemente ist, welche das Klima prägen. Neben Temperatur und Druck zeigt die Karte Niederschlag minus Verdunstung (auch P-E genannt). Auf diese Abbildung (ebenso wie → Abb. 1-1,

→ Abb. 6-3 für die Strahlung und → Abb. 6-14 für Wind) wird im Folgenden stets Bezug genommen.

<small>Geographische Breite beeinflusst die solare Einstrahlung</small>

Die geographische Breite, von der das Wort «Klima» ja abgeleitet ist, ist die naheliegendste Ursache für unterschiedliche Klimata auf der Erde. Dies gilt insbesondere für die Temperatur (vgl. → Abb. 8-1). Ganz direkt beeinflusst die **geographische Breite** die **Sonneneinstrahlung** im Tages- und Jahresgang (vgl. → Kap. 3, → Abb. 3-5). Die absorbierte kurzwellige Einstrahlung ist in den Tropen 5–6 Mal höher als in den polaren Breiten (vgl. auch → Abb. 6-2). Indirekt beeinflusst die geographische Breite auch andere Komponenten der Energiebilanz, beispielsweise die langwellige Abstrahlung und langwellige Gegenstrahlung.

<small>Geographische Breite beeinflusst atmosphärische und ozeanische Zirkulation</small>

Die **geographische Breite** beeinflusst auch direkt die **Corioliskraft** und damit die atmosphärische und ozeanische Zirkulation (vgl. → Kap. 5 und 7). Wichtige Hauptmerkmale der zonal gemittelten Zirkulation – Hadleyzirkulation, Subtropenjets, barokline Zonen in den Mittelbreiten – werden durch die geographische Breite hinreichend erklärt. Das zeigen mit Klimamodellen durchgeführte **«Aquaplanet»-Simulationen**, also Simulationen ohne Landmassen. Die Felder des Windes und des Luftdrucks in → Abb. 6-14 und 8-1 sind also ebenfalls teilweise durch die geographische Breite erklärbar.

<small>Die Höhe über Meer beeinflusst Temperatur, Niederschlag, Strahlung und Wind</small>

Ebenso offensichtlich ist der Einfluss der **Höhe über Meer** auf das Klima. Die Temperatur nimmt mit der Höhe um ca. 6.5 °C pro km ab (vgl. → Kap. 4). **Gebirgsklimata** sind also kühler als **Tieflandklimata**. Das Tibetische Plateau, aber auch die Anden und Rocky Mountains, zeichnen sich in den mittleren Temperaturen in → Abb. 8-1 ab. Gleichzeitig nimmt der Niederschlag mit der Höhe in der Regel bis zu einer gewissen Höhe zu, da Niederschläge oft durch Hebung ausgelöst werden. Allerdings sind hier die Muster viel kleinräumiger und komplexer; im **Lee von Gebirgszügen** ist der Niederschlag beispielsweise verringert. Auf Gebirgsklimata wird in → Kap. 8.3.2 eingegangen. Eine besondere Stellung nehmen große **Hochplateaus** ein. Wegen der geringen Wasserdampfsäule in der darüberliegenden Atmosphäre sind sie effiziente Heiz- und Abkühlflächen, die auch das Klima der umliegenden Regionen beeinflussen. Auch die Windverhältnisse sind in Gebirgen anders als im Flachland, mit windexponierten Bergrücken und mit typischen thermischen Windsystemen (vgl. → Kap. 8.3).

<small>«Landklima» durch Rauigkeit und thermische Effekte</small>

Die Landoberfläche spielt ebenfalls eine wichtige Rolle im Klimasystem, einerseits wegen der physikalischen Eigenschaften der Oberfläche, andererseits aber auch wegen der Biosphäre. Die Vegetation hat einen Einfluss darauf, wie viel Verdunstung stattfindet und wie viel Energie letztlich in Form sensibler Wärme abgegeben wird. Etwas längerfristig betrachtet, spielt die Kopplung mit dem Kohlenstoffkreislauf eine wichtige Rolle. Landoberflächen-Klima-Wechselwirkungen sind zu einem wichtigen Thema in der Klimatologie geworden, die in diesem Buch allerdings nicht ausführlich betrachtet werden können. Für die folgenden Ausführungen ist wichtig, dass Land in der Regel heller ist als Ozeane und die Atmosphäre darüber trockener. Land kann außerdem schneebedeckt sein. In der Nordhemisphäre kann die **Schneedecke** im Frühling eine große Fläche einnehmen und die **Strahlungsbilanz** wesentlich beeinflussen. In globalen Karten der Energiebilanz (→ Abb. 6-3) wird deshalb ein **Land-Meer-Kontrast** sichtbar, der sich auf das Klima auswirkt. Weitere Land-Meer-Kontraste sind in → Abb. 8-2 gezeigt.

In der jahresgemittelten **Windschwindigkeit** äußert sich die unterschiedliche **Rauigkeit** von Land und Meer. Die durchschnittliche Windgeschwindigkeit ist über dem Meer wegen der geringen Rauigkeit um ein Mehrfaches höher als über dem Land. Die **Blitzhäufigkeit** schließlich zeigt ein Maximum in den tropischen und subtropischen Landregionen. Hier findet die stärkste **Konvektion** statt, wobei die höhere Rauigkeit über Land, die **Topographie** sowie die thermischen Eigenschaften der Landfläche (starke Erwärmung tagsüber) eine wichtige Rolle bei der Auslösung spielen.

Noch stärker wird der Kontrast auf der Karte der Amplitude des mittleren Temperaturjahresgangs sichtbar (→ Abb. 8-2). Ozeane sind

Große jährliche Temperaturamplitude im Osten der Kontinente

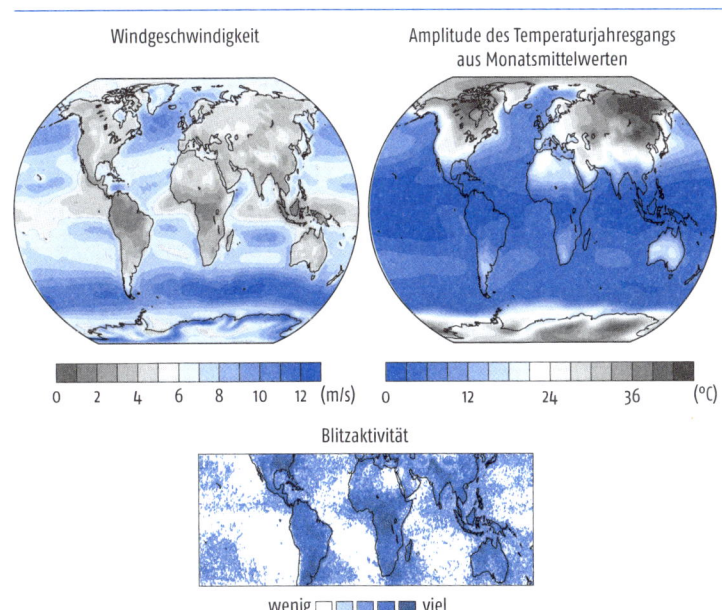

Abb. 8-2

Land-Meer-Kontraste in einigen langzeitgemittelten Klimavariablen: Windgeschwindigkeit auf 10 m und Amplitude des Jahresgangs der Temperaturmonatsmittelwerte (Daten: NCEP/NCAR Reanalyse, 1981–2010) sowie Blitzrate (Daten: NASA LIS TRMM 1995–2013).

Klimata der Erde

Abb. 8-3

Weltkarte der Köppen-Geiger-Klimazonen der Erde nach Kottek et al. (2006). Manche Zonen wurden zusammengefasst und so die Anzahl der Zonen auf zwölf reduziert. Die Punkte bezeichnen die Orte, für welche in diesem Kapitel Klimadiagramme gezeigt werden.

Zonen:
A: äquatoriales Klima
BW: Wüstenklima
BS: Steppenklima
C: warmgemäßigtes Klima
D: Schneeklima
EF: Tundrenklima
ET: Dauerfrostklima

Zusätze:
w: wintertrocken
s: sommertrocken
f: vollfeucht
m: Monsun

a, b: 4 Monate >10 °C
c, d: 1–3 Monate >10 °C

Bestimmende Faktoren

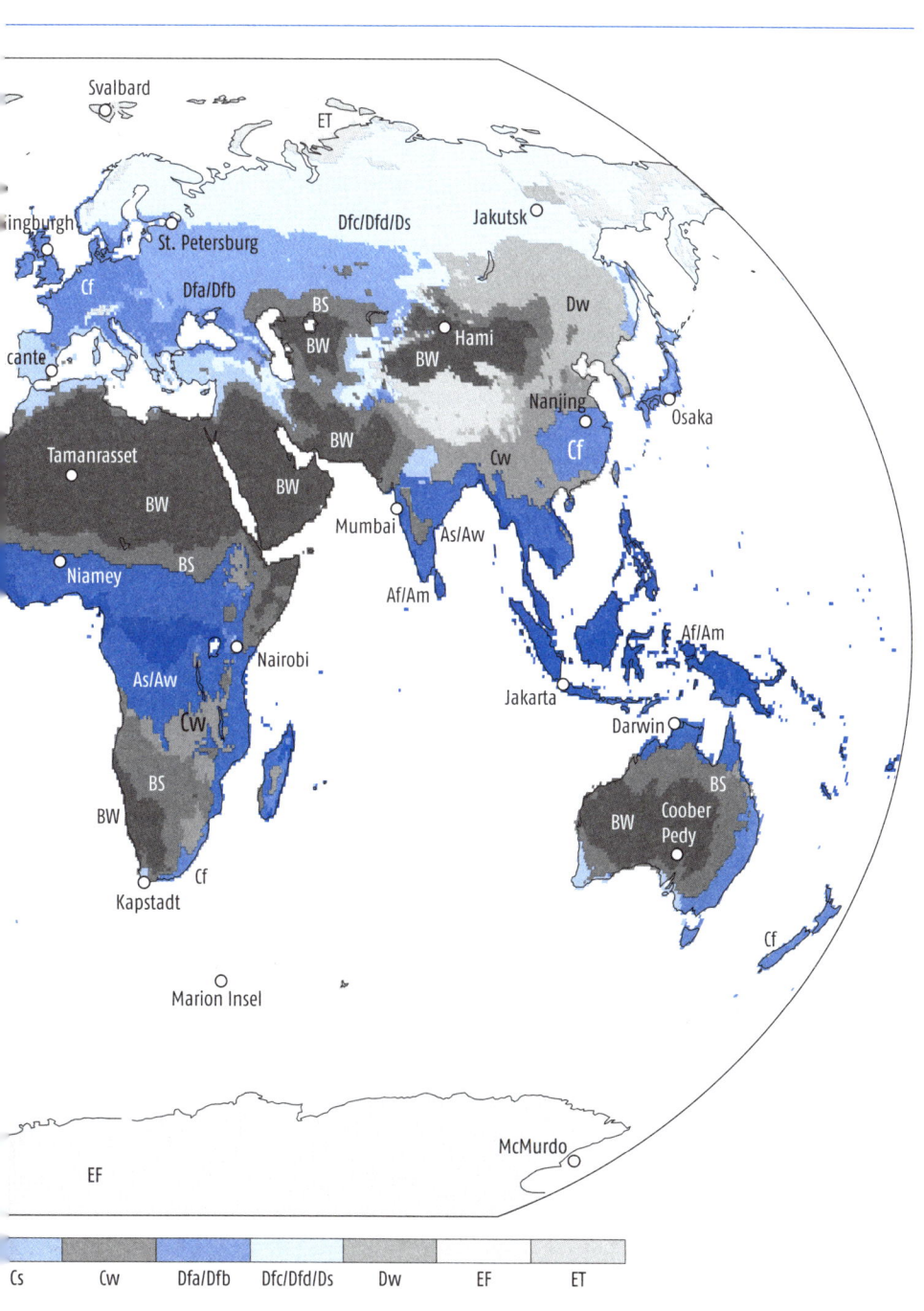

gute Wärmespeicher, wodurch Temperaturschwankungen hier viel ausgeglichener sind als über dem Land. In den nördlichen Mittelbreiten beträgt die Amplitude bis 40 °C über den Kontinenten, bleibt über dem Meer aber unter 10 °C. In den inneren Tropen sind die Energiebilanz und daher auch der Temperaturverlauf im Jahresgang sehr ausgeglichen. Regionen, die stark von **ozeanischen Luftmassen** beeinflusst werden, haben ein anderes Klima als ozeanferne Regionen, welche durch **kontinentale Luftmassen** beeinflusst werden. Diese Luftmassen haben lange Zeit über Land verbracht und sind im Winter stark durch Abstrahlung beeinflusst. Der sensible Wärmefluss ist dann zum Boden gerichtet, wodurch der Luft Wärme entzogen wird. Im Sommer ist der Wärmefluss nach oben gerichtet und die Aufheizung umso größer.

Weil in denjenigen Breiten, in welchen am meisten Land liegt, Westwind vorherrscht, ergibt sich über den Kontinenten eine Ost-West-Gliederung der Klimata. Die **kontinentalen Ostseiten** der Kontinente in den Westwindzonen weisen einen viel größeren Jahresgang auf als die **maritimeren** Westseiten.

Lage der Landmassen und Gebirge beeinflusst Ozean- und Atmosphärenzirkulation

Geographische Breite, Höhe über Meer und Land-Meer-Verteilung erklären aber nur teilweise, warum die Winter in Westeuropa so mild und in Nordchina so kalt sind (→ Abb. 8-1, oben rechts). Die Lage der Landmassen und der Gebirge beeinflusst die Zirkulation der Atmosphäre und der Ozeane. Die Nord-Süd-Ausrichtung der Ozeanbecken der Nordhemisphäre führt zu stärker ausgeprägtem meridionalen Austausch, mit warmen «**Western Boundary Currents**» (vgl. → Kap. 7), während die **zirkumpolare Ozeanzirkulation** in der Südhemisphäre zu schärferen Nord-Süd-Gradienten führt (vgl. → Kap 7). Dies spiegelt sich auch in atmosphärischen Klimavariablen wieder; besonders über dem Nordatlantik zeigt sich in → Abb. 8-1 die Folge der Ozeanströmung.

Land-Meer-Kontraste und Verdunstung im Bereich der «Western Boundary Currents» sowie die Lage der Gebirge (Rocky Mountains, Anden, Tibetisches Plateau) beeinflussen auch die atmosphärische Zirkulation (→ Kap. 6) und bestimmen die Lage der großräumigen **quasistationären Wellen**. Diese beeinflussen wiederum den Wärmetransport. Dass die Winter in Westeuropa so viel milder sind als in Nordchina, liegt nicht nur an der Entfernung zum Meer, sondern auch daran, dass Westeuropa im Mittel auf der Vorderseite des Troges über dem westlichen Nordatlantik liegt, wohingegen Nordchina auf der Rückseite des Troges über dem westlichen Nordpazifik liegt.

Landmassen sind Ursache der Monsune

Schließlich soll auch an die thermischen Drucksysteme über großen Landmassen der Mittelbreiten erinnert werden, die **Hitzetiefs** im Sommer und **Kältehochs** im Winter (→ Abb. 8-1) sowie die **Monsunsysteme**, welche in Klimaklassifikationen speziell berücksichtigt werden.

Die **Vegetation** ist ein weiterer Faktor, der klimatisch relevant ist. Zwar wird die Vegetation wiederum teilweise durch das Klima bestimmt (und zwar durch sehr verschiedene Variablen wie z. B. Minimumtemperaturen, Niederschlag, Strahlung und Wind), aber auch durch andere Faktoren wie **Böden** oder das Vorhandensein anderer Arten. Die Vegetation beeinflusst das lokale Klima durch Veränderungen der **Rauigkeit, Verdunstung** und **Strahlung,** inbesondere der Albedo. Verschwindet die Vegetation, können weitere Degradationsprozesse einsetzen (z. B. Bodenerosion), sodass Veränderungen entstehen können, die quasi irreversibel sind.

Vegetation und Landklima beeinflussen sich gegenseitig

Alle hier aufgezählten Faktoren führen nun dazu, dass sich die Klimazonen der Erde nicht exakt zonal gliedern. In der Folge wird eine klassische Klimaklassifikation vorgestellt: die Köppen-Geiger-Klassifikation.

Klimazonen der Erde | 8.2

Eine der bekanntesten Einteilungen der Erde in **Klimazonen** wurde 1884 vom Klimatologen Wladimir Köppen vorgelegt und im 20. Jahrhundert durch Rudolf Geiger erweitert. Eine vor wenigen Jahren von Markus Kottek und Ko-Autoren veröffentlichte Aktualisierung der Köppen-Geiger-Klassifikation ist in → Abb. 8-3 reproduziert. Die Klassifikation basiert auf langjährigen Monatsmittelwerten von Temperatur und Niederschlag und charakterisiert Klimazonen anhand spezifischer Indikatoren, beispielsweise dem kältesten Monat, und spezifischen Schwellenwerten. Die Indikatoren und Schwellenwerte orientieren sich dabei an den Wachstumsbedingungen für Pflanzen. So ist die Temperatur des kältesten Monats ausschlaggebend für nicht kälteresistente Arten, während die Temperatur des wärmsten Monats angibt, wo kälteresistente Arten mindestens für kurze Zeit wachsen können. **Klimazonen** und **Vegetationszonen** sind einander sehr ähnlich.

Klimazonen: Die Köppen-Geiger-Klassifikation

Zuerst werden aufgrund der Temperatur grobe Zonen unterschieden: äquatoriales Klima (Buchstabe A, kältester Monat >18° C), warmgemäßigtes Klima (C, −3 bis 18 °C), Schneeklima (D, <−3 °C) und polares Klima (E, wärmster Monat < 10 °C), dazu wird arides Klima (Buchstabe B) aufgrund der Trockenheit definiert. Diese Haupttypen werden dann aufgrund der Saisonalität der Temperatur und des Niederschlags weiter unterteilt, sodass 31 Klassen unterschieden werden können. Eine vereinfachte Darstellung mit 12 Klimazonen ist in → Abb. 8-3 dargestellt.

8.2.1 Tropische Klimata

Tropen liegen zwischen den Wendekreisen, das Klima ist ganzjährig heiß

Die **Tropen** sind astronomisch als der Bereich zwischen den beiden **Wendekreisen** definiert. Klimatisch werden sie anhand der Temperatur des kältesten Monats weiter unterteilt in die inneren Tropen und die Randtropen. Direkt außerhalb der Wendekreise liegen die Subtropen (ca. 24°–40° geographische Breite). Meteorologisch sind große Teile der Tropen im Einflussbereich der ITCZ. Die Wanderung der ITCZ im Jahresgang führt zu ein- oder zweimaligen Regenzeiten, welche durch nachmittägliche Niederschläge (**Zenitalregen**) geprägt sind. Hochreichende Konvektion kann zur Ausbildung von großen Niederschlagssystemen führen. Es gibt allerdings auch Teile der Randtropen, welche von der ITCZ nicht erreicht werden; dort haben sich ausgeprägte Wüsten gebildet.

Die Energiebilanz ist in den Tropen im Mittel positiv (vgl. → Abb. 1-1, → Abb. 6-3), die Temperatur ist ganzjährig hoch und die Jahresschwankung der Temperatur gering. Die **Tagesschwankungen** der Temperatur sind oft größer als die Jahresschwankung (vgl. → Abb. 8-2). Die Schwankungen des **Niederschlags** sind wichtiger und charakteristischer als diejenigen der Temperatur.

Immerfeuchte Tropen haben zwei ausgeprägte Regenzeiten

Innerhalb der Tropen werden mehrere Klimazonen unterschieden. Die **immerfeuchten Tropen** (Zonen Af und Am) sind diejenigen Regionen, welche von der **ITCZ jährlich zweimal** überstrichen werden und somit zwei Regenzeiten aufweisen. Passatwinde dominieren hier die Zirkulation. Als Beispiele sind in → Abb. 8-4 (links und Mitte) Klimadiagramme für Manaus (Brasilien) und Jakarta (Indonesien) dargestellt.

Abb. 8-4 Klimadiagramme (1961–1990) für Manaus (Brasilien), Jakarta (Indonesien) und Nairobi (Kenia, vgl. → Abb. 8-3). Daten: GHCN.

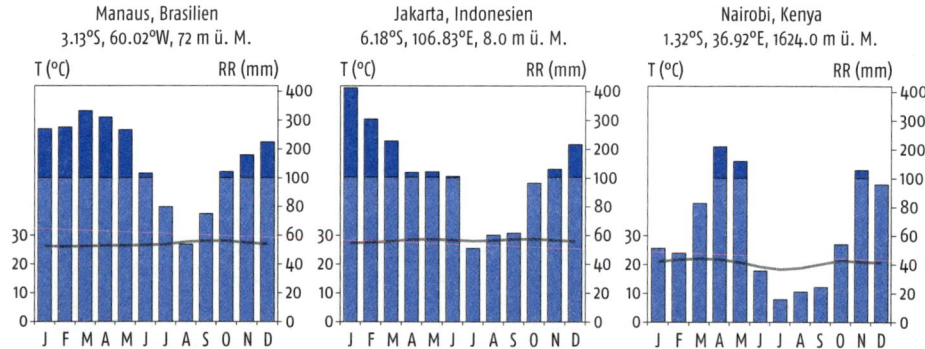

Die Diagramme zeigen, dass es hier kaum Temperaturschwankungen gibt, dafür eine (wenig ausgeprägte) Trockenzeit im Juli bis September. Beide Orte liegen südlich des Äquators. In dieser Zone können **tropische Regenwälder** wachsen. Die Größe P-E ist stark positiv. Um den Regenwaldgürtel herum zieht sich in Südamerika (Brasilien) und Afrika (Kongo, Sahel) die **Feuchtsavanne.**

Nicht überall sind die inneren Tropen feucht. In Südamerika erstrecken sich bis nahe an den Äquator Küstenwüsten (BW). Als drittes Beispiel für die inneren Tropen ist in → Abb. 8-4 (rechts) Nairobi, Kenia gezeigt. Auch hier ist die Temperatur ganzjährlich hoch (aufgrund der Höhenlage weniger hoch als an den beiden anderen Orten), doch ist der Niederschlag deutlich geringer (Zone Aw). Es gibt zwei ausgeprägte Regenzeiten aufgrund der Wanderung der ITCZ, die «Long Rains» im März bis Mai sowie die «Short Rains» im Oktober bis Dezember. Die Vegetationszone ist hier eine **Savanne,** welche nach Norden in eine **Trockensavanne** übergeht.

Die inneren Tropen sind der Motor des Klimasystems. Die hochreichende Zirkulation ist der aufsteigende Ast der Hadleyzellen. Sehr intensiv ist die Konvektion über dem sogenannten **«Maritimen Kontinent»**, also dem Archipel von Indonesien, den Molukken und Papua Neuguinea. Hier sind die Meeresoberflächentemperaturen am höchsten (vgl. → Abb. 8-1). Dazu kommen die Land-Meer-Windsysteme (vgl. → Kap. 8.3.1) der vielen Inseln und Halbinseln und die gebirgige Topografie einiger Inseln. Diese Faktoren können Konvektion auslösen.

Die intensivste Konvektion findet über dem «Maritimen Kontinent» statt

_____ **Box 8.1**
▼
Klimadiagramme

Klimadiagramme sind grafische Darstellungen des mittleren Klimas über eine Normperiode (vgl. → Kap. 1). Dabei werden der mittlere Jahresgang der **Temperatur** (manchmal auch der Maximum- und Minimumtemperatur) und des **Niederschlags** so dargestellt, dass sich feuchte und trockene Klimata auf den ersten Blick erkennen lassen. In diesem Buch werden Klimadiagramme nach Walter/Lieth verwendet. Mit einer angegebenen Ausnahme basieren sie auf der Normperiode 1961–1990, da von vielen Stationen die Daten nicht bis 2010 verfügbar waren. Auf der x-Achse sind die Monate abgetragen, auf der linken y-Achse die Mitteltemperatur und auf der rechten y-Achse die Monatssumme des Niederschlags. Dabei werden die beiden y-Achsen so skaliert, dass eine Temperatur von 10 °C einem Niederschlag von 20 mm entspricht, was grob die **Verdunstung** widerspiegelt. Liegen die Niederschlagsbalken über der Temperaturkurve, ist der Monat **humid** (feucht), andernfalls **arid** (trocken). Oberhalb von 100 mm ist die Niederschlagsskala um einen Faktor 5 gestaucht.
▲

| Äußere Tropen haben eine Regenzeit | Die **äußeren Tropen** liegen nur im Sommer im Bereich der ITCZ. Sie haben deshalb nur eine ausgeprägte Regenzeit und eine ebenso ausgeprägte Trockenzeit. Die Größe P-E hat einen klaren Jahresgang. Diese Region wird auch als **wechselfeuchte Tropen** bezeichnet. Ein typisches Beispiel auf der Südhemisphäre ist Darwin, Australien (→ Abb. 8-5 links), welches in der Zone Aw liegt. Der Jahresgang der Temperatur ist hier bereits sichtbar: Eine sieben Monate dauernde Regenzeit und eine fünf Monate dauernde Trockenzeit lösen sich ab. Es gibt in dieser Zone aber auch immer noch tropische Klimata. Guanaja in Honduras (→ Abb. 8-4, Mitte) (Am) ist ein Beispiel dafür. Über dem Pazifik verschiebt sich die ITCZ im Jahresverlauf nur wenig und liegt leicht nördlich des Äquators. In Mittelamerika biegt die ITCZ im Nordsommer nach Norden, sodass außer im Frühling das Klima immer feucht ist. Als drittes Beispiel ist Tahiti (Frz.-Polynesien) gezeigt. Obwohl auf 17° S, zeigt sich hier ein Klima fast wie in den inneren Tropen (Zone Af), mit einer Trockenzeit von Juni bis September. Tahiti liegt im Bereich der **südpazifischen Konvergenzzone** (vgl. → Kap. 6), einem zweiten Ast der ITCZ, welcher von Neuguinea nach Südosten zieht.

In Mittelamerika und Tahiti ist die Vegetation immer noch tropisch. Allgemein geht in den äußeren Tropen die Vegetation von einem laubwerfenden **tropischen Feuchtwald** in verschiedene **Savannenlandschaften** über. |
|---|---|
| Monsunklimata haben sehr klar definierte Regenzeiten | Innerhalb der Tropen führen **Monsune** zu speziellen Klimata, die geprägt sind von einem starken Jahresgang des Niederschlags. Durch die stärkere Aufheizung der Kontinente relativ zu den Ozeanen, wird die ITCZ ins Landesinnere gezogen und zu einem **Monsuntrog**. Der Som- |

Abb. 8-5 Klimadiagramme (1961–1990) für Darwin (Australien), Guanaja (Honduras) und Tahiti (Frz.-Polynesien, vgl. → Abb. 8-3). Daten: GHCN.

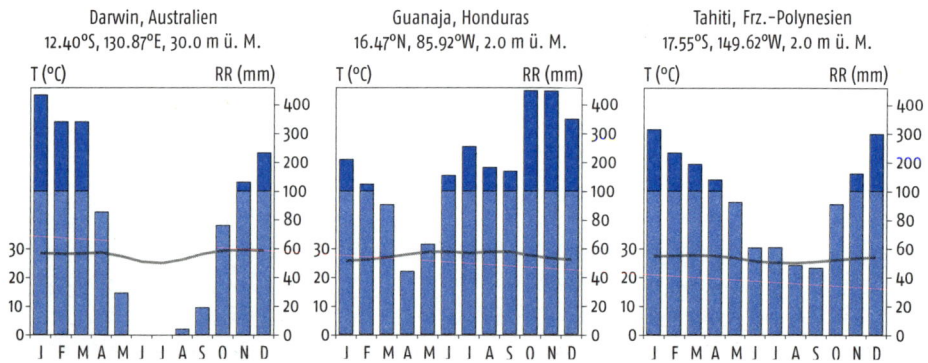

Klimadiagramme (1961–1990) für Niamey (Niger), Mumbai (Indien) und Nanjing (China, vgl. → Abb. 8-3). Daten: GHCN.

| Abb. 8-6

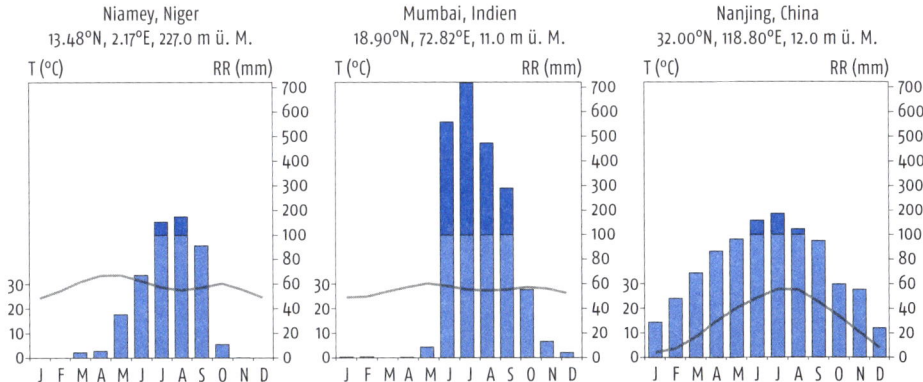

mermonsun – die Lebensgrundlage für eine Milliarde Menschen – setzt in der Regel sehr plötzlich ein und dringt dann immer weiter vor (vgl. → Abb. 6-17). → Abb. 8-6 (links) zeigt ein Klimadiagramm für Niamey (Niger). Die Sommermonsunzeit des **Westafrikanischen Monsuns** dauert hier von Juli bis September; von Oktober bis April fällt kein Regen.

Als zweites Beispiel wird ein Klimadiagramm für Mumbai (Indien) gezeigt. Der **Indische Monsun** bringt hier von Juni bis September ausgiebig Regen. Allein im Monat Juli fällt mit über 700 mm im Mittel bereits fast gleich viel Niederschlag wie in London in einem Jahr. Das Einsetzen des Monsuns erfolgt abrupt; Dezember bis Mai sind dagegen trocken.

In China zieht der Monsuntrog noch weiter nach Norden, wenngleich das Klima weniger charakteristische Monsuneigenschaften zeigt als in Indien. Auch Nanjing, auf 32° N (→ Abb. 8-6, rechts), hat einen klaren, aber etwas weniger stark ausgeprägten Jahresgang des Niederschlags mit einem Maximum im Juni bis August (vgl. Ostseitenklima, → Kap. 8.2.2). Auch **Australien, Nord- und Südamerika** haben ihre Monsune. Monsunklimata werden in der Köppen-Geiger-Klassifikation mit dem Buchstabenzusatz m gekennzeichnet.

Alle Kontinente haben Monsune

Rand- und subtropische Klimata

| 8.2.2

An die tropischen Klimata schließen sich in beiden Hemisphären die **Rand- und subtropischen Klimata** an. Sie sind nicht mehr direkt im Bereich der ITCZ, können aber durch Monsune beeinflusst werden. Andere subtropische Klimata werden im Sommer durch die quasi-

Subtropische Klimata liegen nicht mehr im Bereich der ITCZ

Klimata der Erde

permanenten **Hochdrucksysteme** (vgl. → Abb. 8-1), im Winter teilweise durch die **Westwindströmung** beeinflusst (vgl. → Abb. 6-14). In den Ozeanen befinden sich hier die subtropischen Wirbel und dadurch warme Meeresströmungen an den Ostküsten und kalte Meeresströmungen an den Westküsten. Beispiele für Ersteres sind der Golfstrom oder der Kuroshio, Beispiele für Letztere der Peru- oder **Humboldt-Strom** vor der Westküste Südamerikas oder der **Benguela-Strom** vor der Westküste Südafrikas (vgl. → Kap. 7). Diese Meeresströmungen sind auch für den meridionalen Wärmetransport im Klimasystem wichtig.

In den Subtropen befinden sich große Wüstengebiete

In den Subtropen ist die Strahlungsbilanz ungefähr ausgeglichen (vgl. → Abb. 6-3), der Jahresgang der Strahlung und der Temperatur ist schon relativ ausgeprägt. Die **ariden oder semiariden Subtropen** sind durch die absteigende Luft in den Subtropenhochdruckgebieten beeinflusst. Hier liegen die größten Wüsten der Erde wie die **Sahara**, die **Arabische Halbinsel**, die Wüsten **Chinas** sowie **Australiens**. Wüsten werden als Regionen definiert, in welchen der Niederschlag unter eine gewisse Schwelle sinkt, oft wird aber auch ein Ariditätsindex verwendet, beispielsweise das Verhältnis zwischen Niederschlag und der **potentiellen Verdunstung**. Die Größe P-E liegt ganzjährig um oder leicht unter Null.

Interessanterweise sind Wüsten oft Regionen mit negativer Strahlungsbilanz (Atmosphärenobergrenze), vor allem aufgrund der trockenen Atmosphäre. Neben den subtropischen Wüsten im Inneren der Kontinente kommen auch Küstenwüsten auf der Westseite der Kontinente vor. Am bekanntesten sind die **Atacama-Wüste** in Chile oder die **Namibwüste** in Afrika. Hierbei spielen die kalten Meeresströmungen der

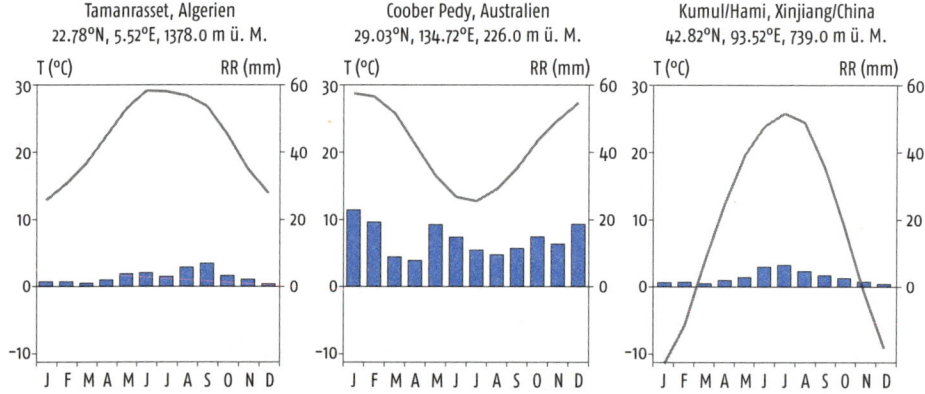

Abb. 8-7 | Klimadiagramme (1961–1990) für Tamanrasset (Algerien), Coober Pedy (Australien) und Kumil/Hami (China, vgl. → Abb. 8-3). Daten: GHCN.

subtropischen Wirbel (Humboldt- resp. Benguela-Strom) eine Rolle, welche die Luft kühlen. Zwar kann über dem Meer Kondensation vorkommen und die Küste in Nebel hüllen, weiter im Landesinneren aber fehlt die Feuchte für Niederschlag. Nur wenige Spezialisten können in diesem Klima gedeihen.

Als Beispiel für ein Wüstenklima – hier im Inneren eines Kontinents – zeigt → Abb. 8-7 ein Klimadiagramm von Tamanrasset (Algerien) in der **Sahara** (Zone BWh). Die Temperatur schwankt zwischen ca. 12 °C und 28 °C. Der Jahres- und auch der Tagesgang der Temperatur sind in den ariden Randtropen stark ausgeprägt. Niederschlag fehlt fast völlig – nur vereinzelt im August oder September kommen Schauer vor.

Das zweite Beispiel in → Abb. 8-7 ist Coober Pedy in der **südaustralischen Wüste** (Zone BWh). Auch hier sind die Niederschläge ganzjährig niedrig, wenngleich deutlich höher als in Tamanrasset, mit einem Maximum im Sommer. Das dritte gezeigte Beispiel ist Kumil/Hami (Uigurisches Autonomes Gebiet, China), im Gebirge zwischen der **Taklamakan-Wüste** im Westen und der Halbwüste **Gobi** im Osten (Zone BWk). Niederschlag ist hier sehr selten, die Jahresschwankung der Temperatur ist aber aufgrund der Kontinentalität und Höhenlage noch ausgeprägter als bei den anderen betrachteten Wüsten und beträgt 35 °C. In der Oasenstadt leben eine halbe Million Menschen.

In Wüsten im Innern der Kontinente ist der Jahresgang der Temperatur sehr groß

Unter den warmgemäßigten Klimata der Köppen-Klassifikation (Buchstabe C) ist insbesondere das **mediterrane Klima** zu erwähnen. Diese Regionen werden im Sommer durch die **Subtropenhochdrucksysteme** beeinflusst und sind daher sommertrocken; die Größe P-E hat ent-

Mediterrane Klimata haben Winterniederschläge

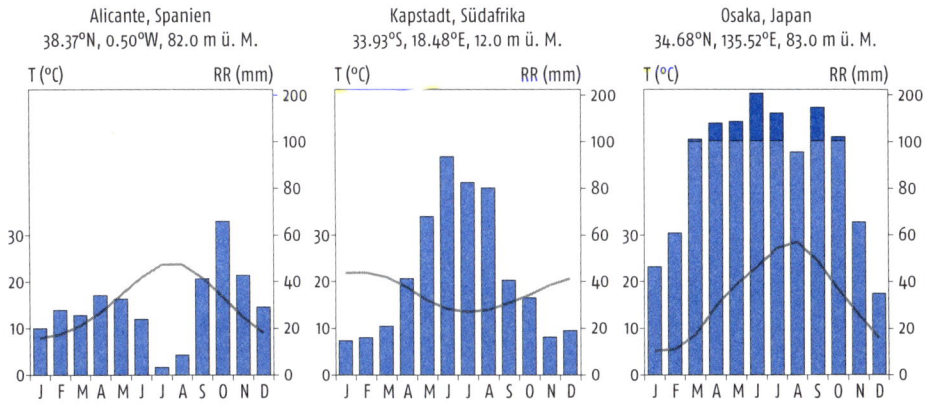

Klimadiagramme (1961–1990) für Alicante (Spanien), Kapstadt (Südafrika) und Osaka (Japan), vgl. auch Nanjing, → Abb. 8-6). Daten: GHCN.

Abb. 8-8

sprechend einen klaren Jahresgang. Im Winter liegen sie im Bereich der **Westwindströmung,** welche den größten Teil des Niederschlags bringt. Das Maximum der Niederschläge ist hier deshalb im Winter. Beispiele für Regionen mit **mediterranem Klima** sind – neben dem Mittelmeerraum – Kalifornien, Südafrika, Mittelchile oder die Südküste Australiens. Als Beispiel sind in → Abb. 8-8 Klimadiagramme von Alicante (Spanien, Zone BSk) und Kapstadt (Südafrika, Csb) dargestellt. Sie zeigen das Maximum der Niederschläge im Winter (Kapstadt) respektive Herbst bis Frühling (Alicante). Der Jahresgang der Temperatur beträgt 10 °C, aber die Winter sind immer noch mild. Dem mediterranen Klima entspricht die Vegetationszone der **immergrünen Hartlaubgewächse;** zu ihnen gehören Lorbeer, Olivenbäume oder die Korkeiche.

Warmgemäßigtes Ostseitenklima: Sommerniederschläge und Feuchtwälder

Die Ostseiten der Kontinente mit warmgemäßigten Klima, beispielsweise der Südosten der USA, China, Japan und Argentinien, liegen in der Klimazone des subtropischen **Ostseitenklimas** (vgl. auch Nanjing, → Abb. 8-6). Als Beispiel dafür ist in → Abb. 8-8 (rechts) ein Klimadiagramm von Osaka (Japan) gezeigt (Zone Cfa). Die Niederschläge sind hoch, mit einem Maximum im Sommer. Die Größe P-E ist ganzjährig positiv. Die Temperaturen sinken im Winter relativ stark ab. Diese Klimazone entspricht der Vegetationszone der Feuchtwälder.

8.2.3 Klimata der gemäßigten Breiten

In den gemäßigten Breiten mischen sich tropische und polare Luftmassen

Die **gemäßigten Breiten** ordnen sich polwärts an die Subtropen an. Die Strahlungsbilanz ist hier negativ (vgl. → Abb. 6-2 und → Abb. 6-3) und wird durch atmosphärische Wärmeflüsse kompensiert. Hier liegt die planetare Frontalzone, wo **tropische** und **polare** Luftmassen aufeinandertreffen und somit der globale Energieaustausch erfolgt (vgl. → Kap. 6). Ausdruck davon sind die **Wettersysteme,** die zu starken Schwankungen von Tag zu Tag führen. Die gemäßigten Breiten werden durch vorherrschende Westwinde beeinflusst und sind in der Regel feucht, die Windgeschwindigkeiten sind mancherorts hoch.

Über den kontinentalen Ebenen bilden sich während des Winters und Sommers ausgeprägte **thermische Drucksysteme,** also Kältehochs und Hitzetiefs (vgl. → Abb. 8-1). Dagegen werden die Westseiten und Küsten durch die über den Ozeanen liegenden **dynamischen Drucksysteme** beeinflusst. Über den westlichen Teilen der Ozeane führen warme «Western Boundary Currents» zu viel Verdunstung, und der Temperaturgegensatz zu den nordwärts anschließenden kalten Wassermassen und Landflächen führt zu Zonen mit hoher Baroklinität (vgl. → Kap. 6.5.4). Hier haben die «Stormtracks» ihren Ursprung. Nördlich davon befinden sich die subpolaren Ozeanwirbel.

Der Niederschlag fällt in der gemäßigten Zone ganzjährig, oft mit einem Maximum im Sommer aufgrund der größeren vorhandenen Feuchte. Die jährlichen Schwankungen der Temperatur sind in den gemäßigten Breiten allgemein groß. In den kühleren Teilen der Mittelbreiten liegt im Winter Schnee, was Strahlungsbilanz und Klima weiter beeinflusst. Die natürliche Vegetation der gemäßigten Breiten umfasst **Laub- und Mischwälder** in den humiden Regionen (Europa, Westrussland, Osten der USA) und Steppen in den trockenen Regionen (Großes Becken in den USA, Zentralasien).

In der gemäßigten Zone wachsen Laub- und Mischwälder

In den Mittelbreiten sind die **Nord-Süd-Gradienten** von Klima und Vegetation groß. Der Gegensatz zwischen **maritimem** und **kontinentalem** Klima tritt hier ebenfalls besonders klar zutage. Auch kleinräumig finden wir hier eine große Variabilität durch Unterschiede in Höhe, Exposition oder Abschirmung durch Gebirgszüge. Gebirge in den Mittelbreiten durchstoßen oft wichtige Umweltgrenzen, wie z. B. die Schneegrenze oder die Waldgrenze.

Mittelbreiten: Große räumliche Klimagradienten

Oft wird zwischen der kühlgemäßigten und der kaltgemäßigten Zone unterschieden. In der Köppen-Geiger-Klassifikation liegen die ozeanisch geprägten Mittelbreiten noch in der Zone C (gemäßigtes Klima), die kontinentaleren Bereiche in der Zone D (Schneeklima). Als Beispiele für Erstere sind in → Abb. 8-9 Klimadiagramme für Edinburgh (Großbritannien), Vancouver (Kanada) und Valdivia (Chile) gezeigt.

Alle drei Beispiele haben einen ähnlichen Temperaturverlauf. Edinburgh weist im Jahresgang ausgeglichene Niederschläge mit einem leichten Maximum im Sommer auf. Vancouver und Valdivia haben deutlich mehr Niederschläge mit einem klarem Maximum im Winter.

Klimadiagramme (1961–1990) für Edinburgh (Großbritannien), Vancouver (Kanada) und Valdivia (Chile, vgl. → Abb. 8-3). Daten: GHCN. | **Abb. 8-9**

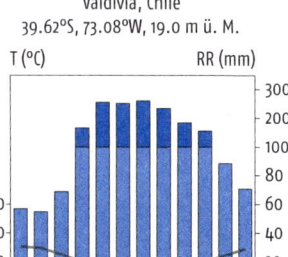

Klimata der Erde

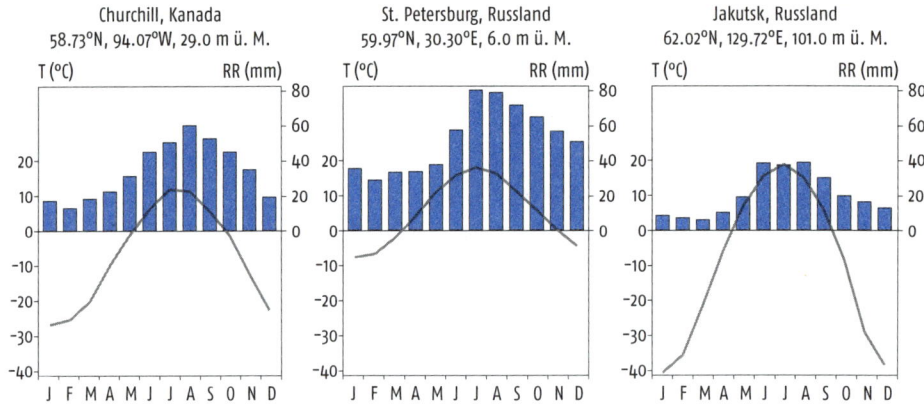

Abb. 8-10 Klimadiagramme (1961–1990) für Churchill (Kanada), St. Petersburg und Jakutsk (beide Russland, vgl. → Abb. 8-3). Daten: GHCN.

Sommermaximum des Niederschlags in der kaltgemäßigten Zone

Diese Klimata werden oft als feuchtgemäßigt bezeichnet, in der Köppen-Geiger-Klassifikation die Zone Cfb.

Weiter polwärts in der **kaltgemäßigten Zone** sinkt die Mitteltemperatur im Winter unter 0 °C, und die Niederschläge weisen ein Maximum im Sommer auf. → Abb. 8-10 zeigt als Beispiele Churchill (Kanada, Zone Dfc), St. Petersburg (Russland, Zone Dfb) und Jakutsk (Russland, Zone Dfd). Die Temperatur der wärmsten Monate liegt bei allen drei Orten zwischen 10 und 20 °C, es gibt aber große Unterschiede zwischen den Stationen im Winter. Während in St. Petersburg die mittlere Januartemperatur noch über −10 °C bleibt, liegt sie in Jakutsk unter −40 °C (vgl. auch das Vertikalprofil im Winter über Jakutsk in → Abb. 4-1). Große Teile der eurasischen und nordamerikanischen Landmassen liegen in dieser Klimazone (vgl. → Abb. 8-3).

In der Südhemisphäre liegt in der entsprechenden geographischen Breite fast kein Land, sodass diese Klimazone hier nicht vorkommt. Als Beispiel für ein **südhemisphärisches, kaltgemäßigtes Klima** ist in → Abb. 8-11 ein Klimadiagramm der Marioninsel im südlichen indischen Ozean (46.9° S) gezeigt (Zone ET). Der Jahresgang der Temperatur ist hier nur wenig ausgeprägt, die Temperatur schwankt zwischen 4 und 8 °C. Auch die Niederschläge zeigen keinen Jahresgang und sind in allen Monaten sehr hoch.

Polare Klimata

8.2.4

Polwärts der gemäßigten Breiten schließen sich die **subpolaren** und **polaren Breiten** an. Die Strahlungsbilanz an der Atmosphärenobergrenze ist ganzjährig negativ (vgl. → Abb. 6-3). Entsprechend der Sonneneinstrahlung tritt hier der Tagesgang stark zurück oder verschwindet ganz; das Klima wird ein ausgeprägtes **Jahreszeitenklima**. Der Wärmehaushalt wird durch nordwärts gerichtete Wärmeflüsse in der Atmosphäre dominiert, während ozeanische Wärmeflüsse örtlich das Klima sehr stark beeinflussen können, insbesondere im Ausläufer des Nordatlantikstroms. Speziell an den polaren Klimata ist die saisonale Eisbedeckung der Meere, welche natürlich die Strahlungs- und Energiebilanz und damit das Klima der gesamten Region prägt (vgl. → Kap. 7). Schmelzendes oder gefrierendes Eis stabilisiert die Temperatur um den Gefrierpunkt von Salzwasser (−1.7 °C).

Polare Regionen weisen ein Jahreszeitenklima auf

Subpolare und polare Klimata, in der Köppen-Geiger-Klassifikation mit E bezeichnet, sind in der Regel **trocken**. Es fällt kaum Niederschlag, und die Größe P-E liegt bei null. Große Teile der Antarktis können daher als Wüste klassifiziert werden. Der Niederschlag fällt oft als **Schnee**, der Boden ist ab einer gewissen Tiefe oft ganzjährig gefroren **(Permafrost)**. Nur wenige Pionierpflanzen können hier überleben und eine Tundrenvegetation ausprägen.

Polare Regionen sind Kältewüsten

Die während eines großen Teils des Jahres negative Strahlungsbilanz sowie Schnee und Eis als Bodenbedeckung führen zu einer meist

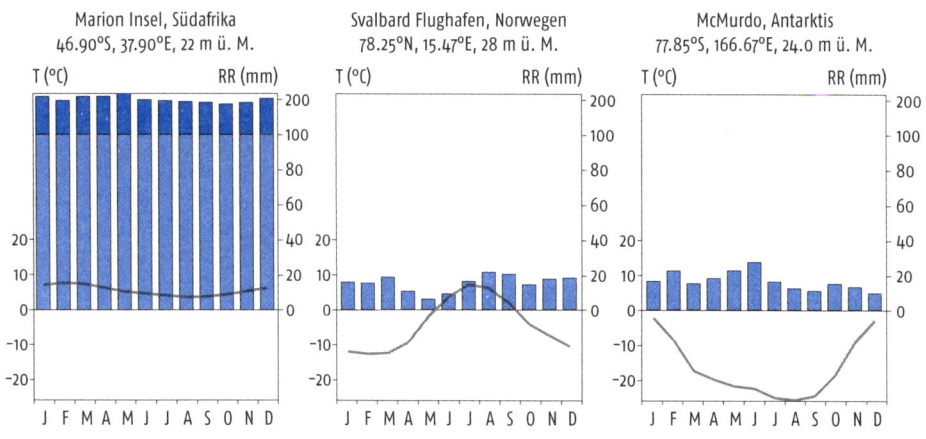

Klimadiagramme (1961–1990) für die Marion Insel (Südafrika), Svalbard (Norwegen, hier wurde die Zeitspanne 1981–2010 verwendet) und McMurdo (Antarktis). Daten: GHCN.

Abb. 8-11

Stabile Atmosphäre und katabatische Winde

stabilen Schichtung der Atmosphäre. Es bildet sich Kaltluft, welche der Topografie folgend abfließt. In der Antarktis sind **katabatische Winde** charakteristisch für die Klimatologie.

Zwei Beispiele für polare Klimata sind in → Abb. 8-11 gezeigt. Svalbard, auf 80° N gelegen, hat ein vergleichsweise mildes Klima (Zone ET), da hier die Ausläufer des Nordatlantikstroms warmes Wasser in die Arktis transportieren. Die Temperatur liegt im Sommer vier Monate über 0 °C. Das Meer südlich von Svalbard bleibt ganzjährig eisfrei, und die Wintertemperaturen sind mit -10 °C vergleichsweise hoch. Die Niederschläge sind mit 20 mm pro Monat sehr gering. Die Station McMurdo (Zone EF) in der Antarktis, auf vergleichbarer Breite (77.85° S), weist keinen Monat mit positiven Temperaturen auf. Die Amundson-Scott-Station auf dem Südpol auf 2800 m ü. M. (nicht gezeigt) weist nochmals um einiges tiefere Temperaturen auf, zwischen -25 und -60 °C. Hier fällt kaum mehr Niederschlag, nur ca. 7 mm pro Jahr (wobei Niederschlag hier kaum präzis gemessen werden kann). Das ist 100 Mal weniger als in London.

8.3 | Regionale Klimata

In allen Klimazonen gibt es auch regionale Besonderheiten, die in diesem Kapitel kurz erklärt werden. Insbesondere werden Klimata vorgestellt, welche als Folge von lokalen Unterschieden in der Energiebilanz charakteristische lokal-regionale Windsysteme aufweisen und damit verbunden einige weitere typische Eigenschaften besitzen. Hier sollen als Beispiele **Küstenklima**, **Gebirgsklimata** sowie **Stadtklima** dargelegt werden. Zur lokalen Klimatologie, bestimmenden Faktoren und Prozessen sei das UTB Buch «Geländeklimatologie» des Geographen Jörg Bendix als weitere Lektüre empfohlen.

8.3.1 | Küstenklimata

Küsten sind feuchter, windiger, und haben gedämpften Temperaturverlauf

Ein großer Teil der Weltbevölkerung lebt an Küsten. Die Charakteristika von Küstenklimata sind daher besonders relevant. Diese zeigen sich oft bereits in der Vegetation. Entlang vieler **Küsten** befindet sich ein Streifen Landschaft, der sich vom Landesinneren oft stark unterscheidet. Schwankungen der Temperatur sind hier ausgeglichener, das Klima ist allgemein **feuchter** und der **Wind** in der Regel stärker und regelmäßiger. Für Küstenstädte in subtropischen Breiten ist die hohe Luftfeuchtigkeit im Zusammenhang mit Hitzewellen ein wichtiger Faktor.

Der ausgeglichenere Temperaturverlauf ist die Folge der höheren **Wärmekapazität** des Meeres im Vergleich zum Land. Oft sind Küsten von Hügelzügen oder Gebirgen gesäumt, welche zu Hebung und Niederschlag führen. Wegen der großen Unterschiede in der Wärmespeicherung und in der Energiebilanz zwischen Landoberfläche und Meer entsteht an den Küsten oft ein lokales Zirkulationssystem: der Land-See-Wind, der in → Abb. 8-12 schematisch dargestellt ist.

An Küsten entstehen Land-Seewindsysteme

Tagsüber erwärmt sich die Landoberfläche schneller als die Wasserfläche (vgl. schematisch gezeigte Energiebilanzen in → Abb. 8-12). Die erwärmte Luft steigt auf, und als Folge davon entsteht über dem Land relativ zum Wasser ein Hitzetief, über dem Wasser ein Kältehoch (vgl. → Abb. 8-12 oben). Es setzt eine Strömung vom Wasser zum Land ein, die **Seewind** genannt wird und im Verlauf des Tages immer weiter ins Landesinnere vordringt und oft durch Kumulusbildung sichtbar ist. In der Höhe fließt die Luft in der Gegenrichtung, vom Land zum Meer. Absinkende Luft über dem Meer schließt die Zirkulation. Die Absinkbewegung führt zu Wolkenauflösung. Die Zirkulation entspricht der in → Abb. 5-5 vorgestellten thermischen Zirkulationszelle.

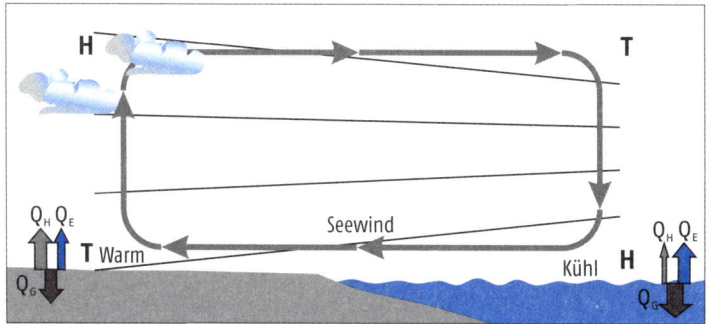

Abb. 8-12

Schematische Darstellung des Land-See-Windsystems am Tag (oben) und in der Nacht (unten). Gezeigt sind die Energiebilanzen, Linien gleichen Drucks sowie die durch die ungleiche Erwärmung und Abkühlung hervorgerufene Zirkulation (vgl. → Abb. 5-5).

Abb. 8-13

Nebel an der Küste von Peru am 28. Mai 2014 (MODIS Satellitenbild, NASA).

In der Nacht (→ Abb. 8-12 unten) drehen sich die Verhältnisse um: Die Landoberfläche kühlt sich schneller ab als das Meer, das die Wärme speichert und einen größeren, vom Ozean in die Atmosphäre gerichteten Wärmefluss aufrechterhalten kann. Die Strömung fließt nun in Bodennähe vom Land zum Meer **(Landwind).** Diese lokale Zirkulation wird oft durch Küstengebirge und deren Hang- resp. Bergwindzirkulation (vgl. → Abb. 8-18) verstärkt.

Der Küste vorgelagerte Inseln haben häufig ein «Inselklima». Hier ist es trockener, da sich die Inseln zumindest tagsüber öfter im Bereich der absinkenden Luft befinden, während Gewitter über dem Festland häufiger sind. Das Inselklima zeigt sich oft auch deutlich in der Vegetation.

Ein spezielles Phänomen, das an vielen Küsten beobachtet wird, ist **Küstennebel.** Er entsteht, wenn warme Luft über die **kalte Meeresoberfäche** streicht und dort bis zur **Kondensation** abkühlt. Besonders an denjenigen Küstenabschnitten, wo kaltes Tiefenwasser aufquillt oder polare Wassermassen äquatorwärts strömen (vgl. → Kap. 7), ist Küstennebel häufig. Lima (Peru) hat trotz seiner Lage in einer Wüstenregion durchschnittlich nur 3.8 Sonnenstunden pro Tag. → Abb. 8-13 zeigt eine Satellitenaufnahme von Nebel und Wolken an der Küste von Peru. Küstennebel entsteht auch dort, wo warme und kalte Meeresströmungen aufeinandertreffen und die Luft von der warmen zur kalten strömt. Beispiele dafür sind Neufundland, Grönland oder die Aleuten.

Gebirgsklimata | 8.3.2

Gebirge weisen spezielle Klimata auf und stechen in der Karte der Klimaklassifikation (→ Abb. 8-3) deutlich hervor. Die größten Gebirge der Erde sind das **Tibetische Plateau** mit Himalaya und Karakorum und die **Amerikanische Kordillere,** also die Anden und Rocky Mountains. Sie sind in → Abb. 8-3 klar sichtbar, aber auch die kleinen Alpen zeichnen sich ab. Dabei beeinflussen Gebirge auch weitere Regionen: Grönland, das mit seinem 3200 m hohen Eispanzer wie ein großes Gebirge wirkt, das Tibetische Hochland und die Rockies beeinflussen die atmosphärische Zirkulation und damit das Klima der gesamten **Mittelbreiten.** Gleichzeitig sind klimatische Veränderungen in Gebirgen wichtig. Gebirge dehnen sich vertikal über wichtige Umweltgrenzen aus: **Schneegrenze, Waldgrenze** und **Permafrostgrenze.** Mit einer Veränderung des Gebirgsklimas verschieben sich auch diese Grenzen.

Ähnlich wie bei den Klimazonen werden auch bei Gebirgen Zonen oder **Höhenstufen** unterschieden. Es handelt sich um eine ökologische Gliederung, welche die Ausprägung der Flora und Fauna erfasst (Vegetationsstufen), oft wird aber auch von Klimastufen gesprochen. An die Ebene schließt sich demnach die **kolline Stufe,** die Hügelzone, an (in den Alpen auf 300–800 m ü. M.). Sie bildet die Obergrenze von Eiche und Wein. Darüber erstreckt sich die **submontane Zone,** in welcher Misch- oder Nadelwald vorkommt (800–1000 m ü. M.). Darüber liegt die **montane Zone,** die sich bis auf ca. 1800 m ü. M. erstreckt und von Mischwald sowie vor allem von Nadelwald bewachsen ist und vom Menschen primär für Alpwirtschaft genutzt wird. Die **subalpine Stufe** auf ca. 1500–2500 m ü. M. umfasst die Waldgrenze und die Hochsommerweiden. In der **alpinen Stufe** auf 2000–3000 m ü. M. geht die geschlossene Vegetation in Rasen und Moose über. Die **nivale Stufe** oberhalb von 3000 m ü. M. ist schneebedeckt.

Höhenstufen: kolline, montane, alpine und nivale Stufe

Box 8.2

Humboldt und die Gebirgsforschung

Gebirge umfassen auf kleinem Raum sehr unterschiedliche Klimata, welche oft eine Entsprechung in einer weiter polwärts gelegenen Klimazone haben. Die Klima- und Höhenzonen sind aber nicht in allen Gebirgen gleich. Alexander von Humboldt, einer der größten Naturwissenschaftler des 19. Jahrhunderts (vgl. → Box 1.2), hat als einer der Ersten die Höhenstufen verschiedener Gebirge in unterschiedlichen Klimazonen miteinander verglichen. In → Abb. 8-14 sind die Höhenstufen und Landschaftszonen von Gebirgen in drei Klimazonen, der äquatorialen Zone (zentrale Anden), der gemäßigten Zone (Alpen) und der kalten Zone (Lappland), nebeneinandergestellt. Besonders interessierte sich Humboldt für die Schneegrenze, die von weit mehr als nur der Jahresmitteltemperatur abhängt.

Abb. 8-14 Höhenstufen von Gebirgen in unterschiedlichen Klimazonen. Tafel «Geographiae plantarum lineamenta» von Alexander von Humboldt.

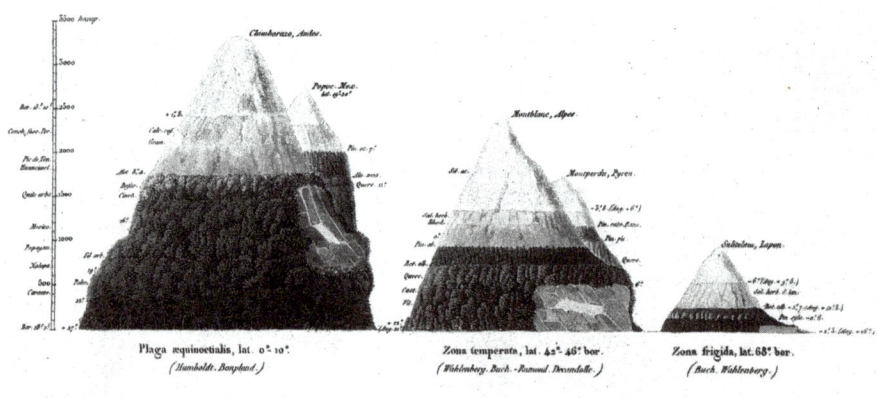

Physikalisch gesehen stellen Gebirge ein Hindernis in der Strömung dar, das die Atmosphäre thermisch und mechanisch beeinflusst. Gebirge sind oft Klimagrenzen. Sie haben eine der allgemeinen Strömung zugewandte Seite, die **Luv-Seite,** die besonders bei Küstengebir-

Schematische Darstellung des Gebirges als Barriere mit Zone des Steigungsregens und Regenschattens.

| Abb. 8-15

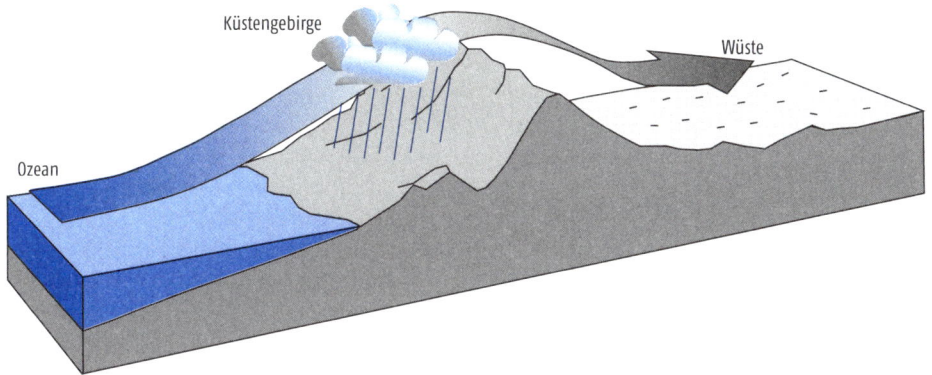

gen oft feucht ist (→ Abb. 8-15). Hier wird die Strömung zum Steigen gezwungen, es kommt zu Steigungsregen, auch **orographischer Niederschlag** genannt. Die abgewandte Seite, die **Lee-Seite,** ist dagegen trocken. In vielen Regionen erstrecken sich hinter den Gebirgszügen semiaride oder aride Becken, beispielsweise in Kalifornien.

Luv- und Leeseite von Gebirgen haben unterschiedliche Klimata

In den Alpen sind beidseits des Gebirges, je nach Anströmungsrichtung, **Staulagen** möglich. Die intensivsten Niederschläge finden oft in den Voralpenregionen beidseits der Alpen statt. Bedingt labil

| Abb. 8-16

Mittlerer jährlicher Niederschlag im Alpenraum, 1971–2008 (Daten: Isotta et al. 2014).

Orographische Hebung und Konvektionsauslösung

geschichtete Luft kann hier durch Hebung labilisiert werden (vgl. → Kap. 4.5), wodurch **Konvektion ausgelöst** oder verstärkt wird. Auch die erhöhte Rauigkeit erhöht die Turbulenz. Die Jahresniederschlagsmengen nehmen dann mit der Höhe weiter zu. → Abb. 8-16 zeigt dies anhand der Verteilung des mittleren Niederschlags in den Alpen. Im Inneren von Gebirgen, so auch in den Alpen, liegen dann Zonen mit **Regenschatten**. In den Alpen sind allen voran das Rhonetal und das Inntal als inneralpine Trockentäler bekannt, aber auch das Murtal, das Glantal, der Vinschgau und das Aostatal zählen dazu. Durch diese Gliederung entsteht ein räumlich sehr variables Klima.

Auch auf noch kleineren Skalen sind Gebirgsklimata variabel. Die **Exposition** ändert sich auf sehr kleinem Raum und damit auch die Energiebilanz. Auch die **Bodeneigenschaften** und damit die Vegetation können sich kleinräumig ändern. → Abb. 8-17 zeigt die kleinräumige Variation der solaren Einstrahlung für die Euganeischen Hügel in der Poebene. Große Unterschiede sind auf Distanzen von weniger als 100 Metern sichtbar.

Lokale Unterschiede der Energiebilanz führen zu thermischen Windsystemen

Aufgrund der lokal unterschiedlichen Energiebilanzen entstehen Zirkulationssysteme. So sind **thermotopografische Windsysteme** (nicht zu verwechseln mit dem thermischen Wind!) ein wichtiges Charakteristikum des Gebirgsklimas. Diese Windsysteme entstehen ähnlich wie das Land-See-Windsystem durch unterschiedliche Erwärmung der Luft. Im Gebirge überlagern sich oft verschiedene solche Systeme. Dies ist in → Abb. 8-18 schematisch dargestellt.

Stärkere Erwärmung am Hang als über dem Tal führt zu Hangaufwinden

Die unterschiedliche tageszeitliche Erwärmung rührt einerseits von der **Exposition** her, andererseits vom unterschiedlichen Verhältnis zwischen **Volumen** und Oberfläche (d.h. dem Luftvolumen, das erwärmt werden muss, und der horizontalen Fläche). An sonnenexponierten Hängen erwärmt sich die Luft über der Erdoberfläche schneller als auf derselben Höhe in der freien Atmosphäre. Es entsteht so tagsüber eine Zirkulation, bei der die erwärmte Luft entlang den Hängen aufsteigt und über dem Tal wieder absinkt. Oft überschießt die Zirkulation die Höhe der Grate, wo dann oft Kumuli entstehen. Bei Schattenhängen ist die Zirkulation tagsüber entsprechend weniger stark ausgeprägt, sodass komplexe lokale Winde entstehen.

Stärkere Abstrahlung am Hang führt zu Kaltluftabfluss und Hangabwinden

Nach Sonnenuntergang kühlt sich umgekehrt die Luft am Hang schneller ab als in der freien Atmosphäre; sie fließt ab und wird durch nachströmende Luft ersetzt. Es entsteht eine umgekehrte Zirkulation mit Aufsteigen über dem Tal und Absinken über den Hängen. Diese **Hangwindsysteme** sind örtlich sehr ausgeprägt.

Diese eher kleinräumigen Windsysteme gliedern sich in das großräumigere **Berg-Tal-Windsystem** ein. Die Atmosphäre über einem

Solare Einstrahlung (kWh m⁻²)
13.5   114.6

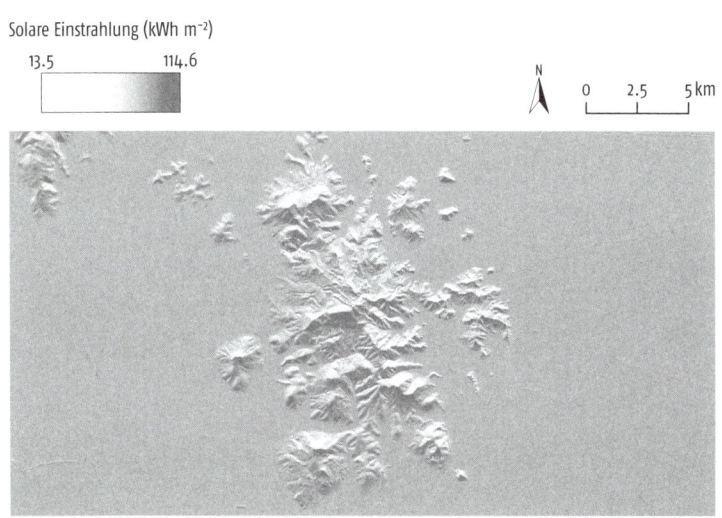

Abb. 8-17

Simulierte solare Einstrahlung ohne Wolken (in kW h m⁻²) in den Euganeischen Hügeln in der Po-Ebene für den Monat März (Moritz Gubler).

Gebirgstal weist bei gleicher Grundfläche ein kleineres Volumen auf als die Atmosphäre über dem Vorland. Wird die Nettostrahlung für beide Flächen gleich groß angenommen, so wird sich das **Luftvolumen** über dem Tal tagsüber schneller erwärmen und während der Nacht schneller abkühlen als das Luftvolumen über dem Vorland. Es entsteht wiederum eine Zirkulation. Tagsüber strömt die Luft vom Vorland ins Gebirge (der **Talwind**) und steigt dort auf. In der Höhe entsteht eine Kompensationsströmung ins Vorland. In der Nacht fließt die sich im Gebirge schnell bildende **Kaltluft** ins Vorland **(Bergwind)** und setzt eine umgekehrte Zirkulation in Gang. Auf einer noch großräumigeren Skala kann von einer **Gebirge-Vorland-Zirkulation** gesprochen werden.

Die kleinräumigeren Hangwindsysteme sowie das Berg- und Talwindsystem überlagern sich, wie das schematisch in → Abb. 8-18 für ein idealtypisches südexponiertes Tal gezeigt ist. Die Hangwindsysteme reagieren schneller auf die Strahlungsänderung, sodass sie bereits kurz nach Sonnenaufgang einsetzen, während auf der nächstgrößeren Skala noch Bergwind herrscht. Spätestens zur Mitte des Nachmittags sind dann beide Systeme bergwärts gerichtet. Umgekehrt setzt der Kaltluftabfluss zuerst an den Hängen ein und erfasst erst allmählich das ganze Tal.

Großräumiger: Berg-Tal- und Gebirge-Vorland-Windysteme

Die thermotopografischen Windsysteme sind für den **Lufthaushalt** der Gebirgstäler – aber auch des Vorlands – entscheidend. Die Gebirge-Vorland-Zirkulation transportiert verschmutzte Luft aus den Städten und Emissionsquellen des Vorlands in die Gebirge. Die Hangaufwinde

Ansaugen der Abluftfahnen in die Gebirge

Abb. 8-18 Schematische Darstellung eines typischen Berg-Tal-Windsystems mit entsprechenden Hangwindsystemen im Tagesverlauf (ergänzt nach Defant 1949).

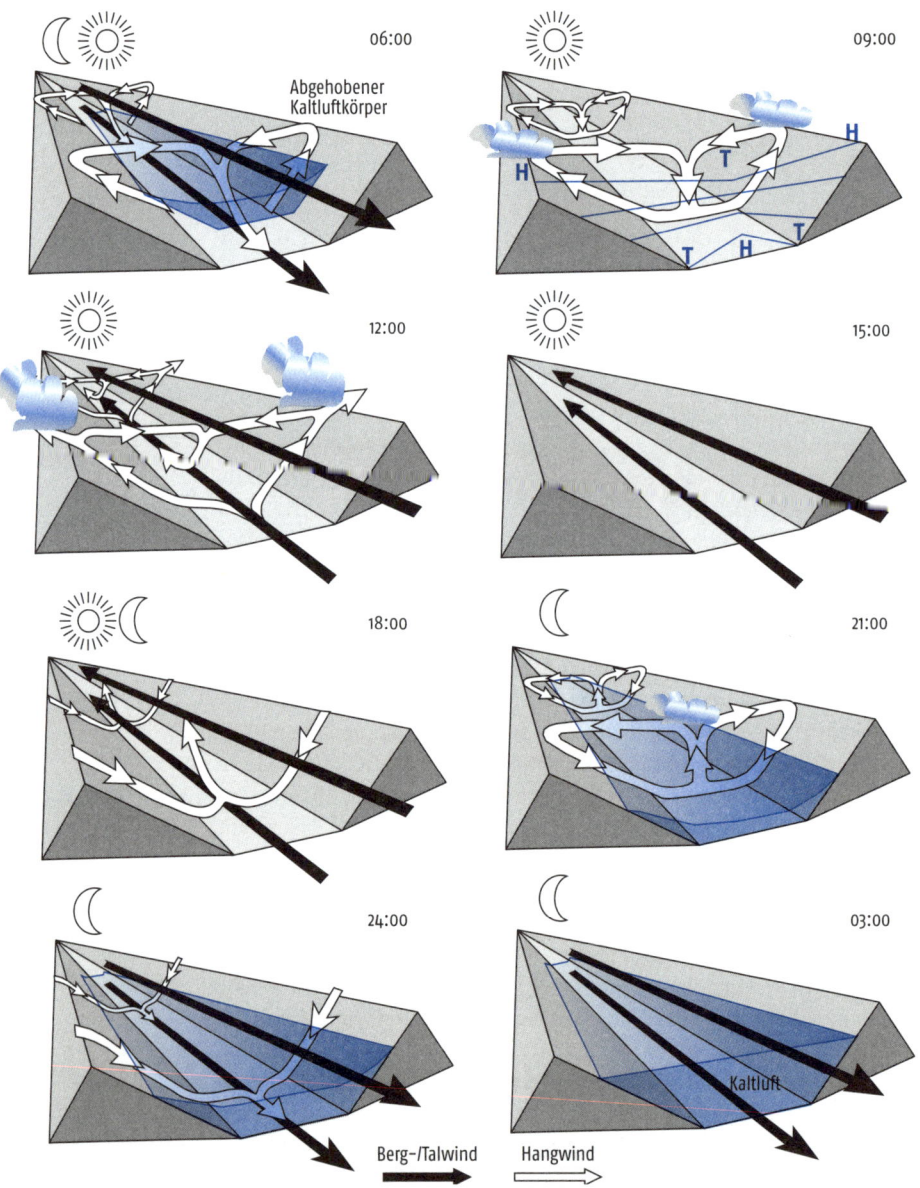

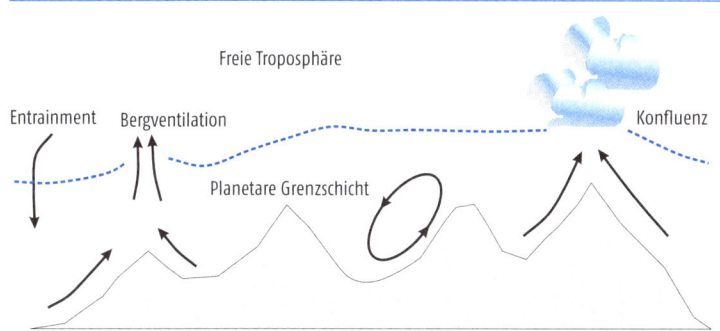

| Abb. 8-19

Schematische Darstellung der Bergventilation tagsüber (nach Bendix 2004).

transportieren die Schadstoffe weiter aufwärts, bis sie auf Gipfelhöhe in die freie Troposphäre einströmen können. Auf der kontinentalen Skala wirken die Alpen so als **«Kamin»** für die Schadstoffe im Alpenvorland (vgl. → Abb. 8-19). Umgekehrt können **Inversionen** im Tal den Austausch von Luftmassen unterbinden und dann zu sehr hohen Schadstoffkonzentrationen führen.

Auf der großräumigeren Skala stellen Gebirge ein Hindernis für die allgemeine Strömung dar. Je nach Stabilität der Schichtung einerseits und Scherung andererseits wird die Luft die Alpen überströmen oder aber **umströmen** respektive als Kaltluftpolster liegen bleiben (die **Froude-Zahl,** welche in → Box 5.5 erläutert wird, liefert eine Maßzahl dazu). Dadurch entstehen verschiedene typische alpine Wetterlagen wie Staulagen oder Föhn.

Überströmung von Gebirgen: Föhn

Föhn ist ein **Überströmungseffekt,** den jedes größere Gebirge kennt. Die klassische Föhnlage in den Alpen ist die Südföhnlage. Dabei liegt ein Hochdruckgebiet über dem Balkan, während sich von Westen ein Tiefdruckgebiet gegen Mitteleuropa vorschiebt. Vor der heranrückenden **Kaltfront** entsteht über die Alpen hinweg ein beträchtlicher **Druckgradient.** Die Strömung von Süden führt oft zu orographischen Niederschlägen auf der Südseite, während auf der Lee-Seite der Föhn als **Fallwind** entsteht. Bei Anströmung aus Norden kann es in den Tälern der Alpensüdseite zu Nordföhn kommen.

Die hohe Temperatur des Föhns kann anhand von thermodynamischen Diagrammen (vgl. → Kap. 4) nachvollzogen werden. → Abb. 8-20 (oben) stellt dies schematisch dar. Die beim Aufsteigen auf der Luv-Seite frei werdende **latente Wärme** dient der Erwärmung des Luftpakets. Die Abkühlung der Luft beim Aufstieg erfolgt also entlang einer **Feuchtadiabaten.** Wenn Niederschlag fällt, wird dieser Prozess irreversibel. Nach Überqueren der Alpen steigt die Luft ins Tal hinab, und die **Wolken** lösen sich auf. Oft erscheint dann die Wolkenfront über

Thermodynamischer Föhn: Warm wegen frei gewordener latenter Wärme

Klimata der Erde

den Gebirgen als **Föhnmauer**. Vor der Föhnmauer können sogenannte **Föhnfische** zu sehen sein, Wolken, die in den Lee-Wellen der Strömung entstehen (vgl. → Abb. 8-20 oben). Wenn über dem Vorland mit der aufziehenden Front auch bereits Bewölkung liegt, entsteht ein **Föhnfenster**. Oft liegt anfangs noch Kaltluft in den Alpentälern, welche erst abfließen muss oder durch den Föhn selber aufgemischt wird. Beim Abstieg erwärmt sich die Luft nach Auflösung der Wolken gemäß einer **Trockenadiabaten**. Auf gleicher Höhe angekommen, wird sie daher wärmer sein als beim Aufstieg und viel trockener. **Rekordtemperaturen** in Alpentälern entstehen oft während starker Föhnereignissen. Der Föhnwind selber kann Sturmstärke annehmen und zu großen Schäden führen.

Neben diesem klassischen Föhntypus gibt es aber auch andere Föhntypen (→ Abb. 8-18 unten). Oft liegt auch auf der Luv-Seite **blockierte Kaltluft**. Der Ausgangspunkt der auf der Leeseite absinkenden Luft ist also nicht das Bodenniveau, und auf der Luvseite fällt kein Niederschlag.

Blockierte Kaltluft bei Staulagen

Wenn die Luft aus hydrodynamischen Gründen die Alpen nicht überströmen kann, sondern blockiert und als **Kaltluftkissen** liegen bleibt, spricht man von **Staulagen**. Dabei kann es zu lang anhaltenden Regenfällen kommen, wenn warme Luft darauf aufgleiten und ausregnen kann. Wenn die darüberliegende warme Luft die Alpen ihrerseits überströmt, entsteht wiederum eine Föhnlage, und im Lee des Gebirges kommt es zu einem Druckabfall.

Lee-Zyklone im Golf von Genua als Umströmungseffekt

Je nach Form von Gebirgen kann die Umströmung oder die Kombination von Um- und Überströmung zur Bildung von Tiefdruckgebieten im Lee der Gebirge führen. Ein Beispiel dafür ist die Umströmung der Alpen bei einer Anströmungsrichtung aus Nordwest. Wenn in dieser Situation die kalte Luft die Alpen durch das **Rhonetal** umströmt, dann

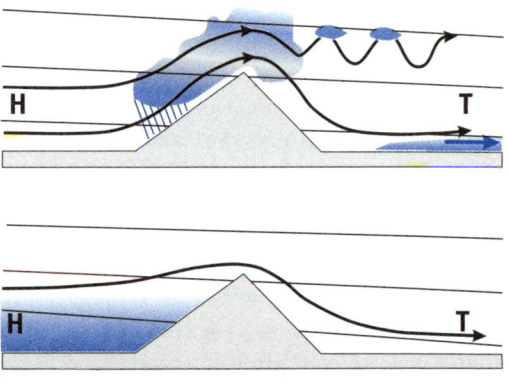

Abb. 8-20

Schematische Darstellung des Föhns. Oben: thermodynamischer Föhn, unten: hydraulischer Föhn (antizyklonaler Föhn). Die Linien zeigen den Druck, blaue Farbe markiert Kaltluft.

Abb. 8-21
Lee-Zyklone über dem Golf von Genua am 25. April 1982 (NOAA-7/AVHRR).

kann es über dem **Golf von Genua** zu sogenannten **Lee-Zyklonen** kommen. Ursache dafür ist einerseits die Windscherung entlang der Alpen: Die umströmende Luft wird entlang der Alpen abgebremst und ist dort somit langsamer als über dem Rhonetal. Hinter den Alpen führt dies zu einer Rotation im Gegenuhrzeigersinn (zyklonale Strömung), es wird also **Vorticity** erzeugt (vgl. → Kap. 5). Gleichzeitig kann überströmende Warmluft den Luftdruck im Lee der Alpen senken. Die Verdunstung und hohe Feuchte über dem Mittelmeer kann ihrerseits zur schnellen Entwicklung von solchen Zyklonen beitragen. Ein Beispiel ist in → Abb. 8-21 gezeigt.

Box 8.3

Wetterlagen

Die großräumige Wettersituation hat lokal, beispielsweise in Gebirgen, oft ganz typische, kleinräumige Auswirkungen. Um solche Auswirkungen besser fassen zu können, werden oft Wetterlagen definiert. Die großräumige Strömung wird dann beispielsweise aufgeteilt in konvektive Lagen (Tiefdruckgebiet, Hochdruckgebiet und flache Druckverteilung) und advektive Lagen (Anströmung aus West, Nord, Ost und Süd) und weiter in verschiedene Unterkategorien. Anhand der typischen lokalen Wettersituation für verschiedene Wetterlagen können Aussagen zum lokalen Wetter gemacht werden. Extremereignisse können bei bestimmten Wetterlagen häufiger auftreten.

8.3.3 Stadtklima

Stadtklima betrifft mehr als die Hälfte der Weltbevölkerung

Schon 2005 lebte die Hälfte der Weltbevölkerung in Städten. Im Jahr 2050 könnten es zwei Drittel sein. Obwohl aufgrund der geringen Fläche (ca. 1 % der Landfläche sind Städte) nicht besonders relevant für die globale Mitteltemperatur, ist das in den Städten im Vergleich zum Umland veränderte Klima hochgradig relevant für die Bevölkerung. Oft wird von einer **Wärmeinsel** gesprochen: Die Stadt ist wärmer als ihr Umland. Die Stadt verändert das Klima aber in vielerlei Hinsicht. In der Folge werden wir einige wichtige Faktoren kurz erklären.

Die Stadt ist rau, trocken, wärmespeichernd und verschmutzend

Vom physikalischen Standpunkt her können wir Städte als eine besondere Oberfläche charakterisieren, welche die Atmosphäre durch Veränderungen in allen wichtigen Eigenschaften – Masse, Energie, Impuls – beeinflusst. Im Vergleich zum Umland ist die Stadt **rau** (Gebäude stellen hohe Objekte dar), **dunkel** (Baumaterialien haben oft eine geringere Albedo als Vegetation), **trocken** (wenig Grünflächen und offene Wasserflächen), **wärmespeichernd** (Baumaterialien haben eine hohe Wärmekapazität) und **verschmutzt** (für das Stadtklima relevant sind vor allem Aerosole). Dazu kommen eine große **Komplexität** der Grenzschicht, Flurwindsysteme und weitere Stadteffekte.

Die Energiebilanz in der Stadt unterscheidet sich zwar nicht stark von derjenigen des Umlands, aber die Verteilung auf die **Energiebilanzkomponenten** ist in der Stadt anders (vgl. → Kap. 3.8). Schematisch ist dies in → Abb. 8-22 gezeigt. Die kurzwellige Einstrahlung ist aufgrund von **Aerosolen** leicht vermindert, die Stadt ist aber in der Regel etwas dunkler als das Umland. Entscheidend ist nun, dass die Stadtfläche stark versiegelt ist. Regen fließt schnell ab, und es steht nur wenig Feuchte für Verdunstung zur Verfügung. Ein großer Teil der Nettostrahlung fließt in den **sensiblen Wärmefluss**. Die Luft ist daher wärmer und trockener als im Umland. Gleichzeitig ist durch die Gebäudestruktur aber die **Durchlüftung** nicht gegeben, sodass der Austausch mit dem Umland vermindert ist. In den Straßenschluchten entsteht ein **Mikroklima**. Dies ist nicht nur für meteorologische Größen relevant, beispielsweise bei Hitzewellen, sondern auch bezüglich der Schadstoffbelastung.

Gebäude verhindern Durchlüftung, ein Mikroklima entsteht

In der Nacht ist die langwellige Gegenstrahlung erhöht. Die verminderten «Sky View Factors» führen zu Vielfachreflexion der langwelligen Strahlung an Gebäuden (in → Abb. 8-22 mit kleinen Pfeilen angedeutet). Dies erschwert insgesamt die **Abstrahlung** aus den bodennahen Luftschichten, zudem erhöhen Aerosole die langwellige Gegenstrahlung. Die in den Gebäudematerialien tagsüber gespeicherte Wärme wird nachts wieder abgegeben. Dazu kommt, besonders im Winter, die anthropogene Wärmeproduktion (Heizung, Industrie, in → Abb. 8-22 angegeben mit Q_F). Diese Faktoren führen zum Wärmeinsel-Effekt, der vor allem nachts und im Winter ausgeprägt ist.

Die Unterschiede zwischen Stadt und Umland können zu Flurwindsystemen führen, wie dies bereits für das Land-See-Windsystem und das Berg-Tal-Windsystem ausgeführt wurde. Solche Windsysteme sind vor allem bei windschwachen Hochdrucklagen im Sommer relevant. Beim Stadt-Umland-Windsystem strömt Luft vor allem in der Nacht und am Vormittag in Richtung Stadt, welche dann deutlich wärmer ist.

Schematische Darstellung der Energiebilanz einer Stadt und des Umlands am Tag und in der Nacht (vgl. → Abb. 3-15). | **Abb. 8-22**

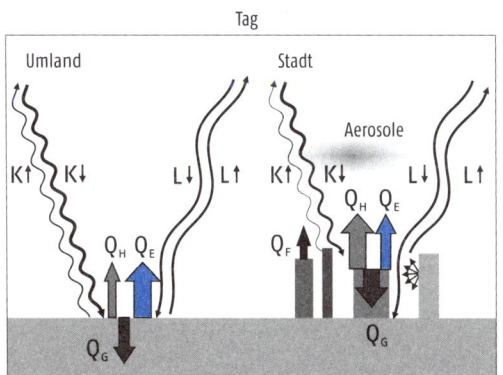
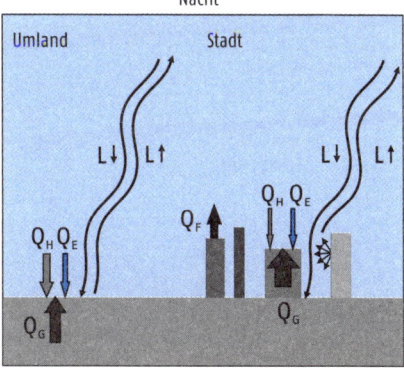

Klimata der Erde

Stadt-Land Temperaturunterschiede von 5 °C

Stadtklimaeffekte sind für viele Städte nachgewiesen und vor allem für Großstädte wie London oder Shanghai, aber auch für Wien, Frankfurt, Basel oder Essen gut untersucht. Die komplexe Struktur der Oberflächentemperatur einer Stadt ist in → Abb. 8-23 dargestellt. Das verwendete Beispiel hier ist Paris in einer Sommernacht während der Hitzewelle 2003. Hier werden Unterschiede von über 5 °C sichtbar. Auf noch kleineren Skalen zeichnen sich **Gewässer,** aber auch **Parks** und **Grünflächen** als kühlere Bereiche ab, während die stark **verdichteten Stadtteile** wärmer sind.

Die erhöhte Rauigkeit vermindert die Windgeschwindigkeit in den stark verdichteten Teilen der Stadt. Auch dies wirkt sich vermindernd auf die Verdunstung aus. Die Rauigkeit erhöht gleichzeitig die **mechanische Turbulenz** und damit die Durchmischung der **planetaren Grenzschicht.** Über der Stadt entsteht eine höherreichende Grenzschicht als über dem Umland. Wenn im Lee der Stadt die Rauigkeit wieder sinkt, entsteht hier eine neue Grenzschicht, die aber weniger hoch reicht, sodass oberhalb davon eine **Abluftfahne** verbleibt. Dies ist in → Abb. 8-24 schematisch dargestellt. Diese Abluftfahne ist warm, trocken und schadstoffreich und kann so **Schadstoffe** mit der allgemeinen Strömung ins Umland transportieren.

Erhöhte Rauigkeit senkt Windgeschwindigkeit, städtische Grenzschicht wird zur Abluftfahne

Stadtklimaeffekte überlagern sich oft mit anderen klimatischen Effekten. So befinden sich viele große Städte an Küsten, wobei oft Küstengebirge eine beckenartige Abgrenzung bilden. Hier spielen Land-Meer-Windsysteme sowie Gebirgseffekte ebenfalls eine Rolle im Stadtklima. Im Becken von Los Angeles beispielsweise ist die Luftzirkulation bei Hochdrucklagen stark eingeschränkt. Das Land-Meer-Windsystem führt zu einer Rezirkulation, einer Umwälzung der gleichen Luftmasse, während der großräumige Austausch unterbunden ist.

Abb. 8-23

Nächtliche Lufttemperatur in Paris während der Hitzewelle im August 2003, gemessen von Satelliten im thermalen Infrarotbereich (nach vito Planetek).

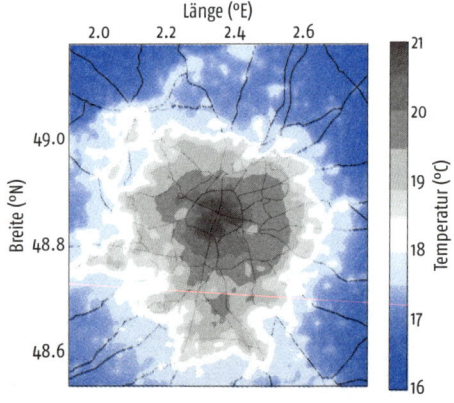

Die städtische Abluftfahne (nach Oke 1987). | Abb. 8-24

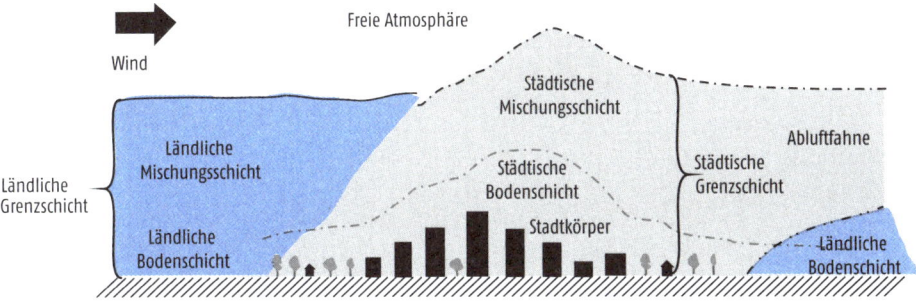

Durch Stadtklimaeffekte sind Hitzewellen in den Städten besonders ausgeprägt. Besonders die Küstenstädte leiden dazu oft noch unter hoher Luftfeuchtigkeit. Die in den Städten lebende Bevölkerung ist damit dem Klimawandel direkt ausgesetzt. Viele Städte haben nach den Hitzewellen der 2000er-Jahre, inbesondere derjenigen von 2003, Maßnahmenpläne und Warnsysteme entwickelt. Gleichzeitig werden immer mehr auch stadtökologische und stadtklimatische Aspekte in der Planung berücksichtigt. Besonders an Hitzewellen wird man sich in der Zukunft anpassen müssen (vgl. → Kap. 10.5).

Verwendete Literatur

Bendix, J. (2004) Geländeklimatologie. UTB, Stuttgart.
Defant, F. (1949) Zur Theorie der Hangwinde, nebst Bemerkungen zur Theorie der Berg- und Talwinde. Arch. Meteor. Geophys. Biokl.,Ser. A, 1, 421–450.
Isotta, F. A. et al. (2014) The climate of daily precipitation in the Alps: development and analysis of a high-resolution grid dataset from pan-Alpine rain-gauge data. Int. J. Climatol. 34, 1657–1675.
Kottek, M., J. Grieser, C. Beck, B. Rudolf, F. Rubel (2006) World Map of the Köppen-Geiger climate classification updated. Meteorol. Z., 15, 259–263.
Oke, T. R. (1987) Boundary-Layer Climates. 2. Aufl. Routledge.

Weiterführende Literatur

Fohrer, N., H. Bormann, K. Miegel, M. Casper, A. Bronstert, A. Schumann, M. Weiler (2016) Hydrologie. Haupt, UTB basics.
Kuttler, W., A. Miethke, D. Dütemeyer, A.-B. Barlag (2015) Das Klima von Essen/The Climate of Essen. Westarp Wissenschaften, Hohenwarsleben, 249 S.
Veit, H. (2002) Die Alpen – Geoökologie und Landschaftsentwicklung. Ulmer, Stuttgart, 352 S.
Wittig, R., B. Streit (2004) Ökologie. Ulmer, UTB basics.

244

Klimadaten und Klimaarchive | 9

Inhalt

9.1 Klimamessungen

9.2 Klimaproxies und Rekonstruktionen

9.3 Klimamodelle

9.4 Reanalysen

Wie erfassen wir das Klima? Woher wissen wir, ob sich das Klima verändert hat? Welches sind die Unsicherheiten dieser Aussagen? Der Klimatologie liegen heute instrumentelle Klimamessungen in einem erdumspannenden Beobachtungssystem zugrunde, sodass die globale und lokale Erwärmung der letzten Jahrzehnte zweifelsfrei und mit nur kleinem Fehler festgestellt werden kann. Damit vergleichbare und langzeitstabile Messungen entstehen, braucht es aber gute Messinstrumente, eine gute Koordination der Messnetze, eine sorgfältige Datenbearbeitung und statistische Analysen. Für die Analyse des Klimas in der Vergangenheit stützt sich die Klimatologie auf indirekte Daten, sogenannte «Proxies». Das sind Archive der Natur oder der Gesellschaft, welche Klimainformation enthalten.

Dieser gemessenen Information des tatsächlichen Klimas werden oft Klimamodelle gegenübergestellt, wie sie auch im Alltag für die Wetterprognose verwendet werden. Sie beruhen auf physikalischen Gesetzen und simulieren daher physikalisch konsistente, mögliche Klimaverläufe. Unter der Annahme der zukünftigen Entwicklung der Treibhausgasemissionen und anderer Faktoren erlauben Klimamodelle auch Aussagen über mögliche zukünftige Klimaentwicklungen. Die Kombination von Klimamodellen und Messungen in Reanalyseprojekten liefert umfangreiche Datensätze der Atmosphäre der vergangenen Jahrzehnte.

9.1 | Klimamessungen

9.1.1 | Das globale Beobachtungssystem

Klimatologie ist zu einem guten Teil eine **empirische Wissenschaft**. Messungen und Beobachtungen des Klimasystems bilden ihr Fundament. Es ist deshalb wichtig zu verstehen, wie **Klimadaten** zustande kommen, was wir daraus ableiten können und welches ihre Schwächen und Grenzen sind. Dabei geht es in erster Linie um reguläre Langzeitbeobachtungen. Feld- und Laborexperimente sind vor allem in den Atmosphärenwissenschaften wichtig. Sie ergänzen die Klimatologie eher punktuell, beispielsweise wenn es darum geht, Parametrisierungen (vereinfachte, nicht auf physikalischen Gesetzen beruhende Funktionen) für Modelle zu entwickeln und zu testen.

In-situ-Messung und Fernerkundung

Klimadaten entstammen Messungen mit **Instrumenten** oder aus **Beobachtungen** (beispielsweise der Himmelsbedeckung), die dann quantifiziert werden. Man unterscheidet zwischen *In-situ*-Messungen, bei welchen die Luft beprobt und gemessen wird (zum Beispiel durch ein Thermometer), und **Fernerkundungssystemen** (zum Beispiel Satelliten), bei welchen die Atmosphäre anhand ihres Einflusses auf elektromagnetische Wellen erfasst wird. Klimamessungen aus beiden Systemen liefern nur eine partielle Beschreibung des aktuellen atmosphärischen Zustands.

Abb. 9-1 | Messstationen für Temperatur in der Datenbank der International Surface Temperatur Initiative (ISTI). Die Größe der Kreise zeigt die Anzahl Messjahre.

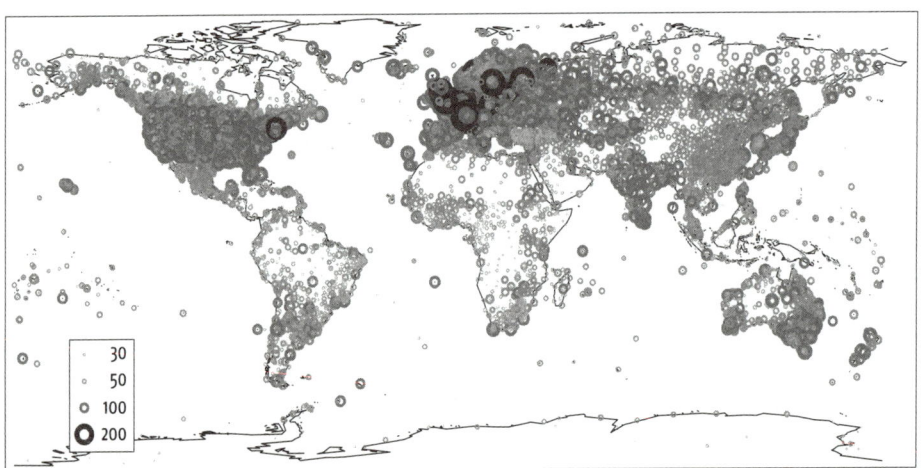

Tab. 9-1
In-situ-Messinstrumente und -prinzipien für verschiedene meteorologische Vaiablen.

Variable	Name	Messprinzipien
Lufttemperatur	Thermometer	Thermoelektrische Effekte (Thermoelement) Ausdehnung (Flüssigthermometer, z. B. Quecksilberthermometer) Unterschiedliche Ausdehnung (Bimetallthermometer)
Luftdruck	Barometer	Gewicht (Flüssigbarometer, z. B. Quecksilberbarometer) Verformung einer Dose oder Membran (Aneroidbox) Siedepunkt (Temperaturmessung) Piezoelektrischer Effekt in Kristall (Ladungsverschiebung) Kapazität eines Kondensators (kapazitativer Sensor)
Luchtfeuchte	Hygrometer	Absorption (z. B. Ausdehnung eines menschlichen Haars, Absorption von Feuchte in einem Dielektrikum) Kondensationstemperatur (Taupunktspiegel) Feuchttemperatur (Psychrometer)
Windgeschwindigkeit	Anemometer	Drehung (Schalenanemometer) Schallgeschwindigkeit (Ultraschallanemometer)
Niederschlag	Pluviometer	Menge (Behälter) Gewicht (Waage) Kippimpulse (Kippelement)
Strahlung	Pyrradiometer Pyrrheliometer	Differenz der Temperatur, Heizleistung oder Phasenumwandlung eines bestrahlten und unbestrahlten Körpers
Sonnenscheindauer	Sonnenscheinautograph	(wie Strahlung) Einbrennen eines gebündelten Lichtstrahls in Papier (Campbell-Stokes)

Bei *In-situ*-Messungen (vgl. Messprinzipien in → Tab. 9-1) kommen zahlreiche **Messplattformen** zum Einsatz. Im einfachsten Fall sind dies Wetterstationen, von welchen es weltweit mehrere Zehntausend gibt. → Abb. 9-1 zeigt das Netz von meteorologischen **Stationen** mit Temperaturmessungen in der Datenbank der International Surface Temperatur Initiative (ISTI). Auf dem Meer messen **Schiffe** oder **Bojen** Meeresoberflächentemperaturen und atmosphärische sowie ozeanographische Größen. Um die vertikale Struktur der Atmosphäre zu erfassen, werden **Wetterballone** verwendet. Aber auch die **Passagierflugzeuge** übermitteln ihre meteorologischen Messungen an die Wetterzentren. Weitere Datenquellen, die bereits verwendet werden und in Zukunft noch vermehrt genutzt werden dürften, sind Messungen von Fahrzeugen oder Smartphones.

Messplattformen: Wetterstationen, Schiffe, Bojen, Ballone, Flugzeuge und mehr

Meteorologische Stationen messen nach bestimmten Vorgaben, welche eine internationale **Vergleichbarkeit** ermöglichen sollen. So soll die Temperatur in 1.2–2.0 m über Grund über ebenem Terrain (möglichst Gras) gemessen werden, vor Strahlung geschützt, aber nicht behindert durch Bäume oder Gebäude (vgl. → Box 4.1). → Abb. 9-2 zeigt eine typi-

Standards ermöglichen Vergleichbarkeit

Abb. 9-2

Meteostation des Deutschen Wetterdiensts in Warnemünde.

sche meteorologische Station in Warnemünde an der Ostsee. Auch die Ablesung der Instrumente, die Datenüberlieferung und weitere Schritte sind vereinheitlicht. Die Einführung solcher **Standards** ist die Aufgabe der **Weltorganisation für Meteorologie (WMO)**, welcher die nationalen Wetterdienste angehören.

Diese *In-situ*-Messungen werden durch bodengestützte **Fernerkundungsmethoden** wie RADAR, LIDAR, Windprofiler und ähnliche Instrumente ergänzt. Diese Methoden machen sich die Tatsache zunutze, dass die Propagation von **elektromagnetischen Wellen** (oder Schallwellen) durch die Atmosphäre verändert wird. So misst RADAR (Radio Detection and Ranging) anhand eines reflektierten Radiosignals Niederschlagsart und -menge, Windprofiler messen nach demselben Prinzip Windprofile. Beim LIDAR (Light Detection and Ranging) werden anhand reflektierter Laserpulse Aerosole und Spurengase gemessen. Besonders RADAR-Systeme haben sich in den letzten Jahrzehnten zu einem wertvollen Werkzeug zur Analyse von Niederschlags- und Hagelereignissen und zu deren Kürzestfristvorhersage («Nowcasting») entwickelt.

Die wohl wichtigsten Plattformen für Fernerkundungsmethoden in der Klimatologie sind **Satelliten**. Sie messen die von der Erde (Infrarot) oder von der Atmosphäre (Mikrowellen) emittierte Strahlung (vgl. → Abb. 3-7), die von der Erdoberfläche oder der Atmosphäre zurückge-

---

Bodengestützte Fernerkundungsmethoden liefern Vertikalprofile von Wind, Temperatur, Niederschlag und weiteren Größen

Satelliten messen die Veränderung elektromagnetischer Strahlung auf dem Weg durch die Atmosphäre

streute solare Strahlung oder Sonnen- respektive Sternenstrahlung, welche beim Auf- oder Untergang durch die Atmosphäre hindurch den Satelliten erreicht (vgl. → Abb. 3-10). Aktive Systeme haben ihre eigene Strahlungsquelle und messen das zurückgestreute Signal. Gemessen werden spektrale Intensitäten oder Signalverzögerungen.

Um aus den empfangenen Signalen Messdaten abzuleiten, sind komplizierte Verfahren nötig, englisch «**Retrieval**» genannt. Es ist wichtig zu wissen, dass es sich dabei meist um die Lösung eines **unterbestimmten Problems** handelt. Viele verschiedene mögliche Zustände der Atmosphäre könnten zum genau gleichen gemessenen Signal führen, wie im folgenden Beispiel erläutert wird.

Die Ableitung atmosphärischer Daten aus Fernerkundungssignalen ist unterbestimmt

Satelliten bestimmen die Ozonmenge anhand des Spektrums solarer UV-Strahlung, welche durch die Atmosphäre zum Satelliten zurückgestreut wird. Die Verminderung gewisser Wellenlängen infolge Absorption durch Ozon relativ zu anderen (von Ozon nicht beeinflussten) Wellenlängen ist ein Maß für die Ozonmenge. Allerdings spielt die Höhenverteilung der Streuung wie diejenige des Ozons eine Rolle: Die obere Atmosphäre wird von allen Strahlen durchdrungen, während nur ein kleiner Teil der Strahlen bis in die Troposphäre und wieder zurück zum Satelliten vordringt. Das Ozon wird hier vom Satelliten also kaum «gesehen». Viel Ozon in unteren Schichten und wenig Ozon in den oberen Schichten liefert unter Umständen dasselbe spektrale Signal. Um eine eindeutige Lösung zu erhalten, wird Vorwissen, beispielsweise in Form typischer Ozonprofile, verwendet. Für diese wird das am Satelli-

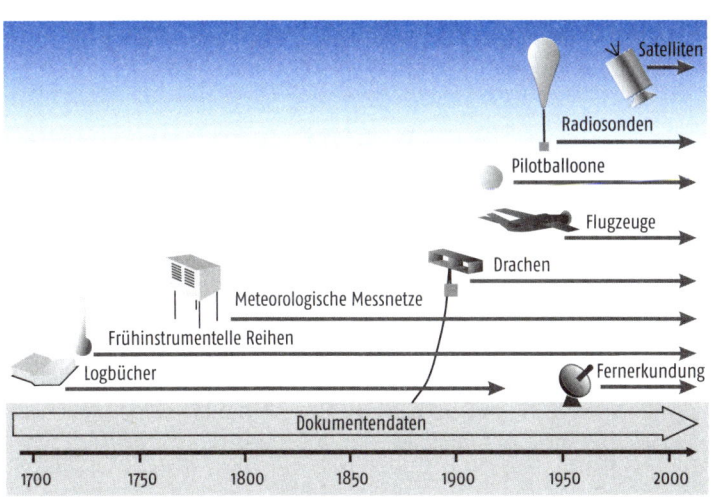

| Abb. 9-3

Zeitübersicht der wichtigsten Messplattformen in der Meteorologie in den letzten 300 Jahren.

ten gemessene Signal simuliert. Das am besten passende wird gewählt und weiter modifiziert, bis es mit dem gemessenen Spektrum übereinstimmt.

Globale instrumentelle Messungen reichen ca. 150 Jahre zurück

Wie weit zurück können wir anhand von Messungen das Klima beschreiben? Bodenmesssysteme liefern erst seit der Mitte des 19. Jahrhunderts großräumig einigermaßen brauchbare Daten. Nur wenige **lange Messreihen** liefern verlässliche Angaben zu Klimaschwankungen über längere Zeiträume; die längste Messreihe reicht bis 1659 zurück. Im Laufe des 20. Jahrhunderts kamen **vertikale Sondiersysteme** wie Drachen, Pilotballone (also Ballone ohne Instrument, aus deren Pfad sich der Wind errechnen lässt), Radiosonden (Wetterballone mit Instrumenten) und Flugzeuge dazu. In den 1960er-Jahren wurden erste **Wettersatelliten** entwickelt (vgl. → Abb. 9-3). Für die letzten ca. 50 Jahre haben wir also relativ detaillierte Informationen über den Zustand der Atmosphäre zu jedem Zeitpunkt und in zeitlich hoher Auflösung. Die internationale Koordination bestehender Messnetze mit dem Ziel, **Langzeitveränderungen** des Klimas festzustellen, das Global Climate Observing System (GCOS), reicht in die 1990er-Jahre zurück.

9.1.2 Unsicherheiten

Meteorologische Daten wurden nicht für die Trendbestimmung erhoben

Alle Messdaten haben Unsicherheiten, sei es in Form von Fehlern des Instruments, dessen Positionierung und Betrieb oder sei es durch Fehler irgendwo in der Prozessierungskette. Dazu kommt, dass Messdaten meist für einen anderen Zweck erhoben worden sind, als sie nun verwendet werden. So wurden meteorologische Messungen nicht zur Bestimmung von Klimatrends erhoben; diese Anforderung wurde erst in den letzten 30 oder 40 Jahren an die Daten gestellt. Ob Daten für einen bestimmten **Verwendungszweck** geeignet sind oder nicht, ist meistens nicht von vornherein klar.

«Fehler» ist die Abweichung vom wahren Wert. «Unsicherheit» ist die Statistik des Fehlers

Wenn über Unsicherheiten gesprochen wird, werden oft alltägliche Begriffe verwendet, welche aber in der Wissenschaft eine leicht andere Bedeutung haben. Es ist deshalb wichtig, zunächst einige Begriffe zu klären (vgl. auch → Abb. 9-4). In der Alltagssprache bedeutet **«Fehler»** meist, dass etwas falsch ist, und **«Unsicherheit»**, dass etwas unbekannt ist. In der Klimatologie meint man mit «Fehler» jedoch die Differenz zwischen dem Messwert und dem wahren Wert, der aber nie bekannt ist; und die Unsicherheit ist die Statistik des Fehlers, die sich als Verteilungsfunktion oder auch einfach als Maßzahl (beispielsweise Standardabweichung) durchaus quantifizieren lässt.

Box 9.1
Statistische Begriffe und Maßzahlen

Klimatologie wird oft als Statistik des Wetters aufgefasst. Statistik spielt in der Klimatologie also eine wichtige Rolle. Nachfolgend sind einige wichtige Begriffe aus der Statistik kurz eingeführt:
Zufallsvariable: Eine Zuordnung, die jedem Ereignis eines Zufallsexperiments (d.h. eines Experiments, dessen Ausgang vom Zufall abhängt) eine Zahl zuordnet, also beispielsweise die Augenzahl beim einmaligen Würfeln. Die Summe der Augen beim Experiment «zwei Mal würfeln» ist ebenfalls eine Zufallsvariable. Die Statistik vergleicht oft beobachtete Prozesse mit Zufallsprozessen. Das Konzept der Zufallsvariablen ist daher zentral in der Statistik.
Verteilungen: Eine **Häufigkeitsverteilung** beschreibt für jeden vorkommenden Wert, wie oft er vorgekommen ist. Sie lässt sich als Histogramm darstellen. Allgemein beschreibt eine Verteilung die **Wahrscheinlichkeit** des Vorkommens einzelner Werte oder von Wertebereichen einer Variablen. Auch Zufallsvariablen haben Verteilungen. Selbst wenn der einzelne Wert einer Zufallsvariablen vom Zufall abhängt, kann man oft etwas zur Verteilung aussagen. Wenn wir einen Würfel sehr oft werfen, erwarten wir gleiche Häufigkeiten für alle Zahlen (Gleichverteilung). Wenn wir das Experiment «zwei Mal würfeln» sehr oft wiederholen, finden wir, dass die Augensumme 7 genau sechsmal so häufig vorkommt wie Augensumme 2; die Summe 6 kommt fünfmal so häufig vor und so weiter. Die erwartete Häufigkeitsverteilung dieses Beispiels zeigt eine dreieckige Form.
Normalverteilung: Eine Verteilung, die in der Natur sehr oft vorkommt, ist die Normalverteilung, auch **Gauß-Verteilung** genannt. Die Form der Verteilung ist glockenförmig. Sie wird deshalb auch Glockenkurve genannt. Die Normalverteilung spielt in der Statistik eine wichtige Rolle, da die Summen von beliebig verteilten Zufallsvariablen am Ende (bei vielen Zufallsvariablen) stets normalverteilt sind. So ist die Summe der Augenzahlen beim Experiment «vier Mal würfeln» bereits annähernd normalverteilt. Sehr viele statistische Tests beruhen auf der Annahme einer Normalverteilung.
Der **Median** und die **Perzentile** charakterisieren eine Verteilung. Der Median gibt denjenigen Wert an, unterhalb dessen die Hälfte aller Werte liegt (er ist somit das 50 %-Perzentil). Das 10 %-Perzentil ist derjenige Wert, unterhalb dessen 10 % aller Werte liegen.
Mittelwert: Eine wichtige Maßzahl einer Verteilung ist der Mittelwert, der als arithmetisches Mittel aller Werte definiert wird. Er kann **erwartungstreu** aus einer zufälligen **Stichprobe** geschätzt werden. Der geschätzte Mittelwert von sehr vielen Stichproben entspricht also dem tatsächlichen Mittelwert der Grundgesamtheit.
Standardabweichung: Eine weitere wichtige Maßzahl einer Verteilung ist die Standardabweichung, welche definiert ist als Wurzel der **Varianz** (der gemittelten

quadrierten Abweichungen jedes Werts vom Mittelwert). Sie misst die Breite einer Verteilung, also wie stark eine Variable streut. Bei der Normalverteilung liegen 68 % aller Werte innerhalb einer Standardabweichung vom Mittelwert. Oft werden Variablen standardisiert: Von jedem Wert wird der Mittelwert subtrahiert und dann durch die Standardabweichung dividiert. Die standardisierte Variable hat keine Einheiten mehr und lässt sich so besser mit anderen (standardisierten) Variablen vergleichen.

Methode der kleinsten Quadrate: In der Statistik will man oft aus streuenden Daten gewisse Größen schätzen, beispielsweise einen Trend. Dabei wird oftmals festgelegt, dass die Summe der quadratischen Abweichungen vom geschätzten Wert (also die Varianz der Abweichungen) minimal sein soll. Bei normalverteilten Abweichungen kann dies als optimale Schätzung betrachtet werden. Dieses Verfahren wird als Methode der kleinsten Quadrate bezeichnet. Oft existiert eine analytische Lösung.

Statistische Tests: Könnte ein gefundener Zusamenhang auch zufällig entstanden sein? Beim statistischen Test wird ein empirisches Ergebnis mit einem entsprechenden Ergebnis verglichen, das durch Zufall erwartet würde. Oft setzt man dann eine Signifikanzschwelle: 95 % **Signifikanz** heißt, dass in 95 % aller zufälligen Ereignisse das beobachtete Ergebnis (beispielsweise dass der Wert außerhalb eines bestimmten Bereichs liegt) nicht übertroffen würde. Ein signifikantes Resultat bedeutet nicht, dass es stimmt, noch bedeutet ein nicht-signifikantes Resultat, dass es falsch ist. Signifikanz ist in der wissenschaftlichen Diskussion eines Resultats aber ein Argument.

Die **Korrelation** misst den linearen Zusammenhang zweier Variablen. Sie schwankt zwischen −1 (perfektem umgekehrten Zusammenhang) und 1 (perfektem Zusammenhang). Eine Korrelation von 0 bedeutet, dass es keinen linearen Zusammenhang gibt, sie sagt aber nichts über nicht-lineare Zusammenhänge aus.

Die **Regression** ist ein Verfahren, eine Funktion (beispielsweise einen Trend) an reale Daten anzupassen. Eine abhängige (beeinflusste) Variable wird als Funktion einer oder mehrerer unabhängiger (beeinflussenden) Variablen ausgedrückt. Die Anpassung kann mit der Methode der kleinsten Quadrate erfolgen.

Die **Hauptkomponentenanalyse** ist ein Verfahren, welches die Variabilität in mehreren, korrelierten (standardisierten) Variablen neu aufteilt in unkorrelierte Variablen, die sich jeweils aus einer Linearkombination der ursprünglichen Variablen zusammensetzen. Die erste Hauptkomponente ist diejenige Kombination, welche am meisten der Gesamtvarianz erklärt. Oft sind die korrelierten Variablen die Reihen von meteorologischen Größen an einzelnen Gitterpunkten. Die erste Hauptkomponente ergibt dann eine neue Variable sowie ein dazugehöriges Muster (pro Gitterpunkt der erste Koeffizient der Linearkombination). Variabilitätsmodi (vgl. → Kap. 10) werden oft so bestimmt.

Veranschaulichung von Fehler und Unsicherheit. Der Fehler (x-Achse) ist die Abweichung vom wahren Wert. Unsicherheit (y-Achse) ist die Statistik respektive Verteilung des Fehlers. Der systematische Fehler ist die Abweichung des Erwartungswerts vom wahren Wert, der zufällige Fehler die Streuung vom Erwartungswert. Die Begriffe «Genauigkeit» und «Präzision» beziehen sich auf diese beiden Fehler (aus Brönnimann 2015).

| Abb. 9-4

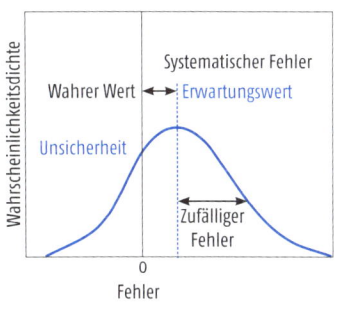
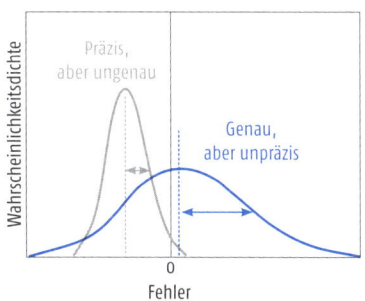

Der Fehler wird oft weiter unterteilt in einen **systematischen** Teil und einen **zufälligen** Teil. Würde man sehr viele Messungen desselben Zustands machen und deren **Mittelwert** errechnen, dann wäre die Differenz zwischen diesem Wert und dem wahren Wert der systematische Fehler, während die Streuung um diesen Wert herum der zufällige Fehler ist.

Die wichtigen Begriffe **Genauigkeit** und **Präzision** hängen damit zusammen. Genauigkeit bezeichnet den systematischen Fehler, Präzision den zufälligen Fehler. In → Abb. 9-4 (rechts) zeigt die blaue Kurve die Verteilungsfunktion einer Messung, die genau ist, aber unpräzis, die graue Kurve steht für eine Messung, die präzis ist, aber ungenau.

Genau: kleiner systematischer Fehler; präzis: kleiner Zufallsfehler

Homogenisierung

| 9.1.3

Die systematischen Fehler einer Messung haben einen bestimmten Grund, beispielsweise ein schlecht kalibriertes Messgerät, eine an Strahlungstagen überhitzte Wetterhütte oder eine suboptimale Platzierung des Instruments. Diese Faktoren können sich über die Zeit ändern, beispielsweise wenn ein Messgerät ersetzt wird oder sich die Umlaufbahn eines Satelliten verändert. Wenn längere Zeitreihen gebildet werden, gibt es meist mehrere solcher **Änderungen des systematischen Fehlers**. Dadurch können scheinbare Langzeitveränderungen erscheinen, welche nicht klimatisch bedingt sind, sondern die Ursache in einer Änderung des systematischen Fehlers haben.

Änderungen des systematischen Fehlers verfälschen Trends

Um solche **nicht klimatischen Langzeitsignale** zu vermeiden, müssen Klimadaten homogenisiert werden. Meist wird zuerst mit statistischen

Methoden nach solchen Bruchpunkten (beispielsweise Zeitpunkte eines Instrumentenwechsels) gesucht und, falls möglich, mit der Stationsgeschichte verglichen. Manchmal sind die Ursachen eines Bruchs bekannt, beispielsweise wenn die Wetterstation von der Stadt an den Flughafen verlegt wurde. In solchen klaren Fällen wird oft zunächst über ein oder mehrere Jahre an beiden Standorten **parallel** gemessen, um damit empirische Grundlagen für eine Korrektur zu haben.

In den meisten Fällen sind solche parallelen Messungen aber nicht vorhanden. Es müssen statistische Methoden gesucht werden, um die Reihen zu korrigieren. Dabei werden die alten Segmente der Reihe korrigiert und an das neueste Segment **angepasst**. Nicht alle meteorologischen Reihen sind homogenisiert. Insbesondere beim Niederschlag gestaltet sich die Homogenisierung als sehr schwierig.

Homogenisierung versucht, Änderungen des systematischen Fehlers zu korrigieren

9.2 | Klimaproxies und Rekonstruktionen

Informationen über das Klima in früheren Jahrhunderten und Jahrtausenden müssen anhand indirekter Daten (sogenannte **Proxies**) gewonnen werden. Proxies sind messbare Größen, welche vom Klima – aber teilweise auch von weiteren Faktoren – abhängen, beispielsweise das Wachstum eines Baumes. Sie sind in einer Form gespeichert, in der wir heute darauf zugreifen können. Während der Begriff «Proxy» die Messgröße bezeichnet (beispielsweise Isotopenverhältnisse von Eis in einem Eisbohrkern), sprechen wir bei der Speicherung (dem Eisbohrkern selber) von **Klimaarchiven**.

Proxies messen ein Klimasignal, das in Klimaarchiven konserviert und datierbar vorliegt

In Klimaarchiven ist die Klimainformation von Proxies **konserviert**, sie war also nicht nachträglichen Einflüssen ausgesetzt und liegt als zeitlich **unveränderte** und **datierbare** Abfolge vor. Neben der eigentlichen Messung des Proxies führen alle diese Anforderungen, die nicht immer erfüllt werden können, zu Unsicherheiten.

Proxydaten erlauben das Erfassen des Klimas weit zurück in die Vergangenheit, allerdings mit teils erheblichen Unsicherheiten. Um aus Proxies Klimainformationen zu gewinnen, sind verschiedene Schritte nötig. Sie können anhand von Klimadaten oder Labormessungen **kalibriert** werden, und schließlich werden daraus, meist mit statistischen Methoden, Klimarekonstruktionen erstellt.

Aus Proxies werden mit statistischen Methoden Rekonstruktionen erstellt

Dieses Kapitel fasst die wichtigsten Aspekte zu Proxies und Rekonstruktionen kurz zusammen. Dabei bleibt das Buch sehr kurz – andere Bücher (vgl. Literaturhinweise am Ende des Kapitels) widmen sich diesem Thema im Detail.

Klimaproxies

| 9.2.1

Klimaarchive lassen sich gliedern in Archive der Natur oder Archive der Gesellschaft (vgl. → Tab. 9-2). Archive der Natur sind beispielseweise **Baumringe, Sedimente** oder **Eisbohrkerne,** welche Wachstums- oder Akkumulationsschichten aufweisen. Diese Schichten konservieren die Information einer Jahreszeit oder eines Jahres, und die Schichten lassen sich einigermaßen gut datieren.

Archive der Natur sind Baumringe, Sedimente oder Eisbohrkerne

Weil Klima nicht der einzige Faktor ist, der eine Proxygröße beeinflusst, werden die Archive so ausgewählt, dass darin eine gesuchte Klimavariable möglichst gut zum Tragen kommt, während andere Faktoren konstant oder irrelevant sein sollen. Bäume werden meist entlang von thermischen (Kältestress) oder hygrischen (Trockenheitsstress) **Wachstumsgrenzen** beprobt. Ähnliches gilt für andere Archive. Allerdings können sich diese Limitierungen über die Zeit ändern.

In Grenzlagen (Höhe oder Trockenheit) zeigen Bäume das stärkste Klimasignal

Die Proxies, die in Archiven der Natur gemessen werden, können aus der organischen Welt stammen oder physikalischer Natur sein. Bei **Baumringen** (→ Abb. 9-5) messen Proxies das Wachstum der Bäume, ausgedrückt in der Dicke eines Baumrings oder der **Dichte** des Spätholzes. Aber auch **Isotopenverhältnisse** in Baumringen können Aufschluss über das Klima geben. In Eisbohrkernen wird einerseits das Eis selber gemessen (beispielsweise die Sauerstoffisotopenverhältnisse) oder aber **Fremdstoffe** im Eis wie beispielsweise Aerosole oder die Zusam-

| Abb. 9-5

Baumringe eignen sich hervorragend als Klimaarchive, da hier das Wachstumssignal aufgezeichnet und datierbar ist. Oft verwendete Proxies sind die Ringdicke, die maximale Spätholzdichte oder die Isotopenverhältnisse des Sauerstoffs.

Tab. 9-2
Übersichtstabelle unterschiedlicher Typen von Klimaarchiven und Proxies (nach Brönnimann und Pfister 2017). T = Temperatur, RR = Niederschlag.

Archive der Natur (von der Natur erzeugte Daten)				
Archiv	Proxy	Variable	Auflösung	Abdeckung
Wetter				
Klima	**Biologische Proxies**			
Baumringe	Ringdicke	T, RR, Dürren	jährlich	Jahrhunderte
	maximale Spätholzdichte	T		
	Sauerstoffisotope	T		
Seesedimente	Pollen	T, RR	jährlich	Jahrtausende
	Chironomiden	T		
Korallen	Sauerstoffisotope, Sr/Ca-Verhältnis	T, Salzgehalt	Jahreszeiten	Jahrhunderte
Moore	Chemische Substanzen	Luftverschmutzung		
	Nicht biologische Proxies			
Eisbohrkerne	Sauerstoffisotope	T		>100 000 Jahre
	Schichtdicke	RR		
	Luftbläschen	Spurengase		
	Schneechemie	Aerosole		
Seesedimente	Korngröße	T, RR, Wind		
Stalagmiten	Schichtdicke, Sauerstoffisotope	RR, T		
Gletscher		T, RR	Jahre	Jahrtausende

Archive der Gesellschaft (vom Menschen erzeugte Daten)			
	Variable	Auflösung	Abdeckung
Schriftliche Aufzeichnung			
(Wetter)-Choniken	Wetter, Auswirkungen	Stunden bis Jahreszeiten	>5 Jahrhunderte
Wettertagebücher	Wetter, Auswirkungen	Stunden bis Jahreszeiten	5 Jahrhunderte
Schiffslogbücher	Wind, Wetter	Stunden bis Tage	3 Jahrhunderte
Wetterberichte	Wetter, Auswirkungen	Stunden bis Monate	>5 Jahrhunderte
Kunst			
Gemälde, Literatur, Gedichte	Wetter, Auswirkungen	Tage bis Wochen	Jahrhunderte
Instrumentelle Daten			
Instrumentelle Messungen	T, RR, Druck, ...	Sekunden bis Tage	1–3 Jahrhunderte
Pflanzenwachstumsphasen	T	> 1 Monat	Jahrhunderte
Zeitpunkt landwirtschaftlicher Arbeiten	T	> 1 Monat	Jahrhunderte
Landwirtschaftliche Produktion	T, RR	> 1 Monat	Jahrhunderte
Frieren von Gewässern	T	> 1 Monat	Jahrhunderte
Schneebedeckung	T, RR	Monate bis Jahreszeiten	Jahrhunderte
Überschwemmung	RR, T	Tage bis Wochen	Jahrhunderte

Abb. 9-6

Tagebücher helfen, das Wetter der Vergangenheit zu rekonstruieren. Gezeigt ist ein Tagebucheintrag von Martin Obersteg aus Stans, Schweiz, am 1. August 1816: Es sei so kalt, dass man heizen müsse. Das Jahr 1816 ging als «Jahr ohne Sommer» in die Geschichte ein. Verursacht wurde der kalte Sommer unter anderem durch den Ausbruch des Vulkans Tambora 1815 (vgl. → Box 10.4).

mensetzung der Luft in kleinen Blasen, welche im Eis eingeschlossen sind und daher eine «Probe» der Atmosphäre in einer vergangenen Zeit darstellen.

Schriftliche Aufzeichnungen liefern wichtige Klimainformationen

Archive der Gesellschaft sind in der Regel **schriftliche Zeugnisse** (Dokumentendaten), es können aber auch archäologische Funde sein. Sie sind meist gut datiert. Aus Archiven der Gesellschaft lassen sich direkte oder indirekte Klimainformationen herleiten. Erstere sind das direkt beobachtete und in Witterungstagebüchern aufgezeichnete Wetter. Indirekte Information umfasst beispielsweise den Stand der Vegetation (Blüte- oder Erntedaten), auch **Phänologie** genannt. → Abb. 9-6 zeigt einen Ausschnitt aus einem Tagebuch mit Bemerkungen zum Wetter. Aus solchen Beschreibungen lässt sich das Wetter sehr präzis rekonstruieren, wenngleich meist nur lokal und nur teilweise quantitativ. Dafür liefern **Dokumentendaten** oft genau dann Hinweise, wenn das Wetter Auswirkungen hatte, denn die Beobachter notierten, was ihnen relevant erschien und für das (meist agrarische) Alltagsleben von Bedeutung war. Dies ist für die heutige **Klimaimpaktforschung** wichtig. **Extremereignisse,** die auch heute wieder in den Mittelpunkt der Klimadiskussion gerückt sind, wurden in der Regel gut dokumentiert.

9.2.2 Rekonstruktionen

Rekonstruktionen beruhen auf statistischen Proxy-Klima-Beziehungen

Von der Reihe der Baumringdicke lässt sich noch nicht direkt auf die Temperatur oder den Niederschlag schließen. Zunächst müssen andere Wachstumsfaktoren, beispielsweise das Alter des Baums, aus der Reihe eliminiert werden. Dann muss die Reihe durch Vergleiche datiert wer-

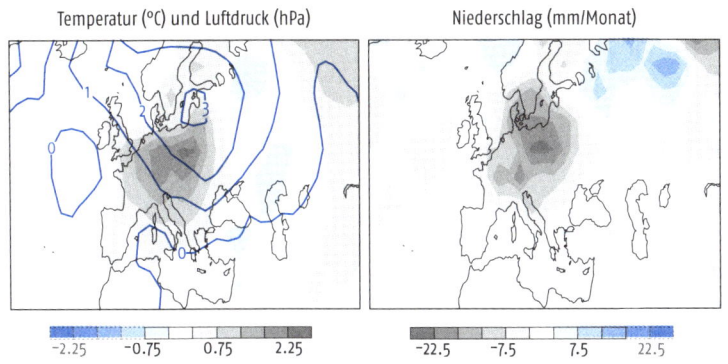

| Abb. 9-7

Rekonstruktionen der Temperatur und des Luftdrucks (links, blaue Linien, hPa) sowie des Niederschlags (rechts) im Juni bis August 1807. Gezeigt sind Anomalien relativ zu den Jahren 1770–1799 (Ensemblemittel, Franke et al. 2017).

den. Anschließend werden **statistische Beziehungen** zwischen der Baumringdicke und meteorologischen Zeitreihen gesucht. Wird eine solche gefunden, so muss angenommen werden, dass sich diese Beziehung in der Vergangenheit nicht verändert hat. Diese Annahme heißt **Stationarität** und ist eine Grundannahme – gleichzeitig ein Schwachpunkt – der meisten Klimarekonstruktionen.

Oft werden nicht nur Zeitreihen, sondern **räumliche Felder** von Klimagrößen rekonstruiert. Mit statistischen Methoden können aus vielen Proxyreihen gemeinsam die wichtigsten **Klimamuster** und deren Variation sowie räumliche Muster rekonstruiert werden. → Abb. 9-7 zeigt als Beispiel die Rekonstruktion der Temperatur, des Luftdrucks und des Niederschlags im Sommer 1807. Dieser Sommer war in Mitteleuropa ein warmer und trockener, wärmer als die Jahrzehnte davor und wärmer als die folgenden 10–15 Jahre, welche durch zwei Vulkanausbrüche geprägt waren (vgl. → Box 10.4). Die Rekonstruktion lässt eine Interpretation der meteorologischen Verhältnisse – wenn auch nur auf monatlicher bis jahreszeitlicher Basis – zu. So zeigen sich hier stark positive Druckabweichungen, was auf eine blockierte Zirkulation hindeutet.

Klimamodelle | 9.3

Die Grundlage der empirischen Klimaforschung sind Klimadaten. Sie zeigen den Zustand des Klimasystems zu einer bestimmten Zeit. Dieser Zustand ist die Folge von Prozessen in der Atmosphäre und anderen Teilen des Klimasystems. Oft werden aus Klimadaten Hypothesen zu den Vorgängen abgeleitet. **Klimamodelle** gehen den umgekehrten Weg.

Klimamodelle setzen die Theorie in prognostische Gleichungssysteme um, welche auf einem Computer numerisch gelöst werden

Sie bauen auf die Theorie und die mathematische Darstellung der bekannten Prozesse auf. Die Theorie wird in **Gleichungen** gefasst und **numerisch gelöst** (vgl. → Kap. 5, → Box 5.4). Modelle simulieren also mögliche Zustände der Atmosphäre, die sich mit der Theorie in Einklang befinden. Deswegen werden Befunde, welche auf empirischen Daten beruhen, oft mit Modellen verglichen.

Darüber hinaus werden Modelle zur **Vorhersage** verwendet. Wenn der aktuelle Zustand des Wetters bekannt ist, lässt sich dieser mithilfe der Modelle in die Zukunft fortschreiben. **Wettervorhersage** – die Vorhersage des Zustands der Atmosphäre für die nächsten Tage – und **Klimaprojektionen** – Vorhersagen der Statistik des Wetters für eine definierte Zukunft – gehören heute zu den wichtigsten Anwendungsfeldern von Modellen.

Verschiedene Arten von Modellen

In diesem kurzen Abriss kann nicht genauer auf Modelle eingegangen werden; es existieren dazu aber gute Lehrbücher (vgl. Literatur am Ende des Kapitels). Die Modelle bauen im Prinzip auf den in diesem Buch gezeigten **Gleichungen** auf und berechnen Zeitschritt für Zeitschritt den Zustand der Atmosphäre. Einfache Zirkulationsmodelle (General Circulation Models, GCMs) berechnen die Strömungen in der Atmosphäre, betrachten aber die anderen Sphären (Ozean, Kryosphäre) als Randbedingung. Diese Randbedingungen können zwar mit jedem Zeitschritt variieren (beispielsweise gemäß beobachteten Meeresoberflächentemperaturen; auf diese Weise können die Ergebnisse dann auch mit Beobachtungen verglichen werden), aber sie reagieren selbst nicht auf die Atmosphäre. Gekoppelte Ozean-Atmosphären-Modelle berechnen die Strömungen sowohl in der Atmosphäre als auch im Ozean sowie deren Kopplung. Sie produzieren ihre eigenen Klimaschwankungen, d.h., sie lassen sich nicht mehr Jahr für Jahr mit Beobachtungen vergleichen. Je nach Fragestellung und Zeitskala kommen auch noch komplexere Modelle zum Einsatz, beispielsweise solche, die die Kryosphäre, Vegetation oder den Kohlenstoffkreislauf berücksichtigen.

9.3.1 | Globale Modelle

In → Kap. 5.3 haben wir die Diskretisierung der Grundgleichungen auf ein Raumgitter bereits kennengelernt. → Abb. 9-8 zeigt nochmals schematisch die Funktionsweise eines **gekoppelten Klimamodells.** Ozean und Atmosphäre sind in der Regel zwei getrennte Modelle, die über die drei zentralen Flüsse – Energie, Masse und Impuls – an der Meeresoberfläche **gekoppelt** sind. Die in → Kap. 5 kennengelernten **Grundgleichungen** – und analoge Gleichungen für den Ozean – werden dann wie im Bei-

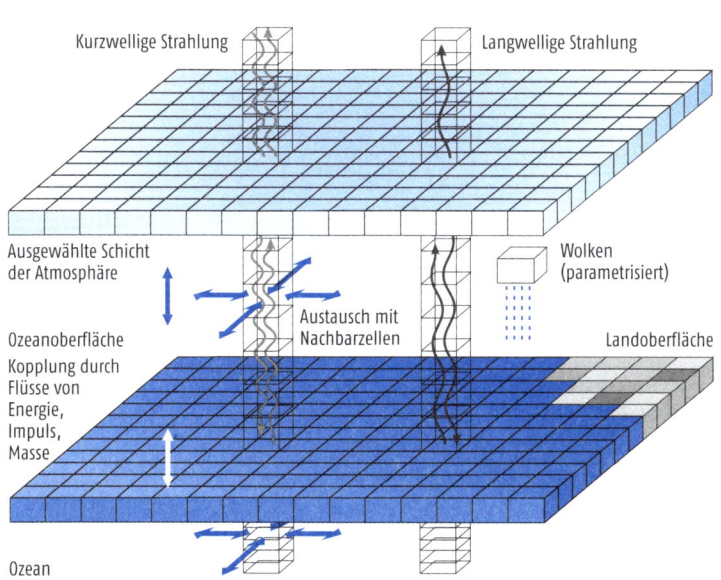

Abb. 9-8

Schema eines Klimamodells. Die blaue Farbe der gezeigten Atmosphärenschicht gibt den jeweiligen Wert einer Variable an (z. B. Wasserdampf).

spiel in → Box 5.4 auf dem Gitter gelöst. Die **Strahlung** wird für vertikale Säulen dargestellt, wobei in jeder Zelle die Strahlung nach oben und unten berechnet wird.

Andere wichtige Prozesse, wie beispielsweise die Wolkenbildung, spielen sich auf zu kleinen Skalen ab. Wolken können in globalen Modellen in der Regel nicht dargestellt werden. Prozesse, welche durch das Gitter des Modells nicht aufgelöst werden können, müssen **parametrisiert** werden. Das bedeutet, dass empirische Beziehungen verwendet werden, dass also beispielsweise Wolken dann entstehen, wenn bestimmte Werte der relativen Feuchte erreicht sind. Je nachdem, ob ein Modell der Wettervorhersage (oft hochaufgelöst, aber nur über kurze Zeitabschnitte) oder der Analyse von Klimaprozessen (niedrigaufgelöst, lange Zeitperioden) dient, werden andere Parametrisierungen verwendet.

Kleinskalige Prozesse werden parametrisiert

Neben globalen Modellen werden auch oft höher aufgelöste regionale Modelle verwendet. Diese benötigen Eingabedaten an ihren Rändern, welche wiederum oft aus globalen Modellen stammen. Dieser Prozess kann wiederholt werden: In das regionale Modell kann ein noch höher aufgelöstes Modell eingebettet werden; so können auch lokale Wetterereignisse realistisch gerechnet werden.

9.3.2 Modellevaluation

Wie gut sind Klimamodelle? Kann ein Modell, das so fundamentale Prozesse wie die Wolkenbildung nicht darzustellen vermag, gut sein? Eine oft gehörte Antwort ist: «Alle Modelle sind falsch, aber manche sind nützlich.» Tatsächlich würde wohl niemand abstreiten, dass Wettervorhersagemodelle **nützlich** sind.

Modelle müssen für ihre Aufgabe geeignet sein

Modelle haben verschiedene **Verwendungszwecke** – nicht alle Modelle sind für alle Fragestellungen geeignet. Umfangreiche **Modellevaluationen**, oft organisiert in großen internationalen Forschungsprojekten, sind nötig, um beurteilen zu können, welche Modelle für welche Zwecke sinnvoll sind. Da viele Modelle zu Verfügung stehen, werden wir für unterschiedliche Fragestellungen möglicherweise unterschiedliche Modelle bevorzugen. Modellevaluation kann einerseits **prozessorientiert** (relevante Prozesse und Mechanismen sollen möglichst gut dargestellt werden) oder **statistisch** (Klimagrößen und deren Schwankungen sollen möglichst gut dargestellt werden) erfolgen.

«Ensemble»-Studien: Viele Simulationen zusammen erlauben das Trennen von Signal und interner Variabilität

Modellsimulationen sind durch die Anfangsbedingungen (jede Gitterzelle und Variable braucht einen Startwert), zeitabhängige **Randbedingungen**, beispielsweise die CO_2-Konzentration, sowie durch das Modell selbst vollständig bestimmt (vgl. → Kap. 5). Oft interessiert uns vor allem der Einfluss der Randbedingungen, beispielsweise einer erhöhten CO_2-Konzentration. Aber bereits leichte Veränderungen der **Anfangsbedingungen** können zu ganz anderen Resultaten führen, da das Wetter im mathematischen Sinne ein **chaotisches System** ist. Bei sogenannten **«Ensemble»-Studien** werden sehr viele Simulationen mit jeweils ganz leicht veränderten Anfangsbedingungen der Atmosphäre, aber den gleichen Randbedingungen, gerechnet. Die Streuung lässt

Abb. 9-9

Abweichung der Meeresoberflächentemperatur (Monatsmittelwert relativ zu 1981–2010) in der NINO3-Region aus dem Ensemble-Vorhersagesystem des Europäischen Zentrums für mittelfristige Wettervorhersage (ECMWF). Startzeitpunkte der Vorhersagen waren der 1. April und der 1. Dezember 2017. Schwarz gestrichelt: beobachteter Verlauf.

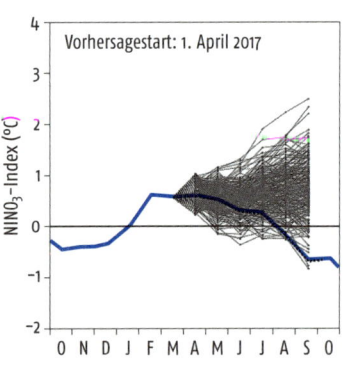
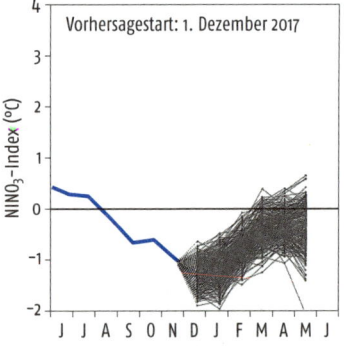

sich dann als interne atmosphärische Variabilität interpretieren, der Mittelwert als das gemeinsame Signal.
Ein Beispiel dazu ist in → Abb. 9-9 gezeigt. Es handelt sich um Halbjahresvorhersagen eines El Niño-Indexes (vgl. → Kap. 10.2.2) für 2017/18 mit einem gekoppelten Ozean-Atmosphärenmodell. Start der Vorhersagen waren der 1. April resp. 1. Dezember 2017. Jede der Linien zeigt einen möglichen, physikalisch plausiblen Verlauf, jede Linie hat die gleiche Wahrscheinlichkeit. Aus der Gesamtheit der Linien können nun aber Wahrscheinlichkeiten für gewisse Wertebereiche angegeben werden. In diesem Fall schien es zunächst wahrscheinlich, dass sich der El Niño vor der Küste Perus, der im Februar 2017 zu großen Schäden führte, zu einem starken El Niño-Ereignis entwicklen würde. Dies geschah aber nicht. Die am 1. Dezember gestartete Vorhersage zeigt klar La Niña-Verhältnisse bis in den Frühsommer 2018. Die Leserschaft wird diese Vorhersage einfach überprüfen können.

Die Beobachtungen sollten möglichst innerhalb des **Ensembles** vieler Simulationen liegen, ansonsten sind die Modelle inkonsistent mit den Beobachtungen. Wenn ein beobachtetes Klimasignal auch im Mittel des Ensembles gefunden wird, kann davon ausgegangen werden, dass es durch die (allen Simulationen gemeinsamen) Randbedingungen erzeugt wurde. Also könnte auch das beobachtete Signal durch entsprechende externe Faktoren verursacht sein.

Reanalysen | 9.4

Obwohl Millionen von Beobachtungen von Stationen und Satelliten vorliegen, ist die Analyse dieser Daten dadurch erschwert, dass sie zeitlich und räumlich nicht gleich aufgelöst sind, oder es werden leicht unterschiedliche Variablen gemessen. Für die Analyse hätte man gerne einen Datensatz, der alle Information kombiniert und – wie ein Modell – räumlich und zeitlich vollständige Daten auf einem regelmäßigen Gitter liefert. Ein solcher Datensatz soll gleichzeitig die Fehler von Beobachtungen ausglätten und in sich physikalisch konsistent sein.

Wie kann man also anhand aller zur Verfügung stehenden Informationen eine optimale Schätzung des Zustands der Atmosphäre erhalten? Die Antwort: Beobachtungen werden mit Wettervorhersagemodellen kombiniert (schematisch in → Abb. 9-10). Modelle haben den Vorzug, dass sie physikalisch konsistent sind, Messungen haben den Vorzug, dass sie die reale Atmosphäre zeigen, also die tatsächliche Wettersituation.

Reanalysen sind optimale Schätzungen des atmosphärischen Zustands durch Kombination von Beobachtungen und Modell

Die Wettervorhersage liefert Vorwissen zur Lösung eines unterbestimmten Problems

Die Schätzung des gesamten atmosphärischen Zustands aus unvollständigen **Beobachtungen** ist wie das Satellitenretrieval (vgl. → Kap. 9.1) ein unterbestimmtes Problem. Es wird durch Einbezug von «Vorwissen» über den Zustand in Form einer kurzen **Modellvorhersage** (typischerweise über 6 Stunden) gelöst. Vorhersagen über sehr kurze Zeit sind recht zuverlässig. Die Vorhersage liefert also einen brauchbaren **«first guess»**, eine erste Schätzung. Danach wird die gesamte Vorhersage durch statistische Methoden in Richtung der Beobachtungen korrigiert, sodass die Vorhersage die Beobachtungen innerhalb ihrer Fehlerbreite wiedergibt und gleichzeitig abseits von Beobachtungen oder für nicht beobachtete Größen physikalisch konsistente Felder liefert. Diese korrigierte Vorhersage dient dann wieder als Anfangsbedingung für einen nächsten Vorhersageschritt. Somit wird eine Vorhersage alle 6 Stunden in Richtung der Beobachtungen korrigiert und dann weitergerechnet. Das Produkt kann als beste Schätzung des Zustands der globalen, dreidimensionalen Atmosphäre alle 6 Stunden verstanden werden.

Das Ergebnis dieses Vorgangs wird **«Analyse»** (bei der operationellen Wettervorhersage) oder **«Reanalyse»** genannt (wenn die Methode rückwirkend für eine lange Zeitperiode verwendet wird). Reanalysen sind seit den 1990er-Jahren zum wohl wichtigsten Werkzeug der Atmosphären- und Klimaforschung geworden.

Reanalysen sind weder Beobachtungen noch Modellresultate

Mittlerweile gibt es viele verschiedene Reanalysen. Einige decken die Zeitspanne seit 1979 ab und stützen sich vor allem auf **Satellitendaten** als Eingabegrößen, andere decken die letzten 60 Jahre ab und beruhen unter anderem auf **Wetterballons**. Es gibt auch neuere Datensätze,

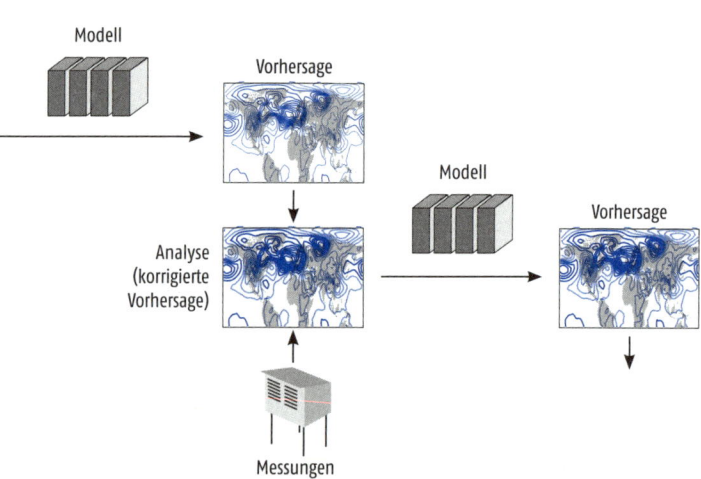

Abb. 9-10

Schema eines Analysezyklus: Eine Modellvorhersage wird anhand der Beobachtungen korrigiert. Die korrigierte Analyse wird wiederum als Startpunkt für die nächste Vorhersage verwendet.

welche zurück ins 19. Jahrhundert reichen und nur auf der **Druckverteilung** am Erdboden beruhen. Es ist aber zu beachten, dass Reanalysen weder Modellsimulationen noch Beobachtungen sind. Je weniger Beobachtungen vorhanden sind, desto mehr dominiert die Information aus dem Modell. Die Grenzen zwischen Modell und Beobachtungen werden zunehmend fließend. Die meisten der in diesem Buch gezeigten Abbildungen sind aus Reanalysen gerechnet, insbesondere aus der Reanalyse ERA-Interim des Europäischen Zentrums für mittelfristige Wettervorhersage (ECMWF), welche bis 1979 zurückreicht (Dee und Ko-Autoren, 2011).

Verwendete Literatur

Brönnimann, S. (2015) Climatic Changes Since 1700. Springer.
Brönnimann, S., C. Pfister, S. White (2017) Archives of Nature and Archives of Societies, in: White, S., C. Pfister, F. Mauelshagen (Hrsg.) Palgrave Handbook of Climate History. Springer (im Druck).
Dee, D. P. et al. (2011) The ERA-Interim reanalysis: configuration and performance of the data assimilation system. Quarterly Journal of the Royal Meteorological Society, 137, 553–597.
Franke, J., S. Brönnimann, J. Bhend, Y. Brugnara (2017) A monthly global paleo-reanalysis of the atmosphere from 1600 to 2005 for studying past climatic variations. Scientific Data, 4, 170076.

Weiterführende Literatur

Bradley, R. (2015) Paleoclimatology. Reconstructing Climates of the Quaternary (3rd Edition). Academic press, doi:10.1016/B978-0-12-386913-5.09983-X Bradley.
Edwards, P. N. (2010) A vast machine: Computer models, climate data, and the politics of global warming. MIT, Cambridge.
Wanner, H. (2016) Klima und Mensch – eine 12000-jährige Geschichte. Haupt Verlag, Bern, 276 pp.

Klimaschwankungen und -änderungen | 10

Inhalt

10.1 Das schwankende Klima

10.2 Interne Klimavariabilität

10.3 Äußere Einflussfaktoren

10.4 Klimavergangenheit und -gegenwart

10.5 Klimazukunft

Das Klima ist im Verlauf der Zeit nicht stabil, sondern schwankt in allen Zeitskalen, sowohl erdgeschichtlich als auch historisch. Durch das Zusammenspiel von ozeanischen und atmosphärischen Prozessen entstehen Schwankungen mit charakteristischen großräumigen Mustern im Bereich von Jahren bis Jahrzehnten. Die bekanntesten dieser Klimaschaukeln sind El Niño/Southern Oscillation und die Nordatlantische Oszillation (NAO).

Äußere Faktoren beeinflussen ebenfalls das großräumige Klima, wobei zwischen natürlichen und menschgemachten Faktoren unterschieden wird. Die natürlichen Faktoren reichen von Schwankungen der Erdbahnparameter über Vulkanausbrüche bis zu Veränderungen der Sonnenaktivität. Die menschgemachten Faktoren – vor allem Treibhausgase und Aerosole – sind heute der dominanteste aller Klimaeinflüsse.

Das Klima der letzten Million Jahre war durch starke Schwankungen gekennzeichnet, mit Eiszeiten und dazwischenliegenden Warmperioden. Dagegen war das Klima des Holozäns, also der letzten ca. 10 000 Jahre, relativ stabil. Über die letzten 400 Jahre hat sich die Erdoberfläche global erwärmt. Aus der sogenannten «Kleinen Eiszeit», einer global kühleren Periode, ist die Erde in die moderne, menschgemachte Warmzeit übergegangen.

Über die nächsten Jahrzehnte wird sich die Erde als Folge des menschgemachten Treibhauseffekts weiter stark erwärmen. Als Folge davon werden der Meeresspiegel ansteigen und Eisschilde sowie Gebirgsgletscher schmelzen. Auch die Niederschlagsmuster werden sich verändern. Die inneren Tropen und die hohen Breiten werden feuchter, die Subtropen trockener. Hitzewellen werden stärker, Starkniederschlagsereignisse intensiver. Die Klimaänderung wird weitreichende Folgen für unsere Gesellschaft haben.

10.1 | Das schwankende Klima

In den vorangegangenen neun Kapiteln haben wir das Klima aus einer statischen Sicht betrachtet. Wir haben Prozesse eingeführt und das sich daraus ergebende Klima diskutiert. Das entspricht dem beabsichtigten Fokus des Buches als Einstieg für Studierende. Aber das Klima ist nicht konstant, sondern schwankt auf allen Zeitskalen. In diesem Kapitel werden die wichtigsten Mechanismen auf der Skala von Jahren bis Jahrtausenden vorgestellt. Das Kapitel kann hier nur einen sehr summarischen Überblick liefern – andere Bücher gehen hier wesentlich weiter (vgl. Literatur am Ende des Kapitels).

Beginnen wir mit einer statistischen Sicht auf **Klimaschwankungen,** bevor wir zur Prozesssicht übergehen. Oft wird gesagt: «Das Klima schwankt in allen Zeitskalen». In → Abb. 10-1 gehen wir dieser Aussage nach. Hier werden unterschiedlich lange Ausschnitte aus einer globalen Temperaturkurve gezeigt. Zur besseren Vergleichbarkeit wurde die Temperaturreihe in allen Ausschnitten zuerst in 32 Einheiten geteilt und jede davon gemittelt. Anschließend wurde die Reihe standardisiert (vgl. → Box 10.1). Die Zeitspanne 1985 bis 2016 (die 32 Einheiten entsprechen hier gerade den Jahresmittelwerten) zeigt zuerst einen steilen, dann einen flachen und zum Schluss wieder einen steilen Anstieg. Der flachere Abschnitt wurde auch **«Hiatus»** genannt. Von 2011 bis 2016 war der Anstieg wieder besonders stark. In → Kap. 10.4 gehen wir im Detail auf die Änderungen ein.

Wird die Periode vervierfacht (Anfang: 1889, jede Einheit ist jetzt ein 4-Jahres-Mittel), zeigt sich insgesamt eine **Erwärmung,** allerdings in zwei Phasen, unterbrochen von einer Phase der **Stagnation.** Wenn die Periode wieder vervierfacht wird, erscheint zuerst die als «Kleine Eiszeit» bekannte Kaltphase, gefolgt von einer starken Erwärmung. Eine weitere Vervierfachung zeigt auch die wärmere Periode vor der kleinen Eiszeit, die sogenannte mittelalterliche Klimaanomalie, welche allerdings nicht an die heutigen Temperaturen heranreichte.

Bei einer weiteren Vervierfachung (letzte ca. 8000 Jahre) erscheint vor allem ein langfristiges **Absinken** der Temperatur, das erst ganz am Schluss in einen starken **Anstieg** mündet. Durch die Mittelung über 256 Jahre wird in der letzteren Kurve die jüngste Erwärmung beinahe ganz

Das schwankende Klima 269

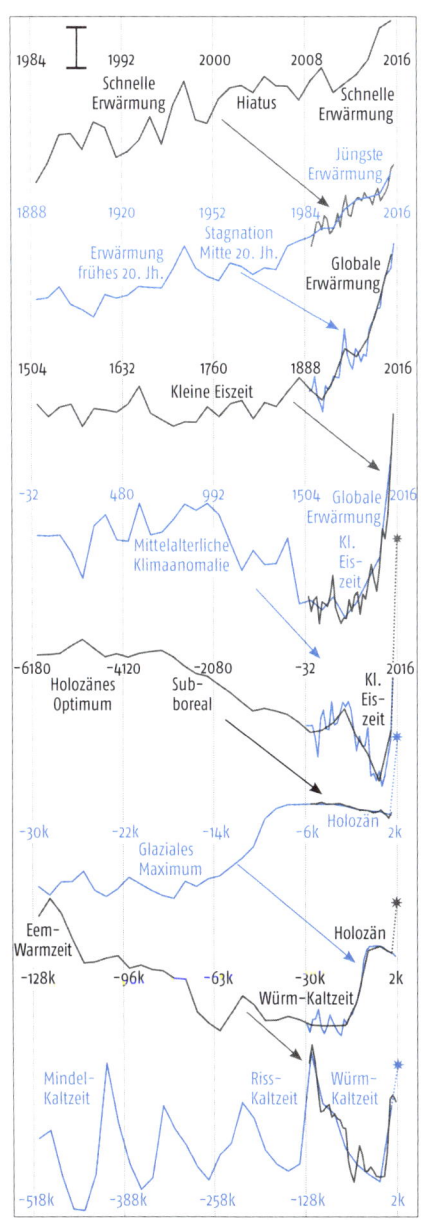

Abb. 10-1

Verschiedene Ausschnitte aus einer globalen Temperaturkurve, welche 2016 endet. Jeder Ausschnitt ist in 32 Segmente unterteilt, für welche jeweils der Mittelwert gebildet und die gezeigte Reihe anschließend standardisiert wurde (vgl. → Box 9.1). Jeder Ausschnitt umfasst das Vierfache des vorigen Ausschnitts (welcher jeweils ebenfalls eingetragen ist). Für die untersten vier Kurven zeigen die Sterne in der jeweiligen Farbe den Mittelwert der letzten 32 Jahre (also der obersten Kurve). Die Reihe setzt sich zusammen aus Daten der NOAA ab 1880, Rekonstruktionen von Mann et al. (2009) ab 200, Marcott et al. (2012) ab 12 000 Jahren vor heute und Friedrich et al. (2016) für die letzten 0.5 Mio. Jahre. Dabei wurde die ältere (längere) Reihe jeweils an die neuere (kürzere) angepasst.

herausgemittelt. Deshalb zeigen wir als Stern gleichzeitig den Mittelwert der letzten 32 Jahre. Bei einer weiteren Vervierfachung fällt das Maximum der letzten **Eiszeit** vor 20 000 Jahren in die Betrachtung, während das Holozän als Periode mit nur wenigen Schwankungen auffällt. Eine weitere Vervierfachung zeigt auch die letzte Warmzeit, das Eem. Die letzte Vervierfachung schließlich zeigt den Rhythmus von Kalt- und Warmzeiten während der letzten halben Million Jahre.

Die Figur zeigt, dass Klimaschwankungen tatsächlich auf allen Zeitskalen vorkommen. Sie sehen dabei ganz unterschiedlich aus. Klimatrends sind damit zeitskalenabhängig. Das heißt nun aber nicht, dass Trends beliebig sind und keine Aussagen gemacht werden können. Die Figur zeigt viel mehr, dass die richtige Zeitskala betrachtet werden muss. Um den menschgemachten Einfluss zu beurteilen, ist die zweitoberste Kurve die wichtigste. Diese Skala entspricht derjenigen Zeitskala, innerhalb welcher der menschgemachte Einfluss stark zugenommen hat.

Offensichtlich haben diese Schwankungen und Trends sehr verschiedene Ursachen. Manche Mechanismen sind langsam und kommen erst zum Tragen, wenn lange Zeitskalen betrachtet werden, so etwa der Rhythmus zwischen Kalt- und Warmzeiten. Andere Vorgänge sind schnell und bewirken Abweichungen in einzelnen Jahren. Als Folge schwankt das Klima sowohl erdgeschichtlich als auch von Jahr zu Jahr (vgl. → Kap. 1). Nachdem wir die Statistik des Klimas über die letzten 0.5 Mio. Jahre als Zeitreihen angeschaut haben, betrachten wir nun die gleiche Zeitspanne als Funktion der Frequenz oder Periodizität.

→ Abb. 10-2 zeigt schematisch die charakteristischen Schwankungsperioden des Klimasystems und seiner Komponenten. Auf den ersten Blick zeigen sich nur wenige, dafür klar ausgeprägte Zyklen; sie sind alle strahlungsbedingt (vgl. → Kap. 3). Die Schwankungen der Erdbahnparameter (mehrere Zehntausend Jahre), periodische Schwankungen der Sonnenaktivität (200 Jahre, 11 Jahre) sowie Jahres- und Tagesgang sind am stärksten ausgeprägt.

<small>Kurze Schwankungen sind atmosphärisch, lange ozeanisch verursacht</small>

Die Atmosphäre kann ein Temperatursignal nicht lange speichern. Ihre internen Schwankungen sind kurz, besonders in der Troposphäre (<1 Jahr). Eine Ausnahme ist die «Quasi-Bienniale Oszillation» des zonalen Windes in der äquatorialen Stratosphäre mit einer Periode von 2.2 Jahren (vgl. → Box 2.1). Schwankungen der Ozeane haben eine viel längere Zeitdauer, sind aber nicht streng periodisch, weshalb hier keine klaren Spitzen erscheinen. Typische Zeitskalen für ozeanische Variabilitätsmodi sind Jahrzehnte. Die **Umwälzzeit** der thermohalinen Zirkulation beträgt sogar ungefähr 1000 Jahre.

Schematische Darstellung des Spektrums einer Temperaturkurve. Die x-Achse zeigt die Perioden-
länge, die y-Achse die Stärke oder Amplitude der jeweiligen Periodizität. Die in blauer Schrift
markierten spektralen Spitzen sind solche mit einer klaren Periodizität (MJO = Madden-Julian
Oszillation der tropischen Konvektion, QBO = Quasi-Bienniale Oszillation der äquatorialen
stratosphärischen Winde, ENSO = El Niño Southern Oscillation, vgl. → Kap. 10.2.2, → Abb. 10-3).
Die Begriffe in schwarzer Schrift zeigen, welche Prozesse die nicht periodische Variabilität bei der
entsprechenden Zeitskala dominieren oder beeinflussen.

| Abb. 10-2

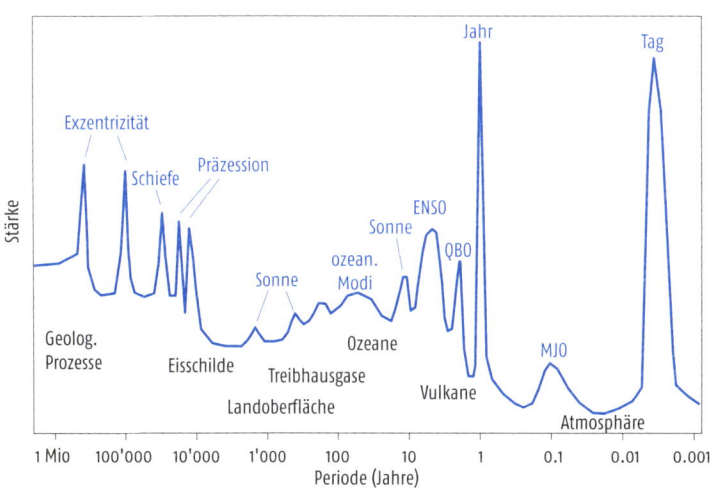

Wie kommen interannuelle bis dekadale Schwankungen zustande?
Atmosphärische Vorgänge (beispielsweise Schwankungen der Passatwinde) können im Ozean zu Veränderungen der Oberflächentemperaturen führen (beispielsweise indem kaltes Tiefenwasser zum Aufsteigen
gezwungen wird), welche wiederum auf die Atmosphäre zurückwir-
ken. Durch **Kopplung** des Ozeans mit der Atmosphäre entstehen auf
diese Weise Schwankungen im Bereich von Jahren bis Jahrzehnten
oder länger, die in diesem Kapitel beschrieben werden. Ebenfalls in die
Figur eingetragen sind Schwankungen aufgrund von **externen Faktoren**,
auf welche dann im darauffolgenden Kapitel eingegangen wird. Diese
Schwankungen reichen von kurzen «Pulsen» (beispielsweise aufgrund
von großen Vulkanausbrüchen, welche das Klima 2–3 Jahre lang beeinflussen) über periodische Schwankungen der Sonnenaktivität (insbesondere der 11-jährige Sonnenfleckenzyklus) bis zu langsamen oder
lange andauernden Wirkungen wie Treibhausgasen.

Interannuelle bis deka-
dale Schwankungen
entstehen durch Kopp-
lung von Ozean und
Atmosphäre

10.2 Interne Klimavariabilität

10.2.1 Atmosphärische Zirkulationsmodi

Charakteristische räumliche Schwankungsmuster führen zu «Teleconnections»

Interne Schwankungen haben **charakteristische räumliche Muster**. Oft sind es Muster, die durch eine Veränderung der atmosphärischen Zirkulation zustande kommen, zum Beispiel durch eine Verstärkung oder Abschwächung der **quasistationären Hoch- und Tiefdruckgebiete**. Man spricht in diesem Zusammenhang von Variabilitätsmodi. Da die grossräumige Zirkulation der Mittelbreiten durch die **quasistationären Wellen**

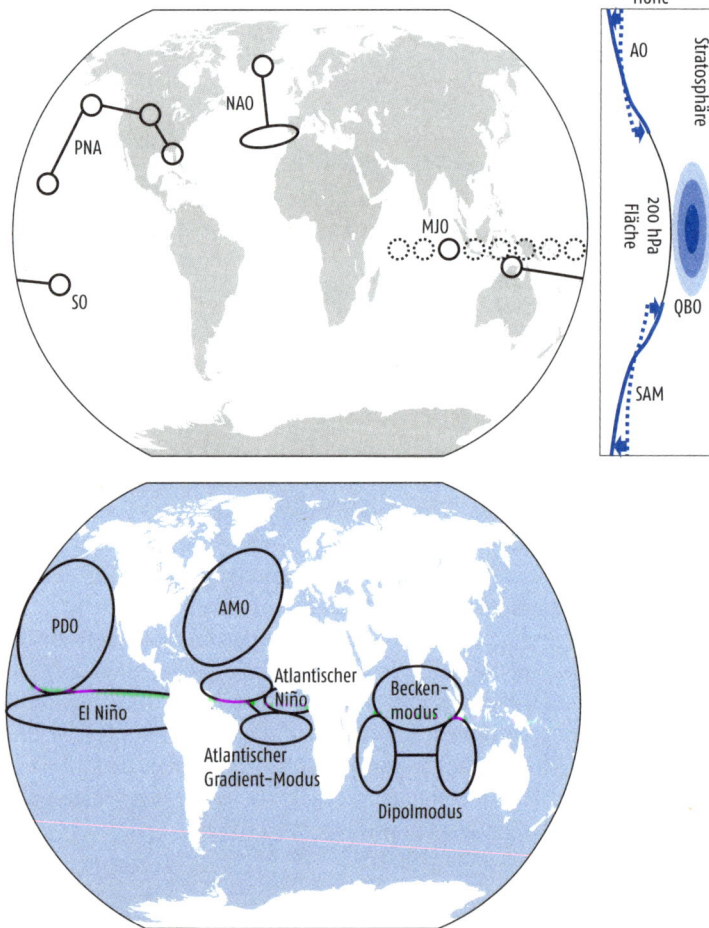

Abb. 10-3

Atmosphärische (oben) und ozeanische (unten) Variabilitätsmodi. Kreise bezeichnen die Aktionszentren. Rechts: Atmosphärische Variabilitätsmodi der zonal gemittelten Strömung im Querschnitt. SO = Southern Oscillation, NAO = Nordatlantische Oszillation, PNA = Pazifisch-Nordamerikanisches Muster, QBO = Quasi-Bienniale Oszillation, AO = Arktische Oszillation, SAM = Southern Annular Mode (Südlicher Anularer Modus), MJO = Madden-Julian-Oszillation, PDO = Pazifische Dekadale Oszillation, AMO = Atlantische Multidekadale Oszillation.

geprägt ist (vgl. → Kap. 6), führen Schwankungen in der Zirkulation oft dazu, dass Klimavariablen wie Druck, Temperatur und Niederschlag an weit entfernten Orten gleich oder gegenläufig verlaufen, sogenannte Klimafernkopplungen oder **Teleconnections**. Über diese räumlichen Muster werden **Zirkulationsmodi** definiert. → Box 10.1 erläutert diese beiden Begriffe.

Die wichtigsten internen **Variabilitätsmodi** sind schematisch in → Abb. 10-3 räumlich dargestellt. In die oberen Figuren sind atmosphärische Variabilitätsmodi, also Schwankungen der **atmosphärischen Zirkulation**, eingezeichnet (obwohl auch sie durch ozeanische Einflüsse oder externe Faktoren beeinflusst werden). In die untere Figur sind dagegen Modi eingetragen, welche durch **Meeresoberflächentemperaturen** definiert sind (obwohl auch sie durch die atmosphärische Zirkulation oder durch externe Faktoren beeinflusst werden).

Variabilitätsmodi beschreiben typische Schwankungen der atmosphärischen oder ozeanischen Zirkulation

---

Box 10.1

Telekonnektionen und Variabilitätsmodi

Bereits vor 250 Jahren realisierten die dänischen Siedler und Missionare in Grönland, dass die Winter in Grönland oft dann kalt sind, wenn sie in Nordeuropa warm sind und umgekehrt. Ihnen fiel eine Telekonnektion auf – eine Fernbeziehung (der Ausdruck «**Teleconnection**» wurde erst in den 1930er-Jahren geprägt). Gemeint ist damit eine **statistische Beziehung** zwischen Klimavariablen an entfernten Orten. In den 1950er-Jahren begannen theoretisch arbeitende Meteorologen wie Edward Lorenz über die **Mechanismen** von Schwankungen der Zirkulation nachzudenken. Aus solchen Arbeiten, welche sich beispielsweise mit der Rolle der zonalen Zirkulation der mittleren Breiten auseinandersetzten, enstand später das Konzept der **Variabilitätsmodi**, das sind systematische Schwankungen der atmosphärischen Zirkulation.
Die beiden Konzepte sind verwandt – ja zuweilen bezeichnen sie sogar genau dasselbe. Schwankungen der Zirkulation haben nicht-lokale Effekte, womit «Teleconnections» erklärt werden können. Der Unterschied ist die Sichtweise dahinter: statistisch im ersten Fall, prozessorientiert im zweiten Fall.

Die «**Southern Oscillation**» (Südliche Oszillation, SO) bezeichnet eine Druckschaukel im tropischen Pazifik zwischen dem Westpazifik und dem zentralen und östlichen Pazifik aufgrund von Veränderungen der **Walker-Zirkulation** (vgl. → Kap. 6.5). Das **Pazifisch-Nordamerikanische Muster** (PNA) beschreibt die Ausprägung der quasistationären Welle in der mittleren Troposphäre über dem Pazifisch-Nordamerikanischen

Wichtige Druckschaukeln: Southern Oscillation, PNA und NAO

Sektor. Die **Nordatlantische Oszillation** (NAO) beschreibt die Stärke der quasistationären Drucksysteme über dem Nordatlantik. In die Abbildung eingetragen ist auch die «Madden-Julian-Oscillation», eine kürzere (30–40 Tage) Oszillation der tropischen Konvektion. Diese Variabilitätsmodi, mit Ausnahme von PNA und MJO, werden in den nachfolgenden Kapiteln näher erläutert.

Gewisse Variabilitätsmodi drücken sich auch im zonalen Mittel aus (→ Abb. 10-3 rechts). Die **Arktische Oszillation** (AO) auf der Nordhemisphäre, die mit der NAO nahe verwandt ist, oder der **«Southern Annular Mode»** (SAM, nicht zu verwechseln mit der Southern Oscillation) in den hohen südlichen Breiten beschreiben Massenumverteilungen zwischen den Polen und den Mittelbreiten der jeweiligen Hemisphären. Die **«Quasi-Bienniale Oszillation»** (QBO) in der äquatorialen Stratosphäre beschreibt charakteristische Schwankungen des zonalen Windes, der ungefär ein Jahr von West nach Ost und darauf etwas über ein Jahr von Ost nach West weht (vgl. → Box 2.1).

Ozeanische Modi gibt es in allen Ozeanbecken

Alle Ozeanbecken haben ihre charakteristischen Variabilitätsmodi. Im Pazifik ist allen voran **El Niño** zu nennen, ein Phänomen, das mit der «Southern Oscillation» gekoppelt ist und im nächsten Kapitel diskutiert wird. Die **Pazifische Dekadale Oszillation** (PDO) beschreibt die dekadalen Schwankungen der Meeresoberflächentemperatur des Nordpazifiks. Der atlantische Niño ist das Pendant zum pazifischen El Niño. Außerdem treten im tropischen Atlantik oft Temperaturgegensätze über den Äquator hinweg auf, der **Atlantische Gradient-Modus,** der für den westafrikanischen Monsun sehr wichtig ist. Auf der dekadalen Skala schwankt die Temperatur des ganzen Nordatlantiks in einem gleichförmigen Muster, das als **Atlantische Multidekadale Oszillation** (AMO) bekannt ist. Auch im Indischen Ozean werden oft zwei Modi angesprochen, die hier nicht weiter vertieft werden.

10.2.2 Gekoppelte Variabilitätsmodi: El Niño/Southern Oscillation

ENSO als global wichtigster Modus der Klimavariabilität

Der global wichtigste Variabilitätsmodus ist **El Niño/Southern Oscillation,** kurz ENSO, ein Modus, der aus Kopplungsprozessen im tropischen Pazifik hervorgeht. Der Normalzustand der atmosphärischen Zirkulation über dem Pazifik – die Walker-Zirkulation – wurde bereits in → Kap. 6.5 beschrieben. Im Ozean streckt sich eine **Zunge kalten Wassers** von der Küste Südamerikas bis in den zentralen Pazifik. Dies erklärt beispielsweise das kühle Klima der Galapagos-Inseln; hier leben Pinguine am Äquator. Die Ursache ist das Aufquellen von Tiefenwasser vor der Küste von Peru (vgl. → Abb. 7-9) sowie äquatoriales **Aufquellen** durch divergierenden Ekman-Transport (vgl. → Abb. 7-11). Dagegen ist

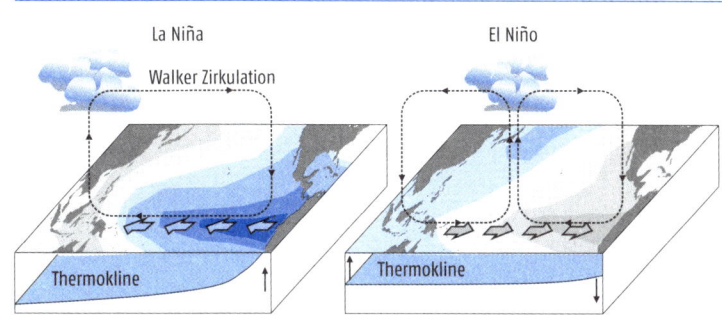

Abb. 10-4

Schematische Darstellung von La Niña und El Niño.

der tropische Westpazifik sehr warm, eine der wärmsten Regionen der Erde. Unter anderem wegen der darin eingebetteten Inseln und Halbinseln findet hier hochreichende **Konvektion** statt; der aufsteigende Ast der Walker-Zirkulation.

Durch die Konvektion und das Ausströmen in der oberen Troposphäre sinkt der Druck am Boden. Als Folge des **Temperaturgegensatzes** zwischen tropischem West- und Ostpazifik entsteht großräumig ein **Druckgefälle,** das die Passatwinde über dem Pazifik verstärkt und die **Walker-Zirkulation** antreibt. Die Passatwinde verstärken wiederum das Aufquellen von kaltem Wasser und damit den Temperaturgradienten. Diese positive Rückkopplung heißt **Bjerknes-Feedback.** Ist dieser Zustand stark ausgeprägt, wird von «La Niña» gesprochen (→ Abb. 10-4, links).

Stabilisierendes Bjerknes-Feedback im tropischen Pazifik

Eine ENSO-Warmphase («El Niño», → Abb. 10-4, rechts) wird durch eine örtliche **Unterbrechung der Passatwinde** über dem tropischen Pazifik ausgelöst. Das äquatoriale Aufquellen wird unterbrochen und dadurch lokal auch die Eindellung des Meeresspiegels am Äquator und die Aufwölbung nördlich und südlich davon, die wir in → Kap. 7 kennengelernt haben (vgl. → Abb. 7-11). Es bilden sich Wellen, welche ostwärts propagieren und vor der südamerikanischen Küste das küstennahe Aufquellen (vgl. → Abb. 7-9) unterbinden. Dadurch erhöhen sich die **Meeresoberflächentemperaturen** um ein bis mehrere Grade. Die **Walker-Zirkulation** wird dadurch abgeschwächt oder sogar umgekehrt – auch hier spielt wieder die positive Rückkopplung. In der Folge verschiebt sich auch die Region der stärksten Konvektion. Regionen mit normalerweise starken Regenfällen gehen dann leer aus, während andere Regionen überschwemmt werden.

Umkehr der normalen Zirkulation: El Niño

Ein besonders starkes El-Niño-Ereignis trat 1997/98 ein, und ein ähnlich starkes 2015/16. Die für El Niño typischen **Anomalien** der Meeresoberflächentemperaturen dieses Ereignisses sind in → Abb. 10-5

Klimaschwankungen und -änderungen

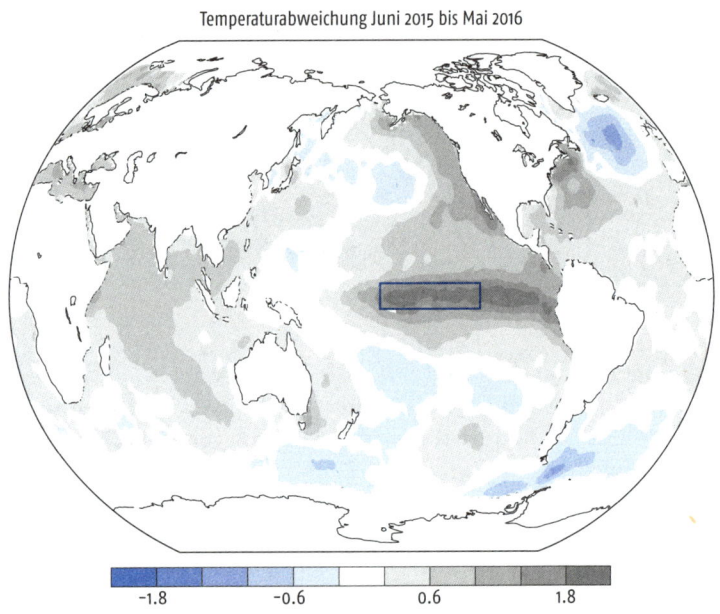

Abb. 10-5

Abweichungen der Meeresoberflächentemperaturen von Juni 2015 bis Mai 2016 (relativ zu 1981–2010). Das Rechteck markiert die Fläche, welche für die Berechnung des NINO3.4-Index verwendet wird.

«Klassische» und «Zentralpazifische» Typen von El Niño

El Niño Ereignisse kommen alle ca. 3 bis 8 Jahre vor.

gezeigt. Vor der Küste Südamerikas zeigt sich eine Zunge mit positiven Temperaturabweichungen, die weit in den Pazifik hineinreicht. Die Abweichungen erreichten im Jahresmittel über 2 °C.

Nicht alle El Niño-Ereignisse haben dasselbe Muster der Abweichungen der Meeresoberflächentemperaturen. Manche El Niños haben die stärksten Abweichungen vor der Küste Südamerikas. Sie heissen auch «East Pacific El Niño» und sind der klassische Fall. Der El Niño 2015/16 war von diesem Typus. Manchmal befindet sich die Region der stärksten Temperaturabweichung dagegen im zentralen Pazifik («Central Pacific El Niño»). Die beiden Arten von El Niños haben leicht unterschiedliche Auswirkungen auf das weltweite Klima. Ein sehr seltener El Niño-Typus mit sehr starken Temperaturabweichungen nur gerade vor der Küste Südamerikas, «El Niño costero», trat im Frühling 2017 ein und führte zu verheerenden Überschwemmungen in Peru.

El Niño-Ereignisse erreichen ihr Maximum oft im Nordwinter und dauern 1–2 Jahre, dann folgen über einige Jahre neutrale Verhältnisse oder ein La Niña-Ereignis. → Abb. 10-6 zeigt eine Zeitreihe für El Niño (die Meeresoberflächentemperatur der Fläche, welche in → Abb. 10-5 markiert ist). Deutlich lassen sich die bekannten El Niño-Ereignisse 1940–42, 1982/83, 1997/98 und 2015/16 erkennen. Auch einige La Niña-Phasen, beispielsweise die Jahre um 1975, 1989, 2000 oder 2011,

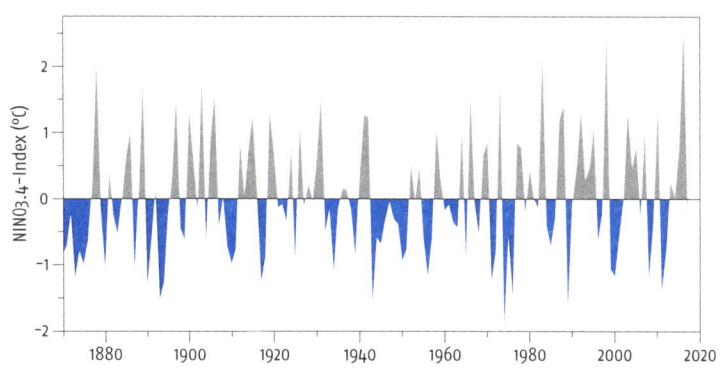

Abb. 10-6

Zeitreihe des Index Niño 3.4 (d.h. der Temperaturabweichung für die in → Abb. 10-5 eingezeichnete Fläche), gemittelt über Dezember bis Februar, 1871–2017, und dargestellt als Abweichung über 1981–2010 (Daten: Kaplan et al. 1998).

stechen hervor. Meistens dominieren allerdings geringe positive oder negative Werte. Insgesamt zeigt die Kurve, dass etwa alle 3–8 Jahre ein El Niño-Ereignis stattfindet. El Niño/Southern Oscillation ist also ein **quasiperiodisches Phänomen**. Auch dekadale Schwankungen lassen sich feststellen. So waren in den 1990er-Jahren El Niños häufig, dagegen in den 2000er-Jahren selten. Diese Schwankungen stehen im Zusammenhang mit der **Pazifischen Dekadalen Oszillation** (vgl. → Abb. 10-3).

Schematische Darstellung der klimatischen Auswirkungen von El Niño im Nordsommer und Nordwinter.

Abb. 10-7

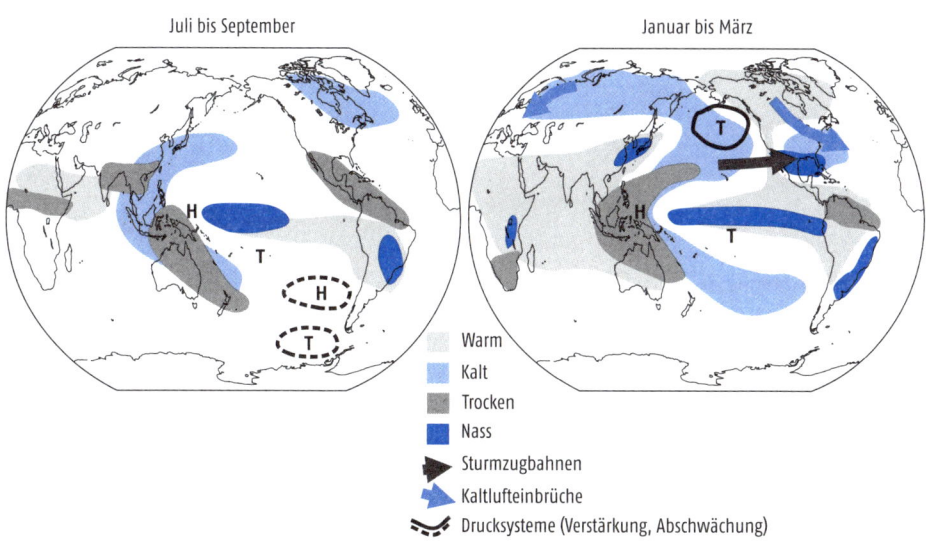

Die Veränderung der tropischen Meeresoberflächentemperatur und die Verschiebung der Konvektion verändert auch die Hadleyzellen und damit die gesamte atmosphärische Zirkulation. Mit einigen Monaten Verzögerung erwärmen sich die gesamten Tropen. Die wichtigsten Fernwirkungen von El Niño sind in → Abb. 10-7 gezeigt. In den Tropen zeigt sich eine Austrocknung in Teilen Afrikas und Australiens sowie eine Abschwächung des Indischen Monsuns. Auch Venezuela ist bei El Niño-Verhältnissen trocken, wie beispielsweise während des El Niño-Ereignisses 2015/16. Besonders im Winter kann auch es zu Fernwirkungen («**Teleconnections**») in die Mittelbreiten kommen.

El Niño beeinflusst das Klima Nordamerikas

Im westlichen Nordamerika und in Alaska sind **El Niño-Winter** warm und feucht. Das **Aleutentief** ist verstärkt und das Pazifisch-Nordamerikanische Muster in einem positiven Zustand. Typisch sind auch tiefe Temperaturen im Südosten der USA. Die Auswirkungen auf den nordatlantisch-europäischen Raum sind eher gering, aber mit langen Messreihen, Klimarekonstruktionen und Modellen nachweisbar. So können El Niño-Winter in Nordosteuropa kalt sein, während der Frühling in Mitteleuropa oft feucht ist.

10.2.3 | **Die Nordatlantische Oszillation (NAO)**

Die NAO ist der dominierende Variabilitätsmodus des europäischen Klimas

Der wichtigste Variabilitätsmodus für den nordatlantisch-europäischen Raum ist die **Nordatlantische Oszillation** (NAO). Die NAO bezeichnet die Stärke der beiden wichtigsten quasistationären Druckgebiete über dem Atlantik, des **Azorenhochs** und des **Islandtiefs** (vgl. → Kap. 6). Die beiden Drucksysteme sind gegenläufig miteinander korreliert (vgl. → Box 10.1): Wenn das Azorenhoch stark ausgeprägt ist, ist oft auch das Islandtief stark ausgeprägt. Die NAO ist dann im positiven Modus. Wenn das Azorenhoch und das Islandtief beide schwach sind, ist die NAO im negativen Modus. Bei stark negativem NAO kann sogar eine Druckumkehr vorkommen: Es entstehen dann ein «Azorentief» und ein «Islandhoch».

Bei positiver NAO sind Azorenhoch und Islandtief stark

Das NAO-Muster ist vor allem im Winter ausgeprägt, die NAO ist aber in allen Jahreszeiten ein wichtiger Variabilitätsmodus. → Abb. 10-8 zeigt schematisch den positiven und den negativen Zustand der NAO. Gezeigt sind Wind, Druck, Temperatur und Niederschlag sowie der Polarwirbel in der Stratosphäre. Im **positiven NAO-Modus** sind Azorenhoch und Islandtief beide stark ausgeprägt. Die Weststromung über dem Nordatlantik ist stark und verläuft oft etwas weiter nördlich als normalerweise, auch die **Stürme** ziehen auf einem **nördlicheren Pfad** und biegen über dem Kontinent oft in nordöstliche Richtung. Nord- und Westeuropa erleben dann warme und eher feuchte Winter. Bei den

Schematische Darstellung der positiven und negativen Phase der NAO. | Abb. 10-8

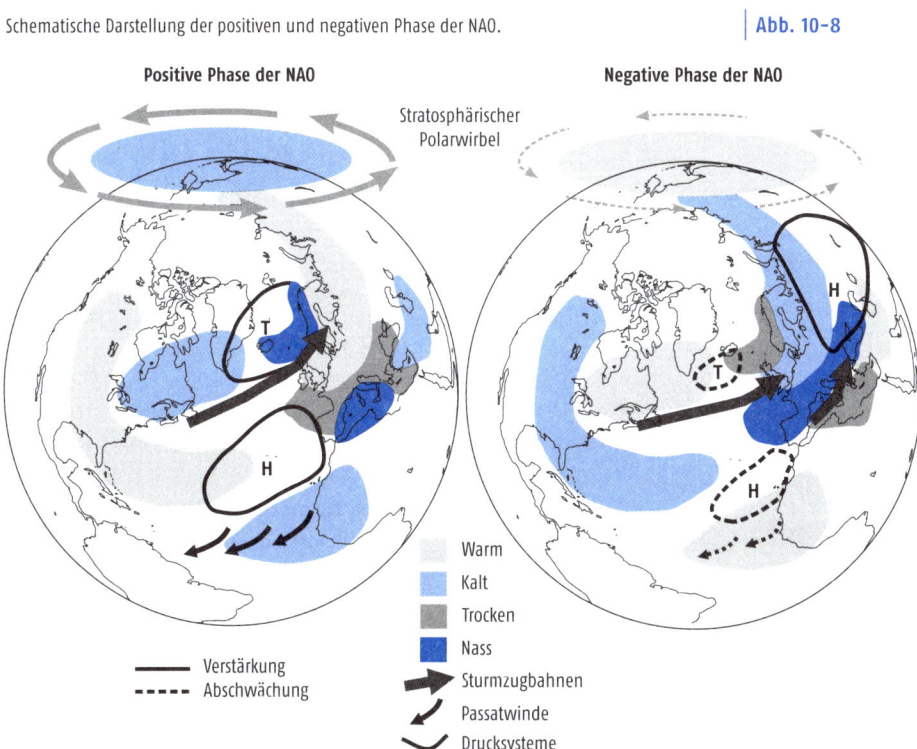

Meeresoberflächentemperaturen zeigt sich ein dreipoliges Muster über dem Atlantik. In der Stratosphäre ist der Polarwirbel bei positivem NAO stark ausgeprägt.

Umgekehrt sind bei **negativem NAO** (→ Abb. 10-8 rechts) Azorenhoch und Islandtief beide nur schwach ausgeprägt oder nicht vorhanden. Die Westwinde sind ebenfalls schwach und in den Süden verschoben. Die **Stürme** ziehen weniger oft auf einer nördlichen Zugbahn, sondern weiter südlich und erreichen oft die **Mittelmeerregion,** wo sich eine sekundäre Zugbahn ausbildet. Die Winter sind in Nordeuropa kalt und trocken, im Süden mild und feucht. Das Muster der nordatlantischen Meeresoberflächentemperaturen ist demjenigen für den positiven Modus entgegengesetzt, und der Polarwirbel in der Stratosphäre ist schwach.

Bei negativem NAO sind Azorenhoch und Islandtief schwach

Die NAO lässt sich über die Stärke der beiden Druckgebiete, Azorenhoch und Islandtief, definieren. Der **NAO-Index** ist dann die Differenz des standardisierten (vgl. → Box 9.1) Drucks zwischen den Azoren und

Abb. 10-9

Zeitreihe des winterlichen NAO-Indexes (Dez.–Feb.), 1871–2017, basierend auf der Referenzperiode 1981–2010 (Daten: Climatic Research Unit, Univ. East Anglia).

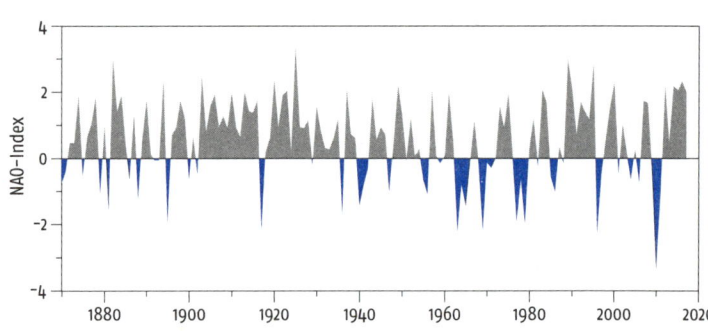

Die NAO ist keine eigentliche Oszillation, sondern schwankt interannuell bis dekadal

Island. → Abb. 10-9 zeigt die Zeitreihe des winterlichen NAO-Index seit 1870. Anders als bei El Niño/Southern Oscillation handelt es sich bei der NAO nicht um ein quasiperiodisches Phänomen. Der NAO-Index ist variabler als der vorher abgebildete NINO3.4-Index. Allerdings zeigen sich auch hier Schwankungen über längere Zeit, beispielsweise hohe Werte von 1900 bis 1920 gefolgt von einer Abnahme bis in die 1960er-Jahre. Es folgte eine Zunahme bis Mitte der 1990er-Jahre (begleitet von warmen Wintern). Mit Ausnahme einiger Winter mit stark negativem NAO um 2010 blieben die Werte in den letzten Jahren meist positiv.

Der NAO ist eine interne Schwankung, reagiert aber auch auf äußere Faktoren

Während die oben dargestellten Zusammenhänge für positive und negative NAO-Phasen zumindest teilweise verstanden sind, sind die dahinterliegenden Ursachen oder **Antriebsfaktoren** bis heute nicht genau bekannt. Sicher ist die NAO ein Modus der internen Variabilität der Atmosphäre über dem nordatlantisch-europäischen Raum. Es gibt aber auch äußere Faktoren sowie Fernkopplungen, welche die NAO beeinflussen. Ein **NAO-ähnliches Muster** ist die Antwort der Atmosphäre auf unterschiedliche Antriebsfaktoren wie beispielsweise **Vulkanausbrüche,** die stratosphärische Quasi-Bienniale Oszillation, solare Schwankungen oder El Niño. Dekadal könnte der Ozean eine wichtige Rolle spielen.

10.2.4 Der Southern Annular Mode (SAM)

Auch die südlichen Mittelbreiten kennen einen Variabilitätsmodus, den **Southern Annular Mode** (SAM). Wie der NAO oder die AO beschreibt auch der SAM in erster Näherung eine Verstärkung oder Abschwächung der Westwinde. Allerdings ist die Zirkulation in der Südhemisphäre viel zonaler, was auch für das räumliche Muster gilt.

Der Southern Annular Mode misst die Stärke der zirkumantarktischen Westwinde

Bei einem **positiven SAM** sind die **Westwinde** stark und polwärts verschoben, ebenso der stratosphärische **Polarwirbel.** Die südlichen Mittelbreiten und die antarktische Halbinsel sind warm, während der Rest des antarktischen Kontinents kalt ist. Bei einem negativen SAM sind die Westwinde sowie der stratosphärische Polarwirbel schwach. Dann erreichen wärmere, subtropische Luftmassen häufiger hohe Breiten; der antarktische Kontinent ist dann wärmer, während die Mittelbreiten öfter durch kühle, antarktische Luftmassen beeinflusst werden.

Der SAM ist statistisch definiert als Hauptvariabilitätsmuster der geopotentiellen Höhe auf 850 hPa (die mittlere Höhe der Antarktis ist 2300 m) der südlichen Außertropen. Er spielt nicht nur für das Klima eine wichtige Rolle, sondern auch für den südlichen **Ozean** und dessen **Wechselwirkung** mit der Atmosphäre (vgl. → Kap. 7).

Der SAM zeigt interannuelle Schwankungen, aber auch einen Langzeittrend: Über die letzten Jahrzehnte hat der SAM klar zugenommen, d.h., die Westwinde sind stärker geworden und haben sich zum Pol hin verschoben. Ein Grund dafür ist der **anthropogene Treibhauseffekt**. Ein zweiter Grund, der vor allem im Frühling und Sommer eine wesentliche Rolle spielt, ist das **Ozonloch**. Es verstärkt den Temperaturgradienten in der Stratosphäre und damit den stratosphärischen Polarwirbel. Als Folge davon verstärken sich auch die Westwinde am Boden. Mit der erwarteten Erholung der Ozonschicht wird sich dieser Mechanismus umkehren. Dies führt uns zu den äußeren Einflussfaktoren, die im folgenden Kapitel diskutiert werden.

Trend zu positivem SAM

Äußere Einflussfaktoren | 10.3

Langfristige oder globale Klimaschwankungen sind oft auch die Folge von äußeren Faktoren. In diesem Kapitel werden die möglichen Ursachen für Klimaschwankungen in der Vergangenheit und Gegenwart kurz erläutert.

→ Abb. 10-10 zeigt eine Übersicht über die Beiträge verschiedener Faktoren zur beobachteten Temperaturzunahme zwischen 1951 und 2010. In dieser Zeit war der Mensch mit großem Abstand der wichtigste Faktor. Ein geringer Teil des Erwärmungseffekts der Treibhausgase wurde durch den kühlenden Effekt der Aerosole aufgehoben. Die Trennung der beiden Faktoren ist nicht ganz einfach, da entgegengerichtete Rückkopplungseffekte wirken. Die Unsicherheitsbalken sind daher relativ lang. Der gesamte Beitrag des Menschen ist dagegen viel genauer quantifizierbar. Er entspricht recht genau der (ebenfalls gut bekannten) beobachteten Erwärmung. Natürliche Faktoren haben – über diese Zeitspanne – weder zu einer Erwärmung noch zu einer Abkühlung beigetragen, und auch die natürliche Variabilität ist deutlich geringer als die beobachtete Erwärmung.

Der Mensch hat den weitaus größten Teil zur Erwärmung seit 1950 beigetragen

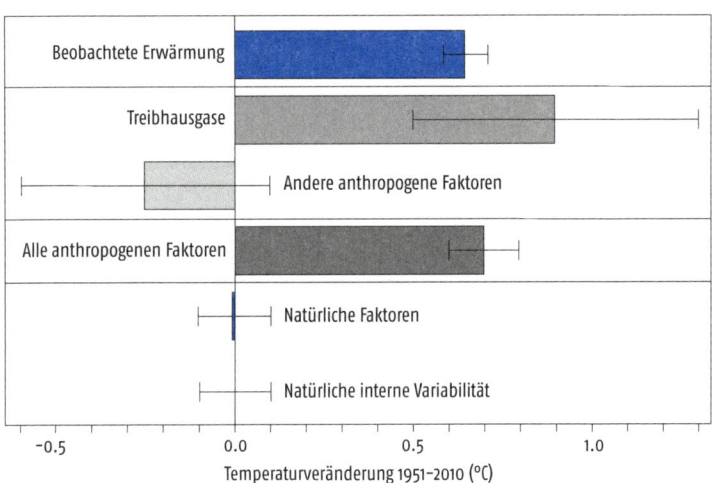

Abb. 10-10
Beobachtete Erwärmung von 1951–2010 sowie Beiträge der verschiedenen Antriebsfaktoren (aus Stocker et al. 2013).

In früheren Jahrzehnten und Jahrhunderten, bevor der Mensch massiv in das Klimasystem eingegriffen hat, waren vor allem natürliche Faktoren am Werk. Diese haben teilweise zu starken Klimaschwankungen geführt, beispielsweise zu Eiszeiten. In den nächsten Abschnitten gehen wir deshalb zunächst auf die natürlichen Einflussfaktoren ein. In den → Kap. 10.3.4 und 10.3.5 werden wir dann detailliert auf den Treibhauseffekt und den Aerosoleinfluss eingehen.

Der Einfluss der äusseren Faktoren wird durch die in → Kap. 10.2 beschriebene interne Variabilität überlagert, besonders bei kurzen Zeitreihen (vgl. → Abb. 10-1 oben). Eine spielerische Einführung in die Rolle von äusseren Klimafaktoren, interner Variabilität und deren Kombination liefert «Der grosse Klimapoker» (climatepoker.unibe.ch).

Box 10.2

Alfred Wegener

Alfred Wegener (→ Abb. 10-11) war ein bedeutender deutscher Meteorologe, Geophysiker und Polarforscher. Wir sind ihm bereits in → Kap. 2 begegnet, und zwar als Begründer des Wegener-Bergeron-Findeisen-Prozesses der Niederschlagsbildung. Bekannt sind auch seine Forschungsreisen in Grönland, von welcher die letzte 1930 für ihn tödlich endete.

Neben seinen meteorologischen Arbeiten sind es aber vor allem seine Arbeiten zur Kontinentaldrift, welche heute am bekanntesten sind. Wegener postulierte, dass die heute getrennten Kontinente einst zusammenhingen und sich dann voneinander

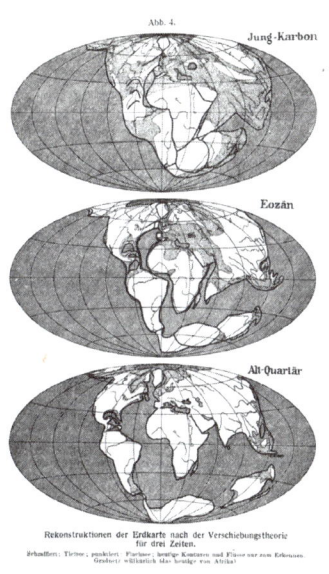

Abb. 10-11

Links: Abbildungen zur Lage der Kontinente aus Wegeners Schrift zur Kontinentalverschiebung (Wegener 1929). Rechts: Alfred Wegener um 1910 (Bildarchiv Foto Marburg).

wegbewegten, was schlagartig sehr viele geologische und biologische Beobachtungen erklären würde. Allerdings konnte er keinen schlüssigen Mechanismus für die Kontinentaldrift aufzeigen. Der Meteorologe Wegener mit seiner neuen Theorie zur Erde stand dabei gegen die Erdwissenschaftler auf verlorenem Posten. Seine Theorie, heute ein Fundament der Geologie, wurde erst in den 1970er-Jahren allgemein anerkannt, nachdem die Bildung ozeanischer Kruste an mittelozeanischen Rücken beobachtet worden war. Auf ganz langen Zeitskalen ist die Plattentektonik durchaus klimarelevant: Die Schließung der Landenge von Panama vor 5 bis 15 Millionen Jahren veränderte die Meeresströmungen und damit auch die atmosphärische Zirkulation und das globale Klima.

Orbitaleinfluss | 10.3.1

Auf der Zeitskala von Zehntausenden von Jahren sind die Schwankungen der **Orbitalparameter** (Erdbahnparameter) wohl die wichtigsten Einflussgrößen auf das globale Klima. Sie wirken allerdings nur als Auslöser; die Klimaschwankungen kommen dann durch Rückkopplungseffekte und die Reaktion aller Teile des Klimasystems zustande.

Die Erdbahn und die Erdrotationsachse werden durch drei Parameter charakterisiert: Die **Exzentrizität**, die **Obliquität** (Schiefe) und die **Präzession** (vgl. → Abb. 10-12). Die drei Größen sind aufgrund des Ein-

Astronomisch bedingte Schwankungen dominieren langfristige Klimaschwankungen

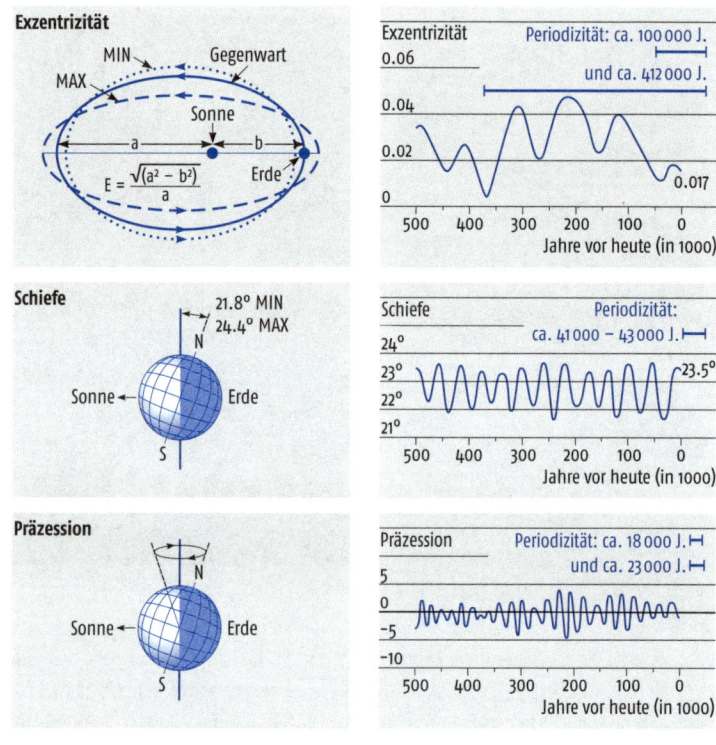

Abb. 10-12 Erdbahnbedingte Beeinflussung der solaren Einstrahlung. Links: Schematik der Bewegungsmechanik, rechts: Veränderung der Parameter über die letzten 500 000 Jahre.

flusses der **großen Planeten** (v. a. Jupiter) periodischen Schwankungen unterworfen. Der Einfluss dieser Schwankungen auf das Klima wird nach seinem Begründer Milutin Milanković (vgl. → Box 10.2) **Milanković-Forcing** genannt.

Die Umlaufbahn der Erde um die Sonne ist leicht elliptisch. Die Exzentrizität ist definiert als

$$\varepsilon = \frac{\sqrt{a^2 - b^2}}{a}$$

wobei a und b die beiden Halbachsen sind. Sie schwankt zwischen fast kreisförmig und leicht eliptisch (max. ε = 0.05). Dadurch ändert sich einerseits ganz geringfügig die jährliche Einstrahlung für die gesamte Erde (sie ist größer bei kleinerer Exzentrizität), vor allem aber deren jahreszeitliche Verteilung. Die Änderung der Exzentrizität ist aber mit Perioden von ca. 100 000 und 412 000 Jahren sehr langsam (vgl. → Abb. 10-12 rechts).

Die Exzentrizität ändert sich sehr langsam (100 000–400 000 Jahre)

Die **Schiefe** der Erdachse relativ zur Ekliptik (Obliquität) und die **Ausrichtung** der geneigten Erdachse im Raum (Präzession, → Abb. 10-12) sind ebenfalls nicht konstant. Sie schwanken mit Periodenlängen im Bereich von 40 000 Jahren respektive 20 000 Jahren. Zwar beeinflussen beide die jährliche Einstrahlung nicht, wohl aber deren **jahreszeitliche Verteilung**. Die Schiefe der Erdachse schwankt zwischen 21.8° und 24.4°. Je schiefer sie ist, desto ausgeprägter sind die Jahreszeiten. Durch die Präzession beschreibt die Erdachse (selbst bei konstanter Neigung) eine kreiselförmige Bewegung. Dadurch verschieben sich die Jahreszeiten relativ zum sonnennächsten Punkt der Umlaufbahn.

Obliquität und Präzession beeinflussen die jahreszeitliche Verteilung der Strahlung (20 000–40 000 Jahre)

Alle drei Schwankungen heißen zusammen «orbitales Forcing». Sie beeinflussen die jährliche Einstrahlung nicht oder kaum, aber die **jahreszeitliche Verteilung** erheblich. Das ist für das Klimasystem entscheidend. Insbesondere spielt die Einstrahlung im **Sommer auf 60° N** eine Rolle. Auf diesem Breitengrad befindet sich besonders viel Land, und hier ist die Temperatur nicht sehr weit über 0 °C. Wenn jetzt zufällig eine Folge kalter Sommer eintritt (was im Verlauf von einigen Jahrzehnten sicher irgendwann vorkommen wird), kann Schnee im Sommer liegen bleiben und die Schneedecke dann im Winter weiter wachsen. Der Schnee erhöht die Albedo und verändert die lokale Energiebilanz erheblich – es findet eine weitere Abkühlung statt. Als Folge dieser **Schnee-Albedo-Rückkopplung** (vgl. → Box 1.3) kann sich langsam ein Eisschild aufbauen. Der Rhythmus von **Kalt- und Warmzeiten** der letzten Million Jahre kann durch das orbitale Forcing erklärt werden.

Tiefe sommerliche Einstrahlung auf 60° N kann eine Schnee-Albedo-Rückkopplung auslösen

_____ Box 10.3 _____
▼
James Croll und Milutin Milanković

Zwei weitere Pioniere der Klima- und insbesondere Eiszeitforschung waren James Croll und Milutin Milanković. In der zweiten Hälfte des 19. Jahrhunderts war das «Eiszeitenproblem» eine der großen wissenschaftlichen Herausforderungen. Die Fakten bewiesen klar die Existenz vergangener Eiszeiten, es musste also einen Mechanismus geben, der eine globale Abkühlung von mindestens 5 °C, regional 10–15 °C, erklären konnte. James Croll (1821–1890), ein schottischer Naturforscher, war einer der Ersten, der Schwankungen der Erdbahnparameter vorschlug. Sie könnten, so meinte er, die jahreszeitliche und zonale Verteilung der Sonnenstrahlung auf der Erde beeinflussen. Er war es auch, der die Eis-Albedo-Rückkopplung ins Spiel brachte, welche eine ursprünglich geringe Veränderung noch verstärken und so Eiszeiten erklären konnte. Außerdem wies er auf die Rolle der Ozeane im Klimasystem hin. Seine in den 1860er-Jahren veröffentlichten Berechnungen (vgl. → Abb. 10-13) hätten allerdings zu einem Maximum der letzten Eiszeit vor 80 000

Abb. 10-13

Berechnung der Exzentrizität der Erdbahn in der Vergangenheit (letzte 3 Mio. Jahre) und Zukunft (nächste 1 Mio. Jahre) als Erklärung für Eiszeiten (aus Croll 1875).

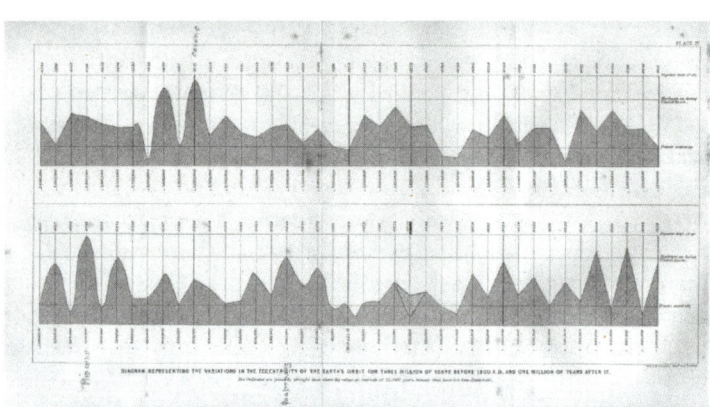

Jahren führen müssen, während Beobachtungen deutlich jüngere Daten gaben (heute wird die Zeit um 20 000 vor heute als glaziales Maximum bezeichnet). Seine Theorie wurde daher abgelehnt.

Der serbische Geophysiker Milutin Milanković konnte dann genauere Berechnungen der Schwankungen der Strahlung liefern. In den 1920er- und 1930er-Jahren publizierte er verschiedene Strahlungskurven. Zwar zeigten auch ozeanische Sedimente in den 1950er-Jahren ähnliche Verläufe, allerdings war eine genaue Datierung damals noch nicht möglich. Erst mit der Radiokarbonmethode konnten Sedimente genauer datiert werden. In den 1970er-Jahren wurden dann Milankovićs Zyklen zweifelsfrei in Ozeansedimenten identifiziert.

10.3.2 Sonnenaktivität

Das Klimasystem wird durch Sonneneinstrahlung angetrieben

Nicht nur die Bahn der Erde um die Sonne, sondern auch die Sonne selber ist Schwankungen unterworfen, welche das Klima beeinflussen, und zwar auf wesentlich kürzeren Zeitskalen. Die Erde erhält fast ihre gesamte Energie von der Sonne. Sonnenstrahlung treibt auf der Erde nicht nur biologische Vorgänge an, sondern vor allem auch viele chemische Vorgänge in der Atmosphäre. Es ist also naheliegend, dass sich Schwankungen der **Sonnenaktivität,** welche sich in Schwankungen der **Gesamtstrahlung,** der **UV-Strahlung** oder auch des **Partikelflusses** (beispielsweise Sonnenprotonen) äußern, auch irgendwie auf das Klima auswirken können.

Die Anzahl Sonnenflecken schwankt in einem 11-jährigen Zyklus

Tatsächlich ist die **Sonnenaktivität** nicht konstant, sondern schwankt in verschiedenen Zeitskalen. Sichtbar ist dies beispielsweise anhand von **Sonnenflecken,** die im westlichen Kulturkreis seit 400 Jahren beobachtet werden. Die Anzahl und Fläche der Sonnenflecken schwankt in einem **11-jährigen Zyklus**. Ursache dafür sind magnetische Prozesse in der Sonne. Sonnenflecken zeigen auch Schwankungen über längere Zeiträume, mit klaren Minima, wie beispielsweise dem sogenannten Maunder-Minimum (ca. 1645–1715), während welchem kaum Sonnenflecken beobachtet wurden.

Anhand von indirekten Hinweisen, wie **kosmogenen Nukliden** in Eisbohrkernen oder Baumringen, lassen sich längerfristige Schwankungen der Sonnenaktivität nachweisen. Schwankungen im Bereich von 200, 1500 und 2000 Jahren (vgl. → Abb. 10-2) sind belegt. Die Ursache solcher Schwankungen ist aber nicht bekannt.

Der Schwankungsbereich der Strahlung über einen 11-jährigen Sonnenfleckenzyklus ist aus Satellitenmessungen relativ gut bekannt. Die Schwankungen sind für die **Gesamtstrahlung** sehr gering, im Bereich von 1 W m^{-2} (oder 0.1 % der Strahlung), sie sind allerdings wesentlich größer (>1 %) für den **UV-Spektralbereich**. Wie groß längerfristige Schwankungen der Gesamtstrahlung sind, ist bis heute umstritten. Unterschiedliche Rekonstruktionen kommen zu sehr unterschiedlichen Ergebnissen.

Schwankungen der Gesamtstrahlung im Sonnenfleckenzyklus sind gering

Eine neuere **Rekonstruktion** der Gesamtstrahlung der Sonne wird in → Abb. 10-14 gezeigt. Sie umfasst die Zeitspanne seit 1600. In diese Zeit fallen die ersten Sonnenfleckenbeobachtungen. Deutlich sind der 11-jährige Sonnenfleckenzyklus sowie das Fehlen des Zyklus während der zweiten Hälfte des 17. Jahrhunderts zu sehen. Schwankungen über mehr als hundert Jahre sind in dieser Rekonstruktion vergleichsweise gering, maximal 1.5 W m^{-2}. Andere Rekonstruktionen zeigen eine etwas stärkere Schwankung. Klar ist aber, dass die maximale Sonnen-

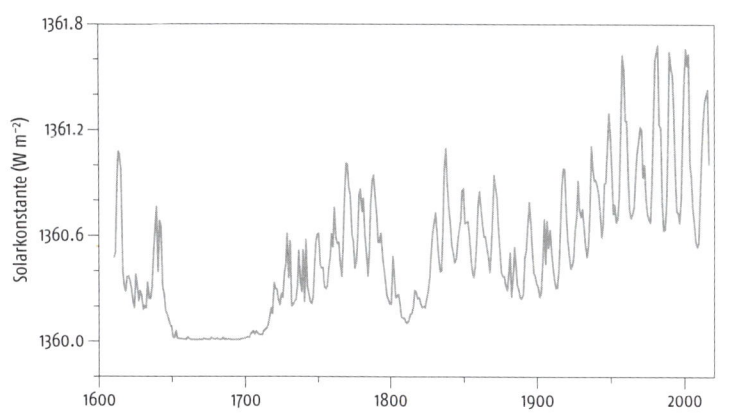

Abb. 10-14

Rekonstruierte solare Einstrahlung über die letzten 400 Jahre (aus Coddington et al. 2016).

aktivität in diesem Zeitfenster um 1980 erreicht wurde. Seither hat die Sonnenaktivität wieder abgenommen.

Die Auswirkungen von Schwankungen der **Sonnenaktivität** auf das **Klima** sind schwer zu belegen. Klar ist aber, dass der Einfluss nicht sehr groß sein kann. Der Sonnenfleckenzyklus wirkt sich durch die veränderte UV-Strahlung auf die Stratosphäre aus und verändert die Ozonmenge sowie die Temperatur. Der direkte Einfluss auf die globale Temperatur am Erdboden liegt für den Sonnenfleckenzyklus im Bereich von ca. 0.15 °C, allerdings gibt es ausgeprägtere regionale Muster, vermutlich als Folge des stratosphärischen Einflusses.

Die Sonne könnte zur «Kleinen Eiszeit» beigetragen haben, aber nicht zur aktuellen Erwärmung

Der Einfluss der Sonne auf die langfristige Temperaturentwicklung ist vermutlich klein, aber über die Prozesse ist immer noch vieles unbekannt. Die Sonne könnte zum kühlen Klima in der Periode der **«Kleinen Eiszeit»** (ca. 1450–1890) beigetragen haben, wobei hier aber auch Vulkanausbrüche eine große Rolle, wenn nicht sogar die Hauptrolle gespielt haben. Ein großer Einfluss auf globale Temperaturveränderungen in den letzten ca. 40 Jahren kann nahezu ausgeschlossen werden, insbesondere weil auch die Sonnenaktivität in dieser Zeit nicht zu-, sondern abgenommen hat.

10.3.3 Vulkanismus

Tropische Vulkanausbrüche führen zu stratosphärischen Aerosolen

Einer der wichtigsten Klimafaktoren auf der Zeitskala von einigen Jahren sind Vulkanausbrüche. Dabei sind es vor allem hochreichende tropische Ausbrüche, welche eine Rolle spielen. Es ist allerdings nicht die beeindruckende sichtbare Eruptionssäule aus Wasserdampf und Asche, von welcher der größte Einfluss ausgeht, sondern es sind die unsichtbaren Gase. Denn Vulkanausbrüche schleudern neben Asche und Wasserdampf auch große Mengen an **Schwefeldioxid** und anderen **Schwefelgasen** in die Stratosphäre. In der **Stratosphäre** werden diese Gase innerhalb von wenigen Wochen zu **Sulfataerosolen** oxidiert. Diese umkreisen relativ rasch die Erde und breiten sich von den Tropen langsam in Richtung der Pole aus. Die meridionale Zirkulation der Statosphäre ist allerdings sehr langsam, sodass die Aerosole 2–3 Jahre in der Atmosphäre verweilen können.

In der Stratosphäre haben die Aerosole eine lange Lebensdauer

Die Aerosole streuen solare und absorbieren nahinfrarote und infrarote Strahlung

Diese **Aerosole** beeinflussen die **Strahlungsbilanz** der Erde. Sie streuen die kurzwellige solare Einstrahlung, sodass mehr Strahlung in den Weltraum **reflektiert** wird (die Erde wirkt vom Weltraum aus «heller») und somit weniger Strahlung den Erdboden erreicht. Gleichzeitig **absorbieren** die Aerosole nahinfrarote (solare) und infrarote (terrestrische) Strahlung. Damit erwärmen sie die stratosphärischen Luftschichten, in denen sie verweilen, ganz erheblich.

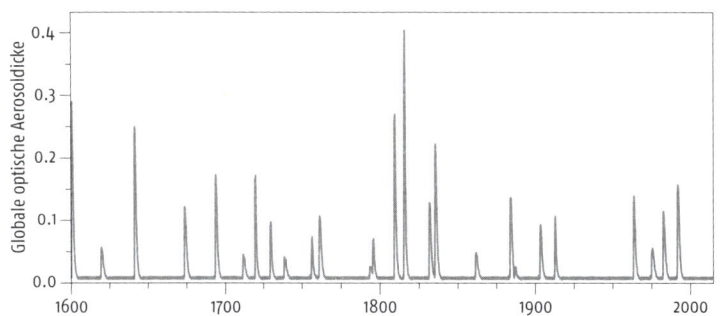

Abb. 10-15

Globale stratosphärische optische Aerosoldicken seit 1600 (Crowley und Unterman 2013). Dies ist ein Maß für die Extinktion solarer Strahlung durch vulkanische Aerosole.

Die Reduktion der bodennahen Strahlungsbilanz kann nach einem großen Ausbruch Werte von −4 bis −5 W m^{-2} erreichen. → Abb. 10-15 zeigt eine Zeitreihe der optischen Aerosoldicken (vgl. → Kap. 3.4) über die letzten 400 Jahre. In dieser Zeit gab es mehrere größere Ausbrüche. Der wohl größte und bekannteste war der Ausbruch des Tambora 1815 (vgl. → Box 10.4). Andere wichtige Ausbrüche waren Huaynaputina 1600, Parker 1641, Serua 1693, der «unbekannte Ausbruch» 1808, Cosiguina 1835, Krakatau 1883, Santa Maria 1902, El Chichon 1982 und Pinatubo 1991.

In den letzten 400 Jahren beeinflussten etwa ein Dutzend größere Ausbrüche das Klima

Die Strahlungsreduktion führt zu einer **Abkühlung** der Erdoberfläche. Die Abkühlung weist raumzeitliche Muster auf. Sie ist über den Landmassen stärker als über den Ozeanen, in den Tropen stärker als in den hohen Breiten und im Sommer stärker als im Winter. In den Tropen verändert sich außerdem die Zirkulation. So wird – zumindest in Klimamodellen – der Sommermonsun wegen des schwächeren Land-Meer-Gegensatzes ebenfalls schwächer.

Die Abkühlung ist über den tropischen Landmassen am stärksten

Nicht nur die Temperatur ändert sich, sondern auch der Wasserkreislauf. Wegen der verringerten Strahlung nimmt die **Verdunstung** ab, wodurch global weniger Niederschlag fällt. Am deutlichsten zeigt sich dies wiederum in den Tropen und in den Monsunregionen. Global wird es nach einem Vulkanausbruch also kalt und trocken.

Der Wasserkreislauf verlangsamt sich

In den mittleren Breiten können im Winter weitere Effekte eine Rolle spielen. Weil die Aufheizung der Stratosphäre in den Tropen (wo mehr solare nahinfrarote und infrarote terrestrische Strahlung absorbiert werden kann) viel stärker ist als in den hohen Breiten, verändert sich der meridionale Temperaturgradient. Dadurch verstärkt sich der winterliche stratosphärische Polarwirbel. Dies kann sich nach unten in die Troposphäre hinein auswirken und zu einem positiven NAO-Modus führen. Winter nach Vulkanausbrüchen sind daher in Nordosteuropa oft warm.

Durch Änderungen in der Stratosphärentemperatur können Ausbrüche zu einem positiven NAO führen

Klimaschwankungen und -änderungen

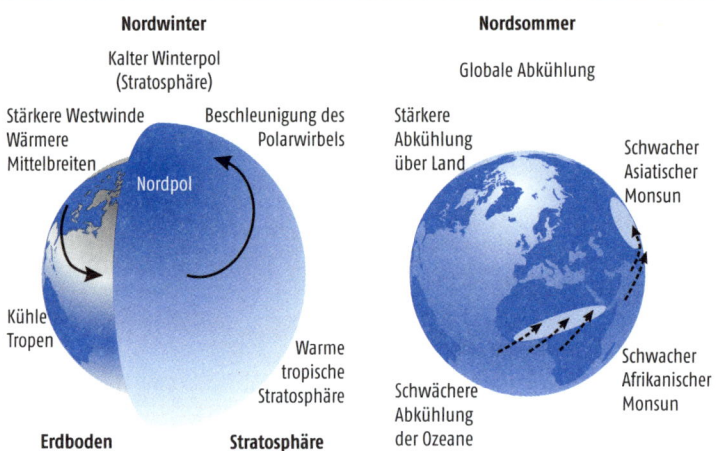

Abb. 10-16 Schematische Darstellung des Einflusses von Vulkanausbrüchen auf das Klima.

Während die direkten Effekte vulkanischer Aerosole wie Abkühlung und Verlangsamung des Wasserkreislaufs also die Folge global verminderter kurzwelliger Strahlung sind, entstehen indirekte Effekte durch eine veränderte atmosphärische oder ozeanische Zirkulation infolge räumlicher Unterschiede der Strahlungsauswirkungen. In → Abb. 10-16 sind diese Effekte zusammenfassend dargestellt. Das «winter warming» Nordeuropas oder generell der Kontinente der Mittelbreiten ist links gezeigt und hängt mit der stratosphärischen Zirkulation zusammen. Die abgeschwächten Monsune sind rechts gezeigt und hängen mit den unterschiedlichen Wärmekapazitäten der Ozeane und Landoberflächen zusammen, wodurch sich das Land rascher abkühlt als das Meer.

Box 10.4

Das «Jahr ohne Sommer» 1816

Im Sommer 1816 waren die Temperaturen in Mitteleuropa außerordentlich tief, bis 3–4 °C unterhalb der damaligen Normalwerte (vgl. → Abb. 10-17). Es regnete unablässig. Niederschlagstage und -mengen waren stark erhöht. Dies führte in Mitteleuropa zu viel geringeren Ernten und in der Folge zu einer großen Hungerkrise; vielerorts kam es zur bislang letzten großen Hungerkrise in Europa.

Das Jahr 1816 ging als ein «Jahr ohne Sommer» in die Geschichtsbücher ein. Eine der Ursachen dafür war der Ausbruch des Vulkans Tambora auf Indonesien im April 1815. Tambora führte nicht nur in Mitteleuropa (durch Kälte und Nässe), sondern auch in Asien (durch Kälte und Trockenheit) zu Ernteausfällen und Hungerkrisen. Die weltweite Temperaturabnahme betrug ca. 0.5–1 °C. Allerdings war der Tambora-

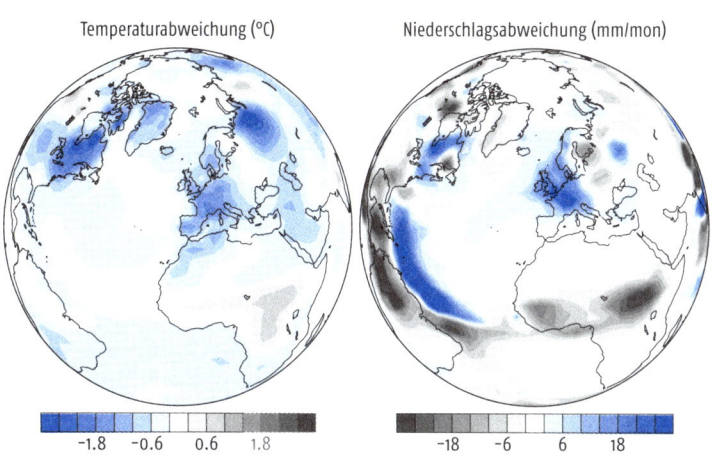

Abb. 10-17
Rekonstruktion der Abweichungen des Niederschlags und der Temperatur im Sommer (Jun.–Aug.) 1816 relativ zur Zeit 1700–1890 (Brönnimann und Krämer 2015).

Ausbruch nicht der einzige Grund für den kalten und nassen Sommer 1816 in Mitteleuropa. Ein vorangehender Vulkanausbruch, interne Variabilität der Klimamodi sowie zufällige Wettervariabilität im Sommer 1816 spielten eine mindestens ebenso wichtige Rolle. Auch die Hungerkrise hatte viele weitere Gründe – leere Kornhäuser nach den napoleonischen Kriegen, eine strukturelle wirtschaftliche Krise, unerfahrene neue politische Einheiten und eine bereits geschwächte Bevölkerung. Trotzdem zeigt der Fall, welche Auswirkungen ein Klimaereignis in einer solchen zugespitzten Situation haben kann.

Treibhauseffekt

10.3.4

Der wichtigste äußere Antriebsfaktor des globalen Klimas ist seit mindestens 50 Jahren zweifelsohne der Mensch. Durch den Ausstoß von **Treibhausgasen,** Aerosolen und durch Landoberflächenveränderungen greift er in das Klimasystem ein. In diesem und dem folgenden Kapitel werden die beiden wichtigsten Faktoren – Treibhausgase und Aerosole – kurz erläutert. Dabei stehen die Prozesse im Vordergrund. Die beobachteten Klimaveränderungen in den letzten Jahrzehnten sowie die für die Zukunft projizierten Veränderungen werden dann in den Kap. 10.4.3 respektive 10.5 diskutiert.

Der Wirkungsmechanismus der Treibhausgase wurde in → Kap. 3.5 erklärt – die Gase **absorbieren** die von der Erde ausgehende langwellige Strahlung und **re-emittieren** sie in alle Richtungen. Damit an der Obergrenze der Atmosphäre trotzdem genügend Strahlung in den Weltraum emittiert werden kann, muss sich die Erdoberfläche erwärmen. Wenn

Treibhausgase absorbieren und re-emittieren langwellige Strahlung

Klimaschwankungen und -änderungen

Wichtigste Quelle von Treibhausgasen ist der Mensch

sich die Konzentration der Treibhausgase erhöht, muss sich die Erde stärker erwärmen.

Die wichtigsten Treibhausgase sind Wasserdampf, **Kohlendioxid** (CO_2), Methan (CH_4), Lachgas (N_2O) und FCKWs (vgl. → Kap. 2). Wasserdampf ist ein natürliches Treibhausgas, seine Konzentration in der Atmosphäre nimmt aber als Folge der Erwärmung zu. Die anderen Gase haben wichtige **menschgemachte Quellen**.

Der Ausstoß von CO_2 aus fossilen Brennstoffen verändert den Kohlenstoffkreislauf (vgl. → Kap. 1.3.5). Etwa die Hälfte davon verbleibt in der Atmosphäre und reichert sich dort an, die andere Häfte wird durch Ozeane und Vegetation aufgenommen. Die berühmte Zeitreihe der CO_2-Konzentration auf dem Mauna Loa in Hawaii belegt dies auf eindrückliche Weise (→ Abb. 10-18). Die CO_2-Konzentration Hawaiis zeigt einerseits einen klaren Jahresgang. Im Sommer wird durch die Photosynthese Kohlenstoff gespeichert, während in den Wintermonaten, der Ruheperiode der Vegetation, der Gehalt durch Respiration steigt. Da sich die **Vegetation** größtenteils auf der Nordhemisphäre befindet, zeigt das globale Mittel deren Jahresgang (vgl. auch → Abb. 1-11 zum Kohlenstoffkreislauf).

Die CO_2-Konzentration hat sich seit der Industrialisierung um 50 % erhöht

Andererseits zeigt die Kurve den unerbittlichen **Anstieg** der CO_2-Konzentration in der Atmosphäre infolge der Verbrennung **fossiler Energieträger**. Die aktuelle (2017) Konzentration liegt mit 407 ppm bereits um ca. 50 % über dem vorindustriellen Wert. Dieses CO_2 wird das Klima über längere Zeit beeinflussen. Ein größerer Teil wird mehr als 1000 Jahre in der Atmosphäre verweilen (vgl. → Kap. 1.3.5).

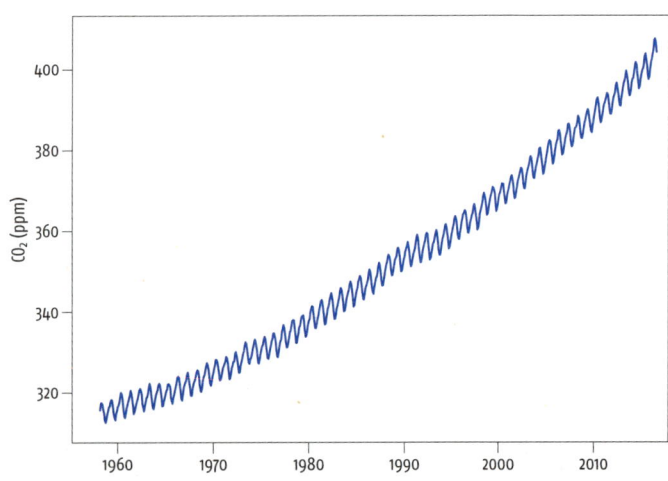

Abb. 10-18

Monatsmittelwerte der Konzentration von Kohlendioxid auf Mauna Loa, Hawaii, seit 1958 (Quelle: NOAA).

Als Folge der **Treibhausgase** erhöht sich die langwellige Gegenstrahlung. Die Energie fließt einerseits in eine Erwämung der Atmosphäre und Ozeane, andererseits in Verdunstung. Da Wasserdampf selber ein starkes Treibhausgas ist, wird dadurch der Treibhauseffekt noch verstärkt. Aber auch die **Wolken** verändern sich, wobei hier zusätzlich die menschgemachten Aerosole eine wichtige Rolle spielen. Durch die bei der Kondensation frei werdende latente Wärme ändert sich vor allem in den Tropen das vertikale Temperaturprofil, was wiederum zu Rückkopplungen führt. Weitere **Rückkopplungsmechanismen** spielen in der Arktis eine Rolle, insbesondere das Eis-Albedo-Feedback (vgl. → Box 1.3).

Mehr Energie an der Erdoberfläche

Um die Veränderung im Wasserkreislauf zu verstehen, hilft die Clausius-Clapeyron-Beziehung (vgl. → Kap. 2.5). Diese besagt, dass der Sättigungsdampfdruck von Wasserdampf pro °C Temperaturzunahme um ca. 6–7 % zunimmt. Wenn die relative Feuchte gleich bleibt, wird die Luft mehr Wasserdampf enthalten. Wenn auch die Zirkulation gleich bleibt, wird die Niederschlagsintensität zunehmen. Der globale **Wasserkreislauf** beschleunigt sich also.

Es stellt sich allerdings die Frage, ob die relative Feuchte und die Zirkulation konstant bleiben. Wie in → Kap. 2.5 diskutiert, muss die frei gewordene latente Wärme letztlich abgestrahlt werden. Die Abstrahlung (nach Stefan Boltzmann, vgl. → Box 3.1) kann mit der Clausius-Clapeyron-Beziehung nicht mithalten und limitiert dadurch den Niederschlag. Die obere Troposphäre erwärmt sich und stabilisiert die Atmospäre.

Der Wasserkreislauf beschleunigt sich

Die zusätzliche Einstrahlung sowie die Erwärmung der Atmosphäre wie auch der Ozeane betreffen auch die Kryosphäre. Diese Faktoren führen zum Schmelzen von Eis, zum Auftauen von Permafrost und zu einem Rückgang der Schneedecke.

Schnee, Eis und Permafrost schmelzen

Aerosole | 10.3.5

Der zweite wichtige menschgemachte Einfluss sind **Aerosole** (vgl. → Kap. 2.3). Aerosole wirken auf mehrfache und komplexe Weise auf die atmosphärischen Prozesse. Ihr Einfluss auf das Klima ist immer noch eine der größten Unbekannten in der Quantifizierung des menschgemachten Klimawandels und in der Klimamodellierung.

Aerosole streuen die **kurzwellige Strahlung,** sie vermindern deshalb die auf dem Erdboden eintreffende Strahlungsmenge. Manche Aerosole absorbieren Nahinfrarot- oder Infrarotstrahlung und erwärmen damit die Luftschicht, in der sie sich befinden. Wenn Aerosole auf Schnee abgelagert werden, führen sie zu einem dunkler Werden der Schneefläche, was wiederum die Strahlung beeinflusst.

Direkte Strahlungswirkung von Aerosolen: Abkühlung der Erdoberfläche

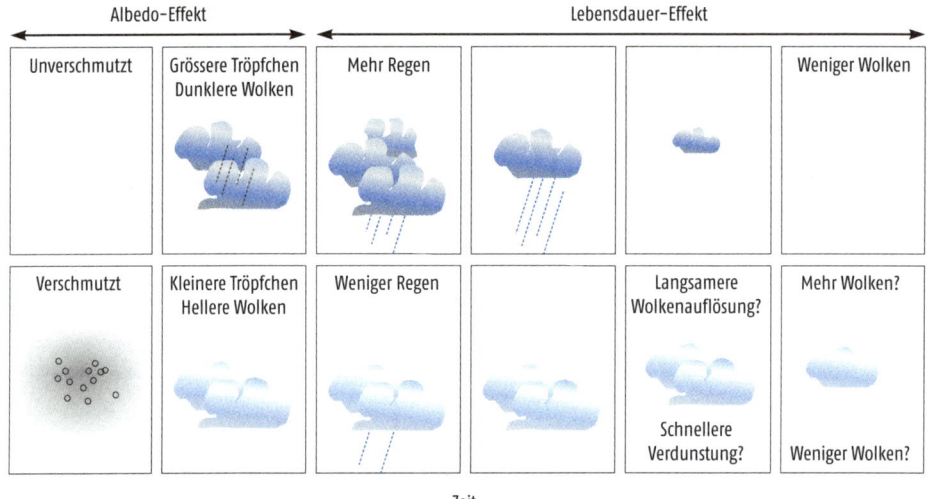

Abb. 10-19 Schematische Darstellung der direkten und indirekten Aerosoleffekte (geändert, nach Stevens und Feingold 2009).

Indirekte Strahlungswirkung von Aerosolen: Beeinflussung von Wolken

Aerosole haben auch indirekte Auswirkungen auf die Atmosphäre und den Strahlungshaushalt. Diese sind in → Abb. 10-19 zusammengefasst. Aerosole dienen als **Kondensationskerne** bei der Wolkenbildung (vgl. → Kap. 2). In verschmutzter Luft entstehen daher mehr Wolkentröpfchen als in sauberer Luft, was dazu führt, dass die Wolken vom Weltraum aus heller sind, weil ihre Gesamtoberfläche größer ist. Ob Wolken mit **kleinen Tröpfchen** beständiger sind, weil es länger dauert, bis sie ausregnen und sich auflösen (wie in → Abb. 10-19 eingezeichnet), oder weniger beständig (weil kleine Tröpfchen schneller verdunsten) ist noch unklar. Aerosole verändern auch die Prozesse der **Wolkenvereisung**. Insgesamt führen Aerosole zu einer **Abkühlung** des Klimas, aber die Unsicherheiten sind noch groß. Insbesondere die Auswirkungen auf die atmosphärische **Zirkulation,** auf die Monsunsysteme und auf Wirbelstürme werden kontrovers diskutiert.

«Global Dimming» durch Aerosolzunahme von 1950 bis 1985

Über die letzten 100 Jahre hat sich die Konzentration von Aerosolen stark verändert. Im 19. Jahrhundert wurde der Aerosolausstoß durch natürliche Faktoren sowie die Biomassenverbrennung in den Tropen dominiert. Die menschgemachten Aerosole aus **Verbrennungsprozessen** stiegen insbesondere nach dem Zweiten Weltkrieg stark an und erreichten in den 1980er-Jahren Höchstwerte. Die Verminderung der Sonnenstrahlung durch Aerosole nahm in dieser Zeit zu, weshalb auch von **«global dimming»** (globaler Abdunkelung) gesprochen wird. Die abkühlende Wirkung der Aerosole hat in dieser Zeit die globale Erwärmung durch Treibhausgase teilweise kompensiert (vgl. → Kap. 10.3.4).

Wegen der gesundheitlichen und ökologischen Auswirkungen der Aerosole und anderer Luftfremdstoffe wurden in den 1980er-Jahren Maßnahmen zur Verminderung des Schadstoffausstoßes getroffen, welche auch die erwünschte Wirkung zeigten. Gleichzeitig fielen durch den Zusammenbruch der kommunistischen Ökonomien einige stark verschmutzende Industriezweige aus. Als Folge davon hat die Aerosolkonzentration abgenommen. Es kam zu einer Phase des **«global brightening»** (globale Aufhellung). Der starke wirtschaftliche Aufschwung in Ostasien hat dort zeitweilig und regional jedoch wieder zu einer Zunahme von Aerosolen in der Atmosphäre geführt.

«Global Brightening» durch Aerosolabnahme von 1985 bis 2005

Klimavergangenheit und -gegenwart | 10.4

Als Folge der in diesem Kapitel vorgestellten Mechanismen – sowie vieler weiterer, auf die wir hier nicht eingehen können – verändert sich das Klima im Lauf der Zeit. In diesem letzten Kapitel diskutieren wir, wie diese Einflüsse zusammen das Klima der Vergangenheit beeinflusst haben. Wir betrachten das Klima des Glazials, des Holozäns, des letzten Millenniums sowie des «Anthropozäns», d.h. der letzten 150 Jahre, welche sehr stark durch den Menschen geprägt worden sind.

| Abb. 10-20

Karte der maximalen Gletscherausdehnung während des letzten glazialen Maximums. Die Klimazonen entsprechen den in → Kap. 8 eingeführten Köppen-Geiger-Zonen (Becker et al. 2015).

10.4.1 Das Glazial

Vor 20 000 Jahren waren Skandinavien und das nördliche Mitteleuropa, große Teile Nordamerikas sowie die höheren Gebirge wie beispielsweise die Alpen unter dicken Eispanzern begraben. Damals wurde der maximale Stand der **Vereisung** – das «Last Glacial Maximum» – erreicht. → Abb. 10-20 zeigt auf einer Karte die ungefähre Ausdehnung der Eisschilde über Europa sowie Küstenlinie und Seen. In den eisfreien Regionen Mitteleuropas muss man sich eine Tundrenvegetation vorstellen, während die heutige Vegetation nur in kleinen Refugien südlich der Alpen überdauern konnte. Köppen-Geiger-Klimazonen sind ebenfalls in der Figur angegeben.

Als Folge der großen Eismassen auf dem Land war der **Meeresspiegel** damals um etwa 125 m niedriger als heute. Große Teile der Nordsee oder der Adria lagen also über dem damaligen Meeresspiegel.

Eisbohrkerne zeigen das Klima der glazialen Kalt- und Warmzeiten

Das Klima des Glazials lässt sich inbesondere anhand von Eisbohrkernen der Antarktis, aber auch anhand von ozeanischen Sedimentkernen rekonstruieren. → Abb. 10-21 zeigt eine Zeitreihe der Temperatur,

Abb. 10-21 Zeitreihe der CO_2-Konzentration vom EPICA-Dome-C-Eisbohrkern und einer Temperaturrekonstruktion für die Antarktis aus verschiedenen Eisbohrkernen zusammengesetzt (Lüthi et al. 2007, Jouzel et al. 2008).

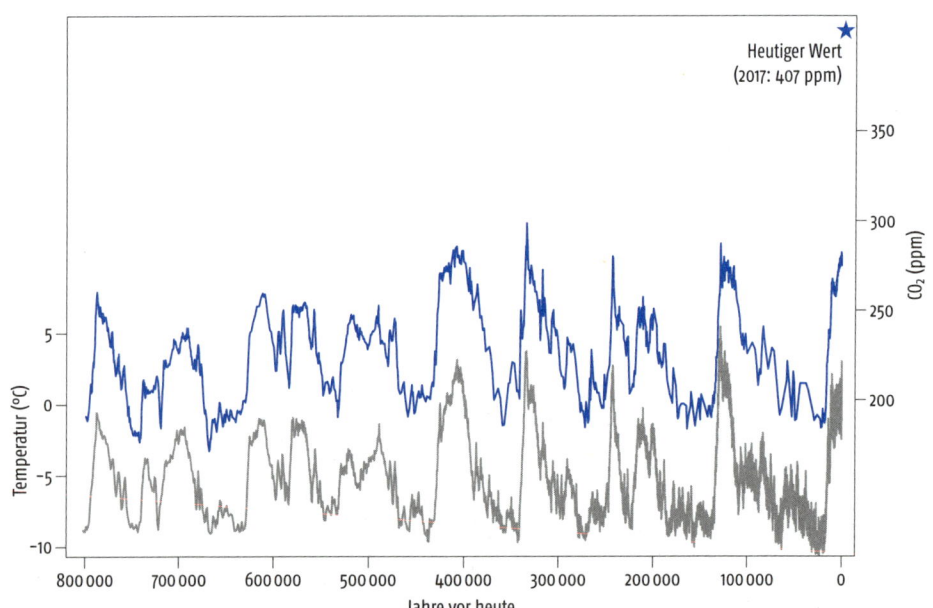

rekonstruiert aus dem Verhältnis der Sauerstoffisotope ^{18}O und ^{16}O im Eis – ein Proxy, der die Temperatur angibt. Ebenfalls gezeigt ist die Konzentration von CO_2 der im Eis eingeschlossenen Luftbläschen. Die Reihen stammen aus dem bislang am weitesten in die Vergangenheit zurückreichenden Eisbohrkern der Welt, dem EPICA-Dome-C-Bohrkern aus der Antarktis. An ihm lassen sich bis 740 000 Jahre zurück die Temperatur und **Atmosphärenzusammensetzung** sowie aus anderen Variablen auch Hinweise zur Landoberfläche rekonstruieren. Die Temperaturreihe zeigt mehrere Zyklen von Eiszeiten und Warmzeiten, mit Amplituden von 10 °C und mehr (vgl. auch → Abb. 10-1).

Die **CO_2-Konzentration** schwankt parallel zur Temperatur. Genauere Analysen zeigen, dass sie einige Hundert Jahre hinter der Temperatur herhinkt; dies entspricht der Einstellzeit des Gleichgewichts zwischen Ozean, Atmosphäre und Biosphäre. Die Schwankungen der CO_2-Konzentration innerhalb des Glazials sind also unter anderem eine Folge der Temperatur. Dies gilt jedoch nicht für die heutige Erwärmung, die durch die CO_2-Zunahme verursacht ist (vgl. → Kap. 1.3.5).

Die Eisbohrkerne zeigen auch, dass der Übergang in eine Kaltzeit meist langsam erfolgte, während die Erwärmung jeweils sehr abrupt war. Die Warmzeiten zeigten eine ähnliche Temperatur wie heute, teilweise waren sie auch wärmer als heute. Innerhalb der Kaltzeiten kam es auch immer wieder zu starken Schwankungen des Klimas.

Eiszeitzyklen: Langsame Abkühlung, abrupte Erwärmung

Während noch immer nicht ganz geklärt ist, warum die Erde vor ungefähr 2 Millionen Jahren in eine **glaziale Ära** überging, sind die Ursachen der Abfolge von Kaltzeiten und Warmzeiten innerhalb der letzten 2 Millionen Jahre bekannt: die veränderlichen Erdbahnparameter (vgl. → Kap. 10.2.1). Durch **Rückkopplungseffekte** haben sie die Klimaschwankungen des Glazials ausgelöst.

Ursache der Zyklen: Milanković-Forcing

Das Holozän

10.4.2

Vor etwa 16 000 Jahren begannen die Eisschilde und Gletscher, stark zurückzuschmelzen. Es begann eine Warmzeit. Vor ungefähr 12 000 Jahren fiel der nordatlantisch-europäische Raum allerdings wieder für fast tausend Jahre in eine Kaltzeit, die «Jüngere Dryas» genannt wird. Die Abkühung war abrupt und lag im Bereich von 2–6 °C. Die Alpengletscher stießen nochmals bis in die Täler vor. Ursache dafür war vermutlich eine Veränderung der Ozeanzirkulation im Nordatlantik. Die **thermohaline Zirkulation** (vgl. → Kap. 7) kam für einige Zeit zum Erliegen, nachdem sich große Mengen an **Süßwasser** (Schmelzwasser des amerikanischen Eisschildes, das sich in einem großen See gestaut hatte) in den Nordatlantik ergossen hatten. Das Süßwasser unterband

Die «Jüngere Dryas»: Rückfall in die Kaltzeit

dort die Tiefenwasserbildung vollständig. Auch das Ende der «Jüngeren Dryas» war abrupt.

Das Holozän wies ein stabiles Klima auf

Nach der Jüngeren Dryas begann eine Zeit mit relativ stabilem Klima. Eine Rekonstruktion der globalen Temperatur der letzten 12 000 Jahre ist in → Abb. 10-22 gezeigt. Während etwa 6000 Jahren war die Temperatur relativ hoch, mit einem Maximum vor ca. 6000–8000 Jahren. Regional kam es im Holozän zu mehreren schnellen Kälterückfällen, welche möglicherweise durch Prozesse in den Ozeanen erklärt werden können. Vor etwa 5000 Jahren begann eine Abkühlung. Grund dafür ist das Milanković-Forcing. Ebenfalls in die Figur eingetragen ist die solare Einstrahlung im Juni bei 60 °N. Die **CO_2-Konzentration** schwankte in dieser Zeit größtenteils zwischen etwa 260 und 280 ppm, war damals also kein wichtiger Antriebsfaktor, während sie heute über 400 ppm liegt.

Der Mensch erscheint im Holozän

Im **Holozän** besiedelte der Mensch die nach dem Ende der Eiszeit entstehende Landschaft. Die Kalt- und Warmphasen innerhalb des Holozäns beeinflussten die Besiedlungs- und Entwicklungsgeschichte allerdings nur als einer von sehr vielen Faktoren. Der Eismann «Ötzi» ist bekannter Zeuge für die günstigen klimatischen Verhältnisse im späten Neolithikum, als Alpenübergänge passierbar waren, die erst jetzt wieder frei werden. Auch während der Bronzezeit herrschten klimatisch günstige Verhältnisse.

Im Mittelalter kamen Wärmephasen vor

Das Klima der letzten 1000–2000 Jahre ist durch Schriftquellen, Baumringe, Sedimente und andere Archive viel besser dokumentiert als frühere Klimata (vgl. → Kap. 9). Innerhalb dieser Zeit kamen eben-

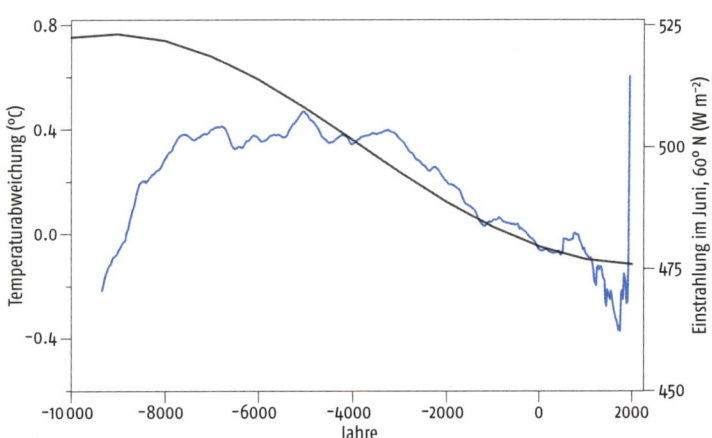

Abb. 10-22 Rekonstruktion der globalen Temperatur während des Holozäns (blau) sowie solare Einstrahlung (grau) im Juni bei 60° N (Daten: Marcott et al. 2012, Berger und Loutre 1991).

Abweichung der globalen Temperatur der letzten 1200 Jahre (relativ zu 1500–1850) aus proxybasierten Rekonstruktionen (Graustufen, die Helligkeit stellt die Wahrscheinlichkeit dar) und Modellsimulationen (blau; dünne Linie zeigen die Unsicherheit). Die Kurven sind 30-jährig geglättet (aus Masson-Delmotte et al. 2013).

| Abb. 10-23

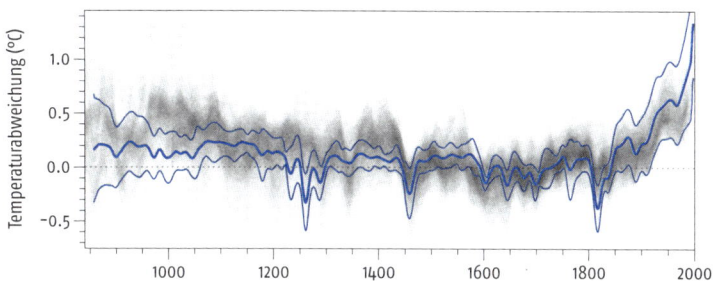

falls mehrere wärmere und kältere Phasen vor. Während die Römerzeit noch relativ warm war, folgte in der Spätantike, möglicherweise ausgelöst durch zwei riesige Vulkanausbrüche, eine kältere Zeit.

→ Abb. 10-23 zeigt eine globale Temperaturrekonstruktion für die letzten 1200 Jahre. Die Abbildung zeigt auch Modellsimulationen sowie deren Unsicherheit. Simulationen und Rekonstruktionen sind in guter Übereinstimmung. Deutlich zeigen sich die kurzen Abkühlungen durch Vulkanausbrüche, und auch der starke, menschgemachte Anstieg seit dem 19. Jahrhundert stimmt gut zwischen Modell und Rekonstruktion überein.

Einige Kontinente zeigten im Mittelalter, zwischen ungefähr 800 und 1300, wärmere Phasen. Diese Periode wird **mittelalterliche Klimaanomalie** genannt. Allerdings fanden diese wärmeren Phasen nicht gleichzeitig auf allen Kontinenten statt, sodass nicht von einer globalen Warmzeit gesprochen werden kann. Auch ist die Unsicherheit der globalen Temperatur relativ groß (in der Abbildung durch graue Schattierungen markiert), es ist aber höchst unwahrscheinlich, dass die Temperatur in dieser Zeit die aktuelle Temperatur erreicht hat (vgl. → Abb. 10-1).

Zwischen dem 13. und dem 15. Jahrhundert begann sich das Klima vielerorts zu verschlechtern. Die darauffolgende Phase, welche bis ins ausgehende 19. Jahrhundert dauerte, wird oft **«Kleine Eiszeit»** genannt. In dieser Zeit wuchsen die Gletscher der Alpen und anderer Gebirgsregionen. Die Flüsse und Kanäle Mitteleuropas froren im Winter oft zu. Auch die Sommer waren kühler. Zwar war auch die «Kleine Eiszeit» keine global flächendeckende Kaltzeit, aber sie erscheint doch auf verschiedenen Kontinenten ungefähr gleichzeitig.

Die «Kleine Eiszeit» zwischen ca. 1250 und 1880 war eine globale Kältephase

Klimaschwankungen und -änderungen

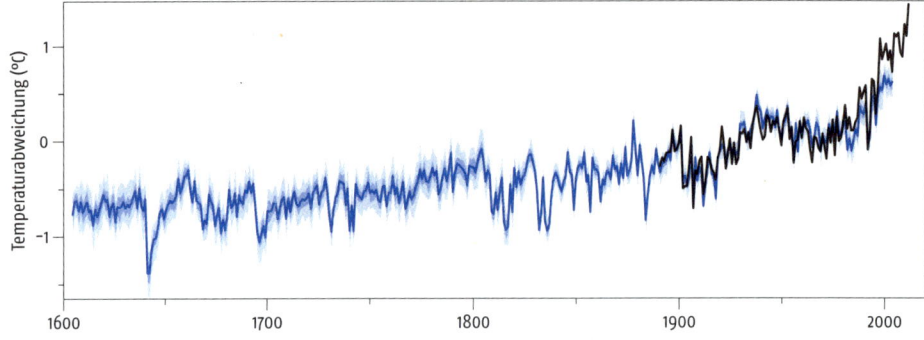

Abb. 10-24 Zeitreihe der Sommertemperatur (April–September) der Landfläche der nördlichen Außertropen seit 1600 aus Rekonstruktionen (blau, mit Unsicherheitsintervall, Franke et al. 2017) und Beobachtungen (schwarz, CRUTEM4, Jones at al. 2012).

Hohe Vulkan- und tiefe Sonnenaktivität könnten die Kleine Eiszeit verursacht haben

Eine Ursache der «Kleinen Eiszeit» dürfte neben internen Schwankungen im Klimasystem auch der Antrieb durch **Vulkanausbrüche** sowie möglicherweise eine verminderte Sonnenaktivität gewesen sein. Der Beitrag der beiden Faktoren ist allerdings nur schwer zu quantifizieren. Sicher gab es aber im 13. und im 15. Jahrhundert sehr starke Vulkanausbrüche mit globalen Auswirkungen. Da Sonnenminima und Perioden gehäufter Vulkanausbrüche zufälligerweise während der letzten 800 Jahre meist zusammenfielen, ist eine Zuordnung nicht einfach.

→ Abb. 10-24 zeigt Rekonstruktionen der Sommertemperatur der Landflächen der nördlichen Außertropen seit 1600. Auch hier stechen die scharfen Abkühlungen durch Vulkanausbrüche hervor. Zwar stieg die Temperatur während des 18. Jahrhunderts an, es folgte aber wieder ein Rückfall durch die Vulkanausbrüche des 19. Jahrhunderts, sodass Temperaturen wie um 1800 erst wieder Ende des 19. Jahrhunderts erreicht wurden.

Box 10.5

Megadürren

In den letzten 1000–2000 Jahren kamen einige sehr starke Klimaereignisse vor, wie wir sie in den letzten 100 Jahren nicht mehr erlebt haben. So war der Südwesten der heutigen USA mehrmals jahrzehnte- oder gar jahrhundertelangen, starken Dürren ausgesetzt. Viele der beeindruckenden Klippenhäuser der Anasazi wurden im ausgehenden 13. Jahrhundert verlassen (→ Abb. 10-26), am Ende der letzten dieser

Abb. 10-25

Die Anasazi, welche eindrückliche Felssiedlungen hinterließen, verließen den Raum im Mittelalter (Antelope House). (Quelle: A. F. Borchert / Wikicommons, CC 3.0)

großen mittelalterlichen Dürren. Ob das Klima dabei mitgespielt hat, ist bis heute unklar. Auch in Asien gab es mehrere starke Dürren. Könnten solche «Megadürren» in einem veränderten Klima sogar noch häufiger vorkommen? Studien vergangener Klimaereignisse können helfen, die Mechanismen besser zu verstehen.

Das Anthropozän

| 10.4.3

Die letzten ca. 150 Jahre werden manchmal **«Anthropozän»** genannt – diejenige erdgeschichtliche Phase, in welcher der Mensch die Umweltprozesse maßgebend mitgeprägt hat (vgl. → Abb. 10-1). Im späten 19. Jahrhundert nahmen die Temperaturen wieder zu und markierten damit das Ende der «Kleinen Eiszeit» (vgl. → Abb. 10-24). Die Temperaturzunahme bis heute erfolgte in mehreren Phasen (vgl. → Abb. 10-26). In einer ersten Erwärmungsphase stiegen die Temperaturen bis ungefähr in den 1940er-Jahren. Danach blieben die Temperaturen bis in die 1970er-Jahre auf ungefähr dem gleichen Niveau, seither steigen sie wieder stark an. Um 2010 wurde eine kurzzeitige Verflachung des Trends festgestellt. In den letzten drei Jahren vor der Veröffentlichung dieses Buches ist die Temperatur jedoch wieder sprungartig angestiegen.

Die Ursache der **ersten Erwärmungsphase** ist nicht restlos geklärt, aber interne Variabilität (eine Erwärmung des Pazifiks und danach des Atlantiks) sowie bereits der Ausstoß von Treibhausgasen dürften dazu

«Anthropozän» – der Mensch als erdgeschichtlicher Faktor

Abb. 10-26

Globale Mitteltemperatur (Land und Meer) aus Intrumentendaten von 1850 bis 2016 aus drei verschiedenen Datensätzen (der HadCRUT4-Datensatz zeigt auch die Unsicherheiten) (Jones et al. 2012, Karl et al. 2015, Hansen et al. 2010).

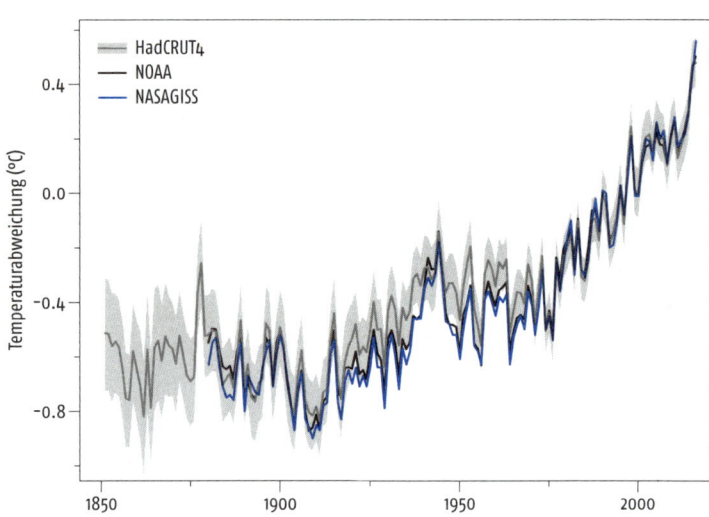

beigetragen haben. Die Stagnationsphase 1945–1975 war einerseits durch ein Zurückschwingen des Pendels der internen Klimavariabilität verursacht (Pazifik und Atlantik kühlten sich ab), andererseits durch einen weiteren menschgemachten Faktor: Die Aerosolkonzentration nahm in dieser Periode stark zu und bewirkte damit eine Abkühlung.

Abb. 10-27 Linearer Trend der Temperatur im Nordwinter (links) und Nordsommer (rechts von 1901 bis 2016 (Quelle: HadCRUT4).

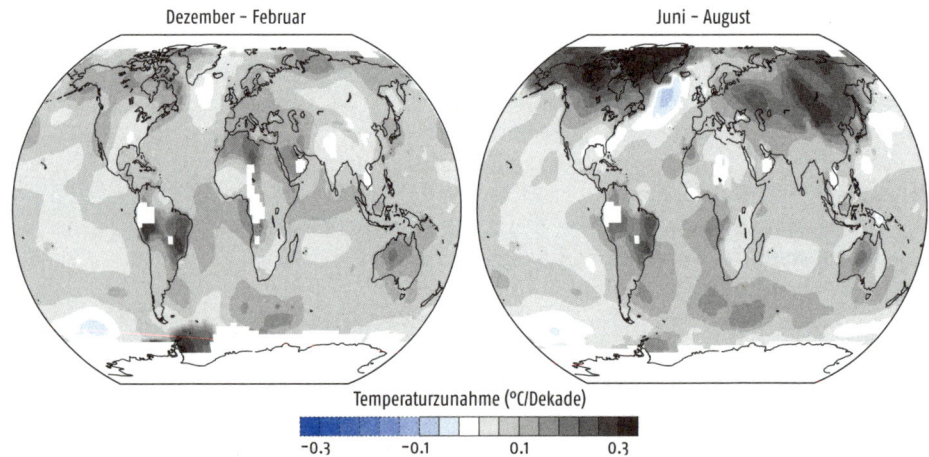

Dieses Phase ist auch als «Global Dimming» (globale Verdunkelung) bekannt (vgl. → Kap. 10.3.5).

Seit ungefähr 1975 nimmt die **Temperatur** wieder stark zu. Global ist sie seither bis 2016 um fast 1 °C angestiegen. Zwar kamen auch in dieser Zeit geringe Schwankungen in der Erwärmungsrate vor – vermutlich durch interne Variabilität verursacht –, aber der Erwärmungstrend dominiert.

Die Erwärmung seit 40 Jahren beträgt 0.8–1 °C

Die Erwärmung ist räumlich variabel. → Abb. 10-27 zeigt Temperaturtrends über die Zeit 1901–2016. Die **Landmassen** haben sich viel stärker erwärmt als die **Ozeane,** die Mittelbreiten schneller als die Tropen. Am schnellsten erwärmt hat sich die **Arktis** und die Landmassen der nördlichen Mittelbreiten im Winter. Dabei spielen Rückkopplungsprozesse eine große Rolle (vgl. → Kap. 7.4).

Landmassen haben sich stärker erwärmt als Ozeane, die Arktis am schnellsten

Die Erwärmung hat auch eine **vertikale Struktur.** → Abb. 10-28 zeigt den Trend der jährlich und zonal gemittelten Temperatur in Abhängigkeit zur Höhe. In der Arktis ist die Erwärmung am stärksten in Bodennähe, wo die meisten Rückkopplungsvorgänge wie beispielsweise das Eis-Albedo-Feedback ablaufen. In den Tropen ist die Erwärmungsrate dagegen stärker in ca. 10 km Höhe. Dies ist aufgrund des Treibhauseffekts zu erwarten (vgl. → Kap. 10.3.4). Der größte Teil der zusätzlichen Energie fließt nicht in eine Erwärmung, sondern in die Verdunstung (vgl. → Kap. 3 und 6). Diese Energie wird bei der Kondensation in den Wolken wieder freigesetzt. In den Tropen, wo große Mengen **Wasserdampf** durch Konvektion in die obere Troposphäre gebracht werden und dort **kondensieren,** führt dies zu einer starken Erwärmungsrate.

Tropen erwärmen sich schneller in der Höhe, die Arktis schneller an der Erdoberfläche

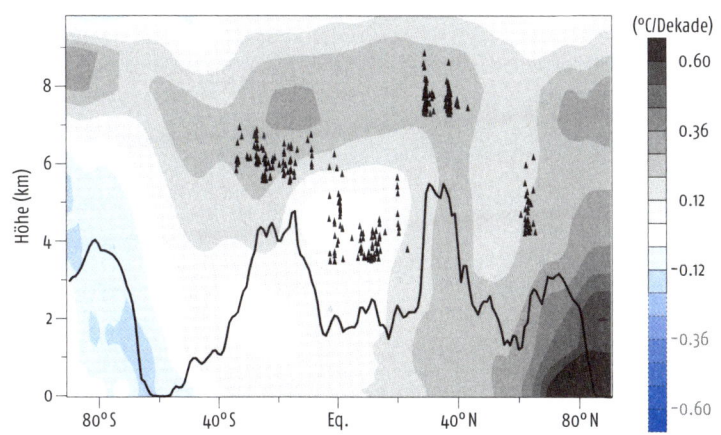

Abb. 10-28

Vertikalstruktur des linearen Trends der jährlich und zonal gemittelten Temperatur von 1979 bis 2016 (Daten: ERA-Interim). Schwarze Dreiecke markieren die Lage von ausgewählten Bergspitzen, die schwarze Linie zeigt als «typische Gebirgshöhe» die höchste Erhebung der entsprechenden Breite in einer grob aufgelösten Topografie eines Klimamodells.

Als Folge der Erwärmung hat die **Schneedecke** vor allem im Frühling abgenommen. Das grönländische **Eisschild** verliert derzeit rapid an Masse, und die **Gletscher** der meisten Gebirge sind in den letzten paar Jahrzehnten zurückgegangen. Stark vermindert hat sich auch das arktische Meereis, wohingegen das antarktische Meereis bis vor Kurzem nicht abgenommen hat (vgl. → Kap. 7.3). Grund dafür ist das Ozonloch und die dadurch verursachte Veränderung der atmosphärischen Zirkulation.

Hitzewellen haben zugenommen

Nicht nur die Mitteltemperaturen sind angestiegen, sondern auch die **Extremtemperaturen**. Die Hitzewellen von 2003 in Europa, 2010 in Russland, 2013 in Australien und viele weitere haben uns ein neues Klima vor Augen geführt. Hitzetage haben aber überall auf der Welt zugenommen, kalte Nächte hingegen abgenommen. Auch intensive Niederschläge haben zugenommen. Starke Wirbelstürme wurden noch stärker, allerdings hat die Häufigkeit von Wirbelstürmen insgesamt nicht zugenommen.

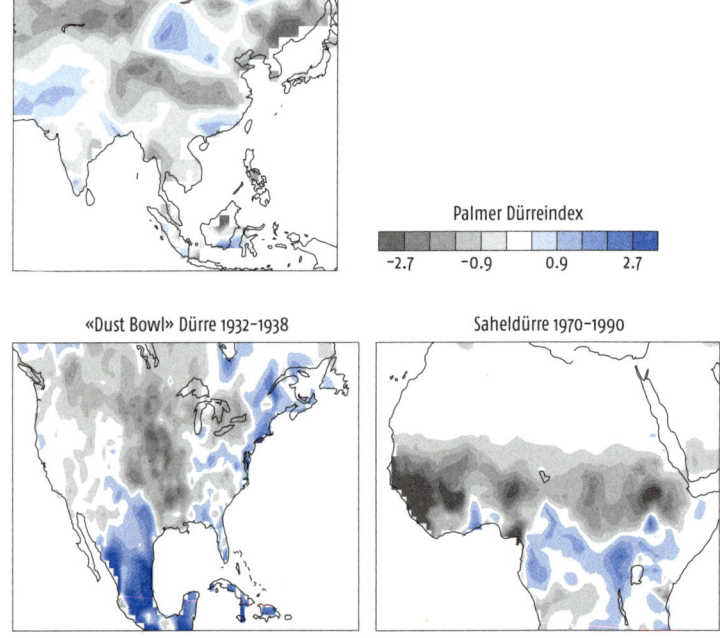

Abb. 10-29 Oben: Dürrerekonstruktion aus Baumringen für Südostasien für die Sommer 1876–1878. Unten links: Niederschlagsabweichung für Nordamerika für die Zeit 1932–1938. Unten rechts: Niederschlagsabweichung für den Sahelraum, 1970–1990, beide für den Sommer (Jun.–Aug.) und relativ zur Zeit 1910–1930.

Die globale Mitteltemperatur wird oft – und zu Recht – als «Fieberthermometer» des Erdklimas angesehen. Viele Klimafolgen sind aber lokal, und hier sind andere Größen aussagekräftiger. In vielen Regionen der Erde sind Veränderungen des Wasserhaushalts gravierender als Änderungen der Temperatur. In den Niederschlagsmessdaten treten noch keine klaren Trends hervor. Für die Zukunft werden aber klare Änderungen erwartet (vgl. → Kap. 10.5).

In den letzten 150 Jahren sind größere hydroklimatische Ereignisse aufgetreten, insbesondere Dürren, die hier kurz erwähnt werden sollen. Die weltweit folgenreichste **Dürre** trat 1876–1878 auf und war mindestens teilweise die Folge des starken El-Niño-Ereignisses 1877/78 (vgl. → Abb. 10-29). Besonders stark betroffen waren Indien und China, aber auch in Afrika, Südamerika und Australien herrschten Dürren. Weltweit starben bis zu 20 Millionen Menschen an den Folgen der Dürre. Auch um 1900 und im frühen 20. Jahrhundert fiel der Indische Sommermonsun oft sehr schwach aus.

In den USA kam es auch immer wieder zu Dürren, wobei die **«Dust Bowl»** Dürre in den 1930er-Jahren die bekannteste ist. Zwischen etwa 1931 und 1938 folgten sich trockene Jahre mit wenigen Unterbrechungen. Die Dürre fiel mit einer großen Wirtschaftskrise zusammen und hatte schwerwiegende Auswirkungen auf die Gesellschaft. Auch Australien erlebte um 1900 und um 1940 starke Dürren. Auch zu Beginn des neuen Jahrtausends häuften sich Dürren: Australien litt um die Jahrtausendwende (ca. 1996–2010) unter einer massiven Dürre («Big Dry»), in den Jahren darauf, zwischen 2011 und 2015, waren große Teile der USA von einer Dürre betroffen. Die Liste ließe sich beliebig erweitern.

Verheerende Dürren in Asien, den USA, dem Sahel und in Australien

Eine der schwersten und längsten Dürren der letzten 50 Jahre war die Saheldürre der 1970er-Jahre. Nach zwei regenreichen Jahrzehnten trat in der Sahelzone in den späten 1960er-Jahren eine Dürre auf, die bis in die 1980er-Jahre dauerte, teilweise auch überlagert durch politische Konflikte. Die Dürre führte zum Tod von Hunderttausenden und entzog Millionen die Lebensgrundlage.

Dürren sind nicht rein klimatische Ereignisse. Weitere Faktoren spielen dabei eine Rolle. In Zukunft könnten Dürren häufiger werden, da in einigen bereits trockenen Regionen die Niederschläge weiter abnehmen werden. Eine Zunahme von Dürren in der jüngeren Vergangenheit konnte aber (im Gegensatz zu Hitzewellen) aufgrund der Komplexität des Phänomens bisher nicht nachgewiesen werden.

10.5 Klimazukunft

Der Mensch ist zum dominanten Klimafaktor geworden. Die bereits emittierten Treibhausgase werden auf absehbare Zeit der treibende Faktor des Klimas bleiben, und alle weiter emittierten Treibhausgase werden den Klimawandel noch beschleunigen. Dies sind einige der Konsequenzen, welche im fünften Sachstandbericht des Weltklimarats (**IPCC,** Intergovernmental Panel on Climate Change), der 2013–2014

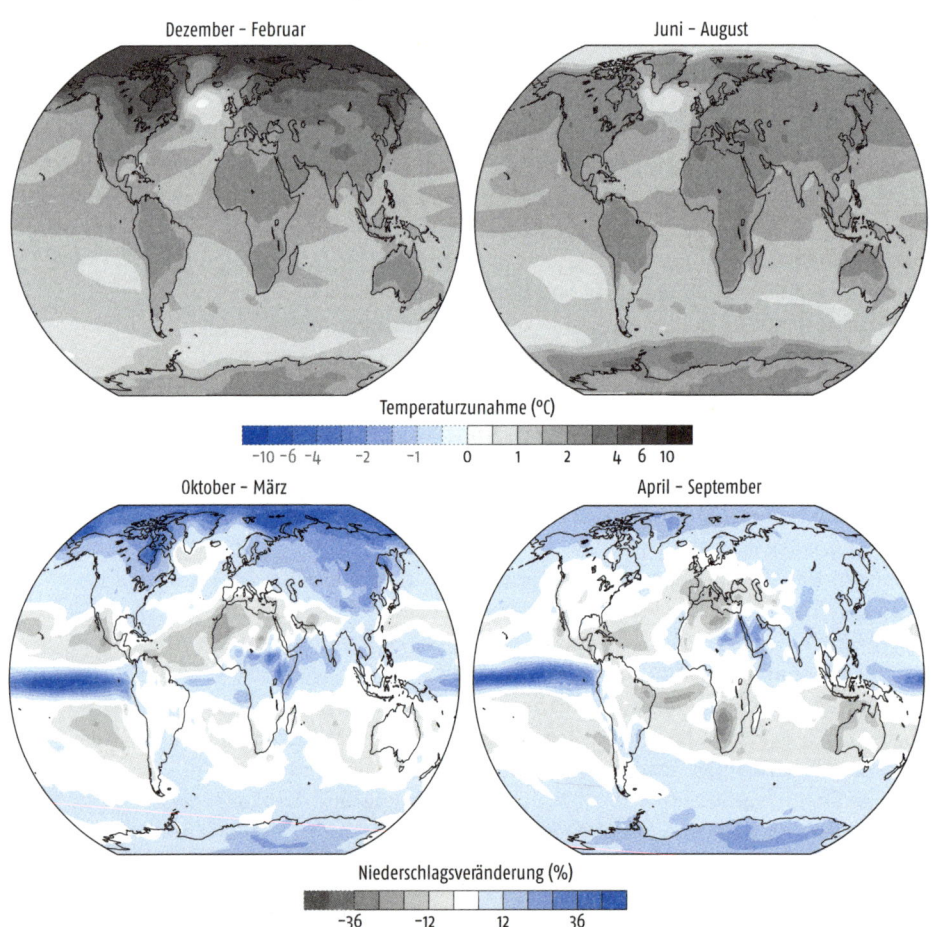

Abb. 10-30 | Projektionen der Temperatur (oben) und des Niederschlags (unten) im Nordwinter (links) und Nordsommer (rechts) für die Zeit 2085–2100 bezogen auf die Referenzperiode 1985–2005 für ein mittleres Treibhausgasszenario (RCP6.0); Daten aus Collins et al. (2013).

veröffentlicht wurde, aufgezeigt werden. Zwar haben sich in den letzten Jahren die globalen **Emissionen** aus fossilen Brennstoffen möglicherweise stabilisiert, die **Konzentration** nimmt aber nach wie vor zu. Der Weg zu Null-Emissionen ist noch weit.

Für die Erstellung von **Szenarien** für das zukünftige Klima werden unterschiedliche Annahmen betreffend des Verlaufs des globalen **Strahlungsantriebs** gemacht, der wiederum auf unterschiedliche Weise zustande kommen kann. Gemäß den «mittleren» Szenarien (RCP4.5 und RCP6.0, dabei beträgt der Strahlungsantrieb 4.5 resp. 6 W m^{-2}) wird die globale Temperatur im 21. Jahrhundert um weitere 2 °C steigen, allerdings mit großen regionalen und jahreszeitlichen Unterschieden. Karten der Temperatur- und Niederschlagsveränderung bis Ende des Jahrhunderts für das RCP6.0-Szenario sind in → Abb. 10-30 gezeigt. Die Erwärmung wird, wie bereits in den Beobachtungen ersichtlich, über dem Land stärker sein als über den Ozeanen, in der Arktis stärker als in den Tropen und in den hohen Breiten im Winter stärker als im Sommer. Aber auch eine Erwärmung von «nur» 2 °C in den Tropen wird dort fatale Folgen haben.

<small>Die Erwärmung wird in der Arktis und in den Mittelbreiten im Winter am stärksten ausfallen</small>

Auch die Wärmeextreme werden weiter zunehmen. Gegen Ende des 21. Jahrhunderts werden normale Sommer so heiß werden wie die Hitzesommer 2003 und 2010. Kalte Winter werden in Mitteleuropa seltener werden, aber aufgrund der starken Variabilität des winterlichen Klimas können auch in der zweiten Jahrhunderthälfte noch kalte Winter vorkommen.

Die **Niederschläge** werden in den inneren Tropen sowie im Winter in den Mittelbreiten zunehmen, dagegen in den äußeren Tropen und Subtropen und im Mittelmeerraum im Sommer abnehmen. Verändern werden sich auch die Extremereignisse: Hitzewellen werden überall zu- und kalte Nächte abnehmen. Regenfälle und Stürme werden intensiver ausfallen.

<small>Innere Tropen und hohe Breiten werden feuchter, die Subtropen trockener</small>

Das **Meereis** wird weiter zurückgehen. Spätestens gegen Ende des Jahrhunderts werden eisfreie arktische Sommer auftreten. Auch die Eismassen Grönlands und der Antarktis werden stark zurückgehen, und die Gletscher in den Alpen werden bis auf kleine Reste bis zum Ende des Jahrhunderts verschwunden sein.

<small>Das sommerliche Meereis und die Alpengletscher werden verschwinden</small>

Als Folge der Erwärmung der Ozeane (Volumenausdehnung) und des zufließenden Schmelzwassers (Massenzunahme) wird der **Meeresspiegel** stark ansteigen. Da die Ozeanzirkulation sehr langsam ist, ist der größte Teil der **Ozeane** noch nicht im Gleichgewicht mit der menschgemachten Erwärmung. Daher wird sich der Meeresspiegelanstieg weit in die Zukunft hinein fortsetzen, selbst wenn die Treibhausgaskonzentrationen stabilisiert werden können.

<small>Der Meeresspiegel wird über Jahrhunderte ansteigen</small>

Klimaschwankungen und -änderungen

Die erhöhte CO_2-Konzentration im Ozean führt zu einer Versauerung der Meere

Neben dem direkten Einfluss auf das Klima beeinflussen die Treibhausgase auch verschiedene Stoffkreisläufe und damit weitere Systeme; so auch die Biosphäre. → Abb. 10-31 zeigt schematisch die globalen Auswirkungen des menschgemachten Klimawandels und der erhöhten CO_2-Konzentration in diesem Jahrhundert. In manchen Regionen wird die Gletscherschmelze die **Trinkwasserversorgung** gefährden, in anderen Regionen wird die Trockenheit die Trinkwasserversorgung gefährden. Letztere erhöht auch die Gefahr von **Waldbränden**. Das veränderte Klima und die veränderte Variabilität des Wetters können zu geringeren Ernten führen. Küstennahe, tief gelegene Regionen sind durch den Meeresspiegelanstieg bedroht.

Für die Lebewesen in den Ozeanen ist die Erhöhung der Temperatur nur eine der Folgen einer erhöhten CO_2-Konzentration. Eine weitere Konsequenz ist die **Versauerung** der Meere. Durch die Lösung von CO_2 im Ozeanwasser erniedrigt sich der **pH-Wert**, was in den Ozeanen bereits sichtbar ist. Über die nächsten 100 Jahre wird die Versauerung weiter stark zunehmen (vgl. → Abb. 10-31). Diese verändert den Lebensraum für kalkbildende Lebewesen. Die Pflanzen- und Tierwelt wird also einerseits durch die Klimaeffekte, andererseits durch biochemische Effekte der Treibhausgase beeinflusst.

Der Emissionspfad spielt über die nächsten 20 Jahre eine kleine, über die nächsten 100 Jahre die entscheidende Rolle

Kurzfristig spielt es keine Rolle, auf welchem Emissionspfad wir uns befinden. Das Klima der nächsten 10–20 Jahre wird dadurch noch kaum beeinflusst. **Langfristig** spielt es aber eine Rolle, ob die CO_2-Konzentration weiterhin ungebremst zunimmt oder ob sie stabilisiert werden kann. → Abb. 10-32 zeigt den Verlauf für die globale Mitteltemperatur für verschiedene Szenarien. Die Generation unserer Urgroßkinder wird je nach unseren Entscheidungen ein 5 °C wärmeres Klima vorfin-

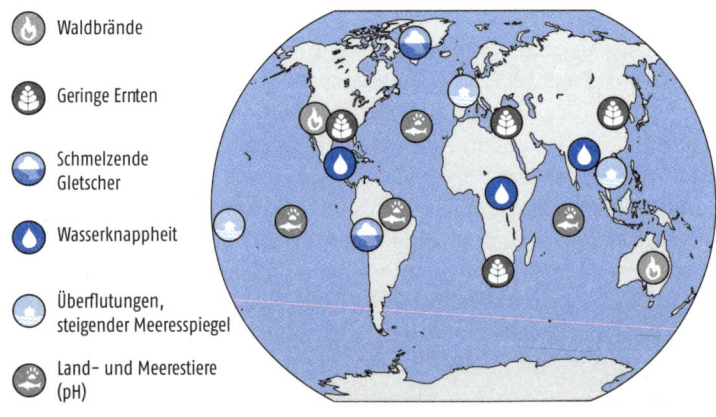

Abb. 10-31

Schematische Darstellung der globalen Auswirkungen des menschgemachten Klimawandels bis 2100.

- Waldbrände
- Geringe Ernten
- Schmelzende Gletscher
- Wasserknappheit
- Überflutungen, steigender Meeresspiegel
- Land- und Meerestiere (pH)

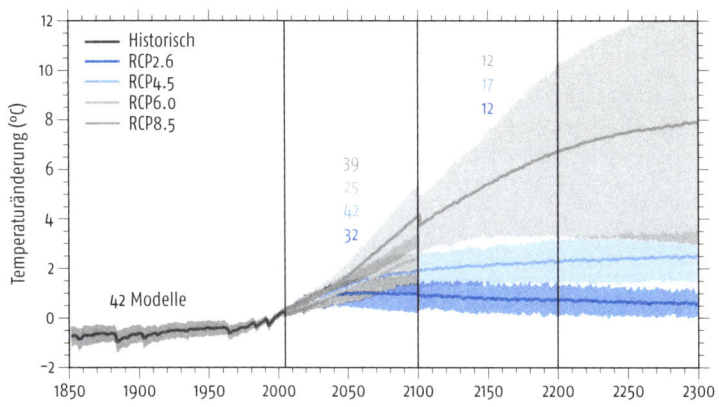

Abb. 10-32

Änderung der globalen Mitteltemperatur seit 1850 und bis 2300 (relativ zu 2005) für verschiedene Szenarien. Dicke Linien zeigen das Mittel aller Modelle (die farbigen Zahlen geben die Anzahl der Modelle an), die Schattierung in der entsprechenden Farbe die Schwankungsbreite (aus Collins et al. 2013).

den oder ein «nur» 1.5 °C wärmeres Klima. Politisches Ziel ist es, die globale Erwärmung seit Beginn der Industrialisierung deutlich unterhalb von 2 °C, möglichst unter 1.5 °C zu halten.

Es zeigt sich, dass die Temperaturzunahme annähernd linear mit der Summe der bereits emittierten Menge CO_2 verläuft. Damit lässt sich abschätzen, wie viel CO_2 noch emittiert werden kann, um ein Temperaturziel von 2 oder 1.5 °C zu erreichen. Es können also Emissionsziele festgelegt werden.

Allerdings ist die Menge, die dabei noch emittiert werden kann, klein. Um die Treibhausgaskonzentration zu stabilisieren und das 2 °C-Ziel zu erreichen, muss unsere Wirtschaft tiefgreifend umgestellt werden. Der dritte Teil des fünften IPCC-Berichts hält fest, wie dies erreicht werden kann. Die Energie muss «**entkarbonisiert**», also durch erneuerbare Energie ersetzt, und eingespart werden. Um das 1.5 °C-Ziel zu erreichen, muss außerdem CO_2 der Atmosphäre entzogen werden – und zwar in großen Mengen und mit einer Technologie, die noch nicht zur Verfügung steht. Insbesondere im Bereich der Mobilität, aber auch im Bereich der Heizung oder Kühlung können Emissionen gespart werden. So oder so werden wir uns aber auf eine weitere Erwärmung einstellen müssen.

Entkarbonisierung ist notwendig

Um die klimatische Entwicklung und deren Folgen abschätzen zu können und die an uns und die zukünftigen Generationen gestellten Aufgaben bewältigen zu können, braucht es Anstrengungen der Gesellschaft. Es braucht auch Wissen und ausgebildete Fachkräfte. Klimatologen und in Klimatologie geschulte Geographinnen und Geographen können hier wichtige Aufgaben übernehmen.

Verwendete Literatur

Becker, D., J. Verheul, M. Zickel, C. Willmes (2015) LGM paleoenvironment of Europe – Map. CRC806-Database, DOI: 10.5880/SFB806.15

Berger A., M. F. Loutre (1991) Insolation values for the climate of the last 10 million years. Quaternary Sciences Review, 10, 297–317.

Bradley, R. (2015) Paleoclimatology. Reconstructing Climates of the Quaternary (3rd Edition). Academic press, doi:10.1016/B978-0-12-386913-5.09983-X

Brönnimann, S. (2015) Climatic Changes Since 1700. Springer.

Brönnimann, S., D. Krämer (2016) Tambora und das „Jahr ohne Sommer" 1816. Klima, Mensch und Gesellschaft. Geographica Bernensia G90, 48 S.

Coddington, O., J. L. Lean, P. Pilewskie, M. Snow, D. Lindholm (2015) A solar irradiance climate data record, Bull. American Meteorological Soc., 97, 1265–1282.

Collins, M. et al. (2013) Long-term Climate Change: Projections, Commitments and Irreversibility. In: Climate Change 2013: The Physical Science Basis. Contribution of Working Group I to the Fifth Assessment Report of the Intergovernmental Panel on Climate Change [Stocker, T. F. et al. (Hrsg.)]. Cambridge University Press, Cambridge, United Kingdom and New York, NY, USA, S. 1029–1136, doi: 10.1017/CBO9781107415324.024.

Croll, J. (1875) Climate and Time, in their Geological Relations. A theory of secular changes of the Earth's Climate. D. Appleton and Company, New York.

Crowley, T. J., M. B. Unterman (2013) Technical details concerning development of a 1200 yr proxy index for global volcanism. Earth Syst. Sci. Data, 5, 187–197.

Friedrich, T., A. Timmermann, M. Tigchelaar, O. E. Timm, A. Ganopolski (2016) Nonlinear climate sensitivity and its implications for future greenhouse warming. Science Advances, 2, doi: 10.1126/sciadv.1501923.

Hansen, J., R. Ruedy, M. Sato, K. Lo (2010) Global surface temperature change. Rev. Geophys., 48, RG4004.

IPCC (2013) Summary for Policymakers, in: Climate Change 2013: The Physical Science Basis. Contribution of Working Group I to the Fifth Assessment Report of the Intergovernmental Panel on Climate Change Cambridge University Press, Cambridge, United Kingdom and New York, NY, USA, pp. 1–30.

Jones, P. D. et al. (2012) Hemispheric and large-scale land-surface air temperature variations: An extensive revision and an update to 2010. J. Geophys. Res., 117, D05127.

Jouzel, J. et al. (2007) Orbital and Millennial Antarctic Climate Variability over the Past 800,000 Years. Science 317, 793–797.

Kaplan, A., M. Cane, Y. Kushnir, A. Clement, M. Blumenthal, B. Rajagopalan (1998) Analyses of global sea surface temperature 1856–1991. J. Geophys. Res., 103, 18567–18589.

Karl, T. R. et al. (2015) Possible artifacts of data biases in the recent global surface warming hiatus. Science, 348, 1469–1472.

Lüthi, D. et al. (2008) High-resolution carbon dioxide concentration record 650 000–800 000 years before present. Nature, 453, 379–382.

Mann, M. E. et al. (2009) Global signatures and dynamical origins of the Little Ice Age and Medieval Climate Anomaly. Science, 326, 1256–1260.

Marcott, S. A., J. D. Shakun, P. U. Clark, A. C. Mix (2013) A Reconstruction of Regional and Global Temperature for the Past 11,300 Years. Science, 339, 1198–1201.

Masson-Delmotte, V. et al. (2013) Information from Paleoclimate Archives. In: Climate Change 2013: The Physical Science Basis. Contribution of Working Group I to the Fifth Assessment Report of the Intergovernmental Panel on Climate Change [Stocker, T. F. et al. (Hrsg.)]. Cambridge University Press, Cambridge, United Kingdom and New York, NY, USA.

Stevens, B., G. Feingold (2009) Untangling aerosol effects on clouds and precipitation in a buffered system. Nature, 461, 607–613.

Stocker, T. F. et al. (2013) Technical Summary. In: Climate Change 2013: The Physical Science Basis. Contribution of Working Group I to the Fifth Assessment Report of the Intergovernmental Panel on Climate Change [Stocker, T. F. et al. (Hrsg.)]. Cambridge University Press, Cambridge, United Kingdom and New York, NY, USA, S. 33–112.
Wegener, A. (1929) Die Entstehung der Kontinente und Ozeane. 4. Auflage. Friedrich Vieweg & Sohn, Braunschweig.

Weiterführende Literatur

Latif, M. (2009) Klimadynamik. UTB, Stuttgart.
Wanner, H. (2016) Klima und Mensch – eine 12 000-jährige Geschichte. Haupt Verlag, Bern, 276 pp. ISBN: 978-3-258-07879-3.

Register

A
Abfluss 156
Abkühlung 87, 191, 200
  partielle 31
Abluftfahne 242
Abschmelzrate 207
Absinken 268
absolute Feuchte 105
absorbierende Gase 88
absorbierte kurzwellige
  Sonnenstrahlung 151, 153
  Strahlungsenergie 75
Absorption 79, 83f
  der UV-Strahlung 51, 150
Absorptionsbande 83, 84
adiabatische Kompression 102
  Prozesse 102
Advektion 134
Aerosole 51f, 57, 61, 80, 240, 293f
  primäre 58
  sekundäre 58
Aggregatszustände 37
Aktionszentrum 183
Albedo 73, 190
  planetare 74
  räumlich unterschiedliche 152
Aleutentief 278
allgemeine Gasgleichung 100
  Gaszustandsgleichung 99
  Zirkulation der Atmosphäre
    149, 156
alpine Stufe 231
Amerikanische Kordillere 231
Anstieg des Meeresspiegels 307
  fossiler Energieträger 292
Antarktis 207
Anthropogene(r) Wärmeproduktion
  89
  Treibhauseffekt 85, 281
Anthropozän 16, 301
Antizyklone 123, 132
Aphel 71
äquivalentpotentielle Temperatur
  106f
Äquivalenttemperatur 106
Argon 45
aride Subtropen 222
Arktis 207, 304

Arktische Oszillation 274
astronomische Grundlagen 70f
Atacama-Wüste 222
Atlantik 171
Atlantische Multidekadale
  Oszillation 274
Atmosphäre 12, 43ff, 155, 157
  allgemeine Zirkulation der 149
  Aufbau der 46f
  Energie in der 114
  Grundgleichungen der 28, 119
  Prozesse der 21
  Statik der 95ff
  Stockwerke der 46
  Thermodynamik der 95ff
  Transmission durch die 87f
  Zusammensetzung der 44f, 297
Aufquellen 199, 274
aufsteigendes Luftpaket 61, 64
Aufwölbung 196
ausgehende langwellige Strahlung
  152, 153
Ausgleichsmechanismen 154
äußere Tropen 220
Australien 222
Austrocknung 108
Aviatik 146
Azorenhoch 183, 278

B
barokline Zonen 175
Baroklinität 144, 179
barometrische Höhenformel 123f
barotrop(e) 144
  potentielle Vorticity 123
Barriereneffekt 174
Basisgrößen 29
Baumringe 255
bedingt labile Schichtung 110
Begriffe, statistische 251
Benguela-Strom 222
Bereich, kurzwelliger 78
Bergeron-Findeisen-Prozess 62
Berg-Tal-Windsystem 234
Bergwind 235
Beschleunigung 123
Beschreibung, physikalische (des
  Klimas) 28

Bewegungsgleichung 123
Bilanzgleichungen 30
Biomassenverbrennung 57
Blitzhäufigkeit 213
blockierte Wetterlagen 182
Böden 217
Bodeneigenschaften 234
bodennahe Winde 168
Bodenwärmefluss 90f
Bodenwindfeld, globales 168
Bojen 247
Breite, geographische 210, 212
Brunt-Väisälä-Frequenz 146

C
Chapman-Reaktion 53
chemische Lebensdauer 34
  Lösungen 61
  Vorgänge 51
China 222
Chlor, molekulares 55
Chlorradikale 55
Clausius-Clapeyron-Beziehung 64f
CO_2, menschgemachtes 39
Coll, James 286
Convective Available Potential
  Energy 116
convective inhibition 116
conveyor belt 201
Corioliskraft 128, 139, 175, 195, 212
Coriolisparameter 131
CO_2-Konzentration 297, 299

D
Definitionen von Klima 17
Diagramme, thermodynamische 111
Dichte 97f, 108
Dichteänderung 121
dichtegetriebene Zirkulation 200f
Dichtegradienten, horizontale 142
Dichteunterschied 191
Dicke, optische 81
Differential 31
Differenz 31
Diffraktion 79
diffuse Strahlung 89
Diffusion, molekulare 69
Dimensionsanalyse 29

Dipol 37
Dipolmoment 59
Diskretisierungsschritte 138
divergente Luftströmung 15
Divergenz 120, 122
   horizontale 178
Drehsinn 122
Druck 97, 99
Druckausgleich 142
Druckfläche 126
Druckgradient 237
   horizontaler 125
Druckgradientbeschleunigung 128
Druckgradientkraft 124, 139
Drucksysteme, dynamische 183, 224
   quasipermanente 183
   thermische 126, 183, 224
Druckverteilung 265
Durchmischung 192f
Durchschnittswerte 23
Dürre 306
Dust Bowl 305
Dynamik 26, 117ff
Dynamische(s) Drucksysteme 183, 224
   Gleichgewicht 184

E
Easterly Jet 174
Eddies, stationäre 184
   transiente 185
e-fache Lebensdauer 36
e-folding lifetime 36
Eigenschaften, messbare 97
Einflussfaktoren des Klimas, äußere 281f
Einführung in das Klimasystem 11f
Einheiten 29
   kinematische 33
   Vorsilben der 35
Einheiten-Konventionen 33
Einheitsfläche 33
Einheitskontrolle 29
Einheitsmasse 33
Einheitsvolumen 33
Einstrahlung 14
Eis 62
Eis-Albedo-Rückkoppelung 207
Eisbohrkerne 255
eisfreier Sommer 208
Eiskeime 61
Eisschicht 205
Eisschild 304

Eiszeit 16, 270
   Kleine 288, 299
Ekman-Spirale 142, 195f
Ekman-Transport 196, 199
El Niño 198, 271, 274, 278
elektromagnetische Wellen 248
   Wellenenergie 77
Elemente des Systems 24, 27
Emissionen 306
Emissivität 75
empirische Wissenschaft 246
Energie 25, 28, 67ff, 190, 204
   in der Atmosphäre 114
   feuchtstatische 115, 154
   kinetische 115
   latente 69
   potentielle 115
   trockenstatische 115
   turbulente kinetische 115
Energieausgleich 150, 155, 185
Energiebilanz 26, 28, 150, 206
   globale 68
   lokale 89
Energieerhaltung 134, 154
Energiefluss 26
   latenter 156
Energieflussdichte 30
Energiegewinn 152
Energiehaushalt 204
Energiekaskaden 20
Energiemengen 38
Energiesenke 156
Energieströme 64
Energietransport 184
   horizontaler 151f
   meridionaler 175
   vertikaler 151
Entdeckung der Ozonschicht 50
   der Tropopause 50
Entkarbonisierung 309
Entwicklung des Klimas 16
Erdatmosphäre 47
Erdbahnparameter 20
Erdklima 12
Erdoberfläche, Erwärmung der 86
Erdrotation 158, 165
Erd-Sonnen-System 70f
Erdumlaufbahn 70, 71
Erhaltungsgrößen 105
Erhaltungssätze 26, 119, 133
erste Erwärmungsphase 301

erster Hauptsatz der Thermodynamik 102
Erwärmung 268
   der Erdoberfläche 86
   der Ozeane 70
Erwärmungsphase, erste 301
Euler'sche Sichtweise 133
Exposition 234
externe Klimafaktoren 20
Extinktion 82
Extremereignisse 258
Extremtemperaturen 305
Exzentrizität 71, 283

F
Fallwind 237
FCKW 55
Feinstaub 58
Fenster, atmosphärisches 86
Fernerkundungssysteme 246
Ferrelzelle 159, 164
Feuchtadiabaten 113, 237
Feuchtadiabatische(r) Prozesse 106
   Temperaturgradient 108
Feuchte 97f
   absolute 105
   relative 104
   spezifische 105
Feuchtemaße 104
   indirekte 105
feuchtlabil 109
Feuchtsavanne 219
feuchtstabile Schichtung 109
feuchtstatische Energie 115, 154
Feuchttemperatur 105
Flächen, geneigte 72
Fluid 190
Fluorkohlenwasserstoffe (FCKW) 55
Flussdichte 30
Flussdivergenz 32
Flüsse 30
   pro Fläche 30
Föhn 237
Föhnfenster 238
Föhnfisch 238
Föhnmauer 238
Fokussierung der Höhenströmung 180
fossilen Energieträger, Anstieg der 292
freie Troposphäre 48
Fremdstoffe 255

Front 181
Froude-Zahl 144, 146, 237
   interne 146

G
Gas, ideales 100
   absorbierendes 88
Gasgleichung 53, 134
   allgemeine 100
Gaszustandsgleichung, allgemeine 99
Gauß-Verteilung 251
Gebirge 178
Gebirge-Vorland-Zirkulation 235
Gebirgsklima 210, 212, 228, 230
Gebirgsüberströmung 146
Gegenstrahlung, langwellige 70
Gegenstrom 200
gekrümmter Pfad 72
gemäßigte Breiten, Klima der 224
Genauigkeit 253
geneigte Fläche 72
geographische Breite 210, 212
Geopotential 126
geopotentielle Höhe 127
geostrophisch(e/r) 168
   Strömung 197
   Wind 139
Gesamtstrahlung 286
Gesamtstrahlungsbilanz 91
Geschichte des Klimabegriffs 19
Gesundheit, menschliche 58
gewölbte Oberflächen 60
Gitter, räumliche 136
Gittermittelpunkt 136
Glazial 296
Gleichgewicht, dynamisches 184
   hydrostatisches 124
   strahlungskonvektives 151
Gleichgewichtslebensdauer 34, 36
Gleichgewichtstemperatur 77
Gletscher 304
global brightening 295
globale(s/r) Bodenwindfeld 168
   Energiebilanz 68
   Modelle 260
   Strahlungsbilanz 68
   Wasserkreislauf 37
Gobi-Wüste 223
Golf von Bengalen 173
Golfstrom 179, 191, 197
Gradient 31, 184

Gradientwind 140
Graukörper 75
Grenzschicht, planetare 48
Größe pro Zeit 30
Größen, meteorologische 97
   physikalische 29
Grundgleichungen 134
   der Atmosphäre 28, 119
   hydrostatische 123f
   Notation der 133
Grundlagen, astronomische 70f
grüne Sahara 16

H
Hadleyzelle 126, 159f, 164, 184
Hagelkörner 63
Halbwertszeit 36
Hangwindsysteme 234
harte UV-Strahlung 54
Häufigkeitsverteilung 251
Hauptkomponentenanalyse 252
Hemisphäre 156
Herz-Kreislauf-Störungen 59
Hiatus 268
Himalaya 173f
Himmel 80
Hitzetief 126, 173f, 216
Hochdruckgebiete 132, 141, 181
   subtropische 163
Hochdrucksysteme 196, 222
Hochplateau 212
Höhe, geopotentielle 127
Höhendivergenz 181
Höhenformel, barometrische 123f
Höhengradient 210
Höhenströmung, Fokussierung der 180
Höhenstufen 231
Höhenunterschied 124
Holozän 297f
Homogenisierung 253
Horizontale(r) Dichtegradienten 142
   Divergenz 178
   Druckgradient 125
   Energietransport 151f
   Konvergenz 16
   Verteilung 151
Humboldt, Alexander von 22, 232
Humboldt-Strom 198, 222
hydrostatische(s) Grundgleichung 123f
   Gleichgewicht 124

Hydroxylradikal 56
Hysterese 25, 202

I
ideales Gas 100
immerfeuchte Tropen 218
Impuls 26, 28, 204
Impulserhaltung 123
Impulsflussdichte 30
Impulsflüsse 28
indirekte Feuchtemaße 105
Indischer Monsun 173, 221
Indischer Ozean 171
Indonesischer Durchfluss 201
Industal 173
Infrarotbereich 78
Infrarotstrahlung 78
innertropische Konvergenzzone 161, 171
interne Froude-Zahl 146
interne Klimavariabilität 272
Inversion 109, 237
Ionosphäre 49
IPCC 306
Irreversibilität 25
isentrope potentielle Vorticity 123
Islandtief 183, 278
Isobaren 140
Isohypsen 140
Isotherme 144
Isotopenverhältnisse 255

J
Jahresmitteltemperatur 14f
Jahresniederschläge 14
Jahreszeitenklima 227
jahreszeitliche Verteilung 285
Jets 176, 179

K
Kalk 205
kalorische Zustandsgleichung 100
kalte Meeresoberfläche 230
Kältehoch 126, 216
kaltes Tiefenwasser 170
Kaltfront 237
Kaltluftkissen 238
kartesische Koordinatensysteme 126
katabatische Winde 228
Kelvin-Effekt 60
kinetische Energie 115
Kipppunkt 25

Kleine Eiszeit 288, 299
Klima
 äußere Einflussfaktoren auf
 das 281f
 gemäßigter Breiten 224
 Definitionen des 17
 Entwicklung des 16
 kontinentales 225
 marines 204
 maritimes 225
 mediterranes 223, 224
 städtisches 210
Klimaabkühlung 202
Klimaänderungen 267ff
Klimaanomalie, mittelalterliche 299
Klimaarchive 245ff, 254
Klimabegriffs, Geschichte des 19
Klimadaten 245ff
Klimadefinition, statistische 17
Klimadiagramme 219f
Klimafaktoren, externe 20
Klimafernkoppelung 178
Klimagegenwart 295f
Klimaimpakt-Forschung 210, 258
Klimamessungen 246f
Klimamodelle 76, 259
Klimamuster 259
Klimanormperiode 23
Klimaprojektionen 260
Klimaproxies 254f
Klimarekonstruktionen 254f
Klimaschwankung 267ff
Klimasystem 22
 Einführung in das 11f
 Komponenten des 23, 24
Klimata
 polare 227
 randtropische 221f
 regionale 228f
 subtropische 221f
 tropische 218f
Klimatologie 19
Klimavariabilität, interne 272
Klimavergangenheit 295f
Klimazonen 217f, 210
Klimazukunft 305f
Koagulation 61
Kohlendioxid 292
Kohlenstoff 190
Kohlenstoffflüsse 39
Kohlenstoffkreislauf 13, 38f, 54, 205
Köhler-Effekt 61

kolline Stufe 231
Komponenten des Klimasystems 23f
Kompression, adiabatische 102
 vertikale 178
Kondensation 36, 59f, 205, 230, 304
Kondensationskerne 61, 294
Konstanten der Meteorologie 100f
Kontinentale(s) Luftmassen 216
 Klima 225
Kontinuitätsgleichung 119ff
Konvektion 150, 170, 213, 234, 274
Konvektionssysteme, tropische 163
Konvektionszelle 21, 161f
konvektive Zirkulationszelle 158
konvergente Luftströmung 15
Konvergenz 120, 122, 180
 horizontale 16
Konvergenzzone
 innertropische 161, 171
 südpazifische 220
Konzentration 306
Konzentrationsmaße 52
Koordinatensystem(e), kartesisches 126
 vertikale 126
Koppelungsprozesse 20
Kopplung 271
Kordillere, Amerikanische 231
Korrelation 252
kosmogene Nuklide 287
Kräftegleichgewicht 124, 139
krebserregende Wirkung 59
Kugel 73
Kugelquerschnittsfläche 73
Kuroshio 197
kurze Wellen 175
kurzwellige Strahlung 76, 85, 87, 293f
 Strahlungsbilanz 91
Küste 197
Küstenklima 210, 228
Küstennebel 230

L
labile Schichtung 109
Lagrange-Sichtweise 133
Lambert'sches Gesetz 71
Lambert-Bouguer-Gesetz 81
Landmassen 304
Landmassenverteilung 207
Land-Meer-Kontrast 178, 191, 213
Landwind 230
lange Wellen 175

langwellige Gegenstrahlung 70
 Strahlung 77, 85, 87, 91
 Strahlungsflüsse 70
latente Energie 69
latente Wärme 28, 90, 114, 150, 174, 237
Lebensdauer 34, 57
 chemische 34
 e-fache 36
Lee-Seite 233
Licht 78
Lichtbrechung 72
lifetime, e-folding 36
Log-P-Skew-T-Diagramm 111
lokale Drucksysteme 126
 Energiebilanzen 89
Lösungen, chemische 61
Lösungseffekt 61
Luft, warme 64
Luftdruck 97
Lufthaushalt 235
Luftmasse, polare 181, 184
 tropische 184
 kontinentale 216
 ozeanische 216
Luftmoleküle 80
Luftpaket, aufsteigendes 61
Luftsäule 124
Luftschicht, unterste 142
Luftströmung, divergente 15
 konvergente 15
Luftverschmutzung 58
Luftvolumen 235
Luv-Seite 232

M
Magnus-Formel 104
marines Klima 204
maritimes Klima 225
Masse 26, 28, 99, 204
Massendivergenz 121
Massenerhaltung 119, 134
Massenflussdichte 30
Massenkonzentration 53
Massenmischungsverhältnis 105
Maßzahlen 103
mechanische Stabilität 144
Median 251
mediterranes Klima 223, 224
Meere, Versauerung der 308
Meereis 205f, 307
Meeresoberfläche, kalte 230

Meeresoberflächentemperatur 170, 273
Meeresspiegel 296
  Anstieg des 307
Megadürren 300
Mensch und Klima 16
menschgemachtes CO_2 39
menschliche Gesundheit 58
meridionaler Energietransport 175
Meridionalwind 185
Mesosphäre 49
messbare Eigenschaften 97
messen 33
Messplattformen 247
Messreihen 250
Messstation 247
Meteorologie, Konstanten der 100f
meteorologische Größen 97
Methan 41
Methode der kleinsten Quadrate 252
Mie-Streuung 80
Mikroklima 241
mikrophysikalische Vorgänge 20
Milanković, Milutin 286
Milanković-Forcing 284
Mineralstaub 58
mittelalterliche Klimaanomalie 299
Mittelwert 251
Modelle, numerisches 133
  globales 260
Modellevaluation 262
Modellierung 21
Modellvorhersage 263
Molekulare(s) Diffusion 69
  Chlor 55
Moleküle pro Volumen 52
  Schwingungen von 84
Monsun 162, 171f, 220
  Indischer 221
  Westafrikanischer 221
Monsunsystem 216
Monsuntrog 171, 220
montane Zone 231
Montreal-Protokoll 56

N
Nahinfrarotbereich 87
Namib-Wüste 222
natürlicher Treibhauseffekt 85
Navier-Stokes-Gleichung 134
negative Strahlungsbilanz 157
Neigung 70

Nettostrahlung 13, 91, 152, 154
neutrale Schichtung 108
Niederschlag 97f, 191, 218
  orographischer 233
Niederschlagsbildung 63
Nieselregen 61
Nitrataerosole 58
nivale Stufe 231
Nordatlantikstrom 156, 201
Nordatlantische Oszillation 274, 278f
Nordhemisphäre 156, 164
Nord-Süd-Gradient 225
Normalverteilung 251
Notation der Grundgleichungen 133
Nuklide, kosmogene 287
numerisches Modell 133

O
Oberflächen, gewölbte 60
Oberflächentemperaturen 192
Obliquität 71, 283
OH 57
optische Dicke 81
Orbitaleinfluss 283
orographischer Niederschlag 233
Ostseitenklima 224
Ostwinde 174
Oszillation, Arktische 274
  Atlantische Multidekadale 274
  Nordatlantische 274, 278
  Pazifisch Dekadale 274, 277
  Quasi-Biennale 51, 274
Ozean(e) 12, 155, 189ff, 304
  Erwärmung der 70
  subtropische 152
Ozean-Atmosphären-Wechselwirkung 204
Ozeanische(r) Luftmassen 216
  Wärmetransport 157
  Zirkulation 191
Ozeanströmung 210
Ozeanzirkulation, zirkumpolare 216
Ozon 51f
Ozonkonzentration 45
Ozonloch 56, 208, 281
Ozonmenge 51
Ozonprofil 52
Ozonschicht 12, 49, 51, 56, 87
  Entdeckung der 50

P
Partialdruck 53, 104

partielle Ableitung 31
parts per billion (ppb) 52
  million (ppm) 52
  trillion (ppt) 52
Passatwind(e) 199
  Unterbrechung der 275
Pazifisch Dekadale Oszillation 274, 277
pazifisch-nordamerikanische Muster 273
Perihel 71
Permafrost 227
Permafrostgrenze 231
Perturbationslebensdauer 36
Peru-Strom 198
Perzentil 251
Pfad, gekrümmter 72
Pflanzengeographie 210
Phänologie 258
Phasenumwandlung 106
Phosphor 41, 205
photochemische Prozesse 49
Photodissoziation 83
photolytisch 55
Photosphäre 78
physikalische Beschreibung (des Klimas) 28
  Größen 29
Planck'sches Strahlungsgesetz 76
Planet, unbewohnbarer 16
planetare Albedo 74
  Grenzschicht 48
polare Klimata 227
  Luftmasse 181, 184
Polarnacht 73
Polarwirbel 167
Polarzellen 164f
Polwärts-Migration 115
potentielle Energie 115
  Temperatur 103ff, 127
  Verdunstung 222
Vorticity 122
Präzession 71, 283
Präzision 253
primäre Aerosole 58
Proxies 254, 255
Prozesse, adiabatische 102
  atmosphärische 21
  feuchtadiabatische 106
  photochemische 49
Pseudoadiabaten 111
Pseudoadiabatenkarte 111
pseudopotentielle Temperatur 107

Q
Quantenzustände 83
Quasi-Biennale Oszillation 51, 274
quasipermanente Drucksysteme 183
quasistationäre Wellen 216, 272
Quellen 28

R
Radikale 55
Randbedingungen 139
randtropische Klimata 221f
Rauigkeit 213, 217
räumlich unterschiedliche Albedo 152
räumliche Gitter 136
Raumschritte 136
Raumskalen 20
Rayleigh-Strahlung 80
Reanalysen 263f
Reflexion 79
Refraktion 79
Regenschatten 234
Regenwälder, tropische 219
regionale Klimata 228
Regionen, tropische 152
Registrierballon 50
Regression 252
Reibung 141, 173
Reibungskraft 128, 132, 141, 168
Rekordtemperaturen 238
relative Feuchte 104
    Vorticity 178
Richardson-Zahl 144
Rossby-Wellen 159, 175
Rücken 176
Rückkoppelung 25f, 293, 297
Russ 57
Russaerosole 58

S
Sahara 222f
    grüne 16
Salzgehalt 191, 193, 200, 206
Salzkristalle 58
Satelliten 248
Satellitendaten 264
Sättigungsdampfdruck 60, 62, 64, 104
Sättigungsmischungsverhältnis 113
Sauerstoff 44
Sauerstoffkonzentration 45
Savanne 219f

Schadstoffe 242
Scheinkraft 128
    bedingt labile 110
    feuchtstabile 109
    labile 109
    neutrale 108f
    Schichtung, trockenstabile 109
Schiffsrouten 57
schmelzen 62
Schmelzwassersee 202
Schnee 227
Schneedecke 213, 304
Schneeflocken 62
Schneegrenze 231
schriftliche Zeugnisse 258
Schwarzkörper 75
Schwefel 41, 205
Schwefeldioxid 57, 288
Schwefelgase 288
Schwerkraft 124
Schwingungen von Molekülen 84
Sedimente 255
Seewind 229
sekundäre Aerosole 58
Senken 28
sensible(r) Wärme 28, 114, 150
    Wärmefluss 69, 90
sichtbare Strahlung 78
Signifikanz 252
Skalen 17
Skalenhöhe 127
Sky View Factor 72
Sog 173
solare Strahlung, Tagessumme der 73
Sommer, eisfreier 208
Sommersmog 52
Sonnenaktivität 286f
Sonneneinstrahlung 212
Sonnenflecken 286
Sonnenstrahlung 54, 87
    absorbierte kurzwellige 151
Southern Annual Mode 274, 280f
Southern Oscillation 273
Speicherterm 91
Spektrum der Strahlung 75
spezifische Feuchte 105
    Verdampfungsenthalpie 33
Spurengase 45, 57
stabile Schichtung 109
Stabilität 25
    mechanische 144
    statistische 107f

    thermische 144
Stadtklima 210, 228, 240
Stagnation 268
Startbedingungen 139
Statik der Atmosphäre 95ff
stationäre Eddies 184
statistische Begriffe 251
    Klimadefinition 17
    Stabilität 107f
Staulage 233, 238
Stefan-Bolzmann'sches Gesetz 76
Stickoxide 54
Stickstoff 41, 45, 205
Stockwerke der Atmosphäre 46
Stoffkreisläufe 13
Stormtracks 180
Strahlung 25, 28, 30, 67ff, 217, 261
    absorbierte kurzwellige 153
    ausgehende langwellige 152, 153
    diffuse 89
    kurzwellige 76f, 85, 87, 293f
    langwellige 77, 85, 87, 91
    sichtbare 78
    Spektrum der 75
Strahlungsabsorption 49
Strahlungsantrieb 306
Strahlungsbilanz 89, 151, 205, 213, 288
    globale 68f
    kurzwellige 91
    negative 157
Strahlungsdefizit 154
Strahlungsemission 75f
Strahlungsenergie, absorbierte 75
Strahlungsfehler 50
Strahlungsflüsse, langwellige 70
Strahlungsgesetze 76
Strahlungsgleichgewicht 70
Strahlungshaushalt 58
strahlungskonvektives Gleichgewicht 151
Strahlungstransport, vertikaler 150
Strahlungsüberschuss 154
Strahlungsungleichgewicht 158
Stratosphäre 48, 52, 288
stratosphärische Wolkenpartikel 55
Streuung 79f
Stromfunktion 160
Strömung, geostrophische 197
    wellenförmige 185
    zirkumpolare 201

Stufe, kolline 231
  montane 231
  nivale 231
  subalpine 231
  submontane 231
  submontane Zone 231
Subtropen, aride 222
Subtropenhochdrucksystem 223
Subtropenjet 144, 165, 174
subtropische Hochdruckgebiete 163
  Klimata 221f
  Ozeane 152
  Wüstengebiete 152
südaustralische Wüste 223
südpazifische Konvergenzzone 220
Sulfataerosole 58, 205, 288
  vulkanische 58
Süßwasser 297
System(s) 24
  Elemente des 24, 27
systematische Veränderungen 19
Systemsicht 23
Systemverhalten 25

T
Tageschwankungen 218
Tagessumme solarer Strahlung 73
Taklamakan-Wüste 223
Talwind 235
Tangentialebene 130
Taupunkttemperatur 105
Teilchendichte 52
Teleconnections 178, 273, 287
Temperatur 97, 99, 185, 191, 302
  äquivalentpotentielle 106, 107
  potentielle 103f, 106f, 127
  pseudopotentielle 107
  virtuelle 106, 107, 143
  virtuell-potentielle 106, 107
Temperaturadvektion 143
Temperaturänderung 133
Temperaturgradient 92, 143
  feuchtadiabatischer 108
  trockenadiabatischer 107, 108
Temperaturkontrast 179
Temperaturschichtung 24
thermisch direkte Zirkulation 159, 160
thermisch(e) indirekte Zellen 159
  Zirkulation 184
thermische(r) Drucksysteme 126, 183, 224

Stabilität 144
Wind 142
Windgleichung 166, 174
Thermodynamik der Atmosphäre 95ff
  der feuchten Luft 104f
  erster Hauptsatz der 102
  thermodynamische Diagramme 111
thermohaline Zirkulation 201, 297
Thermokline 193, 198
Thermosphäre 49
thermotopographische Windsysteme 234
Tibetisches Plateau 174, 180, 231
Tiefdruckgebiet 132, 141, 181, 197
Tiefenwasser 192
  kaltes 170
Tiefenwasserbildung 201
Tieflandklima 212
tipping point 25
Topographie 213
transiente Eddies 185
Transmission 82
  durch die Atmosphäre 87f
Treibhauseffekt 84f, 291f
  anthropogener 85, 281
  natürlicher 85
Treibhausgase 12, 56, 291, 293
Trinkwasserversorgung 307
Trockenadiabaten 111, 238
trockenadiabatischer Temperaturgradient 107, 108
trockenlabil 109
Trockensavanne 219
trockenstabile Schichtung 109
trockenstatische Energie 115
Trog 176
Trogvorderseite 181
Tropen 51, 155
  äußere 220
  immerfeuchte 218
  wechselfeuchte 220
tropische Klimata 218
  Konvektionssysteme 163
  Luftmasse 184
  Regenwälder 219
  Regionen 152
Tropopause 163
Tropopause 48f, 51, 166
  Entdeckung der 50
  tropische 163
Tropopausenregion 48

Troposphäre 48
  freie 48
  turbulente kinetische Energie 115
Turbulenz 69, 146

U
Überströmungseffekt 237
ultraviolette Strahlung, Absorption von 51
Umwälzdauer 34
Umwälzzeit 202, 270
Umwandlungsprozesse 36
unbewohnbarer Planet 16
ungleiche Verteilung 156
Unterbrechung der Passatwinde 275
unterste Luftschicht 142
UV-Spektralbereich 287
UV-Strahlung 78, 286
  Absorption der 150
  harte 54

V
Variabilitätsmodi 273
Vegetation 217
Vegetationszonen 217
Vektor 130
Veränderungen, systematische 18
Verbrennungsprozesse 294
Verdampfungsenthalpie 37
  spezifische 33
Verdunstung 16, 36, 191, 200, 204, 206, 217, 289
  potentielle 222
Vereisung 17, 296
Versauerung der Meere 205, 308
Verteilung, horizontale 151
  jahreszeitliche 285
  ungleiche 156
Vertikalbewegungen 103
vertikale(r) Energietransport 150
  Kompression 178
  Koordinatensysteme 126
  Strahlungstransport 150
  Vorgänge 96
Vertikalprofile 192
Vertikaltransport 150
Verweilzeit 34
virtuelle Temperatur 106, 107, 143
virtuell-potentielle Temperatur 106, 107
Volumen 99
Volumenarbeit 102

Volumenmischungsverhältnis 52, 105
Vorgänge, chemische 51
  mikrophysikalische 20
  vertikale 96
Vorsilben von Einheiten 35
Vorticity 49, 122, 239
  barotrope potentielle 123
  isentrope potentielle 123
  potentielle 122
  relative 178
Vorwärtsrichtung 80
Vorzeichenkonvention 90
vulkanische Sulfataerosole 58
Vulkanismus 288

W
Wachstumsgrenzen 251, 255
Waldbrände 307
Waldgrenze 231
Walker-Zirkulation 170, 273, 275
warme Luft 64
Wärme, latente 28, 114, 150, 174, 237
  sensible 28, 114, 150
Wärmefluss 158
  latenter 90
  sensibler 69, 90
Wärmeflussdivergenz 92
Wärmeflüsse 89
Wärmeinsel 240
Wärmekapazität 190, 229
Wärmelehre 96
Wärmeleitung 28, 69
Wärmeproduktion, anthropogene 89
Wärmespeicher 204
Wärmestrom, latenter 91
Wärmetransport 202
  ozeanischer 157
Wärmezufuhr 153
Warmzeiten 16
Wasserdampf 12, 64, 100, 304
Wasserdampfsättigungsmischungs-
  verhältnis 111
Wasserkreislauf 36f, 293
  globaler 37
Wassertröpfchen 63
wechselfeuchte Tropen 220
Wechselwirkung 204
Wegener, Alfred 282
Wellen 175
  elektromagnetische 248
  kurze 175
  lange 175

quasistationäre 216, 272
Wellenenergie, elektromagneti-
  sche 77
wellenförmige Strömung 185
Wellentrog 176
Wellenzahl 177
Weltorganisation für Meteorologie
  248
Weltraum 44
Wendekreis 218
Westafrikanischer Monsun 221
Western Boundary Currents 197, 216
Westwindband 158
Westwinde 51, 167
Westwindströmung 175f, 222, 224
Wetter 181
Wetterballon 247, 264
Wetterlage(n) 240
  blockierte 182
Wettermodell 137
Wetterrekorde 14
Wettersatelliten 250
Wettersysteme 224
Wettervorhersage 137, 260
Wettervorhersagemodell 119, 136
Wien'schen Verschiebungsgesetz 76
Wind 97f, 191, 194
  bodennaher 168
  geostrophischer 139
  katabatischer 228
  thermischer 142
Windbegriffe 139f
Windfeld 15
Windgeschwindigkeit 141, 213
windgetriebene Zirkulation 194
Windgleichung, thermische 166, 174
Windsysteme, lokale 126
  thermotopographische 234
Winkelgeschwindigkeit 131
Wirkung, krebserregende 59
Wissenschaft, empirische 246
WMO 248
Wolken 68, 152, 293
Wolkenbedeckung 205
Wolkenbildung 58ff, 63
Wolkenpartikel, stratosphärische 55
Wolkenvereisung 294
Wüste, südaustralische 223
Wüstengebiete 163
  subtropische 152

Z
Zeitschritte 136
Zeitskalen 20, 34
Zellen, thermisch indirekte 159
Zenitalregen 218
Zentrifugalkraft 128, 132, 140
Zeugnisse, schriftliche 258
Zirkulation 54, 208, 294
  allgemeine 156
  dichtegetriebene 200f
  ozeanische 191
  thermisch direkte 159, 160
  thermisch indirekte 184
  thermohaline 201, 297
  windgetriebene 194
Zirkulation, zonal asymmetrische 184
  zonal gemittelte meridionale
    158f
  zonal gemittelte zonale 165f
Zirkulationsmodi 273
Zirkulationssysteme 210
  zonal asymmetrische 168f
Zirkulationszelle 126, 158
  konvektive 158
  zonale 170
zirkumpolare Ozeanzirkulation 216
  Strömung 201
zonal asymmetrische Zirkulation 184
  Zirkulationssysteme 168f
zonal gemittelte meridionale Zirkulation 158f
zonal gemittelte zonale Zirkulation
  165f
zonale Zirkulationszellen 170
Zone, barokline 175
  subalpine 231
Zufallsvariable 251
Zufluss von Süßwasser 191
Zusammensetzung der Atmosphäre
  44f
Zustandsdiagramm 99
  kalorisches 100
zyklonal 123, 131
Zyklone 132

Bitte beachten Sie auch die folgenden Seiten!

Hauptthema: Klimatologie

Heinz Wanner

Klima und Mensch –
eine 12'000-jährige Geschichte

2016. 276 Seiten, mit vielen informativen Grafiken und Übersichtsfotos illustriert, gebunden
ISBN 978-3-258-07879-3

Während des Holozäns, der gegenwärtigen Warmzeit, hat das Klima die menschliche Geschichte und die gesellschaftlichen Entwicklungen immer wieder markant beeinflusst. Der bekannte Klimaforscher Heinz Wanner beschreibt die grundlegenden Vorgänge im Klimasystem und erläutert die wissenschaftlichen Analysemöglichkeiten mittels rekonstruierter Daten und Modellsimulationen. Das Klima des Holozäns wird ausführlich dargestellt, wobei der Schwerpunkt auf auslösenden Faktoren der Klimaschwankungen sowie auf räumlichen Mustern des Klimawandels liegt. Der Autor geht der Frage nach, wie einzelne Gesellschaften weltweit auf extreme Klimaperioden wie Trocken- oder Kältephasen reagiert haben, zum Beispiel die Pueblos in Nordamerika, die Inuit und die Wikinger in Grönland, die Bewohner der Sahara oder die Harappankultur der Indusebene.
Ein hoch aktuelles Buch, von einem der international renommiertesten Klimageografen, in spannender, auch für interessierte Laien verständlicher Sprache verfasst und mit vielen informativen Grafiken und Übersichtsfotos illustriert. Ein Werk, das die Zusammenhänge zwischen Klima und den großen gesellschaftlichen Umwälzungen der letzten 12'000 Jahre fundiert aufzeigt.

 Haupt Verlag Bern
verlag@haupt.ch • www.haupt.ch

Hauptthema: Naturwissenschaft

Nicola Fohrer (Hrsg.), Helge Bormann,
Konrad Miegel, Markus Casper, Axel Bronstert,
Andreas Schumann, Markus Weiler

Hydrologie

UTB-Basics
2016. 392 Seiten, 165 Abbildungen, 35 Tabellen, kartoniert
ISBN 978-3-8252-4513-9

Die Hydrologie ist die Lehre des Wassers, seiner Erscheinungsformen auf der Erde, dem Wasserkreislauf und seiner Interaktion mit der belebten und unbelebten Umwelt. Das vorliegende Lehrbuch wendet sich an Studienanfänger der Natur- und Ingenieurswissenschaften. Es gibt eine grundlegende Einführung in die Elemente des Wasserkreislaufs und ihrer räumlichen und zeitlichen Muster. Der Einfluss von Landnutzung und Klima wird erläutert, extreme Formen des Wasserkreislaufs wie Hochwasser und Dürre beschrieben und moderne hydrologische Verfahren zur Quantifizierung hydrologischer Prozesse erklärt. Landschaftliche und regionale Besonderheiten des Wasserkreislaufs werden aufgegriffen und schließlich wird ein Einblick in die hydrologische Praxis der Bewässerung, der hydrologischen Bemessung zur Risikovorsorge und des Flussgebietsmanagements gegeben.

Haupt Haupt Verlag Bern
verlag@haupt.ch • www.haupt.ch

Hauptthema: Naturwissenschaft

Wolfgang Oschmann
Evolution der Erde
Geschichte der Erde und des Lebens

UTB-Basics. Band 4828
2., korrigierte Auflage 2018. 384 Seiten,
338 farbige Abbildungen, kartoniert
ISBN 978-3-8252-4828-4

Die Erd- und Lebensgeschichte behandelt die Evolution unseres Planeten Erde. Ausgehend von einem glühendheißen, lebensfeindlichen Anfangsstadium vor 4,5 Milliarden Jahren, entwickelte sich langsam die heutige Erde mit der bekannten Verteilung von Kontinenten und Ozeanen und mit ihrer großen Fülle an Lebensformen. Zu Beginn der Erdgeschichte waren vorwiegend physikalische und chemische Prozesse bestimmend. Mit dem ersten Auftreten der Organismen kam die Biosphäre als weiterer Faktor dazu und prägte in der Folge viele Abläufe an der Erdoberfläche, das Klima und selbst die Plattentektonik.

Evolution der Erde richtet sich an Studierende der Geowissenschaften (Fachrichtungen Geologie, Paläontologie, Geophysik und Mineralogie), der Geographie und der Biologie, sowie an interessierte Laien, die sich einen Einblick in die Thematik verschaffen möchten.

Haupt Haupt Verlag Bern
verlag@haupt.ch • www.haupt.ch